21世纪普通高等教育规划教材

计算机网络理论与实践

李 飒 李艳杰 主编

化学工业出版社

·北京·

为满足学生对计算机网络原理和应用技术的需要，本书从先进性和实用性出发，较全面地介绍了计算机网络基本原理和网络应用技能的相关知识。

全书共分为 12 章，分别介绍了计算机网络基础知识、计算机网络硬件与网络协议、数据通信技术、个人计算机连接入网、局域网、无线局域网、TCP/IP 协议、部分网络服务器配置、互联网应用、计算机网络安全，以及计算机网络实验和计算机网络规划课程设计。

为帮助读者加深理解，各章节均附有典型的习题，书后附有相关计算机网络实验。

本书可作为普通高等院校计算机网络课程学生教材，也可供从事计算机网络及相关工作的工程技术人员以及网络爱好者学习参考。

图书在版编目（CIP）数据

计算机网络理论与实践/李飒，李艳杰主编. —北京：化学工业出版社，2012.1

21 世纪普通高等教育规划教材

ISBN 978-7-122-12937-6

Ⅰ. 计… Ⅱ. ①李… ②李… Ⅲ. 计算机网络-高等学校-教材 Ⅳ. TP393

中国版本图书馆 CIP 数据核字（2011）第 248344 号

责任编辑：袁俊红　　装帧设计：张　辉

责任校对：吴　静

出版发行：化学工业出版社（北京市东城区青年湖南街 13 号　邮政编码 100011）

印　　装：三河市延风印装厂

787mm×1092mm　1/16　印张 15¼　字数 391 千字　　2012 年 2 月北京第 1 版第 1 次印刷

购书咨询：010-64518888（传真：010-64519686）　　售后服务：010-64518899

网　　址：http: // www. cip. com. cn

凡购买本书，如有缺损质量问题，本社销售中心负责调换。

定　　价：29.00 元

前 言

随着计算机及网络技术的迅猛发展，计算机网络及应用已经渗透到社会的各个领域，基于网络技术的电子政务、电子商务、信息管理与信息安全技术以前所未有的速度发展着。计算机网络技术正深刻地影响和改变着人们的工作和生活方式，网络技术的发展与应用已成为影响一个国家与地区政治、经济、科学与文化发展的重要因素之一。

作为信息时代的大学生，必须能够熟练应用计算机网络解决他们工作和生活中遇到的各种问题。然而，实际情况是很多非计算机专业的学生由于缺乏最基本的计算机网络基础知识，阻碍了他们充分利用计算机网络。为了满足学生对计算机网络的需要，为了让更多的人可以更快地学到实用的计算机网络理论、技术与方法，我们以非计算机专业学生的需求为出发点，考虑到他们的实际情况，编写了这本无须太多的计算机专业知识就能理解计算机网络、应用计算机网络的书。

本书面向普通高等院校学生，特别是非计算机专业学生，以培养面向 21 世纪高级应用人才为目标，以简明实用、便于自学、反映计算机技术最新发展和应用为特色，具体可归纳为以下几点。

① 讲透基本理论和技术。我们从非计算机专业学生的角度出发，内容上力求叙述详细、通俗易懂，便于自学，避免了堆砌大量非计算机专业学生用不到的专业词汇。

② 理论联系实际。计算机网络是一门实践性很强的课程，本书贯彻从实践中来到实践中去的原则，结合大量实例进行讲解，以便于学生的理解。

③ 保持教学内容的先进性。本书注重将计算机网络技术的最新发展适当地引入到教学中，突出了计算机网络知识的实用性和实时性，与国内同类教材相比，充实了无线局域网、计算机网络应用、网络相关服务器的架设方法等知识。

④ 本书具有完整的体系，每章既相对独立，又相互衔接和呼应。本书源于计算机基础教育的教学实践，凝聚了工作在第一线的任课教师多年的教学经验与教学成果。

⑤ 本书每章配以习题，最后两章分别是实验和课程设计，可根据教学阶段进行安排，以培养学生的实践能力与创新精神。

全书共分为 12 章，从先进性和实用性出发，较全面地介绍了计算机网络的基本理论和应用方面的技能。主要内容包括：第 1 章讲述计算机网络基础知识，介绍计算机网络的产生与发展、基本概念、功能以及计算机网络在我国的现状等；第 2 章讲述计算机网络硬件与网络协议相关内容；第 3 章讲述数据通信技术知识，介绍数据通信系统及数据传输技术相关知识；第 4 章讲述个人计算机连接入网，主要包括个人计算机接入局域网、互联网的方式以及一些特别接入方式；第 5 章讲述局域网知识，主要介绍以太网；第 6 章讲述无线局域网，主要介绍无线局域网相关概念、协议标准与安全标准以及无线局域网模式与组建等内容；第 7 章讲述 TCP/IP 协议及常用的网络命令；第 8 章讲述部分网络服务器的配置；第 9 章讲述互联网应用，主要介绍网络资源获取、网络数据库使用以及网络生活等方面的应用；第 10 章讲述计算机网络安全，主要介绍网络安全的原理及一些防范措施；第 11 章和第 12 章分别是计算机网络实验和计算机网络规划课程设计。

本书可作为普通高等院校计算机网络课程学生教材，也可供从事计算机网络及相关工作的工程技术人员以及网络爱好者学习参考。

本书相关电子教案可免费提供给采用本书作为教材的院校使用，如用需要可发送邮件至junhongyuan@163.com 索取。

本书由辽宁石油化工大学的老师编写而成。其中，由李飒、李艳杰起草大纲、编写前言；李艳杰编写第 1、2、3 章；李飒编写第 7、9、10 章；姜晓林编写第 4、6、12 章，丁胜锋编写第 5、8、11 章。李飒、李艳杰对全书进行了统稿。本书在编写工作中得到了许多同事的指导和帮助，谨在此对他们表示衷心的谢意。

由于计算机网络技术的迅速发展和更新，加之作者的学术水平有限，书中难免有不妥之处，敬请读者批评指正。

编　者

2011 年 12 月

目 录

第 1 章　计算机网络基础知识

什么是计算机网络？计算机网络其实就是多台计算机的组合。有了网络，无论用户身处何地，都能随时进行信息交流，足不出户，便可知晓天下事；公司企业利用网络，还可以提高工作效率，为企业增加效益。计算机网络已经成为广泛应用的综合性学科，也成为人们日常生活中必不可少的工具。无论是否是计算机网络的专业人员，也无论是否是计算机网络的爱好者，都会自觉不自觉地卷入计算机网络的狂潮之中。可以说，计算机网络为我们铺设了通往社会信息化的大道。而计算机网络的应用水平已经成为衡量一个单位、一个地区乃至一个国家科技发展水平和社会信息化程度的重要标志之一。

1.1　计算机网络的产生与发展

计算机网络是计算机技术和通信技术高度发展和紧密结合的产物，虽然其发展历史不长，但发展速度很快，经历了一个从简单到复杂的过程。

1.1.1　计算机网络的产生

计算机网络的产生可以追溯到 20 世纪 50 年代后期，到现在也不过 60 多年，它的形成过程可以分为以下三个阶段。

（1）具有通信功能的联机系统——单终端系统

世界上第一台电子计算机（ENIAC）于 1946 年问世，如图 1.1 所示。虽然当时花费了数百万美元，但其无论在功能上还是体积上，都无法和当今的计算机相比。在随后的几年里，计算机的数量仍很少，而且价格昂贵，通常被视为瑰宝，放在专用计算机机房内，人们不能轻易使用。可以说，早期的计算机体积庞大、功能不强、应用也很不广泛，主要用在一些关键部门进行科学计算，因此，计算机是单机运行，利用率低，且需要用户到机房上机，有时甚至需要跋山涉水。

图 1.1　世界上第一台电子计算机（ENIAC）

为解决这种不便，人们在远离计算机的地方设置了远程终端（Remote Terminal，RT），并在计算机上增加了通信控制功能，经线路连接输送数据进行成批处理，这就是具有通信功能的单终端联机系统。即一台主机与一个或多个终端连接，在每个终端之间都有一个专用的通信线路，如图 1.2 所示。这是人们第一次将独立发展的计算机技术和通信技术结合起来，也是计算机网络的最初阶段。

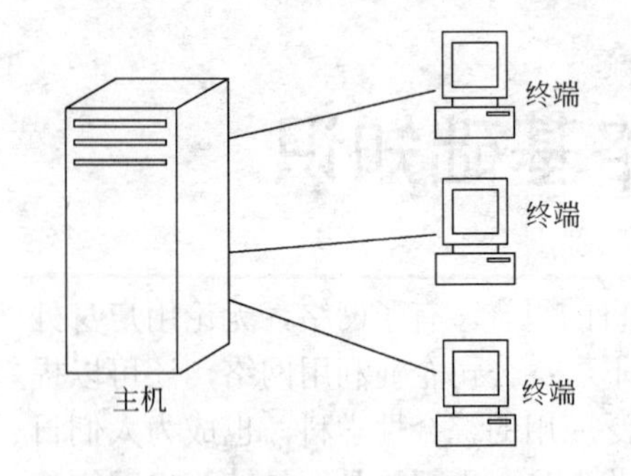

图 1.2 具有通信功能的单终端联机系统

这种系统除了一台中心计算机，其余的终端都不具备自主处理数据的功能。一边通过终端完成信息的录入，一边由主机完成信息处理后，通过通信线路回传给终端。所以，线路的利用率低，特别是在终端远离主机时尤为明显；而且主机的负担过重，除了完成数据处理任务，还要承担数据通信任务，主机效率低；并且这种结构属于集中控制方式，可靠性低。

单终端系统的典型例子是美国半自动地面防空系统（Semi-Automatic Ground Environment，SAGE）的科研人员在 1952 年，首次研究将远程雷达或其他测量设备的信息通过通信线路汇接到一台计算机上进行集中处理和控制的系统。

（2）具有通信功能的分时系统——多终端系统

单终端系统减少了用户远程上机花费的时间，提高了计算机的应用效率。但是存在着主机负担重和线路利用率低的缺点。为了克服这些不足，20 世纪 60 年代初，美国航空公司与 IBM 公司联手研究并首先建成了由一台计算机和遍布全美 2000 多个终端组成的美国航空订票系统（SABRE-1）。为了节省主机的时间，在该系统中专门设置了一台前端机（Front End Processor，FEP）负责通信控制业务，以保证主机的时间能充分地用于进行处理，同时为了降低成本，可以在远程终端较密集的地区设置一个多路转换器（Multi_line Line Controller，MLC）或集中器（Concentrator，C），以实现将多路信号集中到一路或将一路信号分配到多路的转换功能。在这种线路中，先将若干个终端各自通过一条线路连接到一台多路转换器的各个端点上，使这条线路供若干个终端共享，再与中央计算机相连接，从而显著地提高了通信线路的利用率，这就是具有通信功能的多终端系统，如图 1.3 所示。

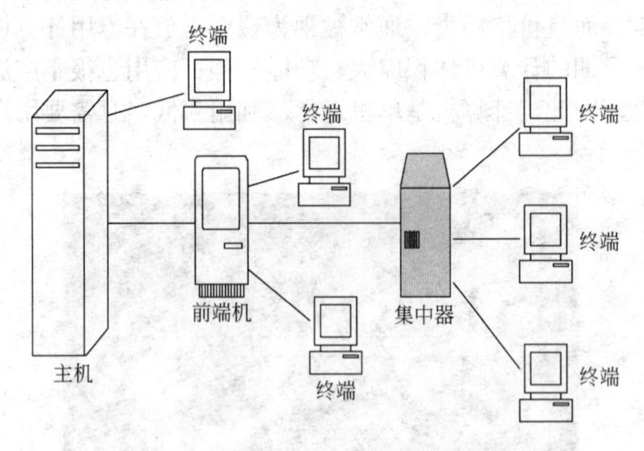

图 1.3 具有通信功能的多终端系统

在这一阶段中，还有一类系统就是分时系统。随着美国通用电气公司的信息服务网络（General Electricity Information Service，GEIS）的建立，计算机的多终端系统呈现出分时的特性：GEIS 是世界上最大的商用数据处理分时系统，于 1968 年投入使用，当时具有 16 个中央处理器和 75 个远程终端集中器，可将分布在美国、加拿大、澳大利亚、日本以及欧洲的许多终端连接起来，利用时差达到资源共享和资源充分利用的目的。另一个典型的分时系统的例子就是美国的TYM\ET商用分时计算机网络，它是美国Tymshare公司于1970年建立的。该网络在美国各地分布了80个通信处理机，可与26个大型计算机进行通信。

多终端系统的特点是出现了前端处理机，使通信系统发生了根本变革。另外，由于采用了实时、分时与分批处理的方式，提高了线路的利用率。

（3）计算机网络——多机系统

多终端系统为计算机的应用开辟了美好的前景。同时也对计算机技术提出了更高的要求。随着生产实践的需要，要求将若干个主计算机（Host，H）相互连接，以使系统中任一用户都能使用其他用户的资源，或者希望与其他计算机联合起来完成某一任务，这就形成了以共享资源为目的的计算机系统，也就是计算机网络。实际上，在20世纪60年代中期已经体现出了这种倾向，到了1969年9月，美国国防部高级研究计划所和十几个科研机构一起研制出了ARPA网（Advanced Research Project Agency Network，ARPAnet），该网的目的是将若干大学、科研机构和公司的多台计算机连接起来，从而实现资源共享。建网初期，ARPAnet共有4个节点，到1976年在全美国已拥有60个接口信息处理机（Information Message Processor，IMP）和100个主机系统，在地理上也从美国本土延伸到夏威夷和欧洲。在1983年又发展成具有100个IMP和300个主机系统的世界性网络。虽然ARPA网已于1990年退役，但无论从网络规模还是技术上说，该网仍然被认为是世界上最具影响力的计算机网络。

ARPA网是第一个较为完善地实现了分布式资源共享的网络，为计算机网络的发展奠定了基础，是计算机网络理论与技术发展的重要里程碑。它的出现，不仅标志了计算机网络的诞生，而且使计算机网络由此进入了大发展的阶段。ARPA网对计算机网络主要贡献有如下几点：

- 完成了计算机网络的定义、分类；
- 提出了资源子网和通信子网的两级网络结构，将网络分成两个子网（Subnet），即资源子网（Resource Subnet，RS）和通信子网（Communication Sulonet，CS）；
- 研究了分组交换的数据交换方法，具有较完备的路由选择和流量控制；
- 采用了层次结构的网络体系结构模型与协议体系，促进了TCP/IP协议的发展。

上面的这些贡献也是现代计算机网络的共同特征，因此，ARPA网被看做是“计算机网络”诞生的标志。

1.1.2 计算机网络的发展

作为一门相对独立的学科，和其他学科一样，计算机网络也经历了一个从简单到复杂，从低级到高级的发展过程。它萌芽于20世纪60年代，在20世纪70～80年代得到发展与完善，并在20世纪90年代以后不断壮大、如火如荼地发展起来，成为当今社会不可缺少的重要工具。计算机网络的发展和演变过程，大致上可分为如下三个阶段。

（1）网络体系结构的形成

在ARPA网之后，IBM公司等计算机厂家也在实际网络工作中总结出重要经验，研究了针对各具体网络用户系统的几百种通信产品、约40种远程信息处理方法、十几种数据链路协议。这些同类的软件和硬件产品的功能基本相同，由于没有统一的标准而不能互换，不具有通用性，产生了比较严重的混乱。1974年，IBM从概念结构上制定了网络体系结构SNA（Systems Network Architecture），使网络的发展进入到了网络体系标准化的阶段。其他许多计算机的大型制造厂家相继发表了各自的网络体系结构的标准，以支持本公司计算机产品的联网。这些体系结构的出现，表示计算机网络的理论与实践得到了进一步的发展。

（2）网络协议标准化——开放系统互连参考模型的提出

有了网络体系结构，满足同一体系结构的计算机产品能够很容易地互联在一起。但是，一个公司的计算机却很难和另一个公司的计算机互相通信，世界上为数众多的计算机网络均为封闭状态，因为他们的网络体系结构不一样。为了使不同体系结构之间的计算机网络实现互联，以进一步地实现更大范围的资源共享，国际标准化组织在1977年开始着手研究网络互联问题，并在尔后不久的日子里提出了一个能使各种计算机在世界范围内进行互联的标准框架，也就是开放系统互连参考模型（Open System Interconnection/Reference Model，OSI/RM），它为计算机网络进入标准化和正规化奠定了基础。

（3）网络互联阶段

20世纪80年代，随着计算机技术和通信技术的迅猛发展，硬件价格急剧下降，而功能却大幅增强，小型计算机和微型计算机得到广泛应用，进入了各机关、企业与家庭。为了相互传递文件和数据以实现小范围的资源共享，将这些计算机在近距离内联成网络，出现了许多局域网（Local Area Network，LAN）和广域网（Wide Area Network，WAN）。

将局域网和广域网全部连接起来实现更大范围的资源共享也成了迫切需要，Internet随之应运而生，它是全球规模最大、覆盖面积最广的互联网。目前，互联网已经成为人类最重要的、最大的知识宝库，人们可以将多种业务，如语音、数字、图像等以二进制代码的数字形式综合到一个网络中进行传送。作为国际性的网际网与大型信息系统，互联网正在当今经济、文化、科研、教育与社会生活等方面发挥越来越重要的作用。目前计算机网络的发展正处于这一阶段。

未来的计算机网络将覆盖所有的企业、学校、科研机构、政府和家庭，其覆盖范围可能超出人们的想象。它将连接每一个人，每一件电器产品。它将有足够的带宽，可以同时承载多媒体信息，速度更快，获取信息更方便，网络更智能，以满足电子政务、电子商务、远程教育、远程医疗、分布式计算、电子图书及视频点播等不同的应用需求。可以预见，未来的通信和网络将是实现5W的个人通信，即任何人（Whoever）在任何时间（Whenever）、任何地方（Wherever）都可以和任何另一个人（Whom—ever）通过网络进行通信，以传送任何信息（Whatever）。

1.2 计算机网络的定义和组成

1.2.1 计算机网络的定义

计算机网络是计算机技术与通信技术相结合的产物，它实现了远程通信、远程信息处理和资源共享。经过几十年的发展，计算机网络已由早期的“终端—计算机网”、“计算机—计算机网”成为现代具有统一网络体系结构的计算机网络。而计算机网络的定义也随网络技术的更新可从不同的角度给予描述。

从信息传输的角度出发，人们把计算机网络定义为“以计算机之间传输信息为目的而连接起来、实现远程信息处理或进一步达到资源共享的系统”。

从资源共享的角度出发，可以把计算机网络理解为“以能够相互共享资源（硬件、软件和数据）的方式连接起来，并且各自具备独立功能的计算机系统之集合体”。该定义是ARPAnet诞生后不久，由美国信息处理学会联合会在1970年春天举行的联合会议上提出来的，并被广泛引用。

从用户透明性的角度出发，可以把计算机网络定义为“由一个网络操作系统自动管理用户任务所需的资源，从而使整个网络就像一个对用户透明的计算机大系统”。这里“透明”的含义是指用户觉察不到在计算机网络中存在多个计算机系统。

目前人们已公认的有关计算机网络的定义是：计算机网络是将地理位置不同，且有独立功能的多个计算机系统利用通信设备和线路互相连接起来，以功能完善的网络软件（包括网络通信协议、网络操作系统等）实现网络资源共享的系统。

对于上述定义，我们可以从以下几方面来理解。

- 计算机的数量是“多个”，而不是单一的。
- 计算机是能够独立工作的系统。任何一台计算机都不能干预其他计算机的工作。例如启动、停止等。任意两台计算机之间没有主从关系。
- 计算机可以处在异地，每台计算机所处的地理位置对所有的用户是完全透明的。
- 处在异地的多台计算机由通信设备和线路进行连接，从而使各自具备独立功能的计算机系统成为一个整体。
- 在连接起来的系统中必须有完善的通信协议、信息交换技术、网络操作系统等软件对这个连接在一起的硬件系统进行统一的管理，从而使其具备数据通信、远程信息处理、资源共享功能。
- 定义中涉及的“资源”应该包括硬件资源（CPU、大容量的磁盘、光盘以及打印机等）和软件资源（语言编译器、文本编辑器、各种软件工具、应用程序等）。

1.2.2　计算机网络的组成

一般而论，计算机网络有三个主要组成部分：

- 若干个主机，它们为用户提供服务；
- 一个通信子网，它主要由节点交换机和连接这些节点的通信链路所组成；
- 一系列的协议，这些协议是为在主机和主机之间或主机和子网中各节点之间的通信而采用的，它是通信双方事先约定好的和必须遵守的规则。

为了便于分析，按照数据通信和数据处理的功能，一般从逻辑上将网络分为通信子网和资源子网两个部分。图 1.4 给出了典型的计算机网络逻辑结构。

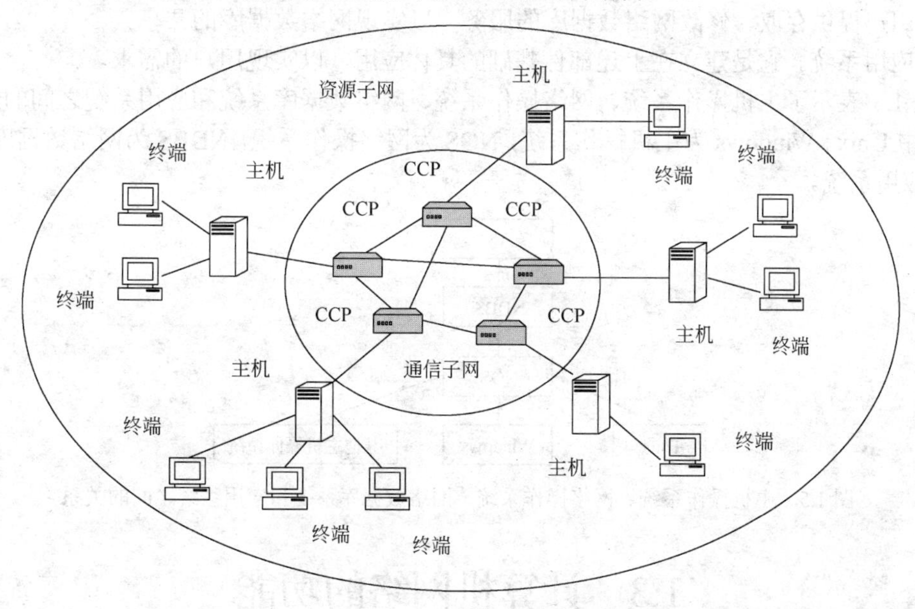

图 1.4　计算机网络的逻辑结构

（1）通信子网

通信子网由通信控制处理机（CCP）、通信线路与其他通信设备组成，负责完成网络数据传输、转发等通信处理任务。

- 通信控制处理机在网络拓扑结构中被称为网络节点。它一方面作为与资源子网的主机、终端连结的接口，将主机和终端连入网内；另一方面它又作为通信子网中的分组存储转发节点，完成分组的接收、校验、存储、转发等功能，实现将源主机报文准确发送到目的主机的作用。
- 通信线路为通信控制处理机与通信控制处理机、通信控制处理机与主机之间提供通信信道。计算机网络采用了多种通信线路，如电话线、双绞线、同轴电缆、光缆、无线通信信道、微波与卫星通信信道等。

（2）资源子网

资源子网由主机系统、终端、终端控制器、联网外设、各种软件资源与信息资源组成。资源子网实现全网的面向应用的数据处理和网络资源共享，它由各种硬件和软件组成。

- 主机系统。它是资源子网的主要组成单元，装有本地操作系统、网络操作系统、数据库、用户应用系统等软件。它通过高速通信线路与通信子网的通信控制处理机相连接。普通用户终端通过主机系统连入网内。早期的主机系统主要是指大型机、中型机与小型机。
- 终端。它是用户访问网络的界面。终端可以是简单的输入、输出终端，也可以是带有微处理器的智能终端。智能终端除具有输入、输出信息的功能外，本身具有存储与处理信息的能力。终端可以通过主机系统连入网内，也可以通过终端设备控制器、报文分组组装与拆卸装置或通信控制处理机连入网内。
- 网络操作系统。它是建立在各主机操作系统之上的一个操作系统，用于实现不同主机之间的用户通信以及全网硬件和软件资源的共享，并向用户提供统一的、方便的网络接口，便于用户使用网络。
- 网络数据库。它是建立在网络操作系统之上的一种数据库系统，可以集中驻留在一台主机上（集中式网络数据库系统），也可以分布在每台主机上（分布式网络数据库系统），它向网络用户提供存取、修改网络数据库的服务，以实现网络数据库的共享。
- 应用系统。它是建立在上述部件基础的具体应用，以实现用户的需求。

图 1.5 表示了主机操作系统、网络操作系统、网络数据库系统和应用系统之间的层次关系。图中 Unix、Windows 为主机操作系统，NOS 为网络操作系统，NDBS 为网络数据库系统，AS 为应用系统。

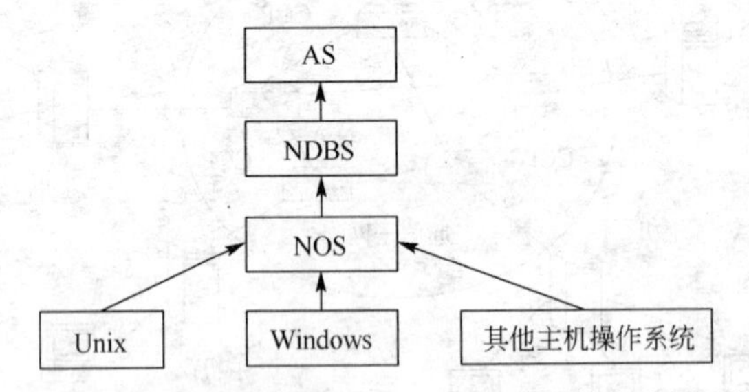

图 1.5　主机操作系统、网络操作系统、网络数据库系统和应用系统之间的关系

1.3　计算机网络的功能

计算机网络最主要的功能是资源共享、信息共享、通信和分布处理，除此之外还有负荷均衡、提高系统安全与可靠性等功能。

（1）资源共享

计算机网络允许网络上的用户共享网络上各种不同类型的硬件设备，可共享的硬件资源有：高性能计算机、大容量存储器、打印机、图形设备、通信线路、通信设备等。共享硬件的好处是提高硬件资源的使用效率、节约开支。

共享软件允许多个用户同时使用，并能保持数据的完整性和一致性。可共享的软件有：大型专用软件、各种网络应用软件、各种信息服务软件等。

（2）信息共享

信息也是一种资源，Internet 就是一个巨大的信息资源宝库，其上有极为丰富的信息，每一个接入 Internet 的用户都可以共享这些信息资源。可共享的信息资源有：搜索与查询的信息，Web 服务器上的主页及各种链接，FTP 服务器中的软件，各种各样的电子出版物，网上消息、报告和广告，网上大学，网上图书馆等。

（3）通信

建设计算机网络的主要目的就是让分布在不同地理位置的计算机用户能够相互通信、交流信息。通信是计算机网络的基本功能之一，计算机网络可以传输数据以及声音、图像、视频等多媒体信息，为网络用户提供强有力的通信手段。利用网络的通信功能，还可以发送电子邮件、打电话、在网上举行视频会议等。

（4）分布处理

在网络环境下，根据分布处理的需求，可将作业分配给其他计算机系统进行处理，以提高系统的处理能力，高效地完成一些大型应用系统的程序计算以及大型数据库的访问等。

（5）负荷均衡

负荷均衡是指将网络中的工作负荷均匀地分配给网络中的各计算机系统。当网络上某台主机的负载过重时，通过网络和一些应用程序的控制和管理，可以将任务交给网络上其他的计算机去处理，充分发挥网络系统上各主机的作用。

（6）系统的安全与可靠性

计算机通过网络中的冗余部件可大大提高可靠性。例如在工作过程中，一台计算机出了故障，可以使用网络中的另一台计算机；一条通信线路出现故障，可以采用另一条通信线路，从而提高网络整体系统的可靠性。系统的可靠性对于军事、金融和工业过程控制等部门的应用特别重要。

1.4　计算机网络的分类

计算机网络的种类很多，一般来说，依据划分方法的不同会有不同的分类，常见的分类方法主要有以下几种。

（1）按地理有效范围分类

按网络覆盖的地理有效范围分，可以将计算机网络分为局域网、城域网和广域网三种类型。

① 局域网（LAN，Local Area Network）。局域网是将较小地理区域内的计算机连接在一起的通信网络，其作用范围通常为几十公里，常用于组建一个办公网、一栋楼的内部网、一个校园网、一个企业内部网等。

② 城域网（MAN，Metroplitan Area Network）。城域网的作用范围介于广域网和局域网之间，可以达到550公里。

③ 广域网（WAN，Wide Area Network）。广域网可以在一个广阔的地理区域内进行数据、语音、图像信息的传输，由于覆盖范围大，因此其通信线路大多借助于公用通信线路。广域网的作用范围通常为几十到几千公里。

（2）按传输技术分类

按网络所采用的传输技术，可以将计算机网络分为广播式网络和点到点网络。

① 广播式网络。广播式网络（Broadcast Network）中仅有一条通信信道，该信道被网络上的所有站点共享。因此，在网络上只要有一个站点发送数据，其他所有站点都可以接收到，如总线型以太网就是一种最为典型的广播式网络。

② 点到点网络。点到点网络就是指在网络中的两台计算机都采用点到点的连接方式，两台计算机共用一条通信信道，因此不存在信道共享和复用问题。

（3）按网络协议分类

按照网络所使用的网络协议，可以将计算机网络分为以太网、令牌环网、FDDI 网、ATM 网、X.25 网等。

（4）按网络的拓扑结构分类

根据组建网络的拓扑结构，可以将网络分为总线型网络、环型网络、星型网络、树型网络、网状网络和混合型网络等。目前的局域网大多采用的是星型网络。

（5）按网络操作系统分类

根据在计算机网络中所使用的操作系统的不同，可以将计算机网络分为 Netware 网、UNIX 网、WINDOWS 网等。

（6）按通信介质分类

按照网络使用的通信介质，可以将计算机网络划分为有线网和无线网。

① 有线网。有线网就是指其传输介质为同轴电缆、双绞线、光纤等物理实体的网络。

② 无线网。无线网就是指采用微波或红外线来传输数据的网络。

1.5 计算机网络的应用以及互联网在我国的发展现状

1.5.1 计算机网络的应用

随着计算机技术的不断推广与普及，当前计算机网络已经成为人们生活中不可缺少的重要组成部分，其应用更是得到了飞速发展，成为颠覆人们生活、工作、学习等模式的重要因素，计算机网络的应用主要体现在以下几方面。

（1）办公中的应用

对于办公用户来说，使用最多的就是文件传输、打印共享及协同工作这几个功能。文件传输是所有网络中都要用到的服务，也是使用最多的服务。客户端用户处理的数据可以借助于网络存储到服务器，或者传输给其他用户。同时，用户也可以借助网络将数据从服务器下载到本地计算机。图 1.6 所示为本地计算机从其他计算机上复制文件。

打印文件是办公网络中常用的功能。办公网络中的用户数量虽然不多，但也不可能为每个用户配置一台打印机。通过打印共享，可以使所有用户共享使用一台打印机，既节省费用又实用。

同一个办公网络中的用户往往需要做相同的工作，或者需要共同完成一项比较大的任务，也就是我们常说的协同工作。它是指网络中的若干编辑者共同评阅某个文档，所有指定的人都能访问、编辑或发送已共享的文档，还可以规定每个人对文档的编辑权限或选项等。

在网络中，可以选择向评阅者分发文档的形式，并可以确定评阅者同时评阅或按特定顺序依次评阅。网络中安装集成化应用程序后，就可以通过电子邮件系统将该文档以附件的形式寄给不同的评阅者，还可以通过 Internet 进行发布。当文档有多个副本时，可以将所有副本组合到一起，比较其内容，显示出不同之处以方便进行修改或选择。对于某些要由多个部门共同完成或维护的文档，协同工作不仅能够极大地提高工作效率，而且也有利于文档的及时更新。目前，最流行的两大办公套装软件 Microsoft Office 和 Lotus SmartSuite，它们都能通过局域网实现各用户之间的协同工作。

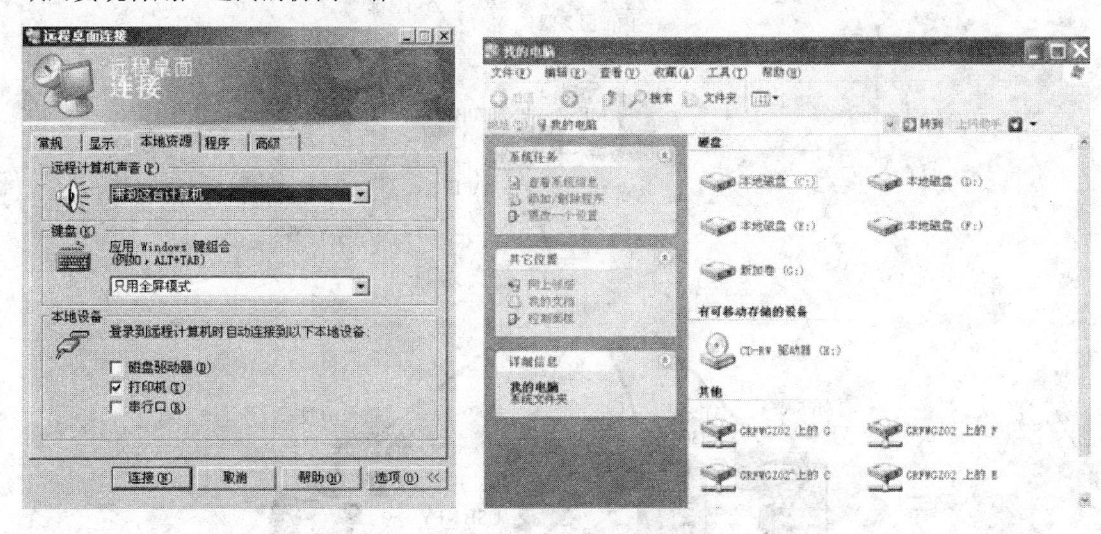

图 1.6　本地计算机从其他计算机上复制文件

（2）商务中的应用

在商务网络中，大多数应用都以经济为主，经常需要通过网络发布企业和产品信息、给企业发布广告，并产生经济影响。使用较多的就是信息发布、远程会议及远程拨入等。因此，我们可以利用 WWW 服务创建 Web 网站来宣传企业形象及产品，同时也可以通过网站来反馈各种市场信息。一些大中型企业在全国各地都有分公司，但企业中经常需要为多个分公司召开各种会议。由于距离较远，员工在分公司与总公司之间往返非常不方便，于是，通常会通过 Internet 利用远程视频功能，为多个分公司同时召开语音视频会议，如图 1.7 所示，既方便又高效。

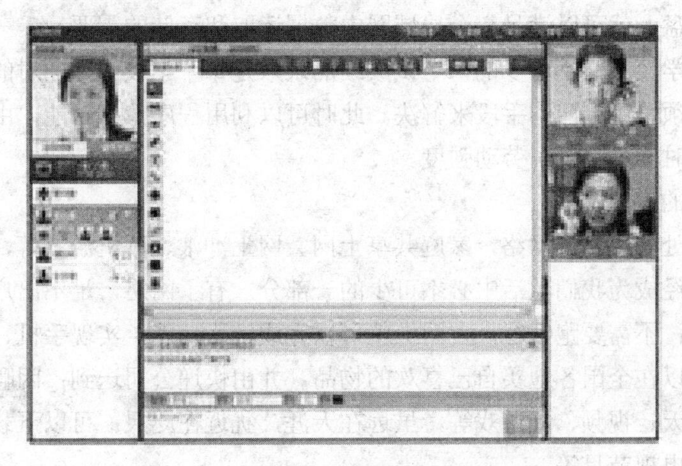

图 1.7　远程视频功能

由于商业中大多涉及经济利益，所以有些信息的保密性非常重要。而公司员工又经常会出差，或者外地分公司的员工经常需要与总公司传输数据。为了避免数据在传输过程中被截获和泄露，可以借助虚拟专用网络（Virtual Private Network，VPN）功能，在 Internet 中开辟一条私有网络，合法的远程用户可以远程拨入公司局域网，实现安全地传输，如图 1.8 所示。

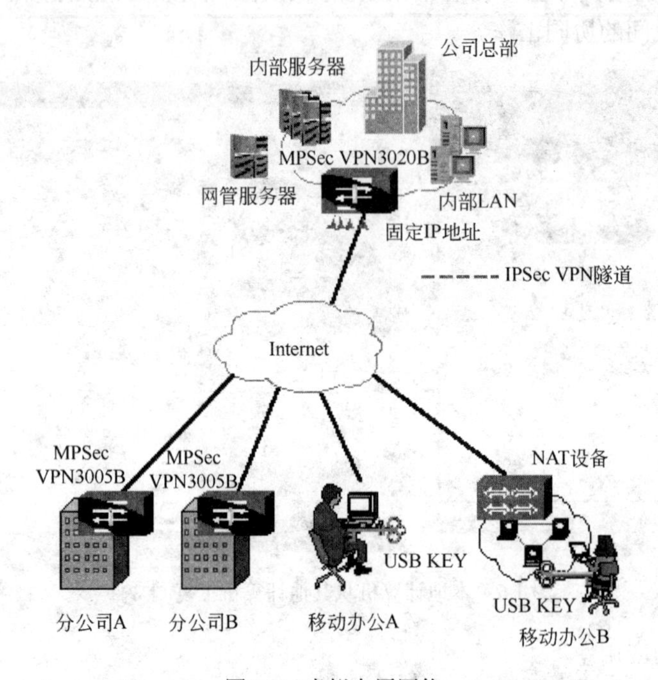

图 1.8 虚拟专用网络

（3）校园中的应用

校园网络中主要以教学为主，因此，资源共享、Intranet 这两类应用使用得最为广泛。学校中由于学生数量多，为了方便学生上机，需要大量的计算机，自然也就需要大量资金。为了节省设备购置成本，往往需要共享一些设备。例如，学校机房中往往都不安装光驱，有的不安装硬盘，利用资源共享功能，将光驱共享给网络使用或者组建无盘网络。这样，只需购置少量光驱和硬盘，就可以满足整个局域网中数据读取和存储的需要。

考试是每个学校都必不可少的，考试成绩的录入是每个学校必须面对的工作，因为它的工作量极大，必须采用专门的手段来解决。此时可以利用程序共享功能，由多个老师同时录入，这样既节省时间又降低了劳动强度。

（4）生活中的应用

生活中更是处处要用到网络，家庭共享上网、网上冲浪、联机游戏等，如图 1.9 所示。可以说，网络已经成为我们生活中必不可少的一部分。有了网络，足不出户便可以浏览到全世界各地的信息；不需要跑银行，在网上就可以完成转账功能，实现手机、电话交费；不需要跑商场，就可以在全国各地买自己喜欢的物品，并由快递公司送到；闲暇时，在网上和各地的亲朋好友聊天、视频、玩游戏等，虽远在天涯，犹近在咫尺；可以下载程序、音乐、电影，观看全球的电视节目等。

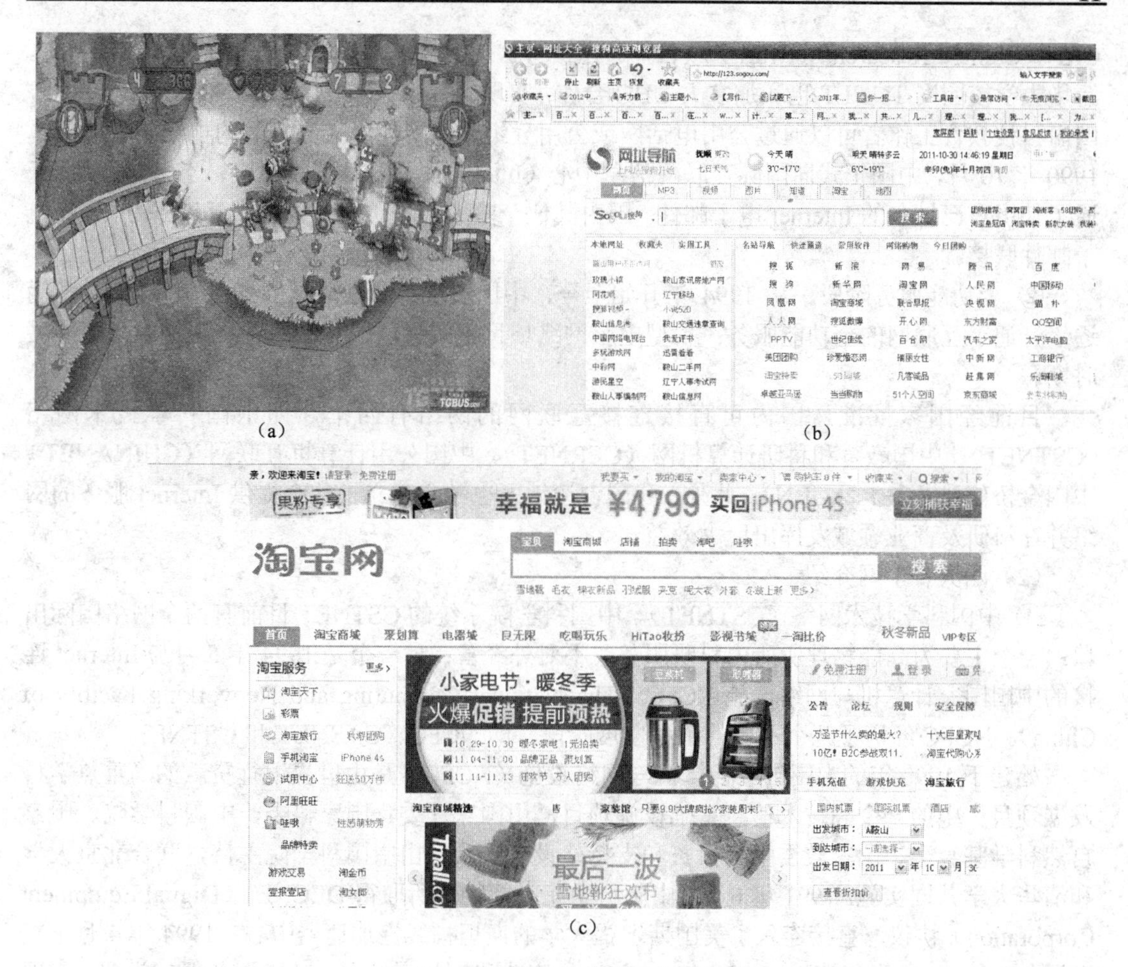

图1.9 计算机网络在生活中的应用

1.5.2 互联网在我国的发展现状

（1）互联网在中国的发展阶段

互联网在中国主要经历了两个发展阶段。

① 电子邮件交换阶段。从20世纪90年代初开始，互联网进入了全盛的发展时期。我国起步较晚，1987年至1993年是互联网在中国的起步阶段，国内的科技工作者开始接触互联网资源。

在此期间，以中科院高能物理所为首的一批科研院所与国外机构合作开展一些与互联网联网的科研课题，通过拨号方式使用Internet的E-mail电子邮件系统，并为国内一些重点院校和科研机构提供国际Internet电子邮件服务。1986年，由北京计算机应用技术研究所（即当时的国家机械委计算机应用技术研究所）和德国卡尔斯鲁厄大学合作，启动了名为CASNET（Chinese Academic＆Science Network）的国际互联网项目。1987年，在北京计算机应用技术研究所内正式建成我国第一个Internet电子邮件节点，通过拨号X.25线路，连通了Internet的电子邮件系统。随后，在国家科委的支持下，CASNET开始向我国的科研、学术、教育界提供Internet电子邮件服务。

1989年，中国科学院高能物理所通过其国际合作伙伴——美国斯坦福加速器中心主机的转换，实现了国际电子邮件的转发。1990年，由中电科技集团公司电子部15所、中国科学院、上海复旦大学、上海交通大学等单位和德国GMD合作，实施了基于X.400的MHS系统

CRN（Chinese Research Network）项目，通过拨号 X.25 线路，连通了 Internet 电子邮件系统。清华大学校园网 TUNET 也和加拿大 UBC 合作，实现了基于 X.400 的国际 MHS 系统。因而，国内科技教育工作者可以通过公用电话网或公用分组交换网使用 Internet 的电子邮件服务。1990 年 10 月，中国正式向国际互联网信息中心（Internet）登记注册了最高域名 CN，从而开通了使用自己域名的 Internet 电子邮件。国内其他一些大学和研究所也相继开通了 Internet 电子邮件联接。

② 全功能服务阶段。从 1994 年开始至今，中国实现了和互联网的 TCP/IP 连接，从而逐步开通了互联网的全功能服务；大型电脑网络项目正式启动，互联网在我国进入飞速发展时期。

目前经国家批准，国内可直接连接互联网的网络有四个，即中国科学技术网络（CSTNET）、中国教育和科研计算机网（CERNET）、中国公用计算机互联网（CHINANET）中国金桥信息（CHINAGBN）。此外，我国台湾地区也独立建立了几个提供 Internet 服务的网络并在科研及商业领域发挥出巨大效益。

（2）四大骨干网介绍

① 中国科学技术网络（CSTNET）。中国科学院系统的 CSTNET 目前有两个网络国际出口：一个主要为高能物理所所内科研服务，不对外经营；另一个是 1994 年 5 月与 Internet 连接的中国国家计算机与网络设施 NCFC（The National Computing and Networking Facility of China）。NCFC 经历了几个不同的工程发展阶段，即 NCFC、CASNET 和 CSTNET。

始建于 1990 年的中国国家计算机与网络设施（NCFC）是由世界银行贷款的“重点学科发展项目”中的一个高技术信息基础设施项目，由国家计委、国家科委、中国科学院、国家自然科学基金会、国家教委配套投资和支持建设。该项目由中国科学院主持，联合北京大学和清华大学共同实施。1991 年 6 月，中国科学院高能物理所取得 DECNET（Digital Equipment Corporation）协议，直接连入了美国斯坦福大学的斯坦福线性加速器中心；1994 年 4 月正式开通与 Internet 的专线连接；1994 年 5 月 21 日完成我国最高域名 CN 主服务器的设置，实现与 Internet 的 TCP/IP 连接，从而可向 NCFC 的各成员组织提供 Internet 的全功能服务。

CASNET 是中科院的全国性网络建设工程，可分为两大部分：一部分为分院区域网络工程，另一部分为广域网工程。随着 NCFC 的成功建设，中国科学院系统全国联网计划——“百所联网”项目于 1994 年 5 月开始进行，并于 1995 年 12 月基本完成。该项目实现了国内各学术机构的计算机网络互联，并接通 Internet。CSTNET 是以中国科学院的 NCFC 及 CASNET 为基础，连接了中科院以外的一批中国科技单位而构成的网络。目前接入 CSTNET 的单位有农业、林业、医学、电力、地震、气象、铁道、电子、航空航天和环境保护等近 20 个科研单位及国家科学基金委、国家专利局等科技管理部门。

② 中国教育和科研计算机网（CERNET）。中国教育科研计算机网络 CERNET（China Education and Research Network）于 1994 年启动，由国家计委投资和国家教委主持建设。CERNET 的目标是建设一个全国性的教育科研基础设施，利用先进实用的计算机技术和网络通信技术把全国大部分高等院校和有条件的中学连接起来，改善教育环境，提供资源共享，推动我国教育和科研事业的发展。该项目由清华大学和北京大学等 10 所高等学校承担建设，网络总控中心设在清华大学。

CERNET 包括全国主干网、地区网和校园网三级层次结构。CERNET 网管中心负责主干网的规划、实施、管理和运行。地区网络中心分别设在北京、上海、南京、西安、广州、武汉和成都等高等学校集中地区，这些地区网络中心作为主干网的节点负责为该地区的校园网提供接入服务。CERNET 的首期工程着重于各级网络中心的建设、主干网的建设和国际通道的建立，CERNET 计划建立三条国际专线和 Internet 相连，1995 年底开通了连接美国的128KB/s 国际专线和全国主干网（共 11 条 64KB/s DDN 的专线）。二期工程规划于 2000 年前，全国大部分高等院校入网，而且有数千所中学和小学加入到 CERNET 中。同时，提高主干网的传输速率并采用各种最新技术为全国教育科研部门提供更丰富的网络资源和信息服务。

③ 中国公用计算机互联网（CHINANET）。原邮电部系统的中国公用计算机互联网于1994 年开始建设。首先在北京和上海建立国际节点，完成与国际互联网和国内公用数据网的互联。它是目前国内覆盖面最广、向社会公众开放并提供互联网接入和信息服务的互联网。

1994 年 8 月，原邮电部与美国 Sprint 公司签订协议，通过 Sprint 出口接通 Internet。1995 年 2 月，CHINANET 开通了北京和上海两个出口，3 月北京节点向社会推出免费试用，6 月正式对外服务。

CHINANET 也是一个分层体系结构，由核心层、区域层和接入层三个层次组成：以北京网管中心为核心，按全国自然地理区域分为北京、上海、华北、东北和西北等 8 个大区，构成 8 个核心层节点，围绕 8 个核心节点形成 8 个区域，共 31 个节点，覆盖全国各省市、自治区，形成我国 Internet 的骨干网；以各省会城市为核心连接各省主要城市形成地区网，各地区网有各自的网管中心，分别管理由地区接入的用户；各地区用户由地区网接入，穿过骨干网通达 CHINANET 全国网。

④ 中国金桥信息网（CHINAGBN）。原电子工业部系统的中国金桥信息网（CHINAGBN）从 1994 年开始建设，1996 年 9 月正式开通。它同样是覆盖全国，实行国际联网，并为用户提供专用信道、网络服务和信息服务的基干网，网管中心设在原电子部信息中心。目前 CHINAGBN 已在全国 24 个省市发展了数千本地和远程仿真终端，并与科学院国家信息中心等各部委实行了互联，开始了全面的信息服务。

由于上述四大网络体系所属部委在国民经济中所扮演的角色不同，其各自建立和使用 Internet 的目的和用途也有所差别。CSTNET 和 CERNET 是为科研、教育服务的非营利性质 Internet；原邮电部的 CHINANET 和原电子部的 CHINAGBN 是为社会提供 Internet 服务的经营性 Internet。

（3）其他网络简介

①“金”字号工程。中国的国家信息化在各部门、各领域的分布，可划分为产业信息化、企业信息化、地区信息化、社会信息化和家庭信息化五大部门。目前，在产业信息化方面有“金关”、“金卡”、“金税”、“金农”、“金企”等工程投入建设和局部运行；在社会信息化方面，已有“金智”、“金宏”、“金信”、“金卫”等工程投入建设和局部运行；在地区信息化方面已有“上海信息港”、“天津信息港”、“海南信息港”、“深圳信息港”等工程开始启动和服务。

② 中国经济信息网（简称中经网）。中经网是由国家信息中心创建的经济信息资源网络，它在信息资源的挖掘上下工夫，以国家宏观经济为背景，把国家信息中心大量有价值的数据库搬上互联网。1997 年以来先后开通了中经网中国法规、中经网中国房地产和实时金融等内容，最近还推出为万家工商企业“网上安家”活动，向广大企业提供免费网上地址和免费网页制作。

③ 国家科技信息网。国家科技信息网（STINET）也称 ChinaInfo 工程，它是国家科委以中国科技信息研究所为网管中心建立的。目前有子网 15 个，遍布北京等 13 个省市，将提供 50 个左右的大型数据库的网络化检索，建立若干个有规模的数字化图书馆系统，为国内外科技界和高新技术产业提供种类繁多的科技、经贸、文化艺术、历史地理和多种国内科技期刊上网服务。

（4）中国互联网的现状

目前，中国互联网应用正显出网络消费快速增长的显著趋势。中国 Internet 用户主要由科研领域、商业领域、国防领域、教育领域、政府机构、个人用户等组成。网民规模逐年上升，网络用户的结构不断优化，互联网普及率进一步提升，手机上网已成为我国互联网用户的新增长点，互联网随身化、便携化的趋势日益明显。商务交易类应用快速增长，使得中国网络应用更加丰富，经济带动价值更高。但是和美国相比，中国网民在互联网应用结构上仍存在较大差异，美国互联网在网络消费指数上得分几乎是中国的三倍。从另外一个方面说明，我们中国的网络消费增长还有更大的空间，将来的 Internet 将是更加辉煌灿烂，它对未来社会的影响将成为我们生活中不可缺少的一部分。

本章习题

1. 什么是计算机网络？
2. 计算机网络划分为哪几个发展阶段？每个发展阶段都有什么特点？
3. 计算机网络的基本组成？
4. 通信控制处理机 ccp 有什么作用？
5. 什么是资源子网、通信子网？它们是如何划分的？
6. 网络软件根据功能可以分为哪几个部分？
7. 计算机网络可以从哪几个方面分类？
8. 按照网络覆盖的范围，计算机网络可以分为哪几类？一个校园网属于其中哪类网络？
9. 除了本书提到的计算机网络的功能，计算机网络还有哪些功能？
10. 列举计算机网络应用的实例。

第 2 章　计算机网络硬件与网络协议

2.1　计算机网络主要设备概述

要组建一个计算机网络，需要有相关的部件或设备。计算机（包括服务器和工作站）要连接入网，首先需要有网卡；计算机要实现互联，就需要网线；一台服务器要服务多台入网的计算机，所以需要使用交换机（或集线器）来连接多台计算机。计算机、服务器、交换机、加上网线，就构成一个简单的局部计算机网络（局域网）。要实现局域网之间的互联，还需要网桥、路由器和网关等设备。

2.1.1　服务器和网络工作站

（1）服务器

服务器（Server）是网络的核心控制计算机，主要作用是管理网络资源和协助处理其他设备提交的任务，其运行效率直接影响到整个网络的性能。服务器拥有可供共享的数据和文件；一般安装有相关服务的软件（也称服务器端软件），例如，要实现 E-mail 服务，在服务器端需要安装邮件服务器软件（如 ExchangeServer、WinWebMai 等），在用户端需要安装类似 Outlook、Foxmail 等客户端软件。网络操作系统主要运行在服务器上。

网络中可以有一个服务器，也可以有多个服务器。服务器通常选用性能较好的计算机，其处理能力、内存、外存等都可能配置得很高，其供电系统也较好，这样可以保持长时间不间断运行。服务器从外形看有很多种，例如台式、刀片式、机架式等（见图 2.1）。服务器在网络中有不同的角色。其在网络中担当什么角色，主要看其中安装什么软件。从功能角度看，服务器有支持共享打印机工作的打印服务器、提供文件服务的文件服务器、运行应用系统的应用服务器、数据库服务器以及通信服务器等。

台式服务器

刀片式服务器

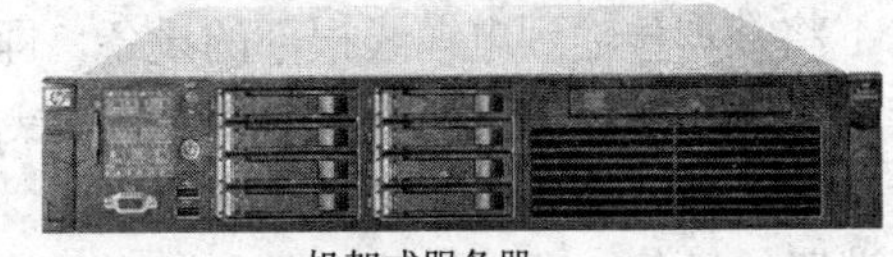
机架式服务器

图 2.1　各种服务器示意图

（2）网络工作站

工作站（Work Station）是网络用户的工作终端，一般是指用户计算机。网络工作站通过网卡向网络服务器申请获得资源后，用自己的处理机对资源进行加工处理（也可以由服务器协助处理，将加工结果返回到网络工作站），将信息显示在屏幕上或把处理结果送回到服务器。

在工作站中通常安装有支持网络通信和网络一般任务管理的操作系统，如 Windows XP，也安装有各种网络应用软件，如常用的浏览器。

2.1.2 网络通信介质

信息的传输是从一台计算机传输给另一台计算机，或从一个节点把信息传输到另一个节点，它们都是通过通信介质实现的，常用的通信介质（又称通信媒体）分为有线通信介质和无线通信介质。

（1）有线介质

① 基带同轴电缆（Baseband Coaxial Cable）。同轴电缆以硬铜线为芯，外包一层绝缘材料。这层绝缘材料用密织的网状导体环绕，网外又覆盖一层保护性材料。有两种广泛使用的同轴电缆：一种是 50 欧姆电缆，用于数字传输。由于多用于基带传输，也叫基带同轴电缆；另一种是 75 欧姆电缆，用于模拟传输，即宽带同轴电缆。这种区别是由历史原因造成的，而不是由于技术原因或生产厂家。

同轴电缆的这种结构，使它具有高带宽和极好的噪声抑制特性。同轴电缆的带宽取决于电缆长度。1km 的电缆可以达到 1～2Gb/s 的数据传输速率。还可以使用更长的电缆，但是传输率要降低或使用中间放大器。目前，同轴电缆大量被光纤取代，但仍广泛应用于有线电视和某些局域网。典型的基带同轴电缆如图 2.2 所示。

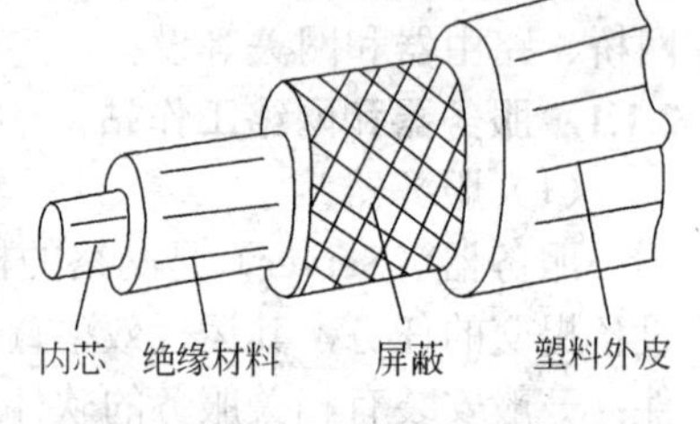

图 2.2 同轴电缆

② 宽带同轴电缆（Broadband Coaxial Cable）。使用有线电视电缆进行模拟信号传输的同轴电缆系统被称为宽带同轴电缆。“宽带”这个词来源于电话业，指比 4KHz 宽的频带。然而在计算机网络中，“宽带电缆”却指任何使用模拟信号进行传输的电缆网。

由于宽带网使用标准的有线电视技术，可使用的频带高达 300MHz（常常到 450MHz）；由于使用模拟信号，需要在接口处安放一个电子设备，用以把进入网络的比特流转换为模拟信号，并把网络输出的信号再转换成比特流。

宽带系统又分为多个信道，电视广播通常占用 6MHz 信道。每个信道可用于模拟电视、CD 质量声音（1.4Mb/s）或 3Mb/s 的数字比特流。电视和数据可在一条电缆上混合传输。

宽带系统和基带系统的一个主要区别是：宽带系统由于覆盖的区域广，因此需要模拟放大器周期性地加强信号。这些放大器仅能单向传输信号，因此，如果计算机间有放大器，则报文分组就不能在计算机间逆向传输。为了解决这个问题，人们已经开发了两种类型的宽带系统：双缆系统和单缆系统。

a. 双缆系统。双缆系统是有两条并排铺设的完全相同的电缆。为了传输数据，计算机通过电缆 1 将数据传输到电缆线根部的设备，即顶端器（Head-end），随后顶端器通过电缆 2 将信号沿电缆线往下传输。所有的计算机都通过电缆 1 发送，通过电缆 2 接收。

b. 单缆系统。单缆系统是在每根电缆上为内、外通信分配不同的频段。低频段用于计算机到顶端器的通信，顶端器收到的信号移到高频段，向计算机广播。在子分段（Subsplit）系统中，5～30MHz 频段用于内向通信，40～300MHz 频段用于外向通信。在中分（Midsplit）系统中，内向频段是 5～116MHz，而外向频段为 168～300MHz。这一选择是由历史的原因造成的。

宽带系统有很多种使用方式。在一对计算机间可以分配专用的永久性信道；另一些计算机可以通过控制信道，申请建立一个临时信道，然后切换到申请到的信道频率；还可以让所有的计算机共用一条或一组信道。从技术上讲，宽带电缆在发送数字数据上比基带（即单一信道）电缆差，但它的优点是已被广泛安装。

③ 双绞线（Twisted Pair）。双绞线是综合布线工程中最常用的一种传输介质。双绞线由两根具有绝缘保护层的铜导线组成。把两根绝缘的铜导线按一定密度互相绞在一起，可降低信号干扰的程度，每一根导线在传输中辐射的电波会被另一根线上发出的电波抵消。双绞线一般由两根22～26号绝缘铜导线相互缠绕而成。如果把一对或多对双绞线放在一个绝缘套管中便成了双绞线电缆。在双绞线电缆（也称双扭线电缆）内，不同线对具有不同的扭绞长度，一般地说，扭绞长度在38.1～14cm内，按逆时针方向扭绞，相临线对的扭绞长度在12.7cm以上。与其他传输介质相比，双绞线在传输距离、信道宽度和数据传输速度等方面均受到一定限制，但价格较为低廉。

目前，双绞线可分为非屏蔽双绞线（Unshilded Twisted Pair，UTP）和屏蔽双绞线（Shielded Twisted Pair，STP）。典型的双绞线如图2.3所示。虽然双绞线主要是用来传输模拟声音信息的，但同样适用于数字信号的传输，特别适用于较短距离的信息传输。在传输期间，信号的衰减比较大，并且产生波形畸变。采用双绞线的局域网的带宽取决于所用导线的质量、长度及传输技术。只要精心选择和安装双绞线，就可以在有限距离内达到每秒几百万位的可靠传输率。当距离很短，并且采用特殊的电子传输技术时，传输率可达100～155Mbps。由于利用双绞线传输信息时要向周围辐射，信息很容易被窃听，因此要花费额外的代价加以屏蔽。屏蔽双绞线电缆的外层由铝箔包裹，以减小辐射，但并不能完全消除辐射。屏蔽双绞线价格相对较高，安装时要比非屏蔽双绞线电缆困难。类似于同轴电缆，它必须配有支持屏蔽功能的特殊连结器和相应的安装技术。但它有较高的传输速率，100m内可达到155Mbps。

另外，非屏蔽双绞线电缆具有以下优点：

- 无屏蔽外套，直径小，节省所占用的空间；
- 重量轻、易弯曲、易安装；
- 将串扰减至最小或加以消除；
- 具有阻燃性；
- 具有独立性和灵活性，适用于结构化综合布线。

④ 光纤（Fiber）。光纤是光导纤维的简称，由直径大约为0.1mm的细玻璃丝构成。它透明纤细，虽比头发丝还细，却具有把光封闭在其中并沿轴向进行传播的导波结构。光纤通信就是因为光纤的这种神奇结构而发展起来的以光波为载频、以光导纤维为传输介质的一种通信方式。典型的光纤如图2.4所示。

目前，光纤通信使用的光波波长范围是在近红外区内，波长为0.8～1.8μm。可分为短波长段（0.85μm）和长波长段（1.31μm和1.55μm）。由于光纤通信具有一系列优异的特性，因此，光纤通信技术近年来发展速度无比迅速。可以说这种新兴技术是世界新技术革命的重要标志，又是未来信息社会中各种信息网的主要传输工具。

⑤ 电话线（Telephone Line）。电话线就是电话的进户线。计算机通过调制解调器（Modem）和电话线与远程计算机相连，在这种连接方式下，同一条电话线既可用来打电话，又可用来上网。如果使用ADSL技术，则在同一时间既可用来打电话又可用来上网。典型的电话线如图2.5所示。

（2）无线介质

① 微波（Laser）。微波是指频率为300MHz～300GHz的电磁波，是无线电波中一个有限频带的简称，即波长在1米（不含1米）到1毫米之间的电磁波。微波通信是一种较先进

的通信技术。由于微波沿着直线传播，而地球表面是曲面，因此微波在地面上传播距离有限，一般在 40～60km 范围。当传输距离超出上述范围时，就要设中继站，以便一站接一站地传送信息。微波通信具有容量大、受外界干扰小、传输质量高、初建费用小等优点，但保密性差。微波通信较实用于局域网络中，也可与有线通信结合使用。

图 2.3 双绞线

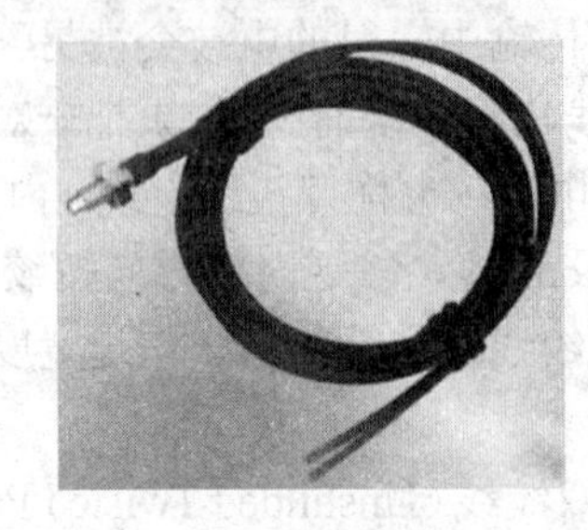

图 2.4 光纤

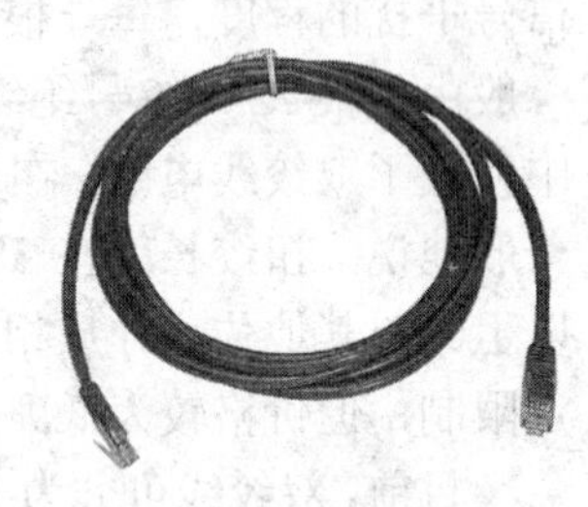

图 2.5 电话线

② 无线电波（Radio Wave）。无线电波是指在自由空间（包括空气和真空）传播的射频频段的电磁波。无线电波是一种全方位传播的电波，其传播方式有两种：一是直接传播，即电波沿地表面向四周传播；二是靠大气层中电离层的反射进行传播。

③ 卫星通信（Satellite Communication）。为了增加微波的传输距离，应提高微波收发器或中继站的高度。当将微波中继站放在人造卫星上时，便形成了卫星通信系统。可见，卫星通信是一种特殊的微波中继系统。一般来说，地面通信线路的成本随距离的增加而增加，卫星通信的成本则与距离无关。这就促使在远距离且通信面大的领域多采用卫星通信。此外，卫星通信还具有通信容量大，可靠性高的优点。由于卫星通信能覆盖地球表面的 1/3，因此可实现洲际间的通信。

④ 红外线波（Infrared Wave）。在光谱中波长自 0.76～400μm 的一段称为红外线，红外线是不可见光线。红外线被广泛用于室内短距离通信。家家户户使用的电视机及音响设备的遥控器就是利用红外线技术进行遥控的。红外线是具有方向性的。

⑤ 光波（Laser）。除了光纤上可以用光进行信息的传输外，激光束也可用于在空中传输数据。采用激光通信至少要有两个激光站点组成，每个站点都拥有发送信息和接收信息的能力。激光束是沿直线传播的。激光束不能穿过建筑物和山脉，但可以穿越云层。

2.1.3 网络连接设备

（1）T 型连接器

使用同轴电缆组建网络时，在同轴电缆两端都必须安装 BNC 接插件，它是通过专用 T 型连接器与网卡相连接的。T 型连接器与 BNC 接插件同是细同轴电缆的连接器，它对网络的可靠性有着至关重要的影响。同轴电缆与 T 型连接器是依赖于 BNC 接插件进行连接的，BNC 接插件有手工安装和工具型安装之分，用户可根据实际情况和线路的可靠性进行选择。典型的 T 型连接器与 BNC 接插件如图 2.6、图 2.7 所示。

（2）屏蔽或非屏蔽双绞线连接器 RJ-45

RJ-45 插头是一种只能沿固定方向插入并自动防止脱落的塑料接头，俗称“水晶头”，专业术语为 RJ-45 连接器（RJ-45 是一种网络接口规范，类似的还有 RJ-11 接口，就是我们平常所用的“电话接口”，用来连接电话线）。之所把它称之为“水晶头”，是因为它的外表晶莹透亮的原因。双绞线的两端必须都安装这种 RJ-45 插头，以便插在网卡（NIC）、集线器（Hub）或交换机（Switch）的 RJ-45 接口上，进行网络通讯。典型的水晶头如图 2.8 所示。

图 2.6　T 型连接器

图 2.7　BNC 接插件

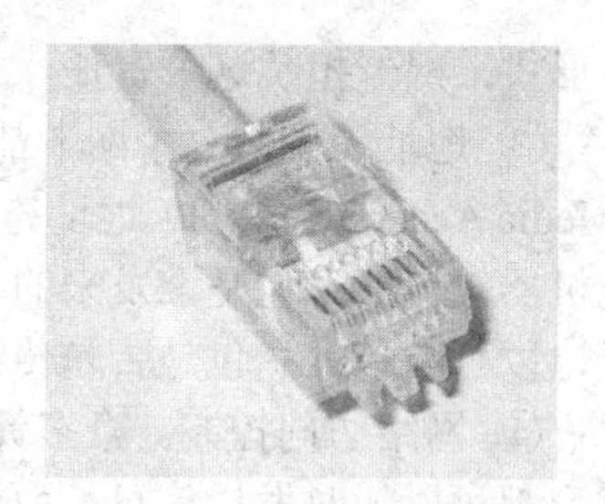

图 2.8　RJ-45 插头

（3）RS-232 接口

RS-232 接口又称之为 RS-232 口、串口、异步口或一个 COM（通信）口。“RS-232”是其最明确的名称。在计算机世界中，大量的接口是串口或异步口，但并不一定符合 RS-232 标准，但我们也通常认为它是 RS-232 口。严格地讲，RS-232 接口是数据终端设备（DTE）和数据通信设备（DCE）之间的一个接口，DTE 包括计算机、终端、串口打印机等设备。通常只有调制解调器（Modem）和某些交换机 COM 口是 DCE。RS-232 接口是目前微机与线路接口的常用方式。

（4）终端匹配器

终端匹配器（也称终端适配器）安装在同轴电缆（粗缆或细缆）的两个端点上，它的作用是防止电缆无匹配电阻或阻抗不正确。它的原理是这样的：当波传递到两种介质的分界面时要发生反射，而传到导线和空气分界面的矩形电磁波反射回来会和原先的波叠加在一起，使波形错误。加上终端匹配器就可以把电磁波吸收掉，防止反射，如果没有它的话则会引起信号波形反射，造成信号传输错误。典型的终端匹配器如图 2.9 所示。

（5）调制解调器

调制解调器（Modem）其功能是将计算机的数字信号转换成模拟信号或反之，以便在电话线路或微波线路上传输。调制是把数字信号转换成模拟信号，解调是把模拟信号转换成数字信号，它一般通过 RS-232 接口与计算机相连。典型的调制解调器如图 2.10 所示。

（6）网络接口卡

网络接口卡（Network Interface Card，NIC）简称网卡，也叫网络适配器，是插在个人计算机或服务器扩展槽内的扩展卡。它与网络操作系统配合工作，控制网络上的信息流。网卡与网络传输介质（双绞线、同轴电缆或光纤）相连。典型的网络接口卡如图 2.11 所示。

图 2.9　终端匹配器

图 2.10　调制解调器

图 2.11　网络接口卡

网卡的作用非常重要，其主要功能有。

① 信息包的封装和拆封。自己机器发送出去的信息，要被按照某种格式“包装”起来，然后才能送出。接收下来的信息包要按照约定将其拆封，然后再送入计算机内存中进行处理。在网卡上被包装或拆封的信息包通常称为“帧”。

② 网络传输信号生成。计算机中的的数据要传送到网线上，总要把它转成合适的电信

号形式，网卡担负这个责任。

③ 地址识别。每个网卡都有个唯一的地址，这就是网卡地址，也称为物理地址或 MAC（Media Access Control）地址。发出的信息包在封装时要在信息包中填写这个地址，以便让其他机器知道信息包是谁发来的。接收信息包时，要能识别存放在目的地址位置上的 MAC 地址，以判断该信息包是否是传给自己的。

④ 网络访问控制。众多计算机连接到一起，实际上可以看成是连接到一根网线电缆上，大家都可以随时发送信息，而这根网线同一时间只能容许两个计算机之间通信，在这种情况下，就需要一种访问（Access）网线的控制方法，使得计算机间不产生访问冲突。

⑤ 数据校验。通过网线或很多环节接收下来的信息包，有可能会出现传输错误，所以需要校验数据在传输过程中是否出错。在网卡中植入的校验方法，一般是 CRC（Cyclic Redundancy Check）校验方法。

网卡还有很多作用，例如数据转换、数据缓存、网线连接固定等。网卡可以是独立的硬件卡，也可能被制作在计算机主板上。

（7）中继器

中继器（Repeater）是一种放大模拟或数字信号的网络连接设备。由于信号在网络传输介质中有衰减和噪声，使有用的数据信号变得越来越弱，因此为了保证有用数据的完整性，并在一定范围内传送，要用中继器把所接收到的弱信号分离，并再生放大以保持与原数据相同。典型的中继器如图 2.12 所示。

（8）集线器

集线器（Hub）可以说是一种特殊的中继器，作为网络传输介质间的中央节点，它克服了介质单一通道的缺陷。集线器的主要功能是对接收到的信号进行再生、整形、放大，以扩大网络的传输距离，同时把所有节点集中在以它为中心的节点上，当网络系统中某条线路或某节点出现故障时，不会影响网上其他节点的正常工作。它工作于 OSI（开放系统互联参考模型）参考模型第一层，即“物理层”。集线器与网卡、网线等传输介质一样，属于局域网中的基础设备，采用 CSMA/CD（一种检测协议）访问方式。典型的集线器如图 2.13 所示。

图 2.12 中继器

图 2.13 集线器

集线器可分为无源（Passive）集线器、有源（Active）集线器和智能（Intelligent）集线器。

无源集线器只负责把多段介质连接在一起，不对信号作任何处理，每一种介质段只允许扩展到最大有效距离的一半。

有源集线器类似于无源集线器，但它具有对传输信号进行再生和放大从而扩展介质长度的功能。

智能集线器除具有有源集线器的功能外，还可将网络的部分功能集成到集线器中，如网络管理、选择网络传输线路等。

（9）网桥

网桥（Bridge）是一个局域网与另一个局域网之间建立连接的桥梁。网桥是属于网络层的一种设备，它的作用是扩展网络和通信手段，在各种传输介质中转发数据信号，扩展网络的距离，同时又有选择地将有地址的信号从一个传输介质发送到另一个传输介质，并能有效地限制两个介质系统中无关紧要的通信。网桥可分为本地网桥和远程网桥：本地网桥是指在传输介质允许长度范围内互联网络的网桥；远程网桥是指连接的距离超过网络的常规范围时使用的远程桥，通过远程桥互联的局域网将成为城域网或广域网。如果使用远程网桥，则远程桥必须成对出现。典型的网桥如图 2.14 所示。

图 2.14　网桥

在网络的本地连接中，网桥可以使用内桥和外桥。内桥是文件服务的一部分，通过文件服务器中的不同网卡连接起来的局域网，由文件服务器上运行的网络操作系统来管理。外桥安装在工作站上，实现两个相似或不同的网络之间的连接。外桥不运行在网络文件服务器上，而是运行在一台独立的工作站上，外桥可以是专用的，也可以是非专用的。作为专用网桥的工作站不能当普通工作站使用，只能建立两个网络之间的桥接。而非专用网桥的工作站既可以作为网桥，也可以作为工作站。

（10）交换机

交换（Switching）是按照通信两端传输信息的需要，用人工或设备自动完成的方法，把要传输的信息送到符合要求的相应路由上的技术统称。广义的交换机（Switch）就是一种在通信系统中完成信息交换功能的设备。典型的交换机如图 2.15 所示。

图 2.15　交换机

在计算机网络系统中，交换概念的提出是对于共享工作模式的改进，前面介绍过的集线器就是一种共享设备。集线器本身不能识别目的地址，当同一局域网内的 A 主机给 B 主机传输数据时，数据包在以集线器为架构的网络上是以广播方式传输的，由每一台终端通过验证数据包源头的地址信息来确定是否接收。也就是说，在这种工作方式下，同一时刻网络上只能传输一组数据帧的通讯，如果发生碰撞还得重试。这种方式就是共享网络带宽。

交换机拥有一条很高带宽的背部总线和内部交换矩阵。交换机的所有的端口都挂接在这条背部总线上，控制电路收到数据包以后，处理端口会查找内存中的地址对照表以确定目的 MAC（网卡的硬件地址）的 NIC（网卡）挂接在哪个端口上，通过内部交换矩阵迅速将数据包传送到目的端口，目的 MAC 若不存在才广播到所有的端口，接收端口回应后交换机会“学习”新的地址，并把它添加入内部地址表中。

使用交换机也可以把网络“分段”，通过对照地址表，交换机只允许必要的网络流量通过交换机。通过交换机的过滤和转发，可以有效地隔离广播风暴，减少误包和错包的出现，避免共享冲突。

交换机在同一时刻可进行多个端口对之间的数据传输。每一端口都可视为独立的网段，连接在其上的网络设备独自享有全部的带宽，无须同其他设备竞争使用。当节点 A 向节点 D 发送数据时，节点 B 可同时向节点 C 发送数据，而且这两个传输都享有网络的全部带宽，都有着自己的虚拟连接。假使这里使用的是 10Mbps 的以太网交换机，那么该交换机这时的总流通量就等于 2×10Mbps=20Mbps，而使用 10Mbps 的共享式 HUB 时，一个 HUB 的总流通量也不会超出 10Mbps。

总之，交换机是一种基于 MAC 地址识别，能完成封装转发数据包功能的网络设备。交换机可以“学习”MAC 地址，并把其存放在内部地址表中，通过在数据帧的始发者和目标接收者之间建立临时的交换路径，使数据帧直接由源地址到达目的地址。

（11）路由器

“路由”，是指把数据从一个地方传送到另一个地方的行为和动作。而路由器（Router），正是执行这种行为动作的机器，它是一种连接多个网络或网段的网络设备，能将不同网络或网段之间的数据信息进行“翻译”，使它们能够相互“读懂”对方的数据，从而构成一个更大的网络。典型的路由器如图 2.16 所示。

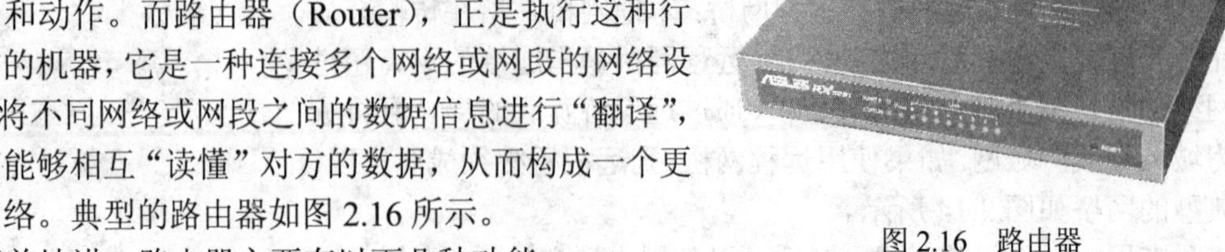

图 2.16　路由器

简单地讲，路由器主要有以下几种功能。

① 网络互连。路由器支持各种局域网和广域网接口，主要用于互联局域网和广域网，实现不同网络互相通信。

② 数据处理。提供包括分组过滤、分组转发、优先级、复用、加密、压缩和防火墙等功能；

③ 网络管理。路由器提供包括配置管理、性能管理、容错管理和流量控制等功能。

为了完成“路由”的工作，在路由器中保存着各种传输路径的相关数据——路由表（Routing Table），供路由选择时使用。路由表中保存着子网的标志信息、网上路由器的个数和下一个路由器的名字等内容。路由表可以是由系统管理员固定设置好的，也可以由系统动态修改，可以由路由器自动调整，也可以由主机控制。在路由器中涉及到两个有关地址的名字概念，那就是静态路由表和动态路由表。由系统管理员事先设置好固定的路由表称之为静态（Static）路由表，一般是在系统安装时就根据网络的配置情况预先设定的，它不会随未来网络结构的改变而改变。动态（Dynamic）路由表是路由器根据网络系统的运行情况而自动调整的路由表。路由器根据路由选择协议（Routing Protocol）提供的功能，自动学习和记忆网络运行情况，在需要时自动计算数据传输的最佳路径。

为了简单地说明路由器的工作原理，现在假设有这样一个简单的网络。如图 2.17 所示，A、B、C、D 四个网络通过路由器连接在一起。

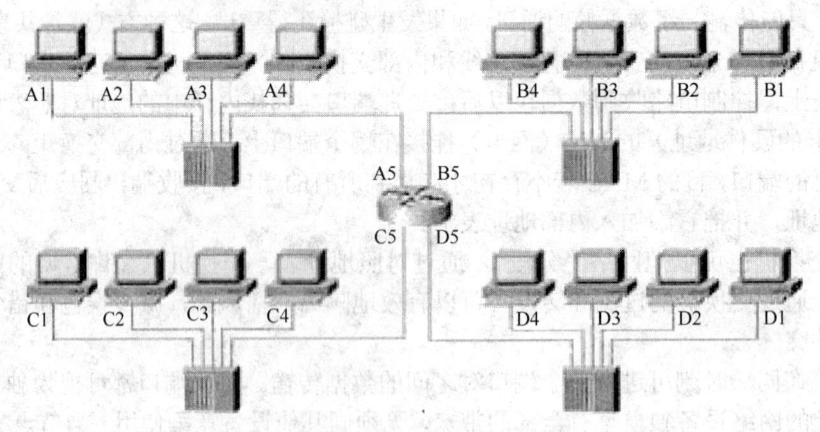

图 2.17　网络环境下路由器

现在来看一下在如图 2.17 所示网络环境下路由器又是如何发挥其路由、数据转发作用的。现假设网络 A 中一个用户 A1 要向 C 网络中的 C3 用户发送一个请求信号时，信号传递的步骤如下。

第 1 步：用户 A1 将目的用户 C3 的地址 C3，连同数据信息以数据帧的形式通过集线器或交换机以广播的形式发送给同一网络中的所有节点，当路由器 A5 端口侦听到这个地址后，分析得知所发目的节点不是本网段的，需要路由转发，就把数据帧接收下来。

第 2 步：路由器 A5 端口接收到用户 A1 的数据帧后，先从报头中取出目的用户 C3 的 IP 地址，并根据路由表计算出发往用户 C3 的最佳路径。因为从分析得知到 C3 的网络 ID 号与路由器的 C5 网络 ID 号相同，所以由路由器的 A5 端口直接发向路由器的 C5 端口应是信号传递的最佳途径。

第 3 步：路由器的 C5 端口再次取出目的用户 C3 的 IP 地址，找出 C3 的 IP 地址中的主机 ID 号，如果在网络中有交换机则可先发给交换机，由交换机根据 MAC 地址表找出具体的网络节点位置；如果没有交换机设备则根据其 IP 地址中的主机 ID 直接把数据帧发送给用户 C3，这样一个完整的数据通信转发过程也完成了。

从上面可以看出，不管网络有多么复杂，路由器其实所做的工作就是这么几步，所以整个路由器的工作原理基本都差不多。当然在实际的网络中还远比上图所示的要复杂许多，实际的步骤也不会像上述那么简单，但总的过程是这样的。

（12）网关

大家都知道，从一个房间走到另一个房间，必然要经过一扇门。同样，从一个网络向另一个网络发送信息，也必须经过一道“关口”，这道关口就是网关。顾名思义，网关（Gateway）就是一个网络连接到另一个网络的“关口”。网关是一种充当转换重任的计算机系统或设备。在使用不同的通信协议、数据格式或语言，甚至体系结构完全不同的两种系统之间，网关是一个翻译器。与网桥只是简单地传达信息不同，网关对收到的信息要重新打包，以适应目的系统的需求。同时，网关也可以提供过滤和安全功能。

2.2　计算机网络协议

有了数据通信，网络仍不能运转。为什么呢？数据通信只能解决如何把信号从一点发送到另外一点，除此以外的工作都是数据通信所不能解决的。例如，如何把用户的数据转换成在网络上可以传输的数据？在传输时遇到错误怎么处理？计算机如何判断数据是发给谁的？这些要通过单独的软件——协议来实现。

2.2.1　网络协议

两台计算机进行通信，必须使它们采用相同的信息交换规则。在计算机网络中用于规定信息的格式以及发送和接收信息的规则称为网络协议（Network Protocol）或通信协议（Communication Protocol）。网络协议是由语法、语义和时序三部分组成。

① 语法（Syntax）。以二进制形式表示的命令和相应的结构，如数据与控制信息的格式、数据编码等。

② 语义（Semantics）。由发出的命令请求、完成的动作和返回的响应组成的集合，其控制信息的内容和需要做出的动作及响应。

③ 时序（Timing）。定义何时做，规定事件实现顺序的详细说明，即确定通信状态的变化和过程，如通信双方的应答关系。

为了减少网络协议设计的复杂性，网络设计者并不是设计一个个单一、巨大的协议来为所有形式的通信规定完整的细节，而是采用把通信问题划分为许多个小问题，然后为每个小问题设计一个单独的协议的方法。这样做使得每个协议的设计、分析、编码和测试都比较容易，正如编程一样，通过编写“过程”和“函数”以方便调用，把一个复杂的程序模块化、简单化。分层模型（Layering Model）是一种用于开发网络协议的设计方法。本质上，分层模型描述了把通信问题分为几个小问题（称为层次）的方法，每个小问题对应一层。

为了减少网络设计的复杂性，绝大多数网络采用分层设计方法。所谓分层设计方法，就是按照信息的流动过程将网络的整体功能分解为多个功能层，不同机器上的同等功能层之间采用相同的协议，同一机器上的相邻功能层之间通过接口进行信息传递。

为了便于理解接口和协议的概念，首先以邮政通信系统为例进行说明。人们平常写信时，对信件的格式和内容都有约定。写信必须采用双方都懂的语言文字和文体，开头是对方称谓，最后是落款等。这样，对方收到信后，才可以看懂信中的内容，知道是谁写的，什么时候写的等。信写好后，必须将信封装并交由邮局寄发，寄信人和邮局之间对信封写法和贴邮票也有约定。在中国寄信必须先写收信人地址、姓名，然后再写寄信人的地址和姓名。邮局收到信后，首先进行信件的分拣和分类，然后交付有关运输部门进行运输，如航空信交民航，平信交铁路运输或公路运输等。这时，邮局和运输部门对到站地点、时间、包裹形式等也有约定。信件运送到目的地后进行相反的过程，最终将信件送到收信人手中，收信人依照约定的格式才能读懂信件。如图 2.18 所示，在整个过程中，主要涉及到了 3 个子系统，即用户子系统、邮政子系统和运输子系统。

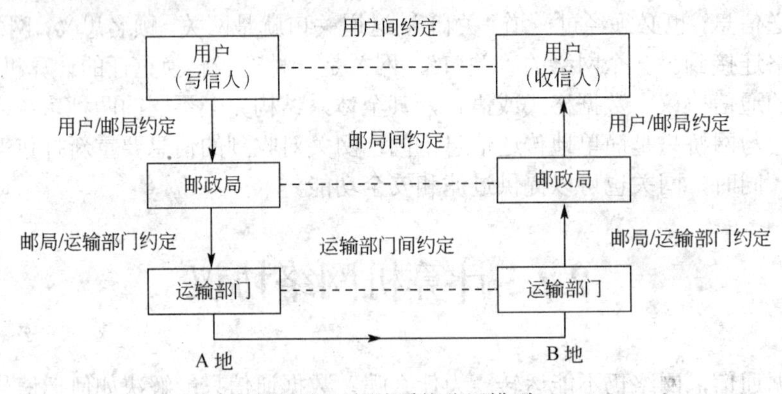

图 2.18 邮政系统分层模型

从上例可以看出，各种约定都是为了达到将信件从一个源点送到一个目的点这个目标而设计的，这就是说，它们是因信息的流动而产生的。可以将这些约定分为同等机构间的约定，如用户之间的约定、邮政局之间的约定和运输部门之间的约定，以及不同机构间的约定，如用户与邮政局之间的约定以及邮政局与运输部门之间的约定。

虽然两个用户、两个邮政局和两个运输部门分处甲、乙两地，但它们都分别对应同等机构，同属一个子系统；而同处一地的不同机构则不在一个子系统内，而且它们之间的关系是服务与被服务的关系。很显然这两种约定是不同的，前者为部门内部的约定，而后者是不同部门之间的约定。在计算机网络环境中，两台计算机中两个进程之间进行通信的过程与邮政通信的过程十分相似。

为了减少计算机网络设计的复杂性，人们往往按功能将计算机网络划分为多个不同的功能层。网络中同等功能层之间的通信规则就是该层使用的协议，如有关第 N 层的通信规则的集合，就是第 N 层的协议。而同一计算机的不同功能层之间的通信规则称为接口（Interface），在第 N 层和第（N+1）层之间的接口称为 N/（N+1）层接口。总的来说，协议是不同机器同等功能层之间的通信约定，而接口是同一机器相邻功能层之间的通信约定。不同的网络，分层数量、各层的名称和功能以及协议都各不相同。然而，在所有的网络中，每一层的目的都是向它的上一层提供一定的服务。

协议层次化不同于程序设计中模块化的概念。在程序设计中，各模块可以相互独立，任意拼装或者并行，而层次则一定有上下之分，它是依数据流的流动而产生的。组成不同计算机同等功能层的实体称为对等进程。对等进程不一定必须是相同的程序，但其功能必须完全一致，且采用相同的协议。

分层设计方法将整个网络通信功能划分为垂直的层次集合后，在通信过程中下层将向上层隐蔽下层的实现细节。但层次的划分应首先确定层次的集合及每层应完成的任务。划分时应按逻辑组合功能，并具有足够的层次，可以使每层小到易于处理。同时层次也不能太多，以免产生难以负担的处理开销。

计算机网络体系结构是网络中分层模型以及各层功能的精确定义。对网络体系结构的描述必须包括足够的信息，使实现者可以为每一功能层进行硬件设计或编写程序，并使之符合相关协议。需要注意的是，网络协议实现的细节不属于网络体系结构的内容，因为它们隐含在机器内部，对外部说来是不可见的。

2.2.2　OSI/RM 体系结构

为了实现异构网络的互联，为了推动计算机网络向更加统一、更大规模、更高阶段的方向发展，国际标准化组织（International Organization for Standardization，ISO）于 1979 年提出了一个不基于具体机型、具体操作系统以及具体某一网络体系结构，能使所有网络及网络设备实现互联的开放网络模型，即开放系统互连-参考模型（Open System Interconnection-Recommended Model，　OSI-RM），并于 1983 年正式公布了基于此模型的一系列网络互联参考标准。这里的“开放”是指能够使任何两个遵守参考模型和有关标准的系统进行连接，而“互联”则是指能够将不同的系统互相连接起来，以达到共享资源、交换信息、分布处理和分布应用的目的。

（1）OSI 的分层结构

开放系统互联参考模型 OSI 采用分层的结构化体系，共分为七层，从下到上依次为物理层、数据链路层、网络层、传输层、会话层、表示层和应用层。其体系结构如图 2.19 所示。

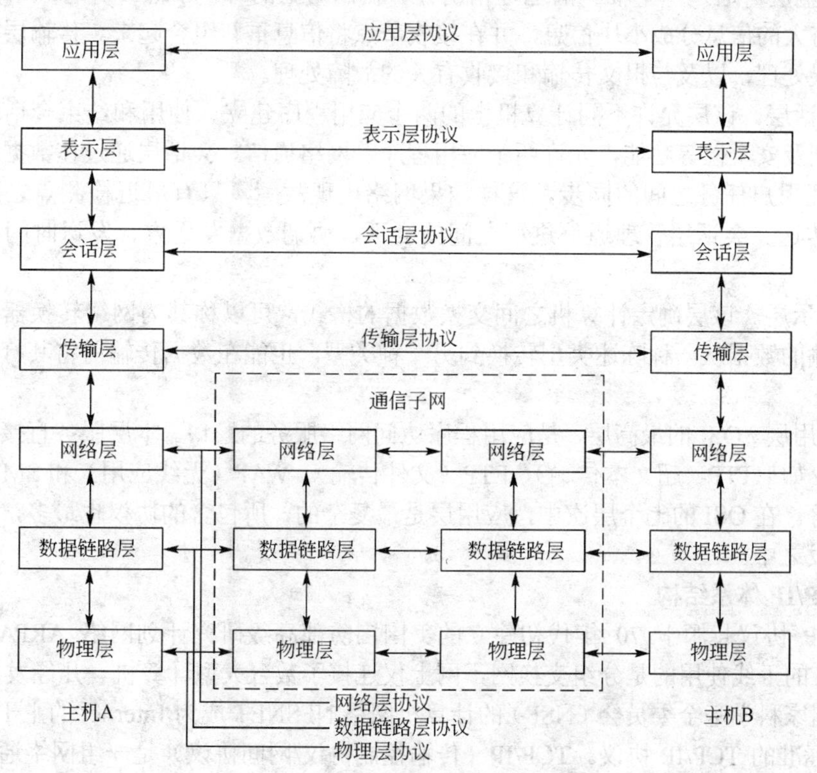

图 2.19　OSI 参考模型

（2）OSI 模型各层之间的关系

OSI 模型的每层包含了不同的网络活动，从底层到高层依次是物理层、数据链路层、网络层、传输层、会话层、表示层和应用层，各层之间相对独立，又存在一定的关系。OSI 参考模型各层功能的简单描述如图 2.20 所示。

① 物理层。OSI 模型的最底层，也是 OSI 分层结构体系中最重要和最基础的一层。该层建立在通信介质基础之上，实现设备之间的物理接口。物理层定义了数据编码和流同步，确保发送方与接收方之间的正确传输；定义了比特流的持续时间及比特流如何转换为可在通信介质上传输的电信号或光信号；定义了电缆线如何连接到网络适配器，并定义了通信介质发送数据采用的技术。

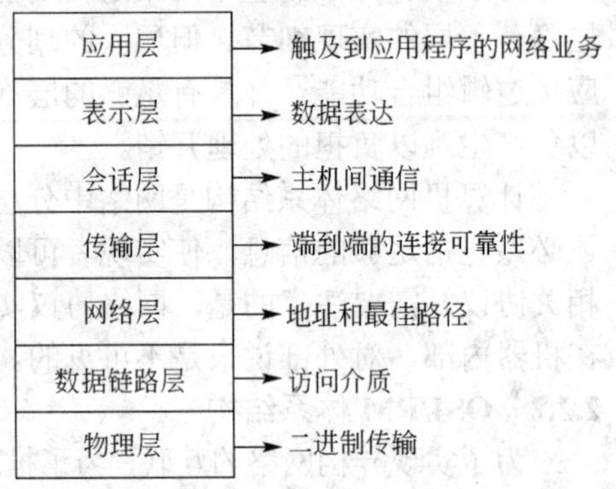

图 2.20　OSI 参考模型各层功能描述

② 数据链路层。该层负责从网络层向物理层发送数据帧，数据帧是存放数据的有组织的逻辑结构，接收端将来自物理层的比特流打包为数据帧。该层含媒体访问控制子层和逻辑链路控制子层。数据链路层指明将要发送的每个数据帧的大小和目标地址，以将其送到指定的接收者。该层提供基本的错误识别和校正机制，以确保发送和接收的数据一样。

③ 网络层。该层负责信息寻址及将逻辑地址和名字转换为物理地址，决定从源计算机到目的计算机之间的路由，并根据物理情况、服务的优先级和其他因素等确定数据应该经过的通道。网络层还管理物理通信问题，如报文交换、路由和数据流量控制等。

④ 传输层。通过一个唯一的地址指明计算机网络上的每个节点，并管理节点之间的连接。同时将大的信息分成小块信息，并在接收节点将信息重新组合起来。传输层提供数据流控制和错误处理，以及与报文传输和接收有关的故障处理。

⑤ 会话层。该层允许不同计算机上的两个应用程序建立、使用和结束会话连接，并执行身份识别及安全性等功能，允许两个应用程序跨网络通信。会话层通过在数据流上放置检测点来保证用户任务之间的同步，这样如果网络出现故障，只有最近检测点之后的数据才需要重新传送。会话层管理通信进程之间的会话，协调数据发送方、发送时间和数据包的大小等。

⑥ 表示层。该层确定计算机之间交换数据的格式，可以称其为网络转换器。它负责把网络上传输的数据从一种陈述类型转换到另一种类型，也能在数据传输前将其打乱，并在接收端恢复。

⑦ 应用层。OSI 的最高层，是应用程序访问网络服务的窗口。本层服务直接支持用户的应用程序，如 HTTP（超文本传输）、FTP（文件传输）、WAP（无线应用）和 SMTP（简单邮件传输）等。在 OSI 的七个层次中，应用层是最复杂的，所包含的协议也最多，有些还处于研究和开发之中。

2.2.3　TCP/IP 体系结构

TCP/IP 协议起源于 70 年代初建立的美国国防部高级研究计划网络 ARPANET。当时 ARPANET 的干线使用的是分组交换网，网上仅连接了数台大型计算机。几经发展，到 1990 年，美国国家科学基金委员会（NSF）的计算机网络 NFSNET 成为 Internet 的主干网。Internet 采用工业标准的 TCP/IP 协议。TCP/IP（传输控制协议/网间协议）是一组网络通信协议，它规范了网络上的所有通信设备，尤其是一个主机与另一个主机之间的数据往来格式及传送方式。其中最有名的是TCP协议和IP协议，由于对网络通信最重要的是IP协议，所以采用TCP/IP协议的网络也称为IP网络。TCP/IP既可用于广域网（WAN），也可用于局域网（LAN），TCP/IP的协议和软件经受了长期应用的考验，是Internet的基础协议。

TCP/IP协议能够唯一地确定Internet中任一台主机的位置，在Internet中几乎可以无差错地传送数据。对Internet用户来说，并不需要了解网络协议的整个结构，仅需了解IP的地址格式，即可与世界各地进行网络通信。

TCP/IP协议体系是因其两个著名的协议TCP和IP而得名的。TCP/IP协议体系在和OSI的竞争中取得了决定性的胜利，得到了广泛的认可，成为了事实上的网络协议体系标准。

TCP/IP协议体系也是一种分层的结构，共分为4层：网络接口层（Network Interface Layer）、互联网层（Internet Layer）、传输层（Transport Layer）和应用层（Application Layer）。其中网络接口层对应于OSI模型的第1层（物理层）和第2层（数据链路层），互联网层对应于OSI模型的第3层（网络层），传输层对应于OSI模型的第4层（传输层），应用层对应于OSI模型的第5层（会话层）、第6层（表示层）和第7层（应用层）。其对应关系如图2.21所示。

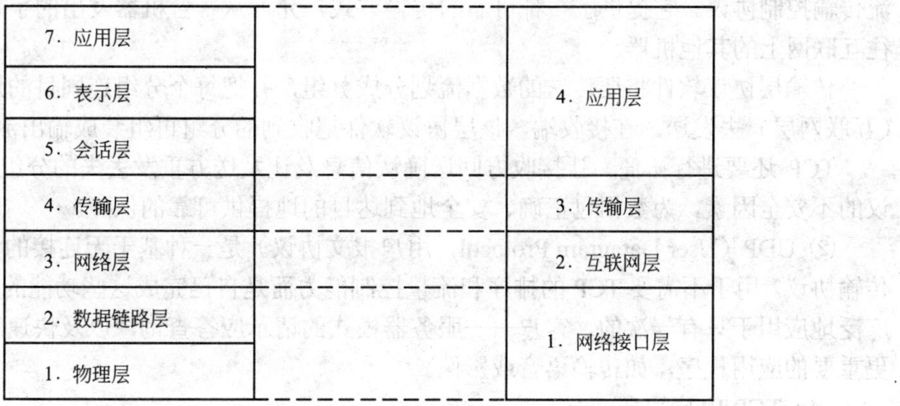

7. 应用层	4. 应用层
6. 表示层	
5. 会话层	
4. 传输层	3. 传输层
3. 网络层	2. 互联网层
2. 数据链路层	1. 网络接口层
1. 物理层	

图 2.21 OSI参考模型与TCP/IP模型对应关系

（1）TCP/IP网络接口层

网络接口层也称为数据链路层，它是TCP/IP的最底层，提供TCP/IP协议与各种物理网络的接口，要求主机必须使用某种协议与网络连接，以便能在其上传递IP分组。

由于TCP/IP网络接口层完全对应于OSI模型的物理层和数据链路层，因此，其协议也与OSI的最低两层协议基本相同。

（2）TCP/IP互联网层

互联网层（Internet Layer）简称IP层，它是整个体系结构的关键部分。它处理机器之间的通信，使主机可以把分组发往任何网络并使分组独立地传向目标（可能经由不同的网络）。其主要功能为管理IP地址、路由选择和数据包的分片与重组。

网络接口层只提供简单的数据流传送任务，而不负责数据的校验和处理，这些工作是互联网层的主要任务。它接受来自下一层的请求，传输某个具有目的地址信息的分组。该层把分组封装到IP数据报中，填入数据报的首部（也称为报头），使用路由算法来选择是直接把数据报发送到目标机还是把数据报发送给路由器，然后再把数据报交给下面的网络接口层中的对应网络接口模块。该层还可处理接收到的数据报，检验其正确性，并使用路由算法来决定对数据报是在本地进行处理还是继续向前传送。

互联网层的主要协议有以下几种。

① IP（Internet Protocol，网间网协议）。是正式的分组格式和协议。为其上层（传输层）

提供互联网络服务，并提供主机与主机之间的数据报服务。该协议是互联网层最主要的协议。

② ICMP（Internet Control Message Protocol，控制报文协议）。提供控制和传递消息的功能。

③ ARP（Address Resolution Protocol，地址解析协议）。将已知的 IP 地址映射到相应的 MAC 地址。

④ RARP（Reverse Address Resolution Protocol，反向地址解析协议）。将已知的 MAC 地址映射到相应的 IP 地址。

（3）TCP/IP 传输层

传输层的基本任务是提供应用层之间的通信，即端到端的通信。传输层管理信息流，提供可靠的传输服务，以确保数据无差错的、按序到达。为了这个目的，传输层协议软件要进行协商，让接收方回送确认信息及让发送方重发丢失的分组。

传输层定义了两个端到端协议。

① TCP（Transmission Control Protocol，传输控制协议）是一种基于连接、可靠的字节流传输控制协议。它提供了一种可靠的传输方式，允许从一台机器发出的字节流无差错地发往互联网上的其他机器。

传输层协议软件将要传送的数据流划分成分组，并把每个分组连同目的地址交给下一层（互联网层）去发送。在接收端，该层协议软件把收到的分组再组装成输出流。

TCP 还要进行协商，让接收方回送确认信息及让发送方重发丢失的分组。解决了 IP 协议的不安全因素，为数据包正确、安全地到达目的地提供可靠的保障。

② UDP（User Datagram Protocol，用户报文协议）是一种基于无连接的、不可靠的报文传输协议。用于不需要 TCP 的排序和流量控制能力而是自己完成这些功能的应用程序。它被广泛地应用于只有一次的、客户——服务器模式的请示应答查询，以及快速递交比准确递交更重要的应用程序，如传输语音或影像。

（4）TCP/IP 应用层

应用层包含了会话层和表示层，包含了所有高层协议，主要提供用户与网络的应用接口以及数据的表示形式。

应用层的主要协议有以下几种。

① 简单文件传输协议。

- TFTP（Trivial File Transfer Protocol，一般的文件传输协议）用以实现简单的文件传输。
- FTP（File Transfer Protocol，文件传输协议）用以实现主机之间文件传输。
- NFS（Network File Standard，网络文件服务标准协议）。

② 电子邮件协议。SMTP（Simple Mail Transfer Protocol，简单邮件传输协议）提供主机之间的电子邮件传输服务。

③ 远程登录协议。

- TELNET（Telecommunication Network，远程登录协议）用以实现远程登录，即提供终端到主机交互式访问的虚拟终端访问服务。
- RLOGIN（Remote Login，远程注册协议）用以对远程主机进行登录。

④ 网络管理协议。SNMP（Simple Network Management Protocol，简单网络管理协议）。

⑤ 域名管理协议。DNS（Domain Name Service，域名地址服务协议）用以提供域名和 IP 地址间的转换服务。

⑥ 超文本传输协议。HTTP（Hyper Text Transfer Protocol，超文本传输协议）用于对 Web 网页进行浏览。

TCP/IP 模型中的协议与网络的关系如图 2.22 所示。

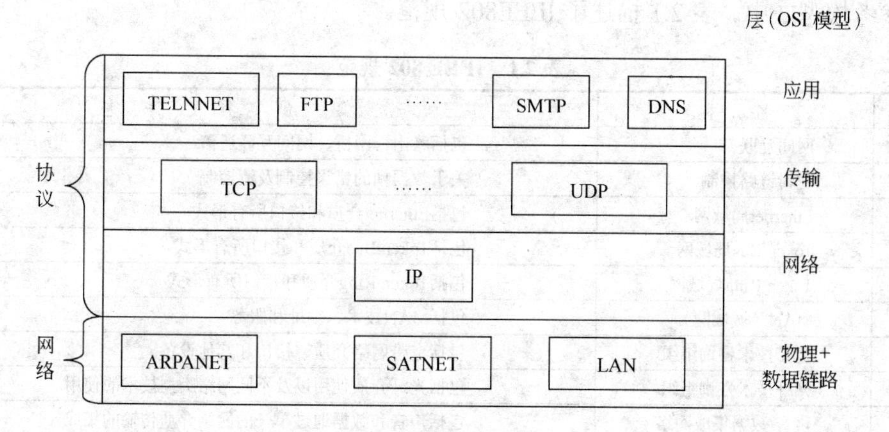

图 2.22　TCP/IP 模型中的协议与网络

2.2.4　IEEE802 体系结构

IEEE802 标准的局域网参考模型与 OSI/RM 的对应关系如图 2.23 所示，该模型包括了 OSI/RM 最低两层（物理层和链路层）的功能，也包括网间互联的高层功能和管理功能。从图中可见，OSI/RM 的数据链路层功能，在局域网参考模型中被分成介质访问控制（Medium Access Control，MAC）和逻辑链路控制（Logical Link Control，LLC）两个子层。

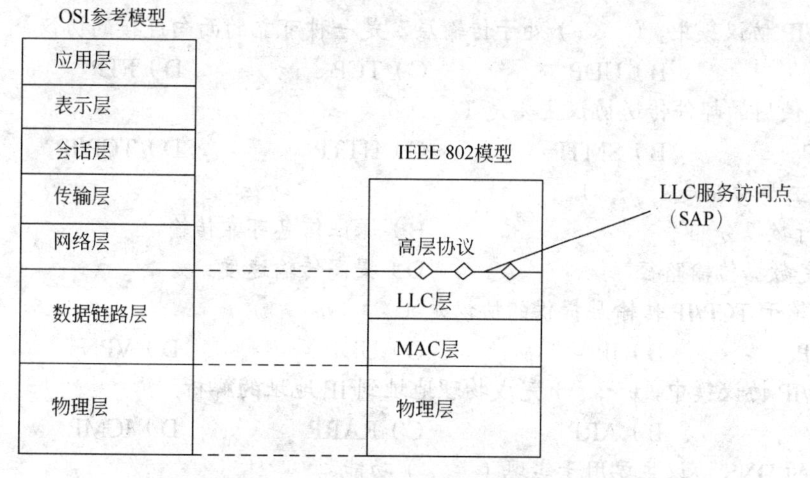

图 2.23　IEEE 802 参考模型与 OSI/RM 的对应关系图

各层的功能如下。

① 物理层。用以传输出比特流并确定物理层有关特性。

② 数据链路层。数据以帧为单位传送，由于要解决介质访问控制问题又分为两个子层。介质访问控制 MAC 子层。主要功能是帧的封装和拆封、物理介质传输差错的检测、寻址、实现介质访问控制协议；逻辑链路控制子层的主要功能是连接管理（建立和释放连接）、与高层的接口、帧的可靠、按序传输及流量控制。

③ 逻辑链路控制 LLC 子层。主要功能是连接管理（建立和释放连接）、与高层的接口、帧的可靠、按序传输及流量控制。

④ 网络层。由于一般共享信道局域网没有路径选择问题，可以不设，但将所属网络层功能的通过访问点支持同多个站点的通信，交由数据链路层完成。

在国际标准化组织推出 OSI 参考模型前，IEEE 已经有了一些标准，许多标准被应用到了 OSI 参考模型之中。表 2.1 描述了 IEEE802 规范。

表 2.1 IEEE 802 规范

标准	名称	解释
802.1	网间互联	包括路由、网桥、网间互联通信
802.2	逻辑链路控制	关于数据帧的错误控制及流控制
802.3	Ethernet局域网	包括Ethernet介质和接口所有形式
802.4	Token Bus局域网	包括Token Bus介质和接口所有形式
802.5	Token Ring局域网	包括Token Ring介质和接口所有形式
802.6	MAN（城域网）	包括MAN技术、编址和服务
802.7	宽带技术咨询组织	包括宽带网络介质、接口和其他设备
802.8	光纤技术咨询组织	包括光纤介质使用以及不同网络类型技术的使用
802.9	声音/数据集成网络	包括声音和数据通过单一的网络介质传输的集成
802.10	网络安全性	包括网络访问控制、加密、验证或其他安全主题
802.11	无线网络	对于多种广播频率及技术的无线网络标准
802.12	高速网络	包括100BASEVG-AnyLAN在内的各种100Mbps技术

本章习题

1. 选择题

（1）在 TCP/IP 协议簇中，（　　）处于传输层，是一种可靠的面向连接的协议。

A）IP　　B）UDP　　C）TCP　　D）FTP

（2）Internet 使用的邮件传送协议主要是（　　）。

A）FTP　　B）SMTP　　C）HTTP　　D）TCP/IP

（3）TCP 的主要功能是（　　）。

A）进行数据分组　　B）保证信息可靠传输

C）确定数据传输路径　　D）提高传输速度

（4）以下不属于 TCP/IP 传输层提供的协议是（　　）。

A）TCP　　B）IP　　C）UDP　　D）VPN

（5）在 TCP/IP 协议簇中，（　　）完成物理地址到 IP 地址的解析。

A）IP　　B）ARP　　C）RARP　　D）ICMP

（6）应用层的 DNS 协议主要用于实现（　　）功能。

A）域名到 IP 地址的映射　　B）MAC 地址到 IP 地址的映射

C）进程地址到 IP 地址的映射　　D）域名到 MAC 地址的映射

（7）在常用的传输介质中，（　　）的带宽最宽、信号传输衰减最小、抗干扰能力最强。

A）双绞线　　B）同轴电缆　　C）光纤　　D）微波

（8）以下关于网关的描述哪一个是错误的（　　）？

A）网关工作在高层，所以它的功能比路由器强

B）网关的主要功能是高层协议的转换

C）常用的网关有数据库网关和电子邮件网关等

D）由于网关工作在高层，所以网关只能实现广域网之间的互联

（9）在 TCP/IP 的传输层中，面向连接的、可靠的传输协议是（　　）。

A）IP　　B）TCP　　C）UDP　　D）FTP

（10）在网络层中，数据包中的地址使用（ ）。

A）域名 B）端口地址 C）IP 地址 D）MAC 地址

（11）OSI/RM 模型将协议体系结构分成（ ）个层次。

A）2 B）4 C）5 D）7

（12）为了延长信号在通信线路上的传输距离，可以使用（ ）。

A）网关 B）路由器 C）桥接器 D）中继器

（13）IEEE 802 网络协议体系对应于 ISO/RM 的（ ）。

A）数据链路和物理层 B）应用层和物理层

C）网络层、数据链路和物理层 D）应用层和表示层

（14）下列传输介质中带宽最大的是（ ）。

A）微波 B）双绞线 C）同轴电缆 D）光缆

（15）Switch 是指（ ）。

A）网卡 B）路由器 C）集线器 D）交换机

（16）在 OSI 参考模型中，实现数据加密和压缩等功能应在（ ）。

A）会话层 B）网络层 C）物理层 D）表示层

2. 简答题

（1）简述网络通信介质的种类。

（2）简述网络协议的概念和组成。

（3）简述 OSI/RM 体系结构。

（4）试分析 TCP/IP 与 OSI/RM 协议体系的层次对应关系。

第3章　数据通信技术

计算机网络是计算机技术和通信技术的结合。通信是通过某种媒体进行的信息传递。在古代，人们通过飞鸽传书、烽火报警等方式进行信息传递。到了今天，随着科学技术的飞速发展，相继出现了无线电、固定电话、移动电话、互联网甚至可视电话等多种通信方式。通信技术拉近了人与人之间的距离，深刻改变了人类的生活方式和社会面貌。

3.1　数据通信系统

3.1.1　数据通信的常用术语

（1）信息、数据和信号

① 信息。通信的目的就是传递信息。不同领域对信息有着不同的定义。普遍的观点认为，信息是人们对现实世界事物存在方式和运动状态的某种认识，是客观事物的属性和相互联系特性的表现，反映了客观事物的存在形式和运动状态。上述定义表明，信息是人脑对客观物质的反映，它既可以是对物质的形态、大小、结构、性能等特性的描述，也可以是物质与外部的联系。表现信息的具体形式可以是数据、文字、图形、声音、图像和动画等，这些“图文声符号”本身不是信息，它所表达的“意思”或“意义”才是信息。

② 数据。数据是把事物某些属性规范化后的表现形式。它可以被识别，也可以被描述。狭义的“数据”通常是指具有一定数据特征的信息，例如统计数据、测量数据、气象数据和计算机中区别于程序的一些计算机数据等。在计算机网络中，数据通常被广义地理解为在网络中存储、处理和传输的二进制数字编码，即“信息的数字化形式”或“信息的二进制表示形式”。

数据分为模拟数据和数字数据。模拟数据是指在某个区间内连续变化的值。例如，声音和视频是幅度连续变化的波形，温度和压力（传感器收集的数据）也是连续变化的值。数字数据在某个区间内是离散的值。例如，文本信息和整数等。

③ 信号。信号是数据在传输过程中的表示形式，是用于传输的电子、光或电磁编码。

信号分为模拟信号和数字信号。模拟信号（也称为连续信号）是随时间连续变化的电流、电压或电磁波。见图3.1（a），用模拟信号表示要传输的数据，是指利用其某个参量（如幅度、频率或相位等）的变化来表示数据。数字信号（也称为离散信号）是一系列离散的电脉冲。见图3.1（b），用数字信号表示要传输的数据，是指利用其某一瞬间的状态来表示数据。

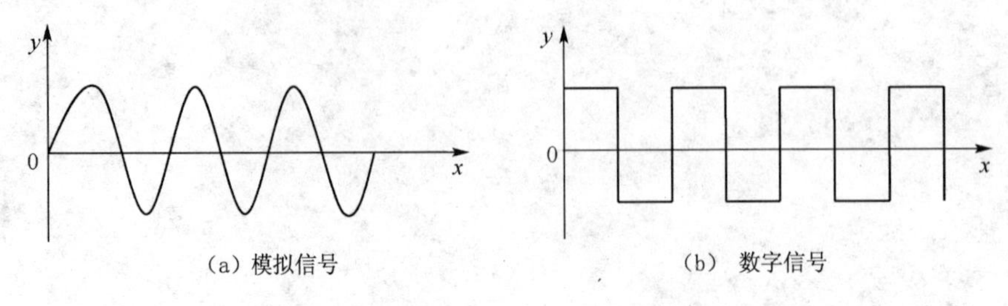

（a）模拟信号　　（b）数字信号

图3.1　模拟信号和数字信息的波形

④ 信息、数据和信号。从上面的表述中可以得出如下结论：数据是信息的载体，信息是数据的内容和解释，而信号是数据的编码。

（2）模拟信道和数字信道

数据通信是指发送方将要发送的数据转换成信号，并通过物理信道传送到接收方的过程。由于信号可以是模拟信号，也可以是数字信号，因此传输信道被分为模拟数据信道和数字数据信道，简称模拟信道和数字信道。依此，数据通信又分为模拟通信和数字通信。

① 模拟通信。模拟通信是指在模拟信道以模拟信号的形式来传输数据。有以下两种形式。

a．模拟信道传输模拟数据，例如，声音在普通电话系统中的传输。

b．模拟信道传输数字数据，例如，通过电话系统实现两个计算机（数字设备）之间的通信。由于电话系统只能传输模拟信号，所以需通过调制解调器（Modem）进行数字信号与模拟信号的转换。

② 数字通信。数字通信是指在数字信道以数字信号的形式来传输数据。数字数据通信是用数字信道传输数据，有以下两种形式：

a．数字信道传输模拟数据，用编码解码器（CODEC）完成，原理与 Modem 相似；

b．数字信道传输数字数据，例如，将两个计算机通过接口直接相连。

模拟数据通信在长距离传输时，需用放大器增加电信号中的能量，虽克服了衰减，但增加了噪声。而数字数据通信在长距离传输时，需用中继器（重发器）提取并重发数字信号，既克服了衰减，又克服了噪声。

数据以信息的形式在网络中传播。一次通信中，发送信号的一端是信源，接收信号的一端是信宿。信源和信宿之间要有通信线路才能互相通信。用通信术语来说，通信线路称为信道，所以信源和信宿之间的信号交换是通过传送信道才能进行的。不同物理性质的信道对通信速率和传输质量影响也有不同。另外，信号在传输过程中也可能受到外界的干扰，这种干扰成为噪声。不同的物理通道对各种干扰的感受程度不同。例如，如果信道上传输的是电信号，就会受到外界电磁场的干扰，光纤信道则没有这种担忧。以上描述通信方式是很抽象的，它忽略了具体通信中物理过程的技术细节。由以上描述得到的通信系统模型如图 3.2 所示。

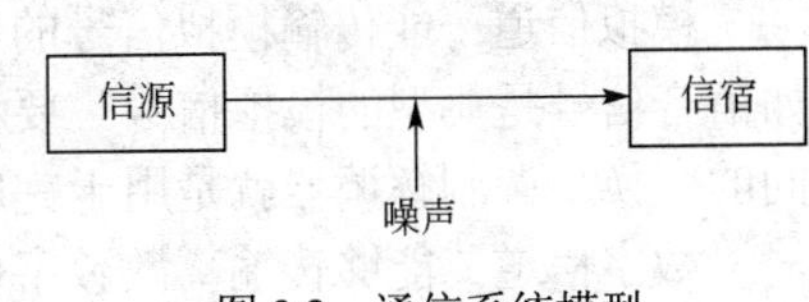

图 3.2　通信系统模型

3.1.2　数据通信系统的组成

数据通信是计算机与计算机或计算机与终端之间的通信，是以实现数据传输、交换、存储和处理的系统。比较典型的数据通信系统主要由信息号源、发送设备、信道（传输系统）、接收设备和接收器五部分组成，如图 3.3 所示。

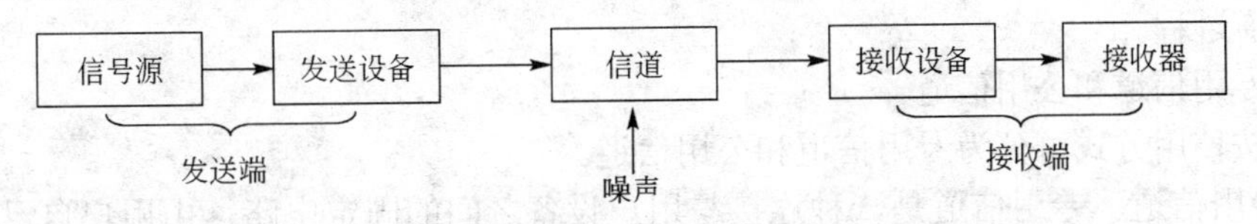

图 3.3　数据通信系统的组成

（1）发送端

发送端是发送信号的一端，它包括以下两个必须部分。

信号源：产生要传输数据的计算机或服务器等设备。例如，文字输入到 PC 机，产生数字比特流。

发送设备：通常信号源生成的数据要通过发送设备编码后，才能够在传输系统中进行传输。例如，调制解调器将 PC 机输出的数字比特流转换成能够在用户电话线上传输的模拟信号。

（2）接收端

接收端是接收发送端发送的信号的一端。它包括以下两个必须的部分。

接收设备：接收传输系统传送过来的信号，并将其转换为能够被目的设备处理的信息。例如，调制解调器接收来自传输系统线路上的模拟信号，将其转换成数字比特流。

接收器：又称为目的站，获取传送来的信息。

（3）传输系统

在源系统和目的系统之间的传输系统可能是最简单的传输线，也可能是连接在源系统和目的系统之间的复杂网络。如双绞线通道、同轴电缆通道、光纤通道或无线电波通道等，当然还包括线路上的交换机、路由器等设备。

3.1.3 数据通信系统的分类

信道是信号传输的通道，包括传输介质和通信设备。传输介质可以是有形的介质，如双绞线、电缆、光纤等，也可以是无形介质，如传输电磁波的空间。信道可以按照不同的方法分类，常用分类方法如下。

（1）有线信道和无线信道

信道按所使用的传输介质分类，可分为有线信道和无线信道两类。

有线信道：使用有形介质作为传输介质和信道称为有线信道，包括电话线、双绞线、同轴电缆和光缆等。

无线信道：以电磁波在空间传播的方式传输信息的信道称为无线信道，包括无线电、微波、红外线和卫星通信信道等。

（2）模拟信道和数字信道

模拟信道：能传输模拟信号的信道称为模拟信道。模拟信号的电平随时间连续变化，例如语音信号是典型的模拟信号。要利用模拟信道传输数字信号，必须经过数字与模拟信号之间的变换。调制解调器就是用于完成这种变换的。

数字信道：能够传输离散数字信号的信道称为数字信道。离散数字信号在计算机中是指由“0”和“1”二进制代码组成的数字序列。当利用数字信道传输数字信号时不再需要进行变换，而通常需要进行数字编码。

在数字通信系统中，如果信号源发出的是模拟信号，要经过信源编码器对模拟信号进行调制编码，将其变换为数字信号。如果信源发出的是数字信号，要对其进行编码。信源编码有两个主要作用：一个是实现数/模的转换；另一个是降低信号的误码率。而信源译码则是信源编码的逆过程。

（3）专用信道和公用信道

信道按使用方式可分为专用信道和公用信道。

① 专用信道。专用信道是一种连接与用户设备之间的固定电路，由用户自己架设或向电信部门租用。采用专用电路时有两种连接方式，一种是点对点连接，另一种是多点连接。专用信道一般用于短距离和数据传输量比较大的网络需求情况。

② 公用信道。也称为公共交换信道。它是一种通过交换机转接，为大量用户提供服务的信道。采用公共信道时，用户与用户之间的通信需要通过交换机到交换机之间的电路转接，其路径不是固定的。例如，公共电话网就属于公用信道。

对于不同的信道，其特性和使用方法有所不同。数据传送从本质上说都属于两台计算机通过一条通信信道相互通信问题。数据在计算机中是以离散的二进制数字信号来表示的。但在数据通信过程中，是传输数字信号还是传输模拟信号，主要取决于选用的通信信道所所允许的传输信号类型。

3.2 数据调制与编码技术

在数据通信中，要传输的数据需要转换成信号才能在信道中传输。而数据可分为模拟数据和数字数据，信号也可分为数字信号和模拟信号。除了模拟数据的模拟信号可以直接在模拟信道上传输外（但是，大多数情况也需要编码），其余的传输均需进行编码。

需要说明的是，将模拟数据或数字数据编码为模拟信号通过传输介质发送出去的过程通常叫做调制。

3.2.1 模拟数据的模拟信号调制

模拟数据以模拟信号传输时可以直接在模拟信道上传输，但是，出于天线尺寸和抗干扰等诸多问题的考虑，一般也需要进行调制，其输出信号是一种带有输入数据的、频率极高的模拟信号。其调制技术有三种：调幅、调频和调相，其中最常用的是调幅和调频，如调频广播。

（1）幅度调制

幅度调制是指载波的幅度会随着原始模拟数据的幅度变化而变化的技术。载波的幅度会在整个调制过程中变化，而载波的频率是相同的。

（2）频率调制

频率调制是一种使高频载波的频率随着原始模拟数据的幅度变化而变化的技术。载波的频率会在整个调制过程中波动，而载波的幅度是相同的。

3.2.2 数字数据的数字信号编码

数字数据的数字信号编码，就是要解决数字数据的数字信号表示问题，即通过对数字信号进行编码来表示数据。数字信号编码的工作由网络上的硬件完成，常用的编码方法有以下三种：不归零码 NRZ（Non-Return To Zero）、曼彻斯特编码（Manchester）、差分曼彻斯特编码（Difference Manchester）。

（1）不归零编码

不归零码又可分为单极性不归零码和双极性不归零码。图 3.4（a）所示为单极性不归零码：在每一码元时间内，没有电压表示数字“0”，有恒定的正电压表示数字“1”。每个码元的中心是取样时间，即判决门限为 0.5：0.5 以下为“0”，0.5 以上为“1”。图 3.4（b）所示为双极性不归零码：在每一码元时间内，以恒定的负电压表示数字“0”，以恒定的正电压表示数字“1”。判决门限为零电平：0 以下为“0”，0 以上为“1”。

不归零码是指编码在发送“0”或“1”时，在一码元的时间内不会返回初始状态（零）。当连续发送“1”或者“0”时，上一码元与下一码元之间没有间隙，使接收方和发送方无法保持同步。为了保证收、发双方同步，往往在发送不归零码的同时，还要用另一个信道同时发送同步时钟信号。计算机串口与调制解调器之间采用的是不归零码。

（2）自同步码

自同步码是指编码在传输信息的同时，将时钟同步信号一起传输过去。这样，在数据传输的同时就不必通过其他信道发送同步信号。局域网中的数据通信常使用自同步码，典型代表是曼彻斯特编码和差分曼彻斯特编码，如图 3.5 所示。

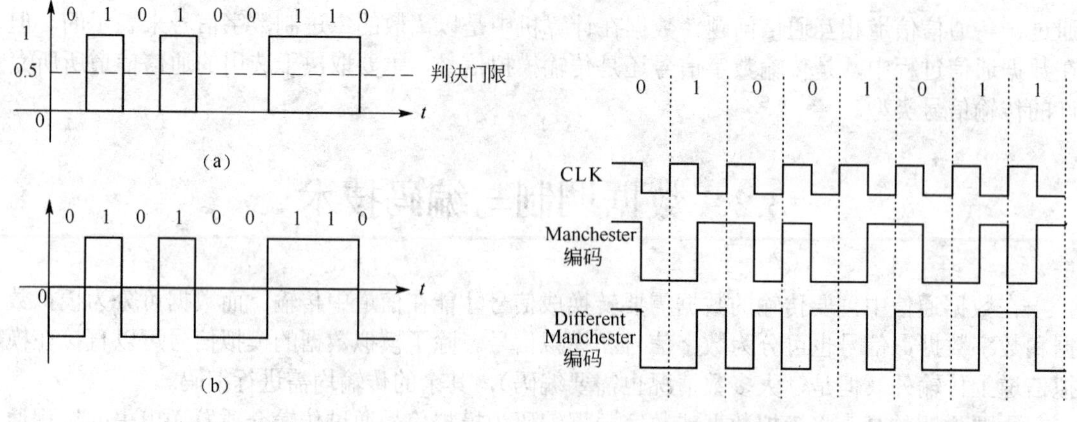

图 3.4 不归零码

图 3.5 曼彻斯特编码和差分曼彻斯特编码

曼彻斯特（Manchester）编码：每一位的中间（1/2 周期处）有一跳变，该跳变既作为时钟信号（同步），又作为数据信号。从高到低的跳变表示数字“0”，从低到高的跳变表示数字“1”。

差分曼彻斯特（Different Manchester）编码：每一位的中间（1/2 周期处）有一跳变，但是，该跳变只作为时钟信号（同步）。数据信号根据每位开始时有无跳变进行取值：有跳变表示数字“0”，无跳变表示数字“1”。

3.2.3 数字数据的模拟信号调制

要在模拟信道上传输数字数据，首先数字信号要对相应的模拟信号进行调制，即用模拟信号作为载波运载要传送的数字数据。载波信号可以表示为正弦波形式：$f(t)=A\sin(\omega t+\phi)$，其中幅度 A、频率 ω 和相位 ϕ 的变化均影响信号波形。因此，通过改变这三个参数可实现对模拟信号的编码。相应的调制方式分别称为幅度调制 ASK、频率调制 FSK 和相位调制 PSK。结合 ASK、FSK 和 PSK 可以实现高速调制，常见的组合是 PSK 和 ASK 的结合。

（1）幅度调制

幅度调制简称调幅，也称为幅移键控 ASK（Amplitude-Shift Keying），其调制原理：用两个不同振幅的载波分别表示二进制值“0”和“1”，如图 3.6 所示。

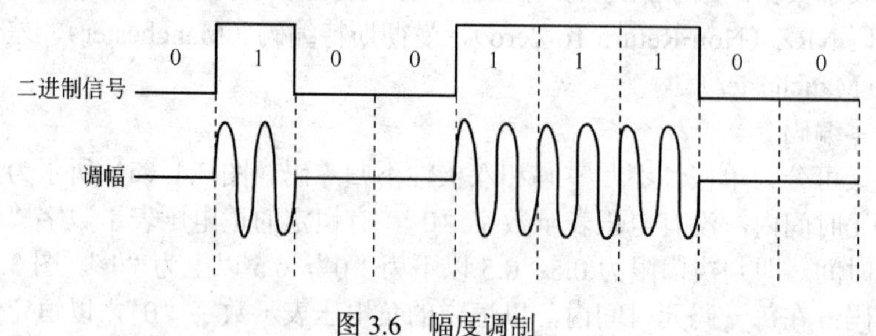

图 3.6 幅度调制

（2）频率调制

频率调制简称调频，也称为频移键控 FSK（Frequency-Shift Keying），其调制原理：用两个不同频率的载波分别表示二进制值“0”和“1”，如图 3.7 所示。

（3）相位调制

① 绝对相移键控。绝对相移键控用两个固定的不同相位表示数字“0”和“1”。如图 3.8（a）所示，相位 π 表示 1，相位 0 表示 0。

② 相对相移键控。相对相移键控用载波在两位数字信号的交接处产生的相位偏移来表示载波所表示的数字信号。最简单的相对调相方法是：与前一个信号同相表示数字“0”，相

位偏移 180 度表示“1”，如图 3.8（b）所示。这种方法具有较好的抗干扰性。

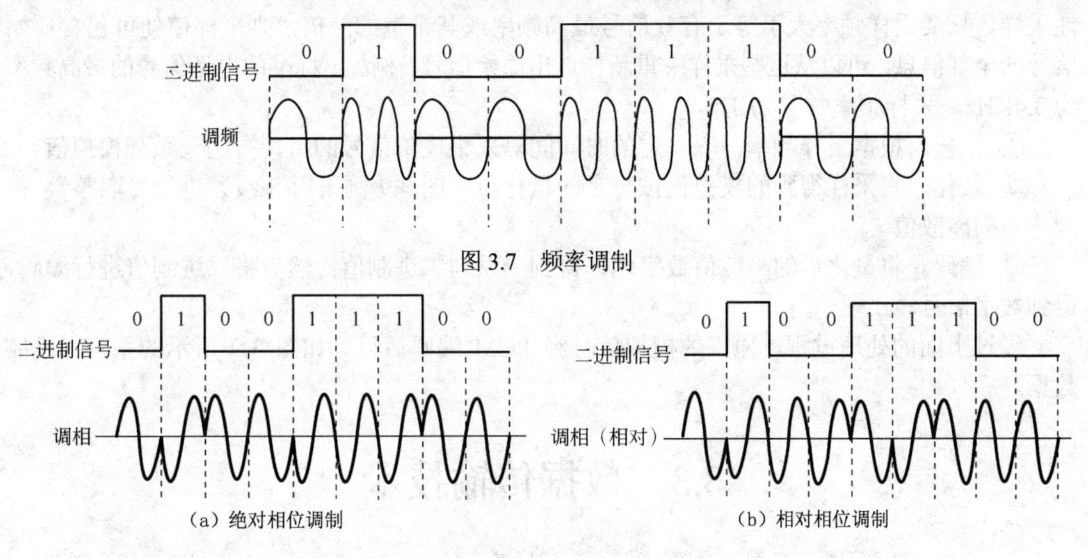

图 3.7　频率调制

图 3.8　相位调制

3.2.4　模拟数据的数字信号编码

由于数字信号传输具有失真小、误码率低、价格低和传输速率高等特点，所以常把模拟数据转换为数字信号来传输。将模拟数据转换为数字信号最常见的方法是脉冲编码调制 PCM（Pulse Code Modulation）技术，它包括 3 个步骤：采样、量化和编码，如图 3.9 所示。

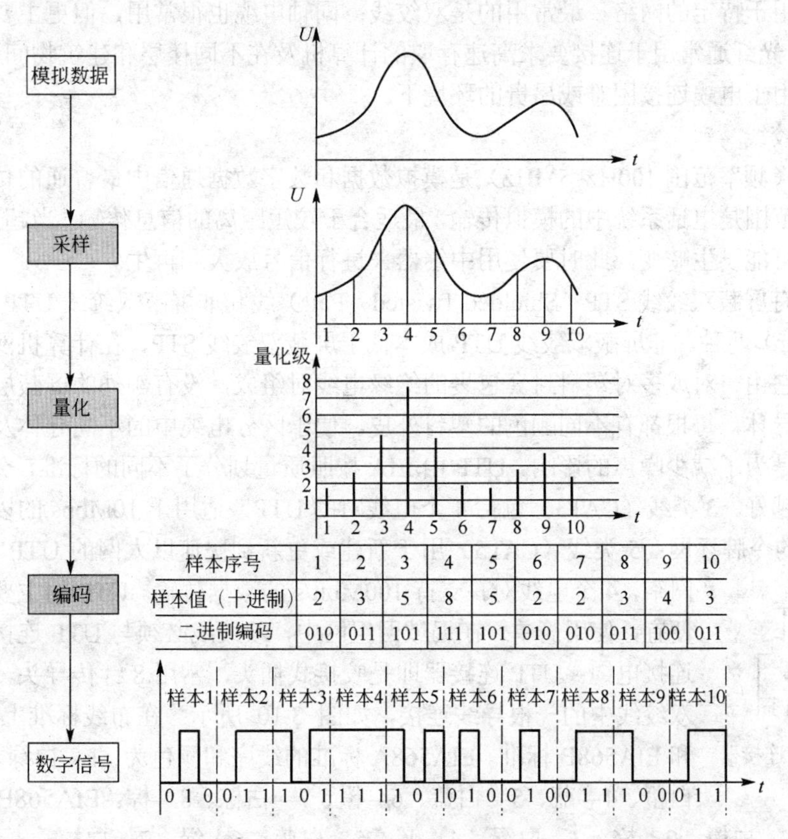

样本序号	1	2	3	4	5	6	7	8	9	10
样本值（十进制）	2	3	5	8	5	2	2	3	4	3
二进制编码	010	011	101	111	101	010	010	011	100	011

图 3.9　脉冲编码调制过程

PCM 的理论基础是奈奎斯特（Nyquist）采样定理：若对连续变化的模拟信号进行周期性采样，只要采样频率大于等于有效信号最高频率或其带宽的两倍，则采样值便可包含原始信号的全部信息，可以从这些采样中重新构造出原始信号。例如，标准的电话信号的最高频率为 3.4KHz，采样频率常取 8KHz。

① 采样。根据采样频率，隔一定的时间间隔采集模拟信号的值，得到一系列模拟值。

② 量化。将采样得到的模拟值按一定的量化级（图 3.9 例采用 8 级）进行“取整”，得到一系列离散值。

③ 编码。将量化后的离散值数字化，得到一系列二进制值；然后将二进制值进行编码，得到数字信号。

经过上面的处理过程，原来的模拟信号经 PCM 编码后得到如图 3.9 所示的系列二进制数据。

3.3 数据传输技术

3.3.1 数据传输介质

网络的结构是由大量铜线电缆和光纤以及无线电波连接组成的。随着对更快的数据传输需要的不断增长，通信电缆电路和无线网络极大的扩展了。在这些不同介质上传输数据的方法也得到了发展。

目前有四种基本的介质类型：双绞线、同轴电缆、光纤和无线电波。各种介质都有各自的特点，适用于特定的网络。最常用的是双绞线；同轴电缆也很常用，但更主要应用在原来的 LAN 中；光纤通常用于连接要求高速存取的计算机及在不同楼层和建筑物间连接的网络；无线技术则用于电缆连接困难或昂贵的环境下。

（1）双绞线

双绞线（频率范围 100Hz~5MHz）是模拟数据和数字数据通信中最普通的传输媒体。它的主要应用范围是电话系统中的模拟传输，最适合于较短距离的信息传输。当超过几千米时，信号因衰减可能发生畸变，此时要使用中继器来进行信号放大和再生。

双绞线有屏蔽双绞线 STP（Shielded Twisted Pair）线和非屏蔽双绞线 UTP（Unshielded Twisted Pair）两种。非屏蔽双绞线 UTP 成本低于屏蔽双绞线 STP，在计算机网络中得到了广泛应用。它由一对或多对塑料封套包裹的绝缘电线对组成，没有额外的屏蔽层。一条双绞线包含两根导体，每根都有不同颜色的塑料外皮，便于区分电缆中的不同导体及对数。之所以是交叉的是为了减少噪声的影响。UTP 由 EIA 按照质量划分了不同的标准，分为 5 类，类别越高质量越好。3 类线（CAT3）包括 4 个电线对的 UTP，适用于 10Mbps 的以太网数据传输或 4Mps 的令牌环网；5 类线（CAT5）用于新建或更新到快速以太网的 UTP 形式及 ATM 网络，4 个电线对，支持 100Mbit/s 的数据传输。UTP 的主要优点是价格便宜，使用简单。在局域网组网中，双绞线必须与 UTP 连接器一起构成连接电缆。UTP 连接器即是咬接式插头，常用 8 针传导头，每个与四对双绞线中的一根导线连接，如图 3.10 所示。在布线标准上有 EIA568A 和 EIA568B 标准。EIA568A 标准的线序和颜色为：1—白绿、2—绿、3—白橙、4—蓝、5—白蓝、6—橙、7—白棕、8—棕。EIA568B 标准的线序和颜色为：1—白橙、2—橙、3—白绿、4—蓝、5—白蓝、6—绿、7—白棕、8—棕。

图 3.10 UTP 连接器

（2）同轴电缆

同轴电缆（频率范围 100Hz~500MHz）传输的带宽比双绞线宽，它采用中心导体和外层金属箔或网格构成，形成同心圆式结构。以下为几种规格的常用同轴电缆：

- RG-8、RG-9、RG-11 用于粗缆以太网；
- RG-58 用于细缆以太网；
- RG-59 用于 CATV 电视网。

前两种规格的同轴电缆主要用于传输数字信号，称为基带同轴电缆，后一种主要用于传输模拟信号，称为宽带同轴电缆。目前，基带同轴电缆的传输速率大都为 10Mb/s。宽带同轴电缆典型的传输速率为 100～150Mb/s。

同轴电缆连接器常用卡销式连接器（BNC），只需推入插口旋转半圈即可。此外，在细缆以太网中，用 T 型连接器及终端匹配器器。通过 T 型连接器可从总线上引出分支，终结器置于电缆末端，防止线路信号反射。

同轴电缆广泛地应用于有线电视网络，对于计算机通信，可以在计算机系统间提供高速 I/O 通道。但是它越来越受到光纤、地面微波和卫星通信的竞争。

（3）光纤

双绞线和同轴电缆中的信号是以电流形式传输的。在数据通信中，信号也可以是光信号，通过从激光器或发光二极管发出的光波在光纤维中进行数据传输。在光纤的外面，有玻璃包层，将光反射回光纤中心。光纤介质从传输的模数上，分为多模光纤和单模光纤两种。多模光纤对给定的光波波长上，携带几种光波，能以多个模式同时传输光信号，并根据光的不同折射率来控制不同模的速度，使光纤传输的信号各个部分能同时到达信宿。单模光纤携带单个频率的光信号将数据从光纤的一端传输到另一端。它的纤芯直径很小，只提供一条光通路，对于给定的光波波长只能以单一模式传输。

目前，光纤主要用于主干线，并将逐步替代 UTP 成为数据传输的主要介质。光纤的传输量主要由芯径的大小及纯度决定，目前光纤可以以 10GBps 速度可靠传输。光纤的规格有以下几种：

- 62.5/125　芯径 62.5、外层 125；
- 50/125　芯径 50、外层 125；
- 100/140　芯径 100、外层 140；
- 8.3/125　芯径 8.3、外层 125。

与双绞线和同轴电缆相比，光纤的容量更大，体积更小，重量更轻，能够进行噪声抑制，信号衰减小，而且带宽高，传输距离更长。由光纤组成的网段能跨越 1000m，整个网络的长度根据所使用的光纤类型有所不同，TIA/EIA 建议对多模光纤，网段应限制为 2km，对单模光纤网段长度为 3km。相对于双绞线和同轴电缆来说，费用昂贵，安装维护不容易。而且光纤的连接比双绞线和同轴电缆连接器要求精确，连接稍有差错就会导致光信号的错误。目前，厂家已开发出多种精密而易用的连接器。如 SC 系列等。

（4）无线传输介质

对于无线传输，发送和接收都是通过天线实现的。

① 地面微波。常用的传输频率范围为 2～40GHz。地面微波系统主要用于长途电信服务，可替代同轴电缆和光纤。也可以实现建筑物间的点对点短距离传输。比如连接两个局域网之间的数据链路。微波的频率越高，带宽越宽，传输速率越高。但是相邻的微波站必须能直视，不能有障碍物。微波传输有时也会受天气影响。

② 卫星微波。卫星传输的最佳频率范围是1～10GHz。一个通信卫星实际是一个微波中继站。它从上行频段接收来自地球站的传输信号，放大再生后，从下行频段发送出去。卫星通信广泛地应用于广播、电视系统，也用于公共电话网中交换局间的点对点的干线传输，如国际长途干线。卫星通信的最大特点是通信距离远，覆盖面大。

③ 无线电波。这里提到的无线电波指广播无线电波，有效频率范围是30MHz～1GHz，覆盖了广播FM，还包括UHF和VHF电视频段，一些数据联网应用也使用这一频率范围。无线电波可能通过各种传输天线产生全方位广播或有向发射。

④ 红外线。红外线被广泛的应用于近距离通信。最常见的是点到点系统，比如遥控器。带有红外设备的计算机可以连接到安装了红外发射器和接收器的本地局域网。红外线不能穿过墙壁，也容易被强光源盖住。

⑤ 蓝牙。蓝牙是一种支持设备短距离通信（一般10m内）的无线电技术。能在包括移动电话、PDA、无线耳机、笔记本电脑、相关外设等众多设备之间进行无线信息交换。利用“蓝牙”技术，能够有效地简化移动通信终端设备之间的通信，也能够成功地简化设备与因特网Internet之间的通信，从而数据传输变得更加迅速高效，为无线通信拓宽道路。蓝牙采用分散式网络结构以及快跳频和短包技术，支持点对点及点对多点通信，工作在全球通用的2.4GHz ISM（即工业、科学、医学）频段。其数据速率为1Mbps。采用时分双工传输方案实现全双工传输。

3.3.2 基带传输和宽带传输

（1）基带传输

基带是指离散矩形波固有的频带，基带信号是指离散矩形波（用0、1表示的离散矩形波信号），基带传输是指在信道中直接传输数字信号的传输方式，且传输媒体的整个带宽都被基带信号占用，双向地传输数据。

基带传输的频带可以从零赫兹（直流）到几百兆赫兹，甚至几千兆赫兹。由于传输线路的电容对传输信号的波形影响很大，因此传输距离不大于2.5KM，否则就要使用重发器来延长传输距离。电话通信线路一般不能满足基带传输要求。

（2）频带传输

频带传输就是先将基带信号变换（调制）成便于在模拟信道中传输的、具有较高频率范围的模拟信号（称为频带信号），再将这种频带信号在模拟信道中传输。

计算机网络的远距离通信经常采用频带传输，例如利用电话线的宽带ADSL接入。其基带信号与频带信号的转换是由调制解调技术完成的。

3.3.3 串行通信与并行通信

按照数据信号在信道上是以成组方式发送还是逐位发送可分为并行传输和串行传输。

并行传输是指数据信号以成组的方式在多个并行的信道上传输。其优点是传输速率高，但需要多条并行信道，增加线路成本。通常用于计算机内部或同一设备间的通信，如图3.11所示是ASCII码字符的传输。

串行传输是将信号比特逐位的在一条信道上传输，这种传输方式有利于减少信道的成本，适于远距离的信号传输。但是由于数据流是串行的，必须解决收发双方数据流的同步问题，否则，接收方对于接收的数据流的信息发生错误，如图3.12所示。

3.3.4 同步传输与异步传输

在数据通信系统中，当发送端与接收端采用串行通信时，通信双方交换数据要有高度的协同动作，即保证传输数据速率、每个比特的持续时间和间隔均相同，这就是同步问题。同步就是要保证接收方按照发送方发送的每个码元/比特起止时刻和速率来接收数据。否则，即使收、发端产生微小的误差，随着时间的增加，该误差会逐渐积累，最终也会造成收、发端之间的失调，使传输出错。

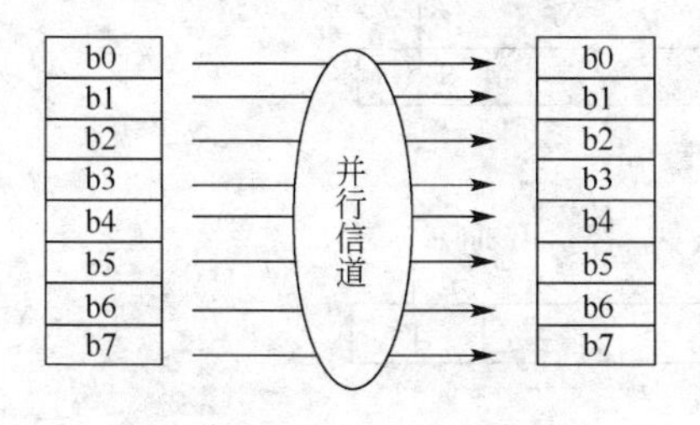

图 3.11　字符的并行传输

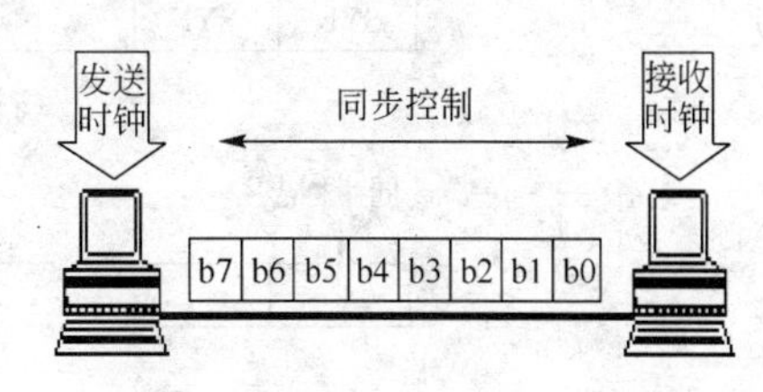

图 3.12　串行传输

实现数据传输同步有同步传输和异步传输两种方式（在利用数据编码的位同步基础上）。

（1）异步传输

异步传输以字符作为数据传输的基本单位。在传送的每个字符首末分别设置 1 位起始位以及 1 位或 2 位停止位，起始位是低电平（编码为“0”），停止位为高电平（编码为“1”）；字符可以是 5 位或 8 位，当字符为 8 位时停止位是 2 位，8 位字符中包含 1 位校验位。

当没有传输字符时，传输线一直处于停止位，即高电平。一旦接收端检测到传输线状态的变化，即从高电平变为低电平，就意味着发送端已开始发送字符，接收端立即启动定时机构，按发送的速率顺序接收字符。

如图 3.13 所示，各字符之间的间隔是任意的、非同步的，但在一个字符时间之内，收发双方的各数据位保持同步。

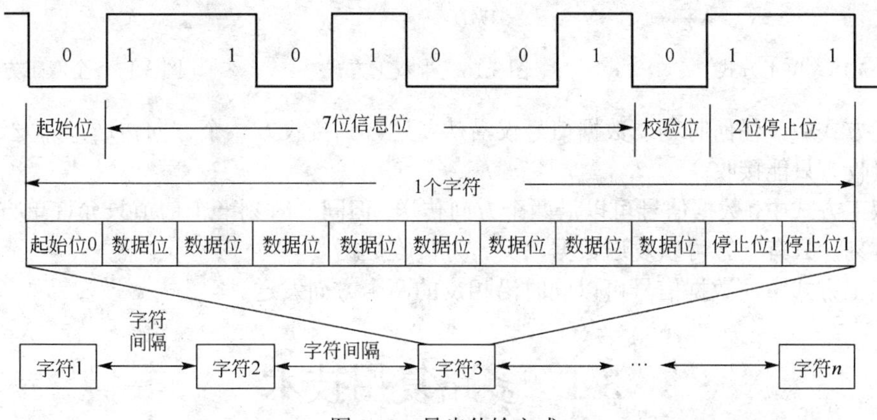

图 3.13　异步传输方式

异步传输实现简单，但开销大，因为每一个字符都需要额外的同步信息（起始位和停止位）。异步传输适用于低速（一般小于 1500b/s）的终端设备。

（2）同步传输

同步传输要求发送方和接收方时钟始终保持同步，即每个比特位必须在收发两端始终保持同步，中间没有间断时间。

同步传输又可分为面向字符的同步和面向位的同步，如图 3.14 所示。

面向字符的同步在传送一组字符之前加入 1 个（8bit）或 2 个（16bit）同步字符 SYN 使收发双方进入同步。同步字符之后可以连续地发送多个字符，每个字符不再需要任何附加位。接收方接收到同步字符时就开始接收数据，直到又收到同步字符时停止接收。

面向位的同步每次发送一个二进制序列，用某个特殊的 8 位二进制串 F（如 01111110）

作为同步标志来表示发送的开始和结束。

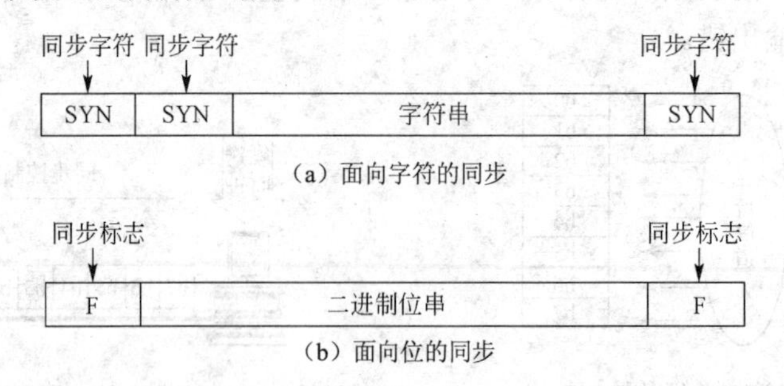

（a）面向字符的同步

（b）面向位的同步

图 3.14　同步传输方式

同步传输不是独立地发送每个字符，而是把字符或二进制序列组合为带有同步标志的数据块发送，一般称这样的数据块为数据帧，简称帧。随着数据比特的增加，同步标志所占开销的百分比将相应地减小，因此同步传输一般在高速传输数据的系统中采用。

3.3.5　单向传输与双向传输

按照数据信号在信道上的传送方向，数据在信道上的传送可分为三种方式：单工方式、半双工方式和全双工方式，分别如图 3.15、图 3.16 和图 3.17 所示。

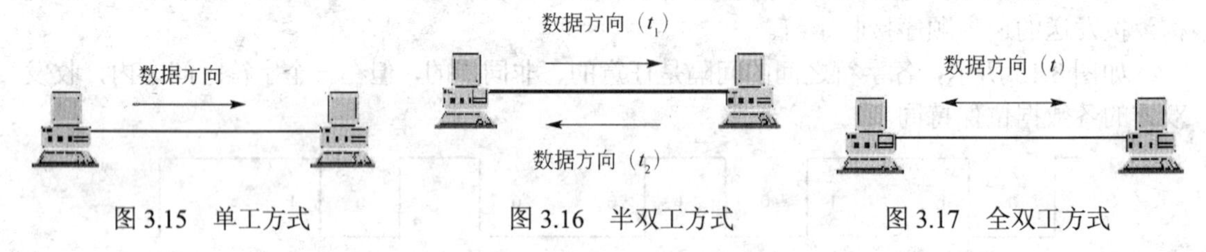

图 3.15　单工方式　　图 3.16　半双工方式　　图 3.17　全双工方式

单工方式中，任何时刻，数据信号仅沿从发送方到接收方一个方向传送，即发送方只能发送，接收方只能接收。

半双工方式中，数据信号可以沿两个方向传送，但同一时刻一个信道只允许单方向传送。即某个时刻，只有一方可以发送数据，另一方接收数据。

全双工方式中，数据信号可以同时沿相反的两个方向发送。

3.4　多路复用技术

多路复用（Multiplexing，也常简称为复用）在网络中是一个基本的概念，指的是在一条物理线路上传输多路信号来充分利用信道资源。采用多路复用的主要原因如下：

① 通信工程中用于通信线路架设的费用相当高，人们需要充分利用通信线路的容量；

② 无论在广域网还是局域网中，传输介质的传输容量往往都超过了单一信道传输的通信量。

多路复用的基本原理如图 3.18 所示。

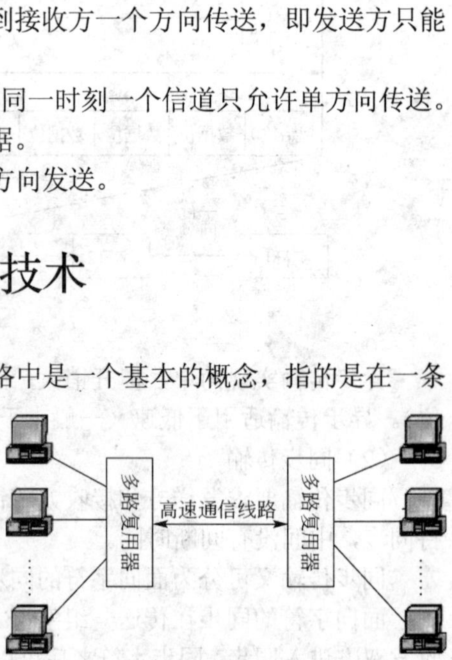

图 3.18　多路复用原理示意图

发送方将多个用户的数据通过复用器（Multiplexer）进行汇集，然后将汇集后的数据通过一条物理线路传送到接收设备。接收设备通过分用器

（Demultiplexer）将数据分离成各个单独的数据，再分发给接收方的多个用户。具备复用器与分用器功能的设备叫做多路复用器。这样我们就可以用一对多路复用器和一条通信线路来代替多套发送、接收设备与多条通信线路。

多路复用一般可分为以下几种基本形式：

① 频分多路复用 FDM（Frequency Division Multiplexing）；

② 时分多路复用 TDM（Time Division Multiplexing）；

③ 波分多路复用 WDM（Wavelength Division Multiplexing）；

④ 码分多路复用 CDM（Code Division Multiplexing）。

3.4.1 频分多路复用

（1）基本原理

频分多路复用的基本原理是：在一条通信线路上设计多路通信信道，每路信道的信号以不同的载波频率进行调制，各个载波频率是不重叠的，相邻信道之间用“警戒频带”隔离。那么，一条通信线路就可以同时独立地传输多路信号。

频分多路复用是利用带通滤波器实现的。

如果设计单个信道的带宽为 B_m，警戒信道带宽为 B_g，那么每个信道实际占有的带宽 $B=B_m+B_g$。由 N 个信道组成的频分多路复用系统所占用的总带宽为：$N\times B=N\times(B_m+B_g)$。

使用 FDM 的前提是：物理信道的可用带宽要远远大于各原始信号的带宽。FDM 技术成熟、实现简单，主要用于模拟信道的复用，广泛用于广播电视、宽带及无线计算机网络等领域。

（2）OFDM（正交频分复用）

OFDM 在无线网络中被广泛应用，其基本思想是将信道的可用带宽划分成若干相互正交的子载波，在每个子载波上独立进行数据传输，从而实现对高速串行数据流的低速并行传输。它由传统的频分复用（FDM）技术演变而来，区别在于 OFDM 是通过 DFT（离散傅立叶变换）和 IDFT 而不是传统的带通滤波器来实现子载波之间的分割。各子载波可以部分重叠，但仍然保持正交性，因而大大提高了系统的频谱利用率。此外，数据的低速并行传输增强了 OFDM 抵抗多径干扰和频率选择性衰减的能力。

OFDM 的每个子载波可以有自己的调制方式，例如可以选用 QAM64 等。

3.4.2 时分多路复用

（1）时分多路复用的概念

当信号的频宽与物理线路的频宽相当时，就不适合采用频分复用技术，如数字信号具有较大的频率宽度，通常需要占用物理线路的全部带宽来传输一路信号，但它作为离散量，又具有持续时间很短的特点。因此，可以考虑将线路的传输时间作为分割对象。

时分多路复用是将线路传输时间分成一个个互不重叠的时隙（Time Slot），并按一定规则将这些时隙分配给多路信号，每一路信号在分配给自己的时隙内独占信道进行传输。

（2）时分多路复用的分类

时分多路复用又可分为两类：同步时分多路复用与统计时分多路复用。

① 同步时分多路复用。同步时分多路复用（Synchronous TDM，STDM）将时间片预先分配给各个信道，并且时间片固定不变，因此各个信道的发送与接收必须是同步的。同步时分多路复用的工作原理如图 3.19 所示。

例如，有 *n* 条信道复用一条通信线路，那么我们可以把通信线路的传输时间分成 *n* 个时隙。假定 *n*=10，传输时间周期 T 定为 1 秒，那么每个时隙为 0.1 秒。在第一个周期内，我们将第 1 个时隙分配给第 1 路信号，将第 2 个时隙分配给第 2 路信号，……，将第 10 个时隙分配给第10路信号。在第二个周期开始后，我们再将第1个时隙分配给第1路，将第2个时隙分配给第2路信号，按此规律循环下去。这样，在接收端只需要采用严格的时间同步，按照相同的顺序接收，就能够将多路信号分割、复原。

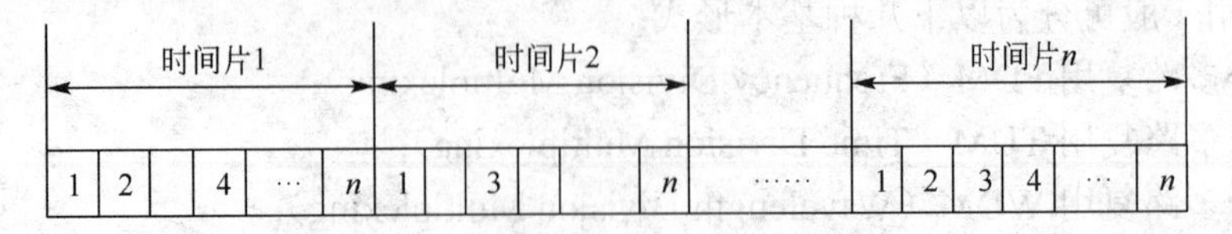

图3.19 同步时分多路复用的工作原理

同步时分多路复用采用了将时间片固定分配给各个信道的方法，而不考虑这些信道是否有数据要发送，在通信负载小的时候，这种方法势必造成信道资源的浪费。为了克服这一缺点，可以采用异步时分多路复用（Asynchronous TDM，ATDM）的方法，这种方法也叫做统计时分多路复用。

② 统计时分多路复用。统计时分多路复用允许动态地分配时间片，工作原理如图3.20所示。

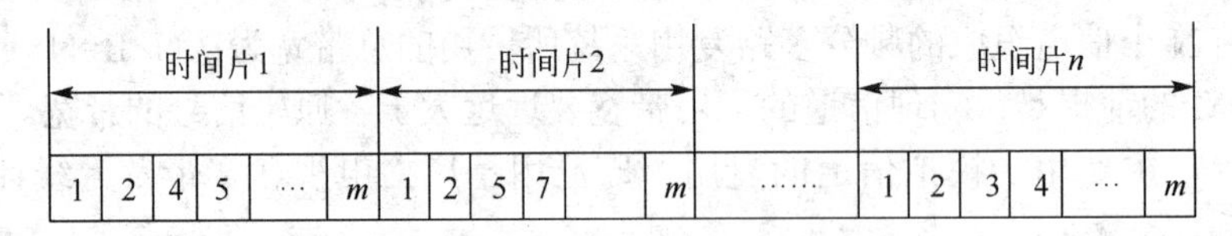

图3.20 统计时分多路复用的工作原理

假设复用的信道数为 *m*，每个周期T分为 *n* 个时隙。由于考虑到 *m* 个信道并不总是同时工作的，为了提高通信线路的利用率，允许 $m>n$。这样，每个周期内的各个时隙只分配给那些需要发送数据的信道。在第一个周期内，可以将第1个时隙分配给第1路信号，将第2个时隙分配给第2路信号，将第3个时隙分配给第4路信号，……，将第 *n* 个时隙分配给第 *m* 路信号。在第二个周期到来后，可以将第1个时隙分配给第1路信号，将第2个时隙分配给第2路信号，将第3个时隙分配给第5路信号，……，将第 *n* 个时隙分配给第 *m* 路信号。并且继续循环下去。

可以看出，在动态时分复用中，时隙序号与信道号之间不再存在固定的对应关系。这种方法可以避免通信线路资源的浪费，但由于信道号与时隙序号无固定对应关系，因此接收端无法确定应将哪个时隙的信号传送到哪个信道。为了解决这个问题，动态时分多路复用的发送端需要在传送数据的同时，传送使用的发送信道与接收信道的序号，即各信道发出的数据都需要带有双方地址，由通信线路两端的多路复用设备来识别地址、确定输出信道。多路复用设备也可以采用存储转发方式，以调节通信线路的平均传输速率，使其更接近于通信线路的额定数据传输速率，以提高通信线路的利用率。

异步时分多路复用技术为异步传输模式ATM技术的研究奠定了理论基础。

（3）时分多路复用的应用

① E1标准。E1标准就是采用时分多路复用技术将许多路PCM话音信号装成时分复用帧后，再送往线路上一帧一帧地传输。E1标准在欧洲、中国、南美国家使用。

如图3.21所示，E1标准每125μs（8000次采样）为一个时间片，每个时间片分为32个通道（时隙），每个时隙可容纳8bit。通道0用于同步，通道16用于信令，其他30个通道用于传输30个PCM语音数据。E1的数据率为：（32×8bit）/125μs=2.048Mb/s。

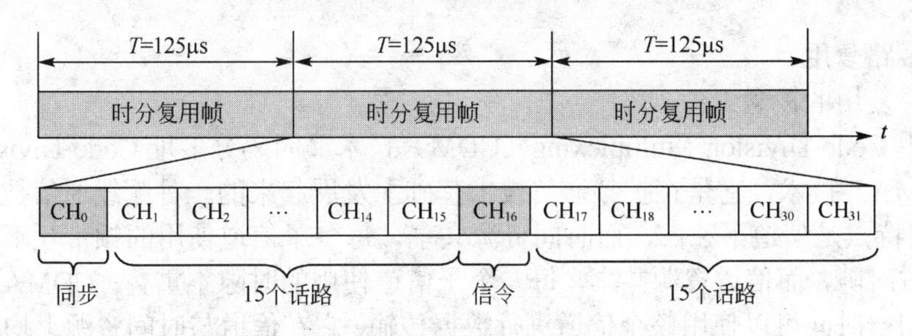

图 3.21 E1 的时分复用帧

对 E1 进一步复用，还可构成 E2 到 E5 等高次群。

② T1 标准。T1 标准也是采用时分多路复用技术，使 24 个话路复用在一个物理信道上。T1 标准在北美、日本等国家和地区使用。

如图 3.22 所示，T1 标准每 125μs 为一个时间片，每时间片分为 24 个话路，每个话路的采样脉冲用 7bit 编码，然后再加上 1bit 信令码元，因此一个话路也占 8bit。帧同步码是在 24 路编码之后加 1bit，这样每帧共有 193bit。

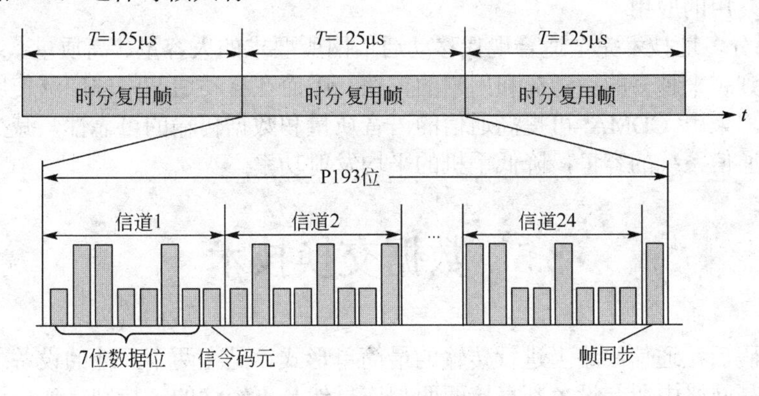

图 3.22 T1 的时分复用帧

T1 的数据率为：（24×8bit+1bit）/125μs=1.544Mb/s。对 T1 进一步复用，还可构成 T2 到 T4 等高次群。

3.4.3 波分多路复用

所谓波分多路复用，是指在一根光纤上同时传输多个波长不同的光载波。实际上 WDM 是 FDM 的一个变种，用于光纤信道。

以两束光波为例，如果两束光波的频率是不相同的，它们通过棱镜（或光栅）之后，使用了一条共享的光纤传输，它们到达目的节点后，再经过棱镜（或光栅）重新分成两束光波。因此，波分多路复用并不是什么新的概念。只要每个信道有各自的频率范围且互不重叠，它们就能够以多路复用的方式通过共享光纤进行远距离传输。与电信号的频分多路复用利用带通滤波器实现不同，波分多路复用是在光学系统中利用衍射光栅来实现多路不同频率光波信号的合成与分解。

随着技术的发展，目前可以复用 80 路或更多路的光载波信号，这种复用技术也叫做密集波分复用 Dense Wavelength Division Multiplexing（DWDM）。

例如，如果我们将 8 路传输速率为 2.5Gb/s 的光信号经过光调制后，分别将光信号的波长变换到 1550～1557nm，每个光载波的波长相隔大约 1nm。那么经过波分复用后，一根光纤上的总的数据传输速率为 8×2.5Gb/s＝20Gb/s。波分多路复用系统在目前的高速主干网中已经广泛应用。

3.4.4 码分多路复用

（1）码分复用的概念

码分复用 Code Division Multiplexing（CDM）技术又叫码分多址 Code Division Multiple Access（CDMA）技术，它是在扩频通信技术基础上发展起来的一种无线通信技术。

FDM 的特点是信道不独占，而时间资源共享，每一子信道使用的频带互不重叠；TDM 的特点是独占时隙，而信道资源共享，每一个子信道使用的时隙不重叠；CDMA 的特点是所有子信道在同一时间可以使用整个信道进行数据传输，它在信道与时间资源上均共享，因此，信道的效率高，系统的容量大。

CDMA 是基于扩频技术实现的。这种技术多用于移动通信，不同的移动台（或手机）可以使用同一个频率，但是每个移动台（或手机）都被分配一个独特的"码序列"，该码序列与所有别的码序列都不同，所以各个用户相互之间也没有干扰。

CDMA 系统的一个重要特点就是系统给每一个站分配的码片序列不仅必须各不相同，并且还必须互相正交（Orthogonal），即内积（Inner Product）都是 0，但任何一个码片向量的规格化内积都是 1，一个码片向量和该码片反码的向量的规格化内积值是–1。

（2）码分复用的应用

CDMA 码分多址技术完全适合现代移动通信网所要求的大容量、高质量、综合业务、软切换等，正受到越来越多的运营商和用户的青睐。因而在移动通信中被广泛使用，特别是在无线局域网中。采用 CDMA 可提高通信的语音质量和数据传输的可靠性，减少干扰对通信的影响，增大通信系统的容量，降低手机的平均发射功率。

3.5 数据交换技术

数据经编码后在通信线路上进行传输的最简单形式，是在两个互连的设备之间直接进行数据通信。但是网络中所有设备都直接两两相连显然是不经济的，特别是通信设备相隔很远时更不合适。通常要经过中间节点将数据从信源逐点传送到信宿，从而实现两个互连设备之间的通信。

这些中间节点并不关心数据内容，它的目的只是提供一个交换设备，把数据从一个节点传送到另一个节点，直至到达目的地。通常将数据在各节点间的数据传输过程称为数据交换。

数据交换技术可分为电路交换和存储转发交换两大类。存储转发交换又分为报文交换和分组交换，而分组交换又可分为数据报交换和虚电路交换。

3.5.1 电路交换

电路交换（Circuit Exchanging），也称线路交换，其工作过程与电话交换方式的工作过程很类似，如图 3.23 所示。

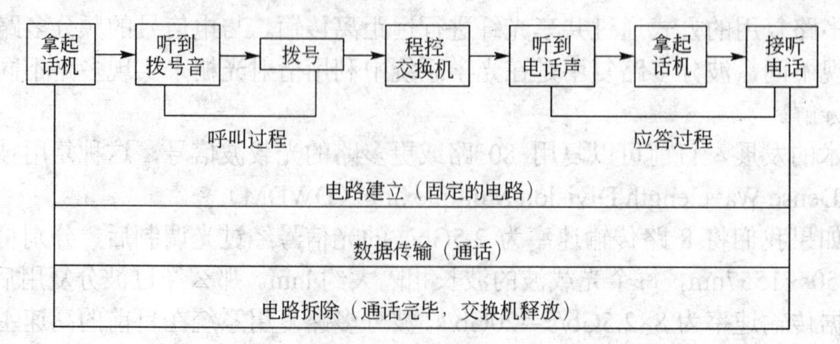

图 3.23 电话交换过程

利用电路交换进行通信需以下三个阶段。

① 电路建立。在数据传送之前，必须在两台计算机之间先建立一条利用中间节点构成的端到端的实际物理连接线路。

② 数据传输。两端点沿着已建立好的线路传输数据。

③ 电路拆除。数据传送结束后，应拆除该物理连接，以释放该连接所占用的专用资源。

电路交换的特点如下。

① 线路建立后，所有数据直接传输。因此数据传输可靠、迅速、有序（按原来的次序）。

② 电路接通后即为专用信道，因此线路利用率低。例如，线路空闲时，信道容量被浪费。

③ 线路建立时间较长，造成有效时间的浪费。例如，只有少量数据要传送时，也要花不少时间用于建立和拆除电路。

④ 线路交换适用于高负荷的持续通信和实时性要求较强的场合（如会话式通信），不适合突发性通信。

3.5.2 报文交换

（1）报文交换的含义

报文交换（Message Switching）是以“报文”为单位进行存储转发交换（Store and Forward Switching）的技术。在发送数据时不需要事先建立一条专用通道，而是把要发送的数据作为整体交给网络节点（通常为一台专用计算机，备有足够的外存来缓存报文），每个中间节点接收一个报文之后，报文暂存在外存中，等待输出线路空闲时，再根据报文中所指的目的地址转发到下一个合适的网络节点，直到报文到达目的节点为止。

（2）报文交换的特点

① 主要优点。没有建立和拆除连接所需的等待时间，线路利用率高，因有检错和纠错机制，传输可靠性较高。

② 主要缺点。转发节点增加了延迟，大报文造成存储转发的延迟过长，且对存储容量要求较高。出错后整个报文要全部重传，也增加了重传延迟。报文大小不一，造成存储管理复杂。报文交换不适用于实时交互通信，现已基本上不再使用。

3.5.3 分组交换

分组交换（Packet Switching）是以“分组”为单位进行存储转发交换的技术。它不是以整个报文为单位进行交换的，而是以更短的、标准化的“分组”（Packet）为单位进行交换的。分组交换中，将大的报文分成若干个小的分组，每个分组通过交换网络中的节点进行存储转发。由于分组长度较小，可以用内存来缓冲分组，因而减少了中间节点的转发延迟；同时也降低了差错率，出错后只需重传小的分组。

分组交换又可以分成数据报交换和虚电路两种交换方式。无连接服务，采用数据报方式；面向连接的服务，采用虚电路方式。因而，数据报和虚电路的特点也体现了面向连接的服务和无连接服务的特点。本书不再具体讨论面向连接的服务和无连接服务的特点。

（1）数据报

数据报（Datagram）是分组交换的一种形式。在数据报方式中，节点间不需要建立从源主机到目的主机的固定连接。源主机所发送的每一个分组都独立地选择一条传输路径。每个分组在通信子网中可以通过不同传输路径，从源主机到达目的主机。

数据报的数据交换过程如图 3.24 所示，具体过程如下。

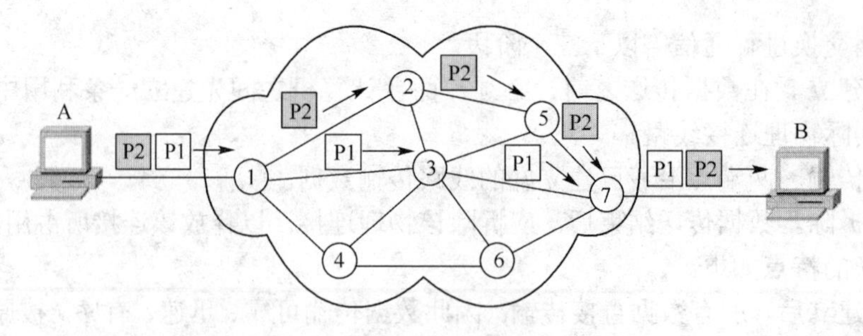

图 3.24 数据报的数据交换过程

① 源主机 A 将报文分成多个分组 P1、P2、…，依次发送到与其直接连接的通信子网的结点 1。

② 节点 1 每接收一个分组均要进行差错检测，以保证主机 A 与节点 1 的数据传输的正确性；节点 1 接收到分组 P1、P2…后，要为每个分组进入通信子网的下一节点启动路由选择算法。由于网络通信状态是不断变化的，分组 P1 的下一个节点可能选择为 3，而分组 P2 的下一个节点可能选择为 2，因此同一报文的不同分组通过子网的路径可能是不相同的。

③ 节点 1 向节点 3 发送分组 P1 时，节点 3 要对 P1 传输的正确性进行检测。如果传输正确，向节点 7 转发。其他节点的工作过程与节点 3 的工作过程相同。这样，报文分组通过通信子网中多个节点存储转发，最终正确到达目的节点 B。

从以上讨论可以看出，数据报具有以下特点：

a．同一报文的不同分组可以由不同的传输路径通过通信子网；

b．同一报文的不同分组到达目的节点时可能出现乱序、重复与丢失现象；

c．每一个分组在传输过程中都必须带有目的地址与源地址；

d．数据报方式报文传输延迟较大，适用于突发性通信，不适用于长报文、会话式通信。

（2）虚电路

虚电路（Virtual Circuit，VC）方式试图将数据报方式和电路交换方式结合起来，发挥两种交换的优点，以达到更佳的数据交换效果。

虚电路方式在分组发送前，需要在发送方与接收方之间建立一条逻辑通路，如图 3.25 所示。每个分组除了包含数据之外还包含一个虚电路标识符。在预先建好的路径上的每个节点依据虚电路标识符就知道把这些分组向哪条路径发送，不再需要路由选择判定。称为“虚”电路，是因为这条电路不是专用的。

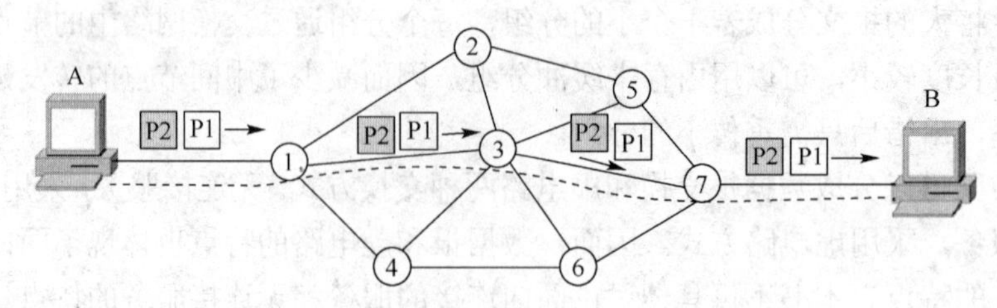

图 3.25 虚电路的数据交换过程

虚电路的数据交换过程分为以下 3 个阶段：虚电路建立阶段、数据传输阶段和虚电路拆除阶段。

在虚电路建立阶段，节点 1 启动路由选择算法，选择下一个节点（例如节点 3），向节点 3 发送“呼叫请求分组”。同样，节点 3 也要启动路由选择算法选择下一个节点。依此类推，“呼叫请求分组”经过 1→3→7→B，送到目的节点 B。目的节点 B 向源节点 A 发送“呼叫接收分组”，至此虚电路建立。在数据传输阶段，虚电路方式利用已建立的虚电路，逐站以存储转发方式顺序传送分组。在传输结束后，进入虚电路拆除阶段，将按照 B→7→3→1 的顺序依次拆除虚电路。

虚电路方式具有以下几个特点：

① 在分组发送之前，必须在发送方与接收方之间建立一条逻辑连接；

② 一次通信的所有分组都通过这条虚电路顺序传送，因此分组不必带目的地址、源地址等辅助信息，分组到达目的节点时不会出现丢失、重复与乱序的现象；

③ 分组通过虚电路上的每个节点时，节点只需做差错检测，而不必做路径选择；

④ 通信子网中每个节点可以和任何节点建立多条虚电路连接。

由于虚电路方式具有分组交换与线路交换两种方式的优点，因此在计算机网络中得到了广泛的应用。

3.6 差错控制技术

在数据通信系统中，数据从发送端经过信道传输到接收端，会出现接收数据与发送数据不一致的现象。我们将其称为传输误差，简称差错。在数据传输过程中差错的产生是不可避免的，而在计算机网络通信系统中要求平均误码率低于 10^{-6}。要达到这个要求，必须解决好差错的自动检查及差错的自动校正问题。差错控制技术就是分析差错产生的原因与差错类型、研究发现差错、纠正差错，把差错控制在尽可能小的允许范围内的技术和方法。

3.6.1 差错的产生与类型

通信系统不可能完美无缺，不可能完全避免差错的出现。所谓差错就是在数据通信中，接收端收到的数据与发送端实际发送的数据出现不一致的现象。差错包括数据传输过程中位丢失，发出的位值为“0”，而接收到的位值为“1”；或发出的位值为“1”，而接收到的位值为“0”。

数据传输中产生的差错都是由热噪声引起的。由于热噪声会造成传输中的数据信号失真，所以在传输中要尽量减少热噪声。热噪声是影响数据在通信媒体中正常传输的重要因素。数据通信中的热噪声主要包括：

① 电气信号在线路上产生发射造成的回音效应；

② 在数据通信中，信号在物理信道上，线路本身的电气特性随机产生的信号幅度、频率、相位的畸形和衰减；

③ 大气中的闪电、电源开关的跳火、自然界磁场的变化以及电源的波动等外界因素；

④ 相邻线路之间的串线干扰。

热噪声有两大类：随机热噪声和冲击热噪声。随机热噪声是通信过程中持续存在的热噪声，这种热噪声具有不固定性。冲击热噪声时由外界某种因素突发产生的热噪声。

3.6.2 差错检测方法

为了把差错控制在尽量可能小的允许范围内，发现差错与纠正差错成为数字通信系统研究的重要课题之一。目前最常用的技术措施是：在数据信息向信道发送之前，先按照某种关系或算法附加一定的冗余编位，构成一个字码后再发送，这个过程称为差错控制编码过程。接收端收到该字码后，检查信息位和附加的冗余位之间的关系，以此来检查判断传输过程中是否有差错发生，这个过程称为检验过程。人们基于上述两种过程中的差错控制编码提出了两种方案。

① 检错码方案。让分组仅包含足以使接收端发现差错的冗余信息，但不能确定哪一比

特是错的，并且自己也不能纠正传输差错。

② 纠错码方案。让每个传输的分组带上足够的容易信息，以便在接收端能自动发现并自动校正传输差错。

在这两种方案中，纠错码方案虽然有优越之处，但实现起来复杂、造价高、费时间，在一般场合不易使用；检错码方案虽然需要通过重传机制才能纠错，但远离简单、实现容易、编码与解码速度快，因而在网络中得到广泛应用。常用的检错码有奇偶检验码和循环冗余码。

（1）奇偶校验（Parity Detection Code，PDC）

奇偶校验码是一种最常见、最简单和费用最低的检错码，在实际通信系统中应用较多。奇偶校验码只需要在信息码（数据）后加一位校验码，使得码组（信息码+奇偶校验码）中 1 的个数为奇数或偶数。

在每一个数据单元中，附加一个奇偶校验位，使得在每个数据单元中 1 的总数是偶数个。奇偶校验可以检测所有单比特差错或多比特奇数个 1 的情况，对于多比特偶数个 1 的情况（VPN Remote Client, VRC）不能查出错误。

（2）循环冗余校验（Cyclic Redundancy Check，CRC）

在实际通信系统中，使用最广泛的检错码是漏检率极低的，便于实现循环冗余变慢。根据有关资料，当使用 CRC-16（16 位余数）时，如果采用 9600bps 的传输速率，数据传输每 3000 年才会有一个差错检测不出来。正是由于漏检率极低，因而得到广泛应用。

① CRC 的工作原理。将要发送的二进制数据（比特系列）当作一个多项式 $f(x)$ 的系数，在发送端用收发双方约定一个特定的生成多项式 $G(x)$ 去除，求得一个余数多项式，将此余数多项式加到数据多项式 $f(x)$ 之后发送到接收端。在接收端，用同样的多项式 $G(x)$ 去除接收数据多项式 $f(x)$，得到计算余数多项式。如果计算余数多项式与接收余数多项式相同，则表示传输数据无误；否则，则表示传输有错，由发送方重发数据，直至正确为止。

② CRC 检错的工作过程。计算校验和的方法及步骤描述如下。

a．设 $G(x)$ 为 k 阶多项式。

b．在发送端，将 x^k 乘以发送报文多项式 $f(x)$，其中 k 为生成多项式的最高幂的值，例如 CRC-12 最高幂的值 k 为 12，则发送 $f(x)\times x^{12}$，对于二进制乘法而言，$f(x)\times x^{12}$ 是将数据比特序列左移 12 位（即在报文的末尾添加 12 个 0），用来放入余数。

c．将 $f(x)\times x^k$ 除以生成多项式 $G(x)$，获取余数多项式 $R(x)$

$$\frac{f(x)\times x^k}{G(x)}=Q(x)+\frac{R(x)}{G(x)}$$

d．将 $f(x)\times x^k+R(x)$ 作为一个整体，从发送端通过通信信道传送到接收端。

e．接收端对接收数据多项式 $f'(x)$ 采用同样的方式运算，则可求得余数多项式 $R'(x)$

$$\frac{f'(x)\times x^k}{G(x)}=Q(x)+\frac{R'(x)}{G(x)}$$

f．接收端根据计算余数多项式 $R'(x)$ 是否等于接收余数多项式 $R(x)$，来判断是否出现传输错误。若相等，则表示接收正确；若不相等，则表示传输过程中出现了差错。

举例说明：收发双方约定的生成多项式为 X^4+X^3+1，发送的信息比特为 1011001，说明发送方对数据的处理与接收方对数据的检测过程。

送方：把多项式 X^4+X^3+1 转化为比特形式。比特 0 或 1 对应多项式的系数，则有：$1\times X^4+1\times X^3+0\times X^2+0\times X^1+1\times X^0$，得到 11001 比特串。由 1011001 补充 4 个 0 构成欲发送数据 10110010000，与生成多项式作除法。过程如下：

```
              1101010
      11001 ) 10110010000
              11001
              -----
               11110
               11001
               -----
                 11110
                 11001
                 -----
                   11100
                   11001
                   -----
                    1010  ←— 余数
```

所以，发送方发送的数据单元为 10110011010，下划线的为冗余码。

接收方：对接收的数据 10110011010 由生成多项式作除法，求得余数是否为 0。

```
              1101010
      11001 ) 10110011010
              11001
              -----
               11110
               11001
               -----
                 11111
                 11001
                 -----
                   11001
                   11001
                   -----
                       0  ←— 余数
```

通过作除法，得到余数为 0，说明数据没有差错，接收。

在实际中，有几种标准的检错码生成多项式：

CRC-16：$X^{16}+X^{15}+X^{2}+1$

CRC-ITU-T：$X^{16}+X^{12}+X^{5}+1$

CRC-32：$X^{32}+X^{26}+X^{23}+X^{22}+X^{16}+X^{12}+X^{11}+X^{10}+X^{8}+X^{7}+X^{5}+X^{4}+X^{2}+X+1$

3.6.3　差错控制方法

在数据通信系统中，差错控制包括差错检测和差错纠正两部分。通过检测接收方的数据，便可发现传输中的差错，并对其予以纠正。目前常用的纠错方法有前向纠错、反馈重发检错和混合纠错方法。不过，目前还是不可能做到检测和校正所有的错误。

（1）前向纠错方法

前向纠错方法（Forward Error Correcting，FEC）是由发送数据端发送出能纠错的编码，接收端收到编码后边进行检测，当检测出差错后自动纠正错误。

前向纠错方法的优点是发送端不需要存储，也不需要反馈信道，适用于单向实时通信系统。缺点是翻译设备复杂，所选纠错码必须与信道干扰情况紧密对应，而且编码中有较多冗余码，因而会使传输速率下降。常见的纠错码有 BCH 码、卷积码等。

（2）反馈重发检错方法

反馈重发检错方法又称自动请求重发（Automatic Request for Repeat，ARQ）方法，它是由发送端发出能够发现（检测）错误的编码（检错码），接收端依据检错码规则进行判断。当接收端检测出错误后，通过反馈信道告诉发送端重新发送数据，直到无差错为止。

由于 ARQ 方法只要求发送端发送检错码，接收端只需要检查有无错误，无需纠正错误，所以该方法的优点是设备简单，容易实现。缺点是当噪声干扰严重时，发送端重发次数随之增加。用于 ARQ 方法的常用检错码有奇偶校验码、循环冗校验码等。

（3）混合纠错方法

前向纠错和反馈重发检错两种方法都是利用编码的方法实现纠错，在实际的网络中一般使用前向纠错与反馈重发检错相结合的方法，混合纠错方法就是两种方法的结合。反馈重发纠错由发送端发出同时具有检错与纠错能力的编码。接收端收到编码后检查差错情况，如果差错可在纠正范围内，则自动纠正；如果差错超出了纠错能力，则经反馈信道送回发送端，要求发送端重发。反馈重发纠错的实现方法可分为停止等待和连续工作方式。

① 停止等待方式。其工作原理是发送端发送完一个数据单元（帧）后，便停下来等待接收端应答信息的到来。如果收到的应答信息是正确应答，发送端就继续发送下一数据帧；如果收到的应答是错误应答，则重发出错数据帧。停止等待方式的特点就是比较简单，但是通信效率不高，可以工作于半双工链路上。

② 连续工作方式。为了克服停止等待方式的缺点，人们提出了连续工作方式。在这种方式中又分为拉回方式和选择重发方式。

a．拉回方式。发送端连续发送数据帧，接收端每收到一个数据帧就进行校验，然后发出应答信息。如果发送端连续发送编号为 0～5 的数据帧后，从应答帧中得知 2 号数据帧传输错误，则停止继续发送，此时拉回重发 2、3、4、5 数据帧，然后接着发送 6 号数据帧。

b．选择重发方式。当发送端收到错误应答时暂停正常发送，而重新发送出错的数据帧，然后再继续正常的发送。它与拉回方式的不同点是：当发送端发送完 5 的数据帧时，若收到编号为 2 的数据帧传输出错的应答帧，此时只需要重新发送出错的 2 号数据帧，然后接着发送 6 号数据帧。

前向纠错和混合纠错方法具有理论上的优越性，但由于对应的编码、译码复杂，且编码效率低，因而很少采用。目前绝大多数通信系统所采用的差错控制方法都是反馈重发检错方式。

本章习题

1. 给出数据通信系统的模型并说明其主要组成构件的作用。
2. 解释以下名词：数据，信号，模拟数据，模拟信号，数字数据，数字信号，码元，单工通信，半双工通信，全双工通信，串行传输，并行传输。
3. 简述数据通信中的“信息”、“数据”和“信号”三者之间的关系。
4. 分别绘出比特流 1100111010 的曼彻斯特编码和差分曼彻斯特编码波形图（假设信号的第一位前面是高电平）。
5. 阐述频分复用、时分复用、波分复用和码分复用的基本原理。
6. 比较电路交换、数据报、虚电路 3 种交换技术的工作原理和性能特点。
7. 设生成多项式为 $G(x)=x^4+x^3+x+1$，计算 1011001 的 CRC 编码。

第4章　个人计算机连接入网

4.1　常见的网络设备与IP地址

接入计算机网络，在硬件上需要相关的网络设备将计算机在物理上与网络连接在一起。为了实现数据通信，需要为每个接入网络的计算机分配一个唯一的地址。本节主要介绍几种个人计算机接入网络的常用设备，介绍Window XP的IP地址配置。

4.1.1　常见的网络设备

计算机网络由软、硬件共同组成，常见硬件设备有：交换机、路由器、网卡和调制解调器等。

交换机（Switch）是组建计算机网络用到最多的硬件设备之一，如图4.1所示。利用交换机可以轻松的将多台计算机组成局域网，实现资源的共享，并可以通过它将路由器接入互联网。

路由器（Router）是互联网中必不可少的网络设备之一，如图 4.2 所示的是一款无线路由器。路由器是一种连接多个网段或网络从而构成一个更大的网络的网络设备。

图4.1　交换机

图4.2　无线路由器

网卡（NIC）是网络中最基本的部件之一，它是连接计算机与网络设备的硬件设备。无论是双绞线连接、同轴电缆连接，还是光纤连接，都必须借助于网卡才能实现数据的通信。网卡分有线网卡和无线网卡，其形式多种多样，有PCI接口，USB接口和PCMCIA接口等。图4.3（a）为有线网卡，图4.3（b）为无线网卡。

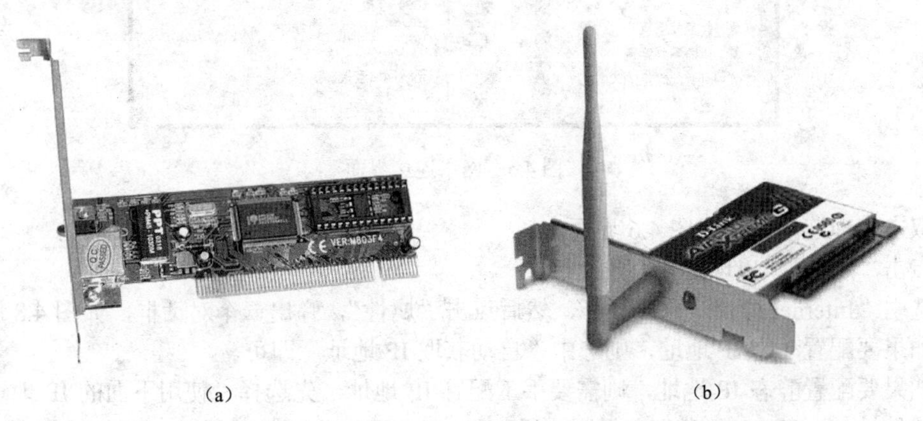

(a)　　　　(b)

图4.3　网卡

调制解调器（Modem）是一种将数字信号与模拟信号进行相互转换的设备，也是计算机网络中的一种常用设备，如图 4.4 所示。目前主要有两种：内置和外置，内置是装在机箱内插在电脑主板上的，外置式通过数据线与电脑主机相连。图 4.4（a）为内置，图 4.4（b）为外置。

（a）

（b）

图 4.4 调制解调器

4.1.2 入网计算机中的 IP 地址

计算机要接入网络，必须有一个属于自己的 IP 地址。IP 地址可以是动态 IP 地址或者静态 IP 地址。动态 IP 地址是指计算机开机后自动从 DHCP 服务器获取的 IP 地址。每次的 IP 地址可能不一样。静态 IP 地址是指为计算机设定一个固定的 IP 地址，其地址不会发生改变。无论动态 IP 地址还是静态 IP 地址，均需要在计算机中进行相关配置。

在电脑桌面右击“网上邻居”，然后点击“属性”，会弹出一个新窗口，如图 4.5 所示。

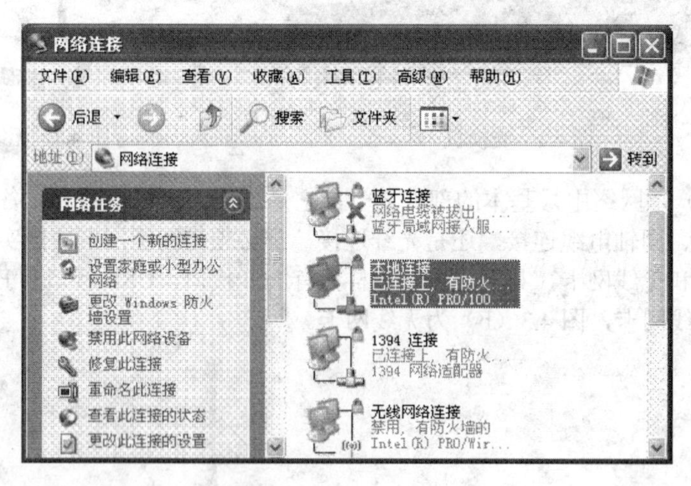

图 4.5 网络连接界面

双击本地连接，出现图 4.6 界面。

点击“属性”，出现图 4.7 所示界面。

选中“Internet 协议（TCP/IP）”，然后点击“属性”，弹出一个对话框，如图 4.8 所示。

如果要配置动态 IP 地址，则选中“自动获取 IP 地址”即可。

如果要配置静态 IP 地址，则需要手工配置 IP 地址，先选择“使用下面的 IP 地址”，输入“IP 地址如：10.16.1.100”、“子网掩码：255.255.255.0”“默认网关：10.16.1.1”，再选择中

"使用下面的 DNS 服务器地址"，然后输入"首选 DNS 服务器：202.194.86.140"，然后点击"确定"完成全部设置。

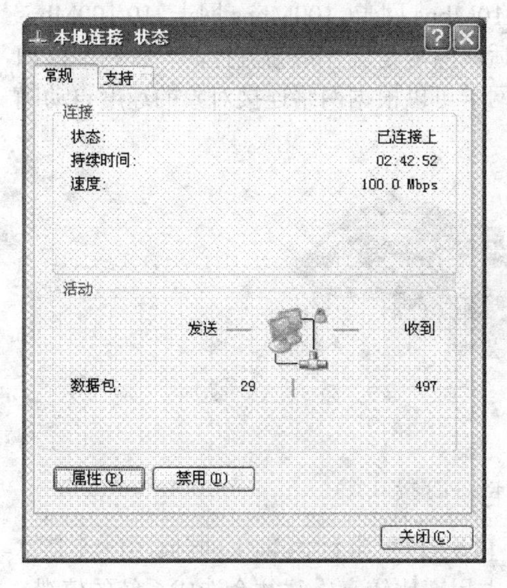

图 4.6　本地连接界面

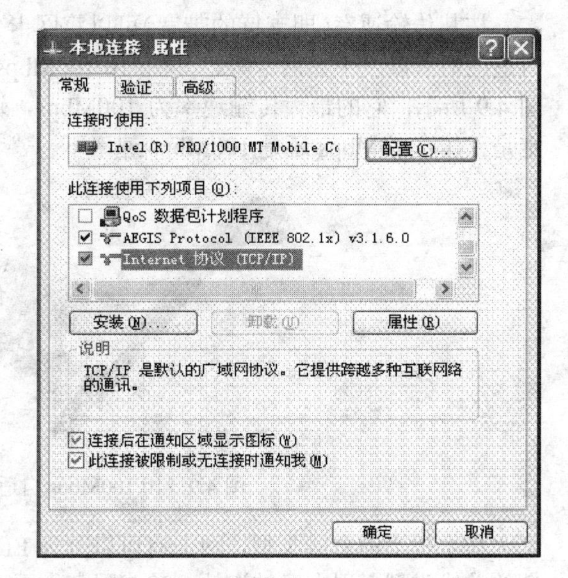

图 4.7　本地连接属性

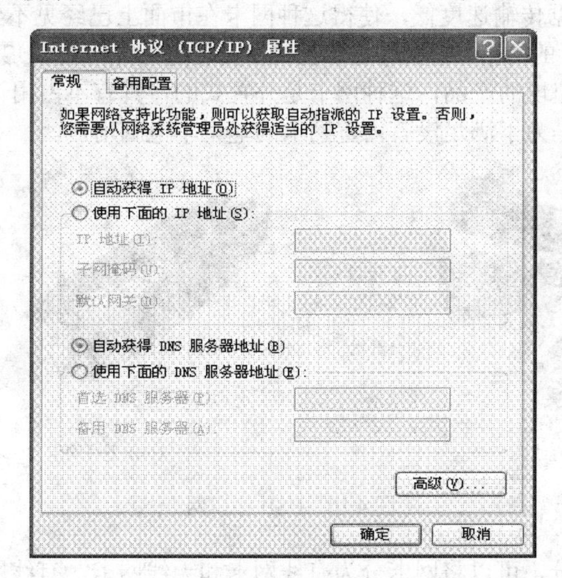

图 4.8　IP 地址配置界面

4.2　个人计算机接入局域网

局域网是计算机网络的重要组成部分，在局域网中可以实现信息的共享与数据的交换。局域网组建简单，仅需要一款交换机或者路由器硬件即可。局域网内数据交换速率快，误码率低，是一种非常重要和常见的网络。

4.2.1　网卡

可以按照网卡的不同特性对网卡进行分类。目前常见的网络有 ATM 网、令牌环网和以太网等，所以，网卡也有 ATM 网卡、令牌环网网卡和以太网网卡之分。因为以太网的连接比较简单，使用和维护起来都比较容易，市场占有率最高，所以目前使用最多的是以太网网卡。

按其传输速率(即支持的带宽)可以将网卡分为 10Mbps 网卡、100Mbps 网卡、10/100Mbps 自适应网卡以及千兆网卡等。其中 10/100Mbps 自适应网卡是现在最为流行的一种网卡，如图 4.9 所示，它的最大传输速率为 100Mbps，这类网卡可以根据网络连接对象的速度自动确定是工作在 10Mbps 还是 100Mbps 速率下。

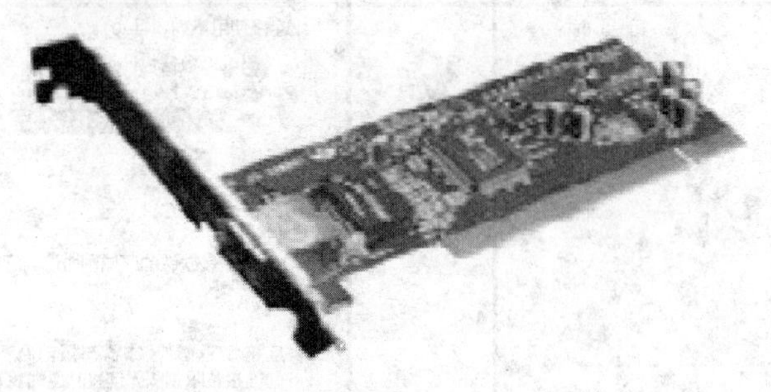

图 4.9　10/100Mbps 自适应网卡（PCI 接口型）

按主板上的总线类型，网卡有可以分为 ELSA、ISA、PCI 和 USB 网卡四种。ELSA 是早期的总线类型，现在已被淘汰。ISA 网卡由于 CPU 占用率比较高，往往会造成系统的停滞，在加上 ISA 网卡的速据传输速度低，使得这种网卡在市面上已经见不到了。PCI 网卡是现在应用最广泛的、最流行的网卡，它具有性价比高、安装简单等特点。USB 接口网卡，如图 4.10 所示，是最近几年才出现的产品，这种网卡是外置式的，具有不占用计算机扩展槽的优点，安装更为简单，主要是为了满足没有内置网卡的笔记本电脑用户。

USB 有线网卡

USB 无线网卡

图 4.10　USB 接口网卡

按照传输介质来分，可以将网卡分为有线网卡和无线网卡。有线网卡通常使用双绞线与其相连才能联网。无线网卡按照接口类型可以分为台式机专用的 PCI 接口无线网卡以及笔记本专用的 PCMCIA 接口无线网卡、USB 接口无线网卡、笔记本电脑内置的 MINI-PCI 无线网卡。

网卡可以是独立的形式插在电脑的主板上，或者集成在电脑的主板上。

4.2.2　以有线方式接入局域网

计算机接入局域网需要的硬件设备是交换机或者路由器，详细步骤如下。

① 将双绞线的一端插到计算机网卡接口上，双绞线的另一端接至交换机或路由器，如图 4.11 所示。

② 设置 IP 地址。请参照 4.1.2 节方法为计算机设置 IP 地址。

图 4.11　双绞线连接计算机与交换机

③ 获取默认网关的 IP 地址。其方法是鼠标右击桌面上的“网上邻居”，在弹出的窗口中双击“本地连接”，然后在弹出的本地连接状态对话框上选择“支持”选项卡，如图 4.12 所示，可以看到默认网关的 IP 地址。图中的 IP 地址是通过自动获取（DHCP 指派）方式获得的，默认网关地址为 192.168.1.1。

④ 检查是否已经介入局域网。在获取了默认网关的 IP 地址后，进行测试本机与默认网关的连接情况。点击“开始”中的“运行”，输入“CMD”命令并运行，在弹出如图 4.13 所示的界面中，输入“ping 192.168.1.1”按“回车”运行，如果出现“Replay from 192.168.1.1: byte=32 time<1ms TTL=64”的响应则代表网络连接成功。

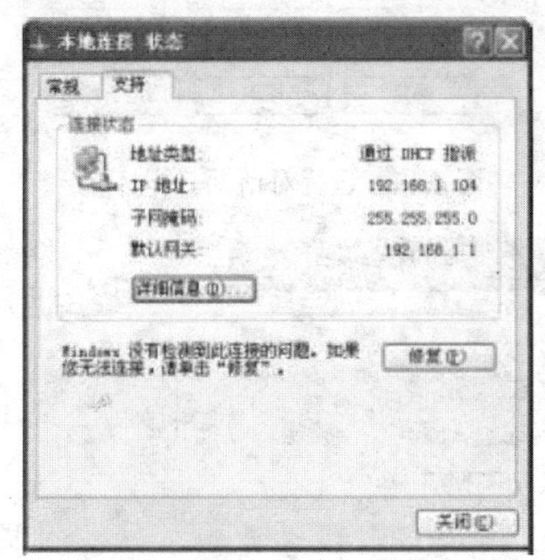

图 4.12　本地连接状态对话框

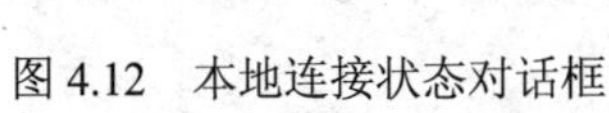

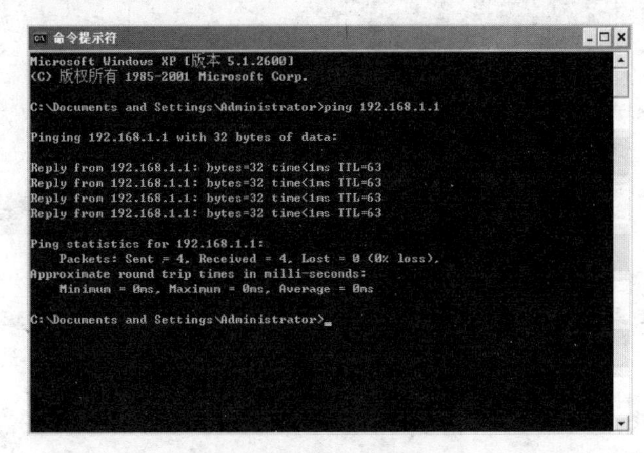

图 4.13　ping 命令运行结果

多台计算机接入局域网以后，就可以互相之间实现资料共享了。

Windows 操作系统自带有实现资源共享的相关协议与软件，只需要做简单的设置就可以了。如果要在地址为 192.168.1.100 的计算机上共享一个文件夹，见图 4.14，右击需要共享的文件夹，选择“共享和安全”，弹出如图 4.15 所示的对话框。

选中“在网络上共享这个文件夹”，点击“确定”后即可，此时文件夹的图标会发生变化，如图 4.16 所示，当文件夹图标下出现一只手时，表示共享设置成功。

在局域网内的另一台机器上，依次点击“开始”、“运行”，在弹出的对话框中输入“\\192.168.1.100”，如图 4.17 所示，点击“确定”后弹出新窗口，如图 4.18 所示，可以看到前面所设置的共享文件夹了。

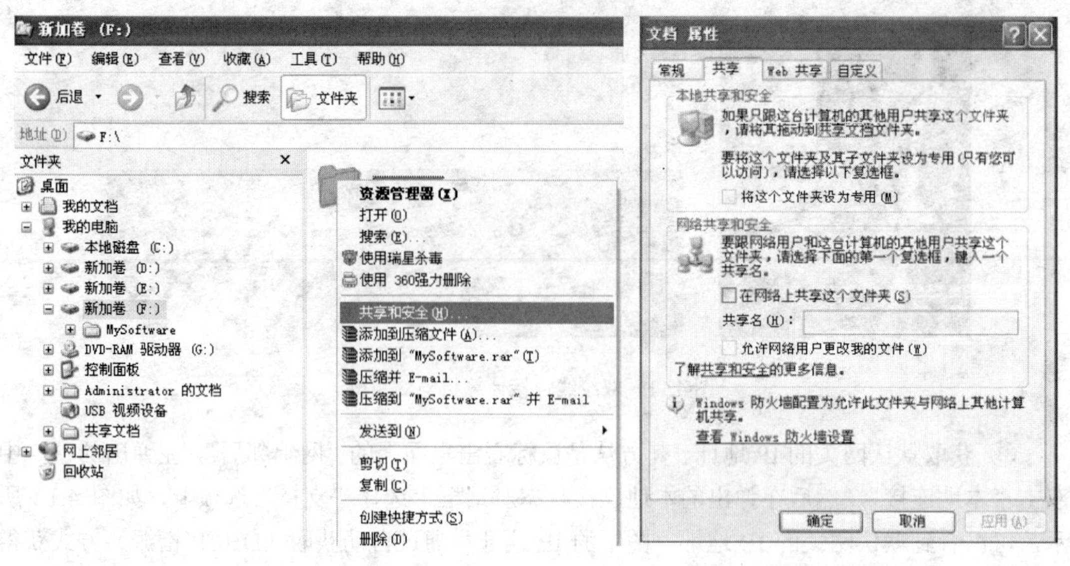

图 4.14 文件夹操作　　　　图 4.15 文件夹共享设置

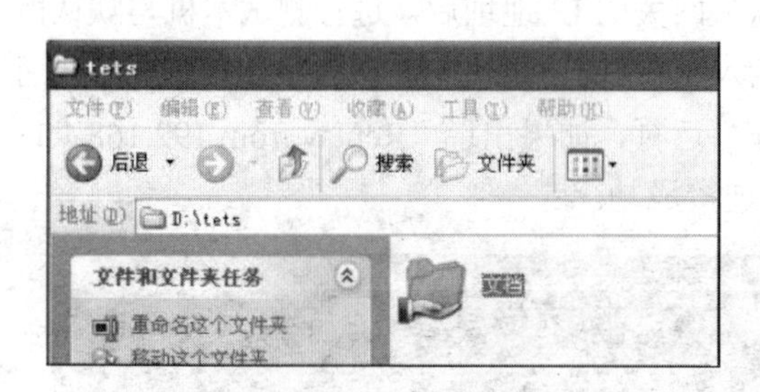

图 4.16 共享文件夹标志

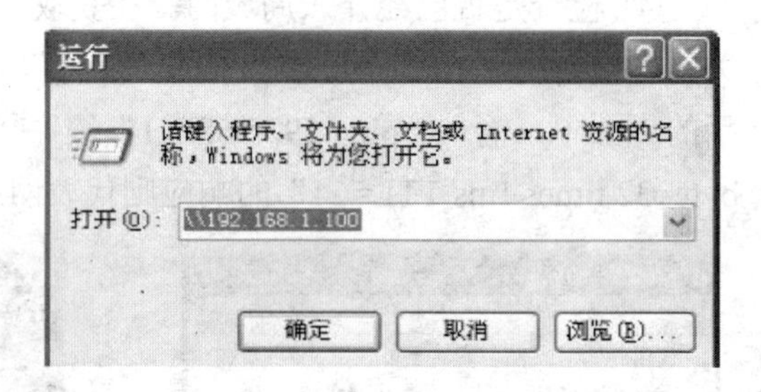

图 4.17 运行对话框

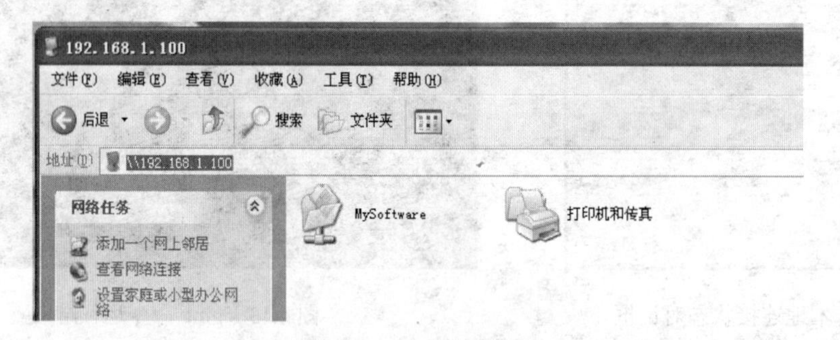

图 4.18 共享文件夹访问

4.2.3 以无线方式接入局域网

以无线方式接入局域网与以有线方式接入局域网类似，唯一的区别是网卡类型发生了改变。在以无线方式接入局域网之前，先确保无线路由器已经配置好，并工作正常，用户计算机的配置步骤如下。

① 将无线网卡接到主机上。如果是 USB 接口的无线网卡，则可以直接将网卡插到主机的 USB 接口上；如果是 PCI 插口的无线网卡，则需要将主机箱打开，将网卡插到对应的 PCI 插槽上。

② 安装网卡驱动。一般在购买无线网卡的时候都配送有无线网卡的驱动，将驱动光盘放入光驱，安装网卡驱动。如果驱动光盘丢失，则在其他能上网的电脑上下载一个万能网卡

驱动安装即可。

③ 参照 4.2.2 中所述的方法设置主机 IP 地址。注意，此时要在无线网络连接的图标上右击设置 IP。

④ 检查是否已经接入局域网络。其方法与有线方式接入局域网的检查方法相同。注意，此时要在无线网络连接的图标上双击打开无线连接状态对话框。

4.3　个人计算机接入互联网

随着 Internet 的飞速发展，目前几乎各行各业都离不开互联网的使用。而使用互联网的第一步就是将自己的计算机接入到 Internet 中。根据用户的要求、条件和所处的环境不同，可采用的连接方法也不同。目前多采用宽带接入技术，并且可分为有线宽带接入和无线宽带接入两类。本节主要详细阐述这两种方法将个人计算机接入互联网。

4.3.1　通过拨号方式接入互联网

家庭用户大多采用拨号接入。拨号接入方式主要有 Modem 拨号接入、ISDN 拨号接入和 ADSL 拨号接入。目前使用最多的是 ADSL 拨号接入。使用 ADSL 拨号接入，用户需要向当地 ISP 申请拨号接入服务，获得接入 ISP 的账号和密码。下面以 ADSL 拨号接入为例介绍个人计算机接入 Internet 的主要步骤。

① 首先依次点击“开始”、“程序”、“附件”、“通讯”、“新建连接向导”，出现如图 4.19 所示界面。

② 点击“下一步”，出现如图 4.20 所示界面。

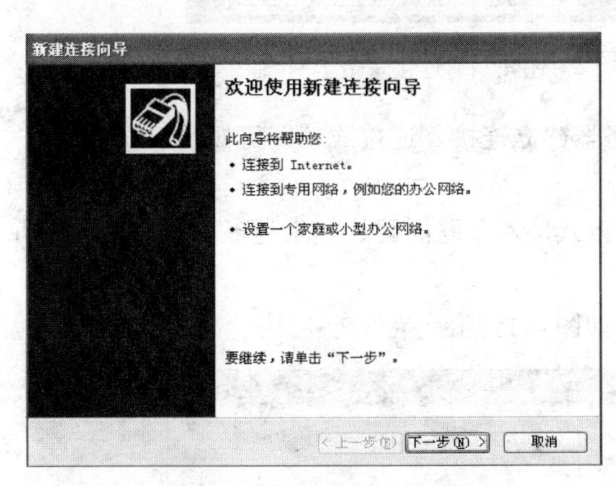

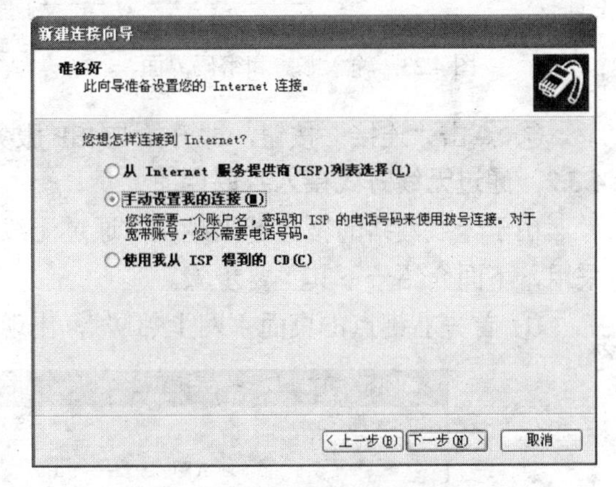

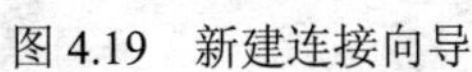
图 4.19　新建连接向导

图 4.20　选择连接 Internet 方式界面

③ 选中“手动设置我的连接”，点击“下一步”，进入如图 4.21 所示界面。

④ 选中“用要求用户名和密码的宽带连接来连接”选项，点击“下一步”，进入如图 4.22 所示界面。

⑤ 在“ISP 名称”下方填入相要设置的连接名称，默认为“宽带连接”。点击“下一步”，进入如图 4.23 所示界面。

⑥ 在“用户名”和“密码”、“确认密码”处填入从 ISP 获得的账号和密码，点击“下一步”，即出现如图 4.24 所示界面。

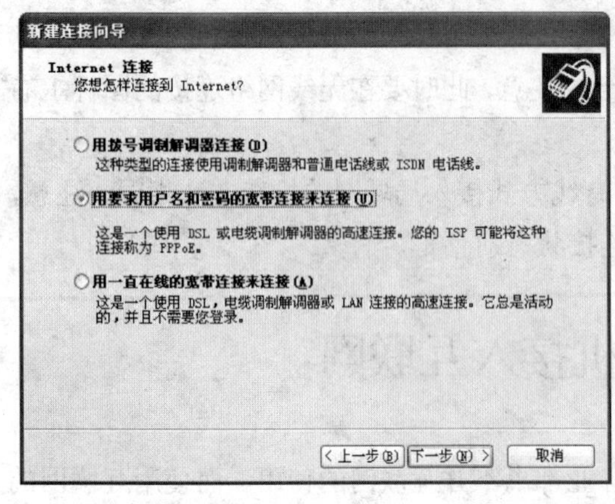

图 4.21　选择怎么样连接到 Internet 界面

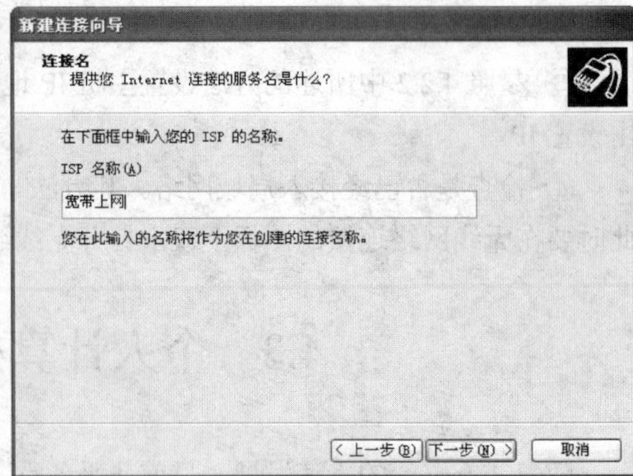

图 4.22　设置连接名称

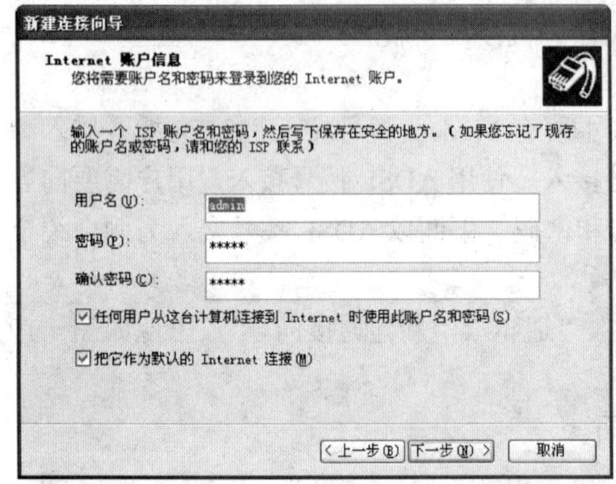

图 4.23　输入账户和密码界面

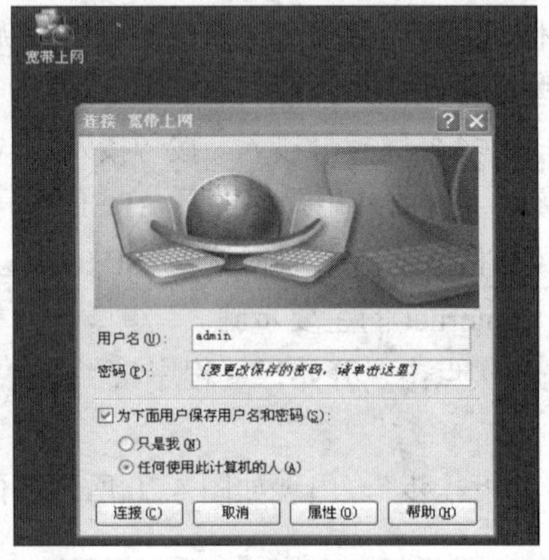

图 4.24　连接宽带上网

⑦ 点击“连接”按钮，即开始与 ISP 服务器建立连接。连接成功即可畅游互联网了。

4.3.2　通过无线方式接入互联网

由于无线网络的覆盖越来越广，通过无线方式接入互联网已经越来越多地被广大用户所采用，下面介绍一下其主要步骤。

① 首先右键点击桌面“网上邻居”，出现如图 4.25 所示界面。

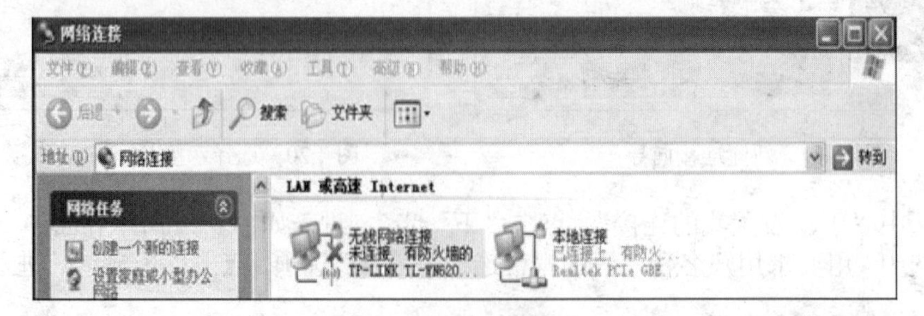

图 4.25　网络连接

② 双击上图 4.1 中的“无线网络连接”，弹出如图 4.26 所示界面。

③ 双击其中某个无线网络，弹出如图 4.27 所示对话框。

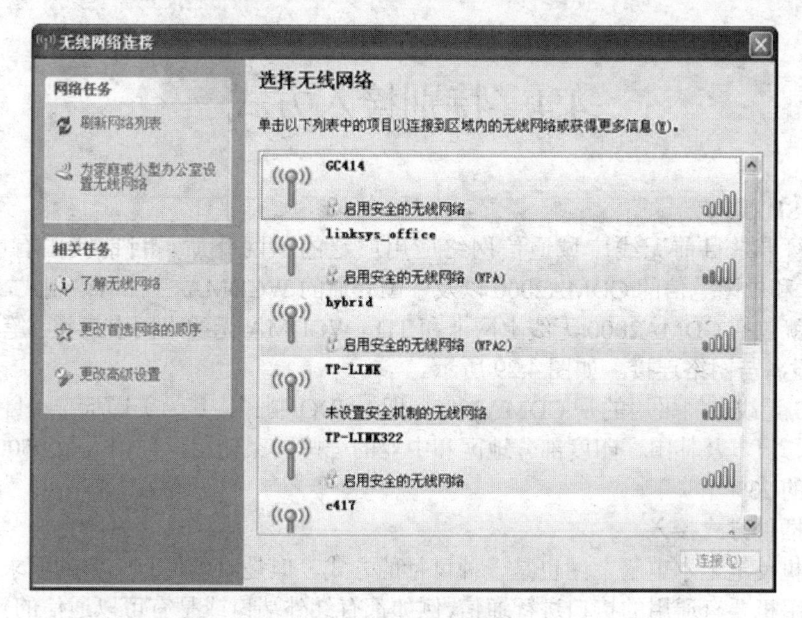

图 4.26　无线网络连接

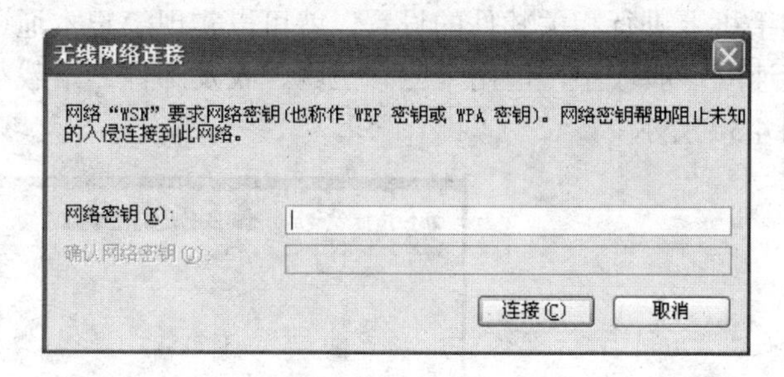

图 4.27　输入网络密钥

④ 输入网络密钥，点击“连接”。如果密钥正确，连接成功则出现如图 4.28 所示界面。

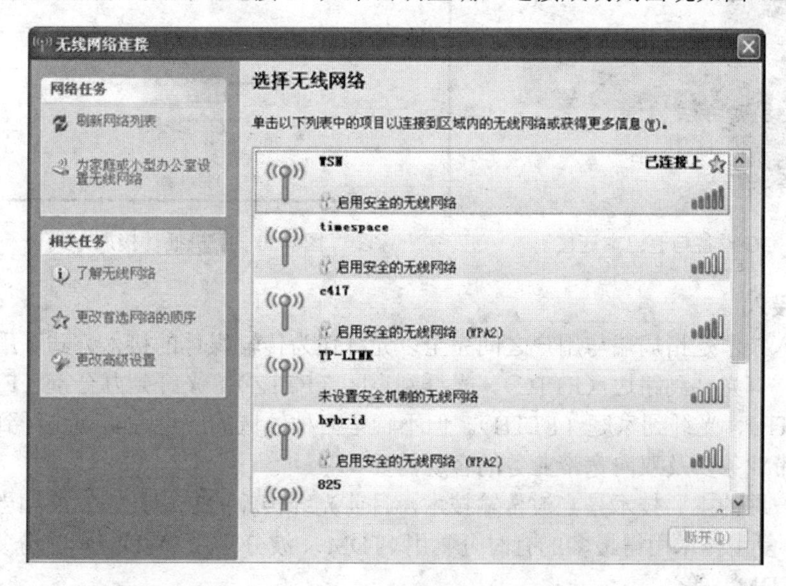

图 4.28　连接成功

4.4　特别接入方式

4.4.1　3G USB 接入

3G 上网卡是目前无线广域通信网络应用广泛的上网介质。目前我国有中国移动的 TD-SCDMA 和中国电信的 CDMA2000 以及中国联通的 WCDMA 三种网络制式，所以常见的无线上网卡就包括 CDMA2000 无线上网卡和 TD、WCDMA 无线上网卡三类。笔记本可以通过这些 3G 设备与网络连接。如图 4.29 所示。

电信 3G 无线上网采用的是 CDMA2000，即 EVDO 制式，其为美国标准，目前主要在美国、加拿大、日本及韩国、印度部分地区和中亚的一些国家使用，使用人数 9500 万，占 3G 上网总人群的 23%。

4.4.2　手机插件方式接入

通过手机使笔记本电脑上网也是一种可行的方式，但是对硬件有一定的要求：首先，个人计算机和手机要有通用的接口进行通信，例如都有红外端口或是有可以通信的数据线接口；其次个，人计算机要有内置的调制解调器；最后，手机的 SIM 卡有一定的网络服务功能。

分别在笔记本和手机上进行相关软件的设置，就可以实现笔记本通过手机上网了。但是该上网方式网络连接速度一般较小，但用来应急上网、收发邮件、下载小文件或者是浏览网页都是可以的。如图 4.30 所示。

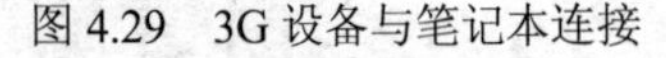

图 4.29　3G 设备与笔记本连接

图 4.30　手机插件接入方式

4.4.3　光纤接入

光纤接入技术是指局端与用户之间完全以光纤作为传输媒体的接入方式。用户网光纤化有很多方案，有光纤到路边（FTTC）、光纤到小区（FTTZ）、光纤到办公室（FTTO）、光纤到大楼（FTTF）、光纤到家庭（FTTH）。但不管是何种领域的应用，实现光纤到户都是为了满足高速宽带业务以及双向宽带业务的客观需要。

光纤用户网的主要技术是光波传输技术，目前光纤传输的复用技术发展相当快，多数已处于实用化。复用技术用得最多的有时分复用（TDM）、波分复用（WDM）、频分复用（FDM）、码分复用（CDM）等。

光纤接入技术与其他接入技术（如铜双绞线、同轴电缆、无线等）相比，最大优势在于可用带宽大，而且还有巨大潜力没有开发出来。此外，光纤接入网还有传输质量好、传输距离长、抗干扰能力强、网络可靠性高、节约管道资源等特点。另外，SDH 和 ATM-PON 设备的标准化程度都比较高，有利于降低生产和运行维护成本。

当然，与其他接入技术相比，光纤接入网也存在一定的劣势。最大的问题是成本较高，尤其是光节点离用户越近，每个用户分摊的接入设备成本就越高。另外，与无线接入相比，光纤接入网还需要管道资源，这也是很多新兴运营商虽然看好光纤接入技术，但又不得不选择无线接入技术的原因。

4.4.4 电力线接入

电力线通信（Power Line Communication, PLC），是指利用电力线传输数据和话音信号的一种通信方式。是用电线传输载有信息的高频电流，再由接受信息的调制解调器把高频从电流中分离出来传送到计算机或电话中，来实现信息传递的一种通信方式。电力线通信技术在不需要重新布线的基础上，通过现有电线实现数据、语音和视频等多业务的承载，也就是实现四网合一。如图 4.31 所示。

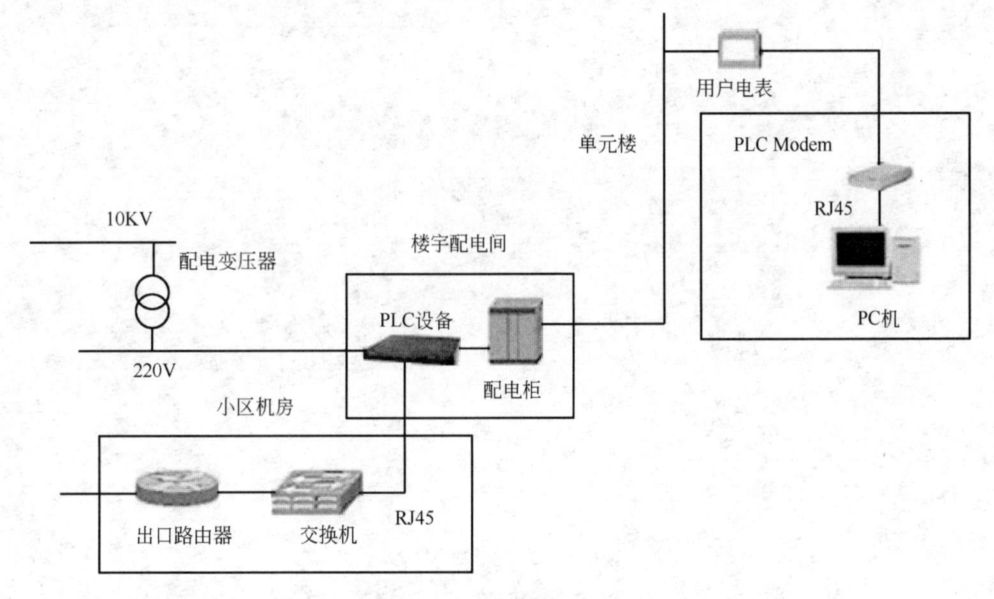

图 4.31 电力线接入示意图

由于 PLC 直接利用已有的电力配电网络作为传输线路，所以不用进行额外布线，不破坏房屋的装修结构和外表，不影响室内的布局美观，适合已经装修过的家庭使用。电力线是覆盖范围最广的网络，它轻松地渗透到每个家庭，为互联网的发展创造了极大的空间。只要有电源插头的地方都可以应用 PLC 接入方式，用户只需要插上电源插头，通过连接在电脑上的“电力猫”，就可以享受到 14Mbps 的高速网络接入，来浏览网页、拨打电话和观看在线电影。

PLC 使用成本低廉，但是技术尚不稳定，不同质量的插座以及电线的不同材料和线径，对“电力猫”的上网速率会有一定影响。而且电力线传输的噪声大，安全性低。PLC 联网通信频率会影响到短波收音机、短波通信、有线电视的回传通道等。另外，PLC 是一种带宽共享的技术，用户上网时的速度，取决于当时有多少用户上网。如果很多用户同时上网，单个用户的速度相应减慢。

本章习题

1. 解释以下名词：动态 IP 地址，ISP，拨号接入，3G USB 无线上网卡，PLC。
2. 简答题

（1）如何确定一个工作站已经成功地接入了局域网？

（2）简述为用户配置无线网卡接入局域网的配置过程。

（3）简述无线网卡和无线上网卡的主要区别。

（4）使用 3G USB 无线上网卡连接入网的主要优点是什么？

（5）简述目前使用的个人计算机连接入网的方法有哪些？

第5章　局　域　网

我们每天工作生活的网络环境，要么是在办公环境下的局部计算机网络，要么是家庭拨号或宽带上网的网络，当然还有目前正在快速发展的无线上网环境。本章将介绍局部计算机网络，简称局域网。局域网是我们涉及最多的工作网络环境，几乎所有的办公环境都离不开局域网。本章将系统地讲述局域网的基本概念、技术与发展动向。通过本章的学习，能够了解局域网的基本概念和工作原理，熟悉各种局域网技术，了解最新局域网技术的发展。

5.1　局域网概述

本节主要介绍局域网的基本概念、特点、组成、拓扑结构、类型，以及采用什么传输媒体作为传输数据的载体和常用的介质访问控制方法。

5.1.1　局域网的概念及特点

（1）局域网的概念

局域网（Local Area Network，LAN）是一种将较小地理区域内的各种数据通信设备互连在一起的通信网络。典型的局域网结构如图 5.1 所示。它是目前应用最广泛的一类网络，比较适合于连接公司、办公室或工厂里的个人计算机和工作站，以便资源的共享（如共享打印机）和信息的交换，因此广泛应用于各种专用网、办公自动化、工业控制及数据处理等领域。

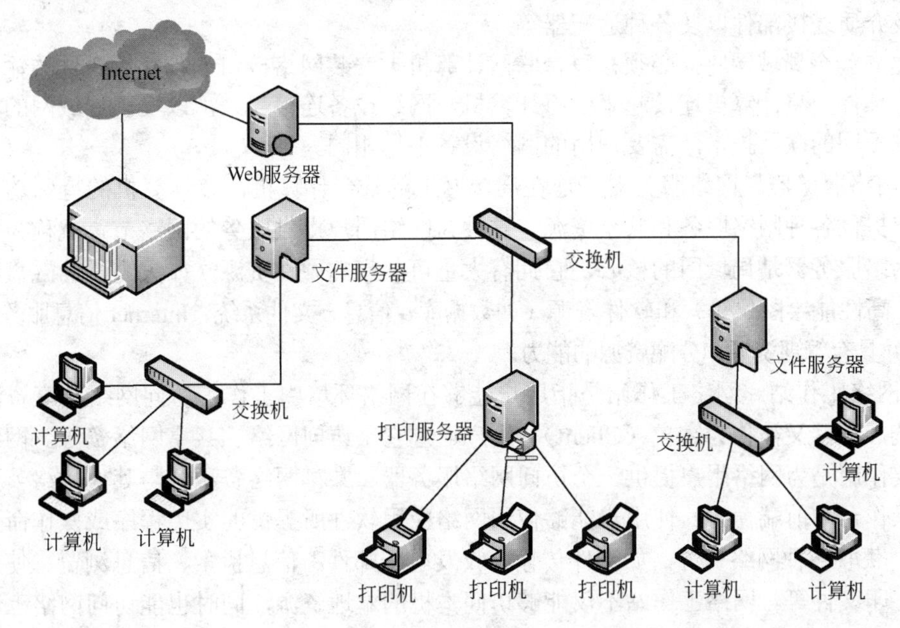

图 5.1　局域网结构

（2）局域网的特点。

① 局域网覆盖的地理范围小，通常在几米到几十千米之间，常用于连接一个企业、一

个工厂、一个学校或一栋楼、一个办公室内的数据通信设备。

② 数据传输速率高，一般为10～100Mbps，目前已出现速率高达1000Mbps的局域网。可交换各类数字和非数字（如语音、图像、视频等）信息。

③ 误码率低，一般在 10^{-11}～10^{-8} 以下。这是因为局域网通常采用短距离基带传输，可以使用高质量的传输媒体，从而提高了数据传输质量。

④ 局域网的传输延时小，一般在几毫秒至几十毫秒之间。

⑤ 局域网归属一个单一组织管理，由该组织维护、管理和扩建网络。

⑥ 局域网的传输介质较多，既可用通信线路（如电话线），又可用专线（如同轴电缆、光纤、双绞线等），还可以用无线介质（如微波、激光、红外线等）。

5.1.2 局域网的组成

局域网由网络硬件和网络软件两大系统组成。网络硬件用于实现局域网的物理连接，为连在网上的计算机之间的通信提供一条物理通道。也可以说，网络硬件系统负责铺就一条信息公路，使通信双方能够相互传递信息，如同铺设公路供汽车行驶。网络软件主要用于控制并具体实现信息传送和网络资源的分配与共享。这两大组成部分相互依赖、缺一不可，由它们共同完成局域网的通信功能。

（1）网络硬件

网络硬件主要由计算机系统和通信系统组成。计算机系统是局域网的连接对象，是网络的基本单元。它具有访问网络资源、管理和分配网络共享资源及数据处理的能力。根据计算机系统提供的功能和在网络中的作用，联网计算机可分为网络服务器和网络工作站两种类型。通信系统是连接网络基本单元的硬件系统，主要作用是通过传输介质（传输媒体）和网络设备等硬件系统将计算机连接在一起，为它们提供通信功能。通信系统主要包括：网络设备、网络接口卡、传输介质及其介质连接部件。

总体上讲，局域网硬件应包括：网络服务器、网络工作站、网络接口卡、网络设备、传输介质及介质连接部件以及各种适配器等。

当建立一个局域网时，必须在每台联网计算机上安装网络接口卡，然后通过传输介质和介质连接部件，将计算机连接起来或将计算机与网络设备连接起来，以实现局域网的物理连接。根据不同的联网技术，需要使用的网络设备不尽相同。

① 网络服务器。网络服务器是连在局域网上的一台计算机，该计算机的特殊功能是为网络用户提供各种网络服务和共享资源。这种为网络用户提供服务的网络节点就称为网络服务器。网络服务器是局域网的核心，它拥有大量可共享的硬件资源（如大容量的磁盘、高速打印机、高性能绘图仪等）和软件资源（如数据库、信息、文件系统、Internet信息服务和应用软件），并具有管理资源和分配资源的能力。

② 网络工作站。网络工作站是指用户能够在网络环境中工作、访问网络共享资源的计算机系统，通常又被称为客户（Client）。用户通过它来访问网络、共享网络资源。网络工作站的主要作用是为网络用户提供一个访问网络服务器、共享网络资源、与其他网络节点交换信息的操作台和前端窗口，使用户能够使用网络应用软件所提供的实用程序或操作命令访问Internet、获取各种网络资源，如文件传输、收发电子邮件、信息检索、信息浏览、使用共享打印机打印文件等。网络工作站不仅能够访问本机的本地资源，同时也能访问网络上所有的远程资源（只要权限允许）。当网络工作站不在网上操作时，仍可作为一台独立的计算机使用。

③ 外围设备。外围设备主要提供网络共享资源，如共享的输入输出设备、网络打印机等。

④ 网络设备。用于数据传输转发，如集线器、交换机、路由器等。

⑤ 网卡。网卡是实现局域网物理连接与电信号匹配的接口，可完成局域网数据的封装和解封、链路控制和管理以及编码译码等工作。

⑥ 通信介质。局域网中可以使用同轴电缆、双绞线、光纤等有线传输介质和无线电、微波、红外线等无线传输介质，以提供数据传输线路。目前常用的是有线介质双绞线和光纤。

（2）网络软件

① 网络操作系统（NOS）。网络操作系统严格来说应称为软件平台，它在很大程度上决定着整个网络的整体性能。它的选择是非常重要的一环，选择合适的网络操作系统，既省钱省力，又能大大提高系统的效率。网络操作系统是建立在一定的网络体系基础之上，对整个网络系统的各种资源进行协调、管理的软件。

② 数据库技术以及与 Web 浏览器的连接技术。数据库技术是企业网的核心技术，其应用水平的高低直接影响到企业管理水平的高低，而在这一领域，Oracle、IBM、Informix 和 Sybase 等公司长期以来处于领先地位。

③ 基于 Web 的网络管理（WBM）技术。基于 Web 的网络管理技术可以允许网络管理人员使用任何一种 Web 浏览器，在网络的任何节点上方便迅速地配置、控制以及存取网络或网络上的各个部分。

④ 防火墙与代理服务器技术。当一个企业的 Intranet 与 Internet 相连时，利用防火墙技术保证网络的安全问题就成为网络管理员首先要考虑的问题。

5.1.3 局域网的拓扑结构

拓扑（Topology）是一种研究与大小和形状无关的点、线、面特点的方法。局域网的拓扑结构是指网络中各节点连接的几何形状，常用的拓扑结构有总线形、星形、环形、树型和网状型五种，网络的拓扑结构对网络性能有很大的影响，选择网络拓扑结构时，首先要考虑采用何种介质访问控制方法，因为特定的介质访问控制方法一般仅适用于特定的网络拓扑结构；其次要考虑性能、可靠性、成本、扩充灵活性、实现的难易程度、可维护性以及传输介质的长度等因素。

（1）总线型结构

总线型网络是指采用一条中央主电缆连接多个节点，在电缆两端加装终结器匹配而构成的一种网络类型。其拓扑结构如图 5.2 所示。

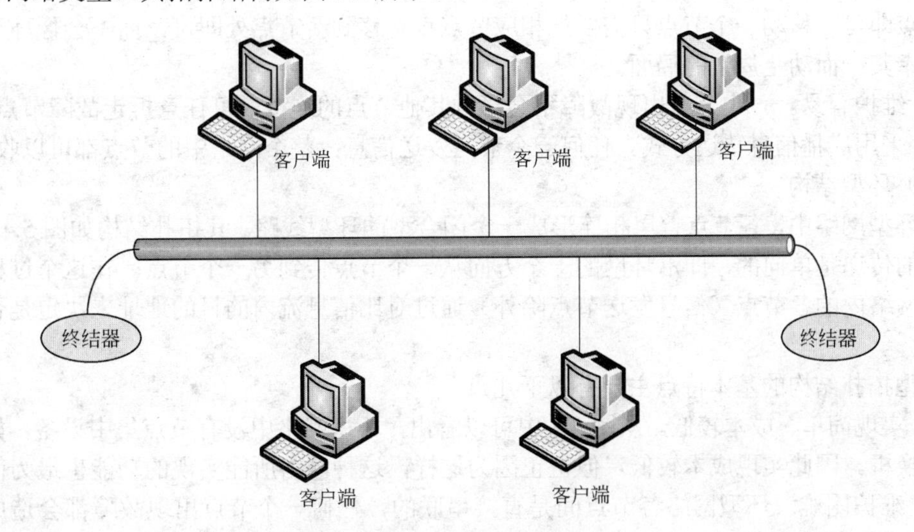

图 5.2 总线型网络拓扑结构

在总线型网络中，所有计算机都必须使用专用的硬件接口直接连接在总线上，任何一个节点的信息都能沿着总线向两个方向进行传输，并且能被总线上的任何一个节点接收。由于总线型网络中的信息向四周传播，类似于广播电台，所以总线型网络也被称为广播式网络。

总线型拓扑结构的基本特点主要有以下几点。

① 网络用户扩展较灵活。需要扩展用户时，只需要添加一个接线器即可，但总线形网络所能连接的用户数量有限。

② 维护较容易。单个节点失效不影响整个网络的正常通信。但是，如果总线发生故障，整个网络将瘫痪。

③ 组网费用低。从图 5.2 中可以看出这种拓扑结构不需要另外的互联设备，是直接通过一条总线进行连接，所以组网费用较低。

④ 由于这种网络是各站点共用总线带宽的，当网上站点数量较多时，会因数据冲突增多而使传输效率降低。

（2）星型结构

星型网络拓扑结构由中央节点和其他从属节点构成。其中，中央节点可以与其他节点直接进行通信，而其他节点间则要通过中央节点通信。在星型网络中，中央节点通常是指集线器或交换机等设备。例如，使用集线器组建而成的局域网便是一种典型的星型网络，如图 5.3 所示。

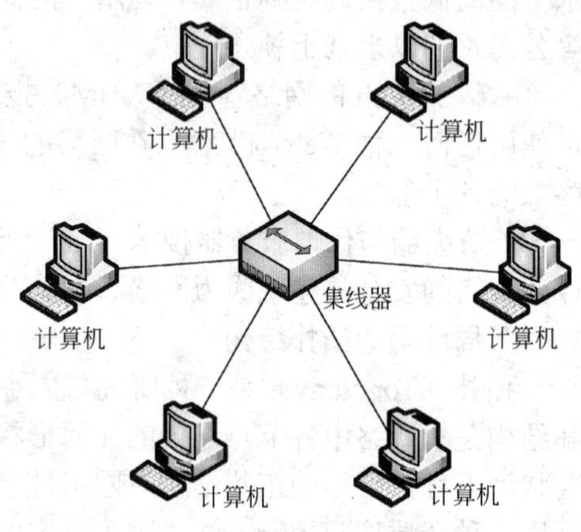

图 5.3 星型网络拓扑结构

在星型网络中，任何两台计算机要进行通信都必须经过中央节点，所以中央节点需要执行集中式的通信控制策略，以保证网络的正常运行。这使得中央节点的负担往往较重，而且一旦中央节点出现故障，将会导致整个网络的瘫痪。

星型拓扑结构的基本特点主要有以下几点。

① 容易实现。所采用的传输介质一般为通用的双绞线，这种传输介质相对同轴电缆和光缆来说比较便宜。这种拓扑结构主要应用于 IEEE802.2、IEEE802.3 标准的以太局域网中。

② 节点扩展、移动方便。节点扩展时只需要从集线器或交换机等设备中添加一条线连接新节点即可，移动一个节点只需要把相应节点设备移到新节点处即可，而不会像环形网络出现“牵其一而动全局”的局面。

③ 维护容易。一个节点出现故障不会影响其他节点的连接，可任意拆走故障节点。

④ 采用广播信息传送方式。任何一个节点发送信息，整个网络中的节点都可以收到。

（3）环型结构

在环型网络中，各节点首尾相连形成一个闭合型的环型线路。其拓扑结构如图 5.4 所示。其信息的传递是单向的，即沿环网的一个方向从一个节点传到另一个节点。在这个过程中，由环型网络内的各节点（信息发送节点除外）通过对比信息流内的目的地址来决定是否接收该信息。

环型拓扑结构的基本特点主要有以下几点。

① 实现简单、成本较低。从图 5.4 中可以看出，环型网络中没有节点集中设备，如集线器和交换机。因此实现成本较低，但也正因为这样，这种网络所能实现的功能也最为简单。

② 维护困难。环型网络各节点间是直接串联的，任何一个节点出现故障都会造成整个网络的中断、瘫痪，维护起来非常不便。

③ 扩展性能差。环型结构的扩展性能远不如星形结构，如果要新添加或移动节点，则必须中断整个网络，在环的两端做好连接器才能连接。

（4）树型结构

树型网络是星型网络的拓展。它具有一种分层结构，包括最上层的根节点和下面的多个分支，各节点间按层次进行连接，数据主要在上、下节点之间进行交换，相邻节点或同层节点之间一般不进行数据交换。树根接收各站点发送的数据，然后再广播发送到全网。其结构如图 5.5 所示。

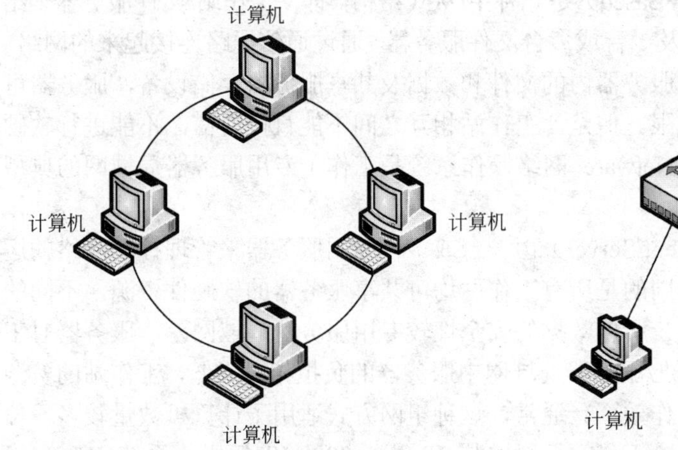

图 5.4 环型网络拓扑结构

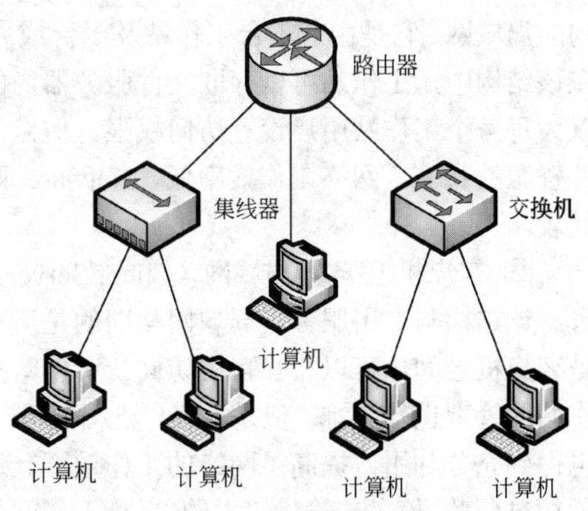

图 5.5 树型网络拓扑结构

树型拓扑结构的基本特点主要有以下几点。

① 结构比较简单，成本低。

② 网络中任意两个节点之间不产生回路，每个链路都支持双向传输。

③ 网络中节点扩充方便灵活，寻找链路路径比较方便。

④ 除叶节点及其相连的链路外，任何一个工作站或链路产生故障都会影响整个网络系统的正常运行。

⑤ 对根的依赖性太大，如果根发生故障，则全网不能正常工作。因此这种结构的可靠性问题和星型结构相似。

（5）网状型结构

网状型网络是指将多个子网或多个网络连接起来构成的网际拓扑结构。在一个子网中，集线器、中继器将多个设备连接起来，而桥接器、路由器及网关则将子网连接起来。其结构如图 5.6 所示。

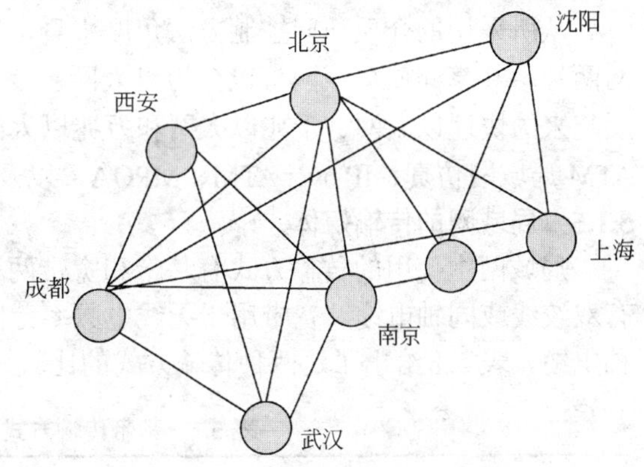

图 5.6 典型的网状拓扑结构

网状拓扑结构的基本特点主要有以下几点。

① 网络可靠性高。一般通信子网中任意两个节点交换机之间，存在着两条或两条以上的通信路径，这样，当一条路径发生故障时，还可以通过另一条路径把信息送至节点交换机。

② 网络可组建成各种形状，采用多种通信信道、多种传输速率。

③ 网内节点共享资源容易、可改善线路的信息流量分配、可选择最佳路径、传输延迟小。

④ 控制复杂、软件复杂、线路费用高、不易扩充。

5.1.4 局域网的类型

（1）按照网络的通信方式划分

按照网络的通信方式划分，局域网可以分为3种：专用服务器局域网、客户机/服务器局域网和对等局域网。

① 专用服务器局域网（Server-Based）是一种主/从式结构，即"工作站/文件服务器"结构的局域网。它是由若干台工作站及一台或多台文件服务器，通过通信线路连接起来的网络。在该结构中，工作站可以存取文件服务器内的文件和数据及共享服务器存储设备，服务器可以为每一个工作站用户设置访问权限。但是，工作站相互之间不能直接通信，不能进行软硬件资源的共享，网络工作效率低。Netware 网络操作系统是工作于专用服务器局域网的典型代表。

② 客户机/服务器局域网（Client/Server）由一台或多台专用服务器来管理控制网络的运行。该结构与专用服务器局域网相同的是所有工作站均可共享服务器的软硬件资源，不同的是客户机之间也可以相互自由访问，所以数据的安全性较专用服务器局域网差，服务器对工作站的管理也较困难。但是，客户机/服务器局域网中服务器的负担相对降低，工作站的资源也得到充分利用，提高了网络的工作效率。通常，这种组网方式适用于计算机数量较多，位置相对分散，信息传输量较大的单位。工作站一般安装 Windows2000/XP 等操作系统，Windows NT 和 Windows 2000 Server 是客户机/服务器局域网的代表网络操作系统。

③ 对等局域网又称为点对点（Point-to-Point）网络，即通信双方使用相同的协议来通信。每个通信节点既是网络的提供者—服务器，又是网络服务的使用者—工作站，并且各节点和其他节点均可进行通信，可以共享网络中各计算机的存储容量和所具有的处理能力。对等局域网的组建和维护较容易，且成本低、结构简单，但数据的保密性较差，文件存储分散，而且不易升级。

（2）按照采用的介质访问控制方法划分

从所采用的介质访问控制方法角度来看，局域网可以分为共享介质局域网和交换式局域网两种。共享介质局域网可以分为以太网、令牌总线、令牌环与 FDDI，以及在此基础上发展起来的快速以太网、千兆以太网和万兆以太网等。交换式局域网可以分为交换式以太网、ATM 局域网仿真、IP over ATM、MPOA，以及在此基础上发展起来的虚拟局域网。

5.1.5 局域网的传输媒体

局域网中使用的传输方式有基带和宽带两种。基带用于数字信号传输，常用的传输媒体有双绞线或同轴电缆。宽带用于无线电频率范围内的模拟信号的传输，常用的传输媒体是同轴电缆。表5.1给出了这两种传输方式的比较。

表 5.1 基带传输方式和宽带传输方式比较

基 带	宽 带
数字信号传输	模拟信号的传输（需用 MODEM）
全部带宽用于单路信道传输	使用频分多路复用技术，多路信道复用
双向传输	单向传输
总线形拓扑	总线形或树形拓扑
距离达数公里	距离达数十公里

（1）基带系统

使用数字信号传输的局域网定义为基带局域网。数字信号通常采用曼彻斯特编码传输，传输媒体的整个带宽用于单信道的信号传输，不采用频分多路复用技术。数字信号传输要求用总线形拓扑。基带系统只能延伸数公里的距离，这是由于信号的衰减会引起脉冲减弱和模糊，以致无法实现更大距离上的通信。基带传输是双向的，媒体上任意一点加入的信号沿两个方向传输到两端的端接器（即终端接收阻抗器），并在那里被吸收。

（2）宽带系统

在局域网范围内，宽带一般用于传输模拟信号，这些模拟载波信号工作在高频范围（通常为 10～400MHz），因此可用频分多路复用技术把宽带电缆的带宽分成多个信道或频段。宽带系统采用总线形或树形拓扑结构，可以达到比基带大得多的传输距离（达数十公里）。

5.1.6 局域网的介质访问控制方法

（1）载波监听多路访问控制

CSMA/CD 是一种常用的争用型的介质访问控制协议，这种争用协议只适用于逻辑上属于总线拓扑结构的网络。在总线网络中，每个站点都能独立地决定帧的发送，若两个或多个站同时发送帧，就会产生冲突，导致所发送的帧都出错。因此，一个用户发送信息成功与否，在很大程度上取决于监测总线是否空闲的算法，以及当两个不同节点同时发送的分组发生冲突后所使用的中断传输的方法。

CSMA/CD 协议的工作原理是：某站点想要发送数据，必须首先侦听信道。如果信道空闲，立即发送数据并进行冲突检测；如果信道忙，继续侦听信道，直到信道变为空闲，才继续发送数据并进行冲突检测；如果站点在发送数据过程中检测到冲突，它将立即停止发送数据并等待一个随机长的时间，重复上述过程。CSMA/CD 工作流程如图 5.7 所示。

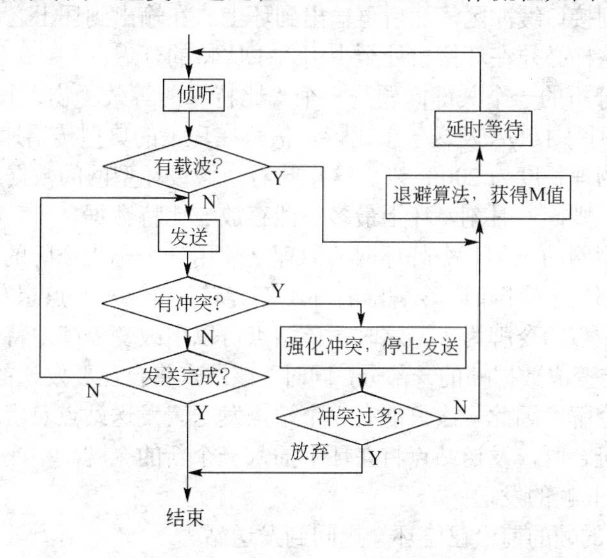

图 5.7 CSMA/CD 工作流程图

在 Ethernet 中，如果一个节点要发送数据，就以“广播”方式把数据通过作为公共传输介质的总线发送出去，连在总线上的所有节点都能“收听”到这个数据信号。由于网中所有节点都可以利用总线发送数据，并且网中没有控制中心，因此冲突的发生将是不可避免的。为了有效地实现分布式多节点访问公共传输介质的控制策略，CSMA/CD 的发送流程可以简单地概括为四点：先听后发，边听边发，冲突停止，随机延迟后重发。

在采用CSMA/CD方法的局域网中，每个节点利用总线发送数据时，首先要侦听总线的忙闲状态。如果总线上已经有数据信号传输，则为总线忙；如果总线上没有数据传输，则为总线空闲。如果一个节点准备好发送的数据帧，并且此时总线处于空闲状态，那么它就可以开始发送。但是，同时还存在着一种可能，那就是在几乎相同的时刻，有两个或两个以上节点发送了数据，那么就会产生冲突，因此节点在发送数据时应该进行冲突检测。

所谓冲突检测，就是发送节点在发送数据的同时，将它发送的信号波形与从总线上接收到的信号波形进行比较。如果总线上同时出现两个或两个以上的发送信号，那么它们叠加后的信号波形将不等于任何节点发送的信号波形。当发送节点发现自己发送的信号波形与从总线上接收到的信号波形不一致时，表示总线上有多个节点在同时发送数据，冲突已经产生；如果在发送数据过程中没有检测出冲突，节点将在发送结束后进入正常结束状态；如果在发送数据过程中检测出冲突，为了解决信道争用冲突，节点将停止发送数据，并在随机延迟后重发。

（2）令牌环访问控制

环型网的研究已有多年的历史，但是比起其他局域网技术，环型网的研究进展要缓慢得多。值得一提的是，环型网并不是真正的广播介质，而是单个的点到点线路的集合所形成的一个环。点到点线路涉及的技术已为人们透彻了解，它可以使用双绞线、同轴电缆和光纤等物理介质。环型网在工程实现上几乎全部采用数字技术，不像以太网为了解决冲突检测采用了一部分模拟器件。环型网中站点对环的访问是公平的，站点对环的访问在时间上有一个确定的上限。基于这个原因，IBM选择环型网作为它的局域网。IEEE在802中定义了环型网的标准，编号为IEEE 802.5。

像前面提到的那样，环实际上是许多环接口通过点到点线路连接起来的。每个比特到达环接口后，先复制到接口缓冲区，然后再输出到环上。在输出到环上之前，比特在缓冲区可能被检查或修改，这样必须在环接口处至少引入1比特的延迟。

环型网设计和分析的一个关键问题是一个“比特”的等效“物理长度”。假设环的数据传输率是RMbps，则每1/Rμs发送一个比特。信号在环上的典型传播速度为200m/μs，则环中一个比特的等效物理长度为200/R米。这意味着，假设环型网的数据传输率为1Mbps，环的物理长度为1km，则同一时刻，环上最多只能存放5比特数据。

令牌环网是环型网的一种。令牌环网的原理是使用一个称为令牌的特殊比特组合模式，当环上所有的站点都处于空闲时，令牌沿着环不停旋转。当某一站点想发送数据时必须等待，直至检测到经过该站点的令牌为止。这时，该站点可以用改变令牌中特定位的值的方式将令牌抓住，并将令牌转变成数据帧的一部分，同时，该站点将自己要发送的数据附带上去发送。由于网上只有一个令牌，因此一次只能有一个站点发送。发送站点负责将数据从环中删去。在下列两个条件都符合时，发送站点将在环上插入一个新的令牌。

① 该站已完成其帧的发送；

② 该站所发送的帧的前沿已绕环一周回到发送站。

如果环的等效比特长度小于帧的长度，则第一项条件将隐含着第二项条件。反之，一个站在完成发送后，从理论上讲是可以释放一个令牌的，因而第二项条件并不是必要的。但是，只满足第一个条件有可能导致多个帧同时在环上，使令牌环网的差错恢复问题更加复杂化。这样在任何情况下，使用令牌机制可以保证在某个时刻只有一个站正在发送数据。

当某站释放一个新的令牌时，它下游的第一个站若有数据要发送，将能够抓住这个令牌并进行数据发送。

令牌环设计隐含着这样一个问题，即当环中所有站点都空闲时，环本身必须有足够的时延来容纳一个完整的令牌在环内不停地旋转。这个时延由每个站点引入的1比特时延和信号在环上的传播时延两部分组成。对于所有的环，设计者必须考虑到各站点关机时所导致的1比特时延的损失。这意味着，对于短环，当有站点从环中移出时，需要自动向环中插入时延以保证环足够容纳一个完整的令牌。

环接口有侦听和发送两种模式，在侦听模式时，数据在环接口经过1比特延迟后输出到环上。只有当站点抓住令牌时才可以进入发送模式。在发送模式下，接口截断输入输出连接，并将自己的数据放到环上。当数据帧在环上旋转一周又回到发送站点时，发送站点将其从环中移走。发送站点或将其保存起来与发送前的数据进行比较以检测环的可靠性，或将其丢弃。当数据帧的最后一位返回发送站点时，环接口必须立即切换到侦听模式，并重新产生令牌。

当环的通信量很小时，令牌在大部分时间内都在环内空转。然而当通信量很大，并且每个站点都有大量数据要发送时，一旦某个站点发送完毕释放令牌，它的下一个站点就会立即抓住这个令牌并发送数据，这样相当于令牌轮流在每个站点之间传递。在网络负载相当重的情况下，网络的效率将近100%。

（3）令牌总线

① 令牌总线媒体访问控制。前面介绍过的CSMA/CD媒体访问控制采用总线争用方式，具有结构简单、在轻负载下延迟小等优点。但随着负载的增加，冲突概率增加，性能将明显下降。采用令牌环媒体访问控制具有重负载下利用率高、网络性能对距离不敏感以及具有公平访问等优越性能，但环型网结构复杂，存在检错和可靠性等问题。令牌总线媒体访问控制是在综合了以上两种媒体访问控制优点的基础上形成的一种媒体访问控制方法，IEEE 802.4提出的就是令牌总线媒体访问控制方法的标准。

② 令牌总线工作原理。IEEE 802.4标准定义了总线拓扑的令牌总线介质访问控制方法与相应的物理规范。令牌总线是一种在总线拓扑中利用“令牌”作为控制节点访问公共传输介质的确定型介质访问控制方法。

在采用令牌总线方法的局域网中，任何一个节点只有在取得令牌后才能使用共享总线去发送数据。令牌是一种特殊结构的控制帧，用来控制节点对总线的访问权。图5.8给出了正常的稳态操作时令牌总线的工作过程。

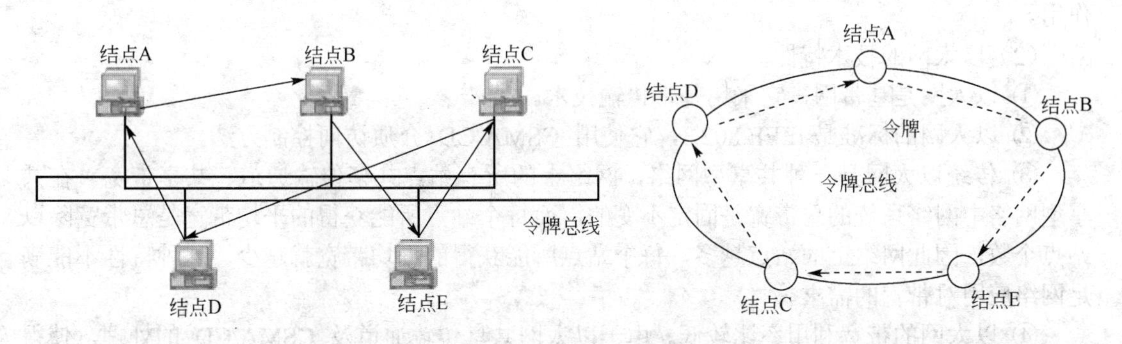

图5.8 令牌总线的工作过程

所谓正常的稳态操作，是指在网络已完成初始化之后，各节点进入正常传递令牌与数据，并且没有节点要加入或撤出，没有发生令牌丢失或网络故障的正常工作状态。此时，每个节点有本站地址（TS），并知道上一节点地址（PS）与下一节点地址（NS）。令牌传递规定由高地址向低地址，最后由最低地址向最高地址依次循环传递，从而在一个物理总线上形成一个逻辑环。环中令牌传递顺序与节点在总线上的物理位置无关。因此，令牌总线网在物理上是总线网，而在逻辑上是环网。令牌帧含有一个目的地址，接收到令牌帧的节点可以在令牌持有最大时间内发送一个或多个帧。

5.2 以太网

5.2.1 以太网特征

（1）以太网简介

以太网（Ethernet）是基于总线型的广播式网络，在已有的局域网标准中，它是最成功、应用最广泛的一种局域网技术。Ethernet 于 1970 年由施乐（Xerox）公司首次开发，并于 1976 年建造了一个传输速率为 2.94Mbps 的 CSMA/CD 系统。1980 年，由 DEC、Intel 和 Xerox 公司（简称为 DIX）共同开发、起草了 10Mbps 传输速率的以太网标准，称为蓝皮书标准，这就是以太网标准第一版。1985 年，DIX 对第一版进行了改进，公布了以太网标准第二版。IEEE 802 以 Ethernet V2.0 为基础，制定了 IEEE 802.3 CSMA/CD 局域网标准。

自 IEEE 802.3 标准公布以来，以太网技术的应用越来越广泛，可以说以太网技术无处不在。据 IDC 组织 1996 年统计，全世界使用以太网技术的用户占 83%。另外，从 Internet 的发展看，以太网也是遗留下来的，至今仍在广泛使用的几个成功技术之一。另外，以太网的应用领域也越来越广，在我国以太网技术正在进入家庭联网领域，其中千兆以太网技术不仅在局域网中普遍使用，而且也常用于城域网和广域网。

为了满足网络应用的需求，以太网技术在不断地飞速发展。在 10Mbps 以太网技术的基础上，开发出了 100Mbps 快速以太网、1000Mbps 高速以太网和高带宽、全交换的以太网。1999 年 3 月开始研究 10Gbps 以太网技术，并于 2002 年 6 月公布了10Gbps 以太网的标准，目前已经推出万兆以太网产品。从 20 世纪 70 年代以太网产生至今，以太网的传输速率从 10Mbps 提高到 10Gbps，并先后制定了一系列高速以太网标准。所以，无论从计算机网络发展的历史，还是从网络技术未来发展的前景看，都不难得出这样的结论：以太网技术是极为重要的，它不仅是局域网和城域网的主流技术，而且在广域网的应用方面也将发挥它的作用。

（2）以太网的技术特性

① 以太网是基带网，它采用基带传输技术。

② 以太网的标准是 IEEE 802.3，它使用 CSMA/CD 介质访问控制方法。

③ 传统以太网是一种共享型网络，网络上的所有站点共享传输通道、共享带宽。在共享型网络中网络系统的总带宽是固定不变的，而每个站点所能获得的平均带宽是总带宽除以站点个数，因此网络上的站点越多，每个站点所能获得的平均带宽就越少。这种特性不能满足网络应用对带宽的需求。

④ 以太网的带宽利用率比较低。由于以太网共享传输通道及 CSMA/CD 的处理，使得以太网的带宽利用率一般为 30%，当带宽利用率达到 40%或更高时，网络的响应速度明显降低，网络的性能明显下降。

⑤ 以太网采用广播式传输技术，是一种广播式网络，它具有广播式网络的全部特点。

⑥ 以太网采用曼彻斯特编码方案。

⑦ 以大网所支持的传输介质类型有：粗同轴电缆和细同轴电缆、无屏蔽双绞线和光纤。

⑧ 以太网的拓扑结构主要有总线型和星型。

⑨ 传输速率高，目前最高可达 10Gbps。

⑩ 以太网是可变长帧，长度为 64～1518 KB。

⑪ 以太网技术先进、成熟，易扩展、易维护、易管理。

5.2.2 高速以太网介绍

（1）高速局域网的发展

推动局域网发展的直接因素是个人计算机的广泛应用。在计算机网络发展的二十多年中，计算机的处理速度提高了百万倍，而网络数据传输速率只提高了上千倍。个人计算机处理速度迅速上升，而价格却在飞快下降，这进一步促进了个人计算机应用的广泛。大量用于办公自动化与信息处理的计算机必然要联网，这就使局域网的规模不断增大，网络通信量进一步增加。同时，个人计算机也已从初期简单的文字处理、管理信息等应用发展到分布式计算、多媒体应用，用户对局域网的带宽与性能提出了更高的要求。

传统的局域网技术是建立在"共享介质"的基础上，网络中所有节点共享一条公共通信传输介质，需要使用介质访问控制方法来控制节点传输数据。在网络技术中，经常将数据传输速率简称为带宽。例如，如果以太网的数据传输速率为 10Mbps，那么它的带宽是 10Mbps。如果局域网中有 *n* 个节点，那么每个节点平均能分配到的带宽为 10Mbps/*n*。显然，随着局域网规模不断扩大，节点数的不断增加，每个节点平均能分配到的带宽将越来越少。因此，当网络节点数增大，网络通信负荷加重时，冲突和重发现象将大量发生，网络效率与网络服务质量将会急剧下降。

为了克服网络规模与网络性能之间的矛盾，人们提出了以下几种解决方案。

① 提高局域网的数据传输速率，从 10Mbps 提高到 100Mbps，甚至 1Gbps、10Gbps，这就导致了高速局域网的研究与产品的开发。在这个方案中，无论局域网的数据传输速率提高到 100Mbps 还是 1Gbps、10Gbps，它的介质访问控制仍采用 CSMA/CD 方法。

② 将一个大型局域网划分成多个用网桥或路由器互联的子网，这就导致了局域网互联技术的发展。网桥与路由器可以隔离子网之间的交通量，使每个子网作为一个独立的小型局域网。通过减少每个子网内部节点数 *n* 的方法，使每个子网的网络性能得到改善，而每个子网的介质访问控制仍采用 CSMA/CD 的方法。

③ 将"共享介质方式"改为"交换方式"，这就导致了"交换局域网"技术的发展。交换局域网的核心设备是局域网交换机，局域网交换机可以在它的多个端口之间建立多个并发连接。

（2）快速以太网

传统的共享介质局域网主要有以太网、令牌总线与令牌环，而目前应用最广泛的是以太网。人们认为，20 世纪 90 年代局域网技术的一大突破是使用非屏蔽双绞线的 10 BASE-T 标准的出现。10 Base-T 标准的广泛应用导致了结构化布线技术的出现，使得使用非屏蔽双绞线、速率为 10Mbps 的以太网遍布世界各地。

① 快速以太网的发展。随着局域网应用的深入，用户对局域网带宽提出了更高的要求。人们只有两条路可以选择：要么重新设计一种新的局域网体系结构与介质访问控制方法，去取代传统的局域网技术；要么保持传统的局域网体系结构与介质控制方法不变，设法提高局域网的传统速率。对目前已大量存在的以太网来说，要保护用户已有的投资，同时又要增加网络的带宽，快速以太网（Fast Ethernet）是符合后一种要求的新一代高速局域网。

快速以太网的传输速率比普通以太网快 10 倍，数据传输速率达到了100Mbps。快速以太网保留着传统以太网的所有特征，包括相同的数据帧格式、介质访问控制方法与组网方法，只是将每个比特的发送时间由 100ns 降低到了 10ns。1995 年 9 月，IEEE　802 委员会正式批准了快速以太网标准（IEEE 802.3 u）。

② 快速以太网的协议结构。IEEE 802.3 u标准在LLC子层使用IEEE 802.2标准，在MAC子层使用CSMA/CD方法，只是在物理层作了一些必要的调整，定义了新的物理层标准（100 BASE-T）。100 BASE-T标准定义了介质专用接口（Media Independent Interface，MII），它将MAC 子层与物理层分隔开来。这样，物理层在实现100Mbps速率时所使用的传输介质和信号编码方式的变化不会影响MAC子层。100 BASE-T标准可以支持多种传输介质。

（3）千兆以太网

① 千兆以太网（Gigabit Ethernet）的发展。尽管快速以太网具有高可靠性、易扩展性、成本低等优点，并且成为高速局域网方案中的首选技术，但在数据仓库、桌面电视会议、三维图形与高清晰度图像这类应用中，人们不得不寻求拥有更高带宽的局域网。千兆以太网就是在这种背景下产生的技术。

人们设想一种用以太网组建企业网的全面解决方案：桌面系统采用传输速率为 10Mbps的以太网，部门级系统采用传输速率为100Mbps的快速以太网，企业级系统采用传输速率为1000Mbps 的千兆以太网。由于普通以太网、快速以太网与千兆以太网有很多相似之处，并且很多企业已大量使用了以太网。因此，局域网系统升级到快速以太网或千兆以太网时，网络技术人员不需要重新进行培训。

相比之下，如果将现有的以太网互联到作为主干网的622Mbps的ATM局域网上，一方面由于以太网与 ATM 工作方式存在着较大的差异，在采用 ATM 局域网仿真时，ATM 网的总体性能将会下降；另一方面网络技术人员需要重新进行培训。从以上分析中可以看出，千兆以太网有着很好的应用前景，它能否应用的关键在于协议是否标准化。

② 千兆以太网的协议结构。制定千兆以太网标准的工作是从 1995 年开始的。1995 年11月，IEEE 802.3委员会成立了高速网研究组。1996年8月，成立了802.3 z工作组，主要研究使用多模光纤与屏蔽双绞线的千兆以太网物理层标准。1997年初，成立了802.3 ab工作组，主要研究使用单模光纤与非屏蔽双绞线的千兆以太网物理层标准。1998年2月，IEEE 802委员会正式批准了千兆以太网标准（IEEE 802.3 z）。

IEEE 802.3 z标准在LLC子层使用IEEE 802.2标准，在MAC子层使用CSMA/CD方法，只是在物理层作了一些必要的调整，它定义了新的物理层标准（1000BASE-T）。1000BASE-T标准定义了千兆介质专用接口（GMII，Gigabit Media Independent Interface），它将MAC子层与物理层分隔开来。这样，物理层在实现 1000Mbps 速率时所使用的传输介质和信号编码方式的变化不会影响MAC子层。1000 BASE-T标准可以支持多种传输介质。

③ 千兆以太网的特点。一方面为了保持从标准以太网、快速以太网到千兆以太网的平滑过渡，另一方面又要兼顾新的应用核心的数据类型，在千兆以太网的研究过程中注意以下特点。

a．简易性。千兆以太网保持了经典以太网的技术原理、安装实施和管理维护的简易性，这是千兆以太网成功的基础之一。

b．技术过渡的平滑性。千兆以太网保持了经典以太网的主要技术特征，采用CSMA/CD媒体管理协议，采用相同的帧格式及帧的大小，支持全双工、半双工工作方式，以确保平滑过渡。

c．网络可靠性。保持经典以太网的安装、维护方法，采用中央集线器和交换机的星形结构和结构化布线方法，以确保千兆以太网的可靠性。

d．可管理性和可维护性。采用简易网络管理协议（SNMP）即经典以太网的故障查找和排除工具，以确保千兆以太网的可管理性和可维护性。

e. 网络成本。包括设备成本、通信成本、管理成本、维护成本及故障排除成本。由于继承了经典以太网的技术，使千兆以太网的整体成本下降。

f. 支持新应用与新数据类型。计算机技术和应用的发展，出现了许多新的应用模式，对网络提出了更高的要求。为此，千兆以太网必须具有支持新应用与新数据类型的能力。

5.3 虚拟局域网

5.3.1 虚拟局域网的概念

虚拟局域网（Virtual Local Area Network，VLAN），是指建立在交换局域网的基础之上，采用相关网络设备和网络软件系统构建的可跨越不同网段、不同网络的端到端的逻辑网络。

随着网络的不断扩展，接入设备的逐渐增多，交换式网络对于广播的“泛洪”最终会导致“广播风暴”。传统的解决方案是用路由器分割“广播域”，虽然路由器可以隔离广播域，但是随着网络中路由器数量的增多，网络时延逐渐加长，从而导致网络数据传输速度的下降，并且路由器的成本也比较高。VLAN 解决了所有以上问题，管理员可以根据不同情况把不同交换机上计算机的分到不同的 VLAN 里。

VLAN 是建立在物理网络基础上的一种逻辑子网，因此需要使用能够支持划分 VLAN 的网络设备。由于网络中不同的 VLAN 代表着不同的逻辑子网，在不同 VLAN 间进行通信时，则必须采用路由技术，需要使用路由器或是三层交换机。

5.3.2 虚拟局域网的标准

虚拟局域网的定义方式、划分方法和交换机间的通信方式的种类有很多，很多网络设备生产厂商也研发了对应于不同设备的技术标准，比如 Cisco 公司的 ISL 标准。但是建立虚拟局域网可能使用不同厂商的设备，那么就会出现设备之间的不兼容，为了解决这个问题，IEEE 802 标准化委员会制定了虚拟局域网的国际标准。

（1）IEEE 802.10 标准

1995 年，是在 Cisco 公司大力提倡下使用 IEEE 802.10 协议。并且最初 IEEE 802.10 是一个虚拟局域网的网络安全标准，Cisco 公司通过对 IEEE 802.10 的优化，利用任选的数据帧头格式来传送虚拟局域网的帧标记。然而，大多数 802 委员会的成员都反对将这个标准用于两个不同的目的，强烈反对推广 IEEE 802.10。

（2）IEEE 802.1Q 标准

1996 年 3 月，IEEE 802.1 因特网工作委员会完善了虚拟局域网的体系结构，解决了在不同厂商设备之间传输虚拟局域网成员信息的标准化帧标记格式，那么就使在一个网络中可以使用多台多供应商的虚拟局域网设备，因此获得了大部分网络设备厂商的支持。

5.3.3 虚拟局域网的划分方法

（1）基于交换机端口的划分

这种划分是将交换机的端口划分成不同的 VLAN，各 VLAN 子网相对独立，而且可以把多个交换机上的几个端口划分成一个逻辑子网。这种方法是最常用、最简单的划分方法。

（2）基于 MAC 地址的划分

MAC 地址就是连接到网络中的每个网络设备网卡的物理地址，全世界每块网卡的 MAC 地址都是固化在网卡上的，并且是唯一的。这种划分方法就是将不同的 MAC 地址进行划分，是将符合要求的一个或多个 MAC 地址划分在一个逻辑子网中。

（3）基于路由的划分

路由协议工作在的ISO/OSI第三层——网络层，这种方式通过不同路由协议或是网络地址信息的划分可以使一个VLAN能够跨越多个交换机，或一个端口处于多个VLAN中。

目前对虚拟局域网的划分通常采取第（1）、（3）方式，第（2）个方式使用的不多。

5.3.4 虚拟局域网的优点

（1）控制广播风暴

一个VLAN就是一个逻辑广播域，在不同的VLAN间是不能进行广播的。那么通过对VLAN的划分隔离了广播域，可以控制广播风暴的产生。

（2）提高网络整体安全性

网络管理员通常采用路由访问控制列表来提高网络安全性，而路由访问控制列表是采用MAC地址进行分配的。通过MAC地址，不同用户群划分在不同VLAN，这样就能提高网络的整体安全性。

（3）网络管理简单、直观

通过对网络中VLAN的建立，可以是使一个VLAN可以根据相关部门职能、用户组或不同应用将处于不同地理位置的用户划分在一个逻辑子网内。这样，就可以在不改变网络连接的情况下对网络中工作站在网络中进行随意移动，并可以使网络管理员对网络的管理更加简单，相应能够降低网络的维护费用。

5.4 无线局域网

5.4.1 无线局域网的概念

无线局域网是指通过无线接入终端、无线接入点、无线路由器、无线网卡等网络设备使用相关网络传输标准所建立起来的局域网络，通过无线局域网实现数据、图像、视频、音频等多媒体信息的双向传输。

5.4.2 无线局域网的传输标准

为了确保在网络中使用不同厂商网络设备的兼容，必须使用统一的业界标准，这样才能推动无线网络的发展。

（1）IEEE 802.11标准

IEEE 802.11标准是IEEE于1997年颁布的无线网络标准，当时规定了一些诸如介质接入控制层功能、漫游功能、保密功能等。而随着网络技术的发展，IEEE对802.11进行了更新和完善使很多厂商对无线网络设备的开发和应用有了进一步的提高。IEEE 802.11标准分为802.11b、802.11a、802.11g等几种。

① IEEE 802.11b标准。IEEE 802.11b标准使用2.4GHz的频段，采用直接序列展频技术（DSSS）和补偿码键控调制技术（CCK），数据传输速率可达到 11Mbps。

② IEEE 802.11a标准。IEEE 802.11a标准使用5GHz的频段，采用跳频展频技术（FHSS），数据传输速率可达到54Mbps。由于IEEE 802.11b的最高数据传输速率仅达到11Mbps，这就使在无线网络中的视频和音频传输存在很大问题，这就需要提高基本数据传输速率，相应的发展出IEEE 802.11a标准。

③ IEEE 802.11g标准。2001年11月，推出了新的技术标准IEEE 802.11g，它混合了IEEE 802.11b采用的补偿码键控调制技术（CCK）和IEEE 802.11a采用跳频展频技术（FHSS）。既可以在2.4GHz的频段提供11Mbps的数据传输速率，也可以在5GHz的频段提供54Mbps的

数据传输速率。

（2）HyperLAN 标准

如果说IEEE802.11系列是美国标准的话，那么HyperLAN 就是典型的欧洲标准。HyperLAN 标准是由欧洲通讯标准协会（European Telecommunications Standards Institute，ETSI）制定的。

HyperLAN 标准使用 5GHz 的频段，采用跳频展频技术（OFDM），数据传输可在不同的速度进行，最高可达到 54Mbps。

（3）蓝牙（Bluetooth）技术

蓝牙使用2.4GHz 的频段，采用扩频技术，在蓝牙网络终端和无线局域网络中间提供低功率、低成本、较安全的短距离数据传送。蓝牙技术能够提供 1Mbps 左右的流量。目前在业界受到了广泛的支持，尤其在移动电话界的利用率较高。

5.4.3 无线局域网的优点

① 网络建立成本低。相对于有线网络而言，有线网络的架设在大范围的区域内，使用同轴电缆、双绞线、光纤等传输媒体，花费大量的成本和人工，并且须租赁昂贵的专用线路来实现网络互联；而对无线网络而言，网络间的连接不需要任何线缆，极大地降低了成本。

② 可靠性高。通常在建立有线网络的时候，都将网络设计在一个使用期限内（一般为 5 年），并且随着网络的使用，网络线路本身可能出现线路渗水、金属生锈、外力造成线路切断等问题，使网络数据传输受到干扰，而无线网络不会出现这种问题。无线网络通常采用很窄的频段，在出现无线电干扰时，还可以通过跳频技术将无线网络跳频到另一频段内工作。

③ 移动性好。传统的有线网络在网络建立以后，网络中的设备和线路一般就固定下来。而无线网络的最大优点就是可移动，只要在无线信号范围内，无线网络用户可以随意移动并且保证数据的正常传输。

5.4.4 无线局域网的缺点

① 传输速率低。因为无线传输中有大量的开销，无线信道的传输速率与有线信道相比要低得多。目前，无线局域网的最大传输速率为 50Mbit/s 左右，只适合于个人终端和小规模网络应用。

② 通信盲点。无线网络传输存在盲点，在网络信号盲点处几乎不能通信，有时即便采用了多种的措施也无法改变状况。

③ 外界干扰。由于目前无线电电波非常多，并且对于频段的管理也并不很严格，无线广播很容易遭到外界干扰而影响无线网络数据的正常传输。

④ 安全性。理论上在无线信号广播范围内，任何用户都能够接入无线网络、侦听网络信号，即便采用数据加密技术，无线网络加密的破译也比有线网络容易的得多。

5.5 Intranet 和 Extranet

5.5.1 Intranet 的定义和功能

（1）Intranet 的定义

Intranet 又称内部网，指采用 Internet 技术建立的企业内部专用网络。它以 TCP/IP 协议作为基础，以 Web 为核心应用，构成统一和便利的信息交换平台。

（2）Intranet 的基本功能

① 利用电子邮件，降低通信费用，企业员工可以方便快速地应用电子邮件来传递信息；

② 利用 Web 电子出版发布企业各种信息，供企业内部或指定客户使用；

③ 在 Web 上开展电子贸易，主要方式有全球范围内的产品展览，销售的信息服务等；

④ 远程用户登录，企业分支机构可以通过电话线路访问总部的信息；

⑤ 远程信息传送，将企业总部的信息传送到用户的工作站上进行处理；

⑥ 企业管理信息系统（MIS）应用，如一般的人事、财务管理系统；

⑦ 企业无纸化办公；

⑧ 通过与 Internet 相连，进行全球范围的通信及视频会议；

⑨ 新闻组讨论，企业员工可就某一事件通过网络进行深入讨论且自动记录在服务器中。

5.5.2 Extranet 的定义和功能

（1）Extranet 的定义

Extranet 又称外联网，是 Intranet 对企业外特定用户的安全延伸，其利用 Internet 技术和公共通信系统，使指定并通过认证的用户分享公司内部网络部分信息和部分应用的半开放式的专用网络。Extranet 是使用 Internet 技术如 WWW 和 TCP/IP 建立的支持企业或机构之间进行业务往来和信息交流的综合信息系统。

（2）Extranet 的基本功能

① 信息的维护和传播。通过 Extranet 可以定期地将最新的销售信息以各种形式分发给世界各地的销售人员，而取代原有的文本拷贝和昂贵的专递分发。任何授权的用户都可以从世界各地用浏览器对 Extranet 进行访问、更新信息和通信，使得增加/修改每日变化的新消息、更新客户文件等操作变得容易。

② 在线培训。浏览器的点击操作和直观的特性使得用户很容易地就可加入到在线的商业活动中。此外，灵活的在线帮助和在线用户支持机制也使得用户可以容易发现其需要的答案。

③ 企业间的合作。Extranet 可以通过 Web 给企业提供一个更有效的信息交换渠道，其传播机制可以给客户传递更多的信息。通过 Extranet 进行的电子商务可以比传统的商业信息交换更有效和更经济地进行操作和管理，并能大规模地降低花费和降低跨企业之间的合作与商务活动的复杂性。

④ 销售和市场。Extranet 使得销售人员可以从世界各地了解最新的客户和市场信息，这些信息由企业来更新维护，并由强健的 Extranet 安全体系结构保护其安全性。所有的信息都可以根据用户的权限和特权通过 Web 访问和下载。

⑤ 客户服务。Extranet 可以通过 Web 安全有效地管理整个客户的运行过程，可为客户提供订购信息和货物的运行轨迹，可为客户提供解决基本问题的方案，发布专用的技术公告，同时可以获取客户的信息为将来的支持服务，使用 Extranet 可以更加容易的实现各种形式的客户支持（桌面帮助、电子邮件及多媒体电子邮件等）。

⑥ 产品、项目的管理和控制。管理人员可迅速地生成和发布最新的产品、项目与培训信息，不同地区的项目组成员可以通过网上来进行通信、共享文档与结果，可在网上建立虚拟的实验室进行跨地区的合作。Extranet 中提供的任务管理和群体工作工具应能及时地显示工作流中的瓶颈，并采取相应的措施。

5.5.3 Internet 与 Intranet 和 Extranet 的联系及区别

Internet 与 Intranet 和 Extranet 的区别及联系主要在于：Internet 是后两者的网络基础，同时为 Intranet 和 Extranet 提供各种网络应用，如 Web 信息服务、E-mail 通信服务以及数据库访问支持服务等；Intranet 面向的是企业内部各职能部门间的联系，其业务范围只限于企业内部；Extranet 面向的是各企业之间的联系，其业务范围涉及业务伙伴、合作对象、供应商、零售商、消费者和第三方认证机构等。由此可见，企业利用 Internet 实现的业务范围最大，Extranet 次之，Intranet 最小。从企业最初建立的内部局域网到 Intranet，继而到 Extranet，再到 Internet，都是构建企业电子商务平台的基础。

本 章 习 题

1. 选择题

（1）下列网络拓扑结构中，属于星形结构的是（　　）。

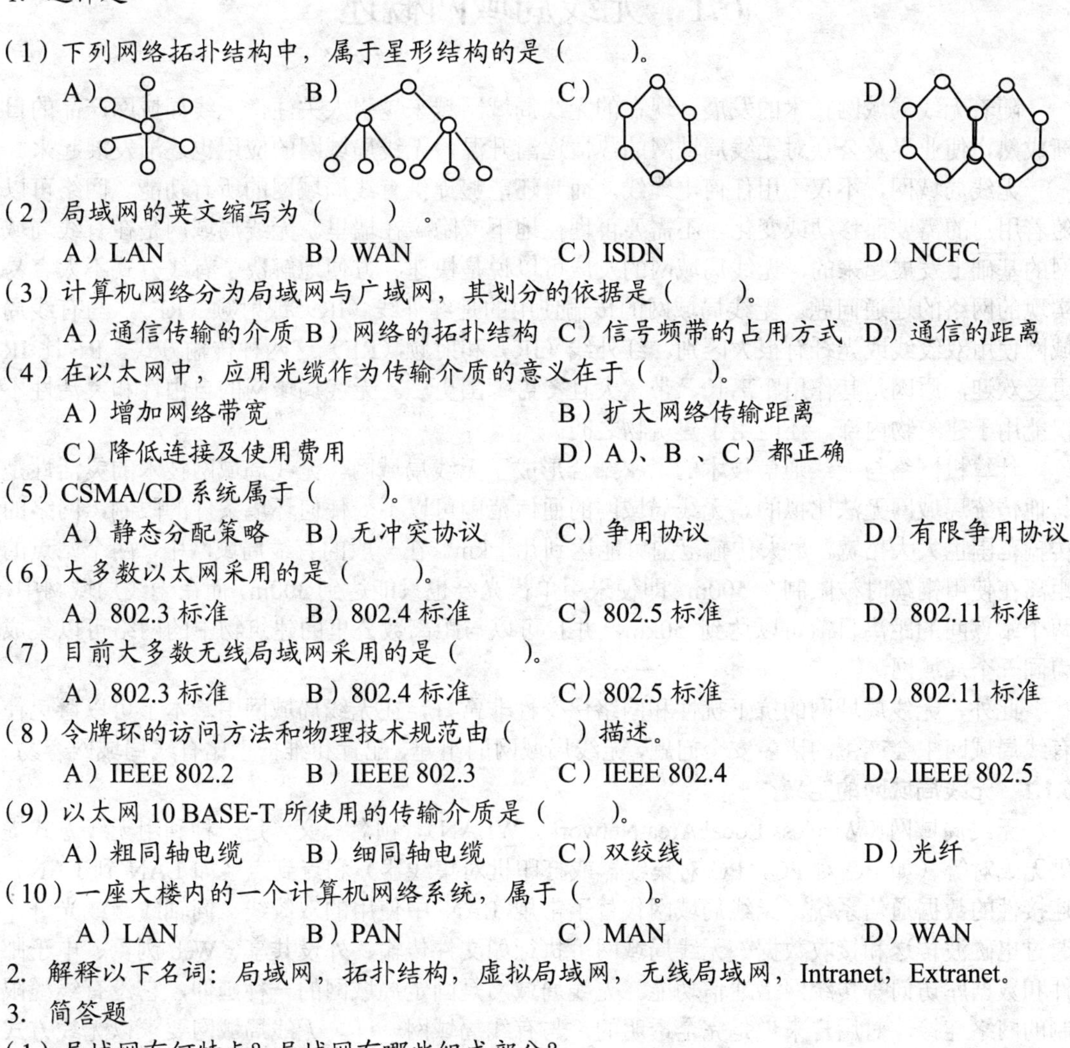

（2）局域网的英文缩写为（　　）。

A）LAN　　B）WAN　　C）ISDN　　D）NCFC

（3）计算机网络分为局域网与广域网，其划分的依据是（　　）。

A）通信传输的介质　B）网络的拓扑结构　C）信号频带的占用方式　D）通信的距离

（4）在以太网中，应用光缆作为传输介质的意义在于（　　）。

A）增加网络带宽　　B）扩大网络传输距离

C）降低连接及使用费用　　D）A）、B 、C）都正确

（5）CSMA/CD 系统属于（　　）。

A）静态分配策略　B）无冲突协议　C）争用协议　D）有限争用协议

（6）大多数以太网采用的是（　　）。

A）802.3 标准　B）802.4 标准　C）802.5 标准　D）802.11 标准

（7）目前大多数无线局域网采用的是（　　）。

A）802.3 标准　B）802.4 标准　C）802.5 标准　D）802.11 标准

（8）令牌环的访问方法和物理技术规范由（　　）描述。

A）IEEE 802.2　B）IEEE 802.3　C）IEEE 802.4　D）IEEE 802.5

（9）以太网 10 BASE-T 所使用的传输介质是（　　）。

A）粗同轴电缆　B）细同轴电缆　C）双绞线　D）光纤

（10）一座大楼内的一个计算机网络系统，属于（　　）。

A）LAN　B）PAN　C）MAN　D）WAN

2. 解释以下名词：局域网，拓扑结构，虚拟局域网，无线局域网，Intranet，Extranet。

3. 简答题

（1）局域网有何特点？局域网有哪些组成部分？

（2）局域网的拓扑结构有哪些？它们各自的优缺点有哪些？

（3）局域网的类型有哪些？

（4）简述 CSMA/CD 的工作原理。

（5）简述 Internet 与 Intranet 和 Extranet 的联系及区别。

第6章　无线局域网

6.1　无线局域网概述

随着无线局域网技术的发展，现在的无线局域网越来越引人关注，无线局域网产品的日渐成熟，使业界及公众对无线局域网的热情逐渐升温，无线局域网的应用也逐渐发展起来。

无线局域网，不仅不用任何电缆线，而且还能够提供有线局域网的所有功能。网络可以随着用户的需要而移动或变化，不需要再埋在地下或隐藏在墙里。无线局域网是在有线局域网的基础上发展起来的，无线局域网的发展可以说是快速、方便地解决了有线方式不太容易实现的网络的连通问题。无线局域网的传输使用的是红外线（IR）或射频（RF），与有线局域网使用双绞线或光纤有很大区别。红外线（IR）和射频（RF）这两种传输方式，RF 比 IR 更受欢迎，原因是其作用距离长、带宽大且覆盖范围更广。无线局域网的自由性和灵活性不仅能用于建筑物内部，还能用于建筑物之间。

计算机网络与无线通信技术的紧密结合形成了无线局域网。无线局域网技术的灵活性是其他传统局域网无法比拟的。无线局域网的通信范围可以不受任何环境条件的限制，网络的传输范围也大大拓宽，最大传输范围可能达到几十km。在一般的有线局域网中，两个站点的距离在使用铜缆时被限制在 500m，即使采用单模光纤也只能达到 300m，而在无线局域网中，两个站点间的距离目前可以达到 50km，并且可以与距离数公里的建筑物中的网络可以集成为同一个局域网。

此外，无线局域网的抗干扰性和网络保密性非常好，在无线局域网中基本上可以避免在有线局域网中会产生的诸多安全问题，无线局域网的组建、配置和维护也比有线局域网容易。

6.1.1　无线局域网的定义

无线局域网（Wireless Local Area Network，WLAN），顾名思义，是一种利用无线方式提供无线对等（如 PC 对 PC，PC 对集线器或打印机对集线器）和点到点（如 LAN 到 LAN）连接性的数据通信系统。无线局域网代替了常规 LAN 中使用的双绞线、同轴线路或光纤，通过电磁波传送和接收数据。无线局域网可执行如文件传输、外设共享、Web 浏览、电子邮件和数据库访问等传统网络通信功能。无线局域网是固定局域网的一种延伸，它没有线缆限制的网络连接，对用户来说是完全透明的，与有线局域网一样。无线局域网要求以无线方式相联的计算机之间允许自愿共享，并具有现有的网络操作系统所支持的各种服务功能。计算机无线联网常见的形式是把远程计算机以无线方式联入一个计算机网络中，作为网络中的一个节点，使之具有网络上工作站所具有的相同功能，获得网络上的所有服务，或把数个有线与无线局域网联成一个区域网。当然，也可以用全无线方式构成一个局域网或一个局域网中混合使用有线和无线方式。此时，以无线方式入网的计算机具有可移动性，在一定的区域移动而又随时与网络保持联系。

6.1.2　无线局域网的特点

与有线局域网相比，无线局域网具有应用范围广，开发运营成本低、时间短，投资回报快，扩展容易，受自然环境、地形及灾害影响小，组网灵活快捷等特点。

（1）部署灵活

无线网络的最大优点就是部署灵活，对于一些使用有线网络很难实现的环境，则可以考虑使用无线网络来解决。例如，在被公路分隔开的两座建筑物之间建设有线网络，除了事先要征得市政部门和城建部门的同意外，还必须进行勘测、挖掘管道、重新铺路。而对于无线网络而言，只需分别在两个建筑物上安装天线即可。

（2）安装灵活方便

无线网络的安装基本上可以做到现用现装，当网络需要扩展时再进行安装。相对于无线网络，有线网络的安装则较为烦琐。首先需要进行全面的需求分析，并进行长远规划，尽量做到一次施工即可达到目标，并使网络具有一定的扩展能力，避免因通信容量增加而反复施工。而在一些环境比较复杂，很难使用有线网络实现网络接入的情况下，无线接入是唯一的选择。

（3）建设速度快

在网络建设方面，无线网络也要比有线网络简单快速的多。无线网络的建设工作主要是架设天线和安装网络设备，涉及面小而工程单纯。另外，由于无线设备采用小型化和集成化工艺，所以它的工程安装量也相对较小。当网络需要扩容时，无限网络只需要安装用户终端即可实现即时上网，工作量更小，而有线网络则需要重新布线，或购置网络设备等。

（4）节约建设投资

有线网络的传输介质无论是使用光纤还是双绞线，都需要按长远规划超前埋设电缆，其中包括有线网络冗余部分和日后网络扩展部分。而这一部分将在一段时间内不会产生任何效益。同时，电缆预埋的做法无疑会冒着使用时电缆已经落后的风险（近年来网络的速度发展已经证明了这一点）。采用无线组网（接入）则无须考虑这种超前投资和投资风险，只需按当前需要进行建设，建设后的扩展简易方便。

（5）维护费用低

有线网络接入方式的线路不但维护费用高，且困难度也非常高，这主要是由有线网络接入的线路繁多而杂乱造成的。对于无线网络接入来说，其维护重点主要是无线接入设备和无线天线，相比较而言，在费用、困难度方面都占有很大的优势。

（6）安全性好

有线电缆和明线容易发生故障，查找困难，且容易受雷击、火灾等灾害影响，安全性差。无线系统抗灾能力强，容易设置备用设备，可以在很大程度上提高网络的安全性。

注意：虽然无线网络比有线网络具有很多优点，但它仍然是在有线网络的基础上通过无线网络设备实现，仍然要依赖有线网络，是有线局域网的扩展和补充，而不是有线局域网的完全替代产品。

6.1.3　无线局域网的应用

由于 WLAN 具有接入灵活、保密性强、抗干扰性好、组网快捷等优点，因而很适合一些特殊的环境。从技术上讲，WLAN 所能覆盖的范围应视环境的开放与否而定。若不加外接天线，在视野所及之处约 300m；若是半开放型空间或有间隔的区域，传输距离大约为 30～55m；如果借助于外接天线，传输距离可达 35～50km 甚至更远。所以，WLAN 特别适合布线困难的场所、变化频繁的环境以及临时构建的场所。

无线局域网与传统网络一样，可以接入 Internet，可用于销售、物流、服务、电力等行业及生活各方面。

（1）销售行业应用

对于大型超市来讲，商品的流通量非常大，接货的日常工作包括定单处理、送货单、入库等，需要在不同地点的现场将数据录入数据库中。仓库的入库和出库管理，物品的搬动，较多数据在变化。目前，很多的做法是手工做好记录，然后再将数据录入数据库中，这样费时而且易错，采用 WLAN，即可轻松解决上面两个问题，在超市的各个角落，在接货区、发货区、货架、仓库中利用 WLAN，可以现场处理各种单据。

（2）物流行业应用

随着我国加入WTO，各个港口、储存区对物流业务的数字化提出了较高的要求。一个物流公司一般都有一个网络处理中心，还有些办公地点分布在比较偏僻的地方，对于那些运输车辆、装卸装箱机组等所处的工作流程，物品统计等，需要及时将数据录入并传输到中心机房。部署 WLAN 是物流业现代化过程中一项必不可少的基础设施。

（3）电力行业应用

如何对遥远的变电站进行遥测、遥控、遥调，这是电力系统的一个老问题。WLAN 能监测并记录变电站的运行情况，给中心监控机房提供实时的监测数据，也能够将中心机房的调控命令传入到各个变电站。这是 WLAN 使电力系统遍布到千家万户，但又不完全依赖有线网络来检测与控制的一个潜在应用。

（4）服务行业应用

由于 PC 机的移动终端化、小型化，一个旅客在进入一个酒店的大厅要及时处理邮件，这时酒店大堂的 Internet WLAN 接入是必不可少的；客房 Internet 无线上网服务也是需要的，尤其是星级比较高的酒店，客人可能在床上躺着上网，客人希望无线上网无处不在，由于 WLAN 的移动性、便捷性等特点，更是受到了一些大中型酒店的青睐。

在机场和车站是旅客候机候车的一段等待时光，这时打开笔记本电脑来上上网，何尝不是高兴的事儿，目前，在北美和欧洲的大部分机场和车站，都部署了WLAN，在我国，也在逐步实施和建设中。

（5）教育行业应用

WLAN 可以实现教师和学生教与学的时时互动。学生可以在教室、宿舍、图书馆利用移动终端机向老师问问题、提交作业；老师可以时时给学生上辅导课。学生可以利用 WLAN 在校园的任何一个角落访问校园网。WLAN 可以成为一种多媒体教学的辅助手段。

（6）证券行业应用

有了 WLAN，股市有了菜市场般的普及和活跃。原来，很多炒股者利用股票机看行情，现在不用了，WLAN 能够让您实时看行情，实时交易。股市大户室也可以不去了，不用再为大户室交纳任何费用。

（7）展厅应用

一些大型展览的展厅内，一般都布有 WLAN，服务商、参展商、客户走入大厅内可以随时接入 Internet。WLAN 的可移动性、可重组性、灵活性为会议厅和展会中心等具有临时租用性质的服务行业提供了赢利的无限空间。

（8）中小型办公室/家庭办公应用

WLAN 可以让人们在中小型办公室或者在家里任意的地方上网办公，收发邮件，随时随地可以连接上 Internet，上网资费与有线网络一样，有了 WLAN，我们的自由空间增大了。

（9）企业办公楼之间办公应用

对于一些中大型企业，有一个主办公楼，还有其他附属的办公楼，楼与楼之间、部门与部门之间需要通信，如果搭建有线网络，需要支付昂贵的月租费和维护费，而 WLAN不需要，也不需要综合布线，一样能够实现有限网络的功能。

6.2 无线局域网协议标准与安全标准

6.2.1 IEEE 802.11 和 IEEE 802.16a 标准

（1）IEEE 802.11 系列标准

802.11 是 IEEE 在 1997 年为无线局域网（Wireless LAN）定义的一个无线网络通信的工业标准。此后这一标准又不断得到补充和完善，形成 802.11x 的标准系列。802.11x 标准是现在无线局域网的主流标准，也是 Wi-Fi 的技术基础。目前，WLAN 领域主要是 IEEE 802.11x 系列与 HiperLAN / x（欧洲无线局域网）系列两种标准。

在以下标准中，平时应用最多的应该是 802.11a/b/g 三个标准，均已得到相当广泛的应用；最新讨论中的标准是 802.11n，在传输速度上有了一个大的飞跃，但截至 2006 年 5 月，该标准尚未被通过。

① 802.11a。802.11a（Wi-Fi5）标准是得到广泛应用的 802.11b 标准的后续标准。它工作在 5GHz U-NII 频带，物理层速率可达 54Mbps，传输层可达 25Mbps。可提供 25Mbps 的无线 ATM 接口和 10Mbps 的以太网无线帧结构接口，以及 TDD/TDMA 的空中接口；支持语音、数据、图像业务；一个扇区可接入多个用户，每个用户可带多个用户终端。

② 802.11b。802.11b 即 Wi-Fi，它利用 2.4GHz 的频段，2.4GHz 的 ISM 频段为世界上绝大多数国家通用，因此 802.11b 得到了最为广泛的应用。它的最大数据传输速率为 11Mbps，无须直线传播。在动态速率转换时，如果射频情况变差，可将数据传输速率降低为 5.5Mbps、2Mbps 和 1Mbps。支持的范围是在室外为 300 米，在办公环境中最长为 100 米。802.11b 使用与以太网类似的连接协议和数据包确认，来提供可靠的数据传送和网络带宽的有效使用。

③ 802.11c。802.11c 在媒体接入控制/链路连接控制（MAC/LLC）层面上进行扩展，旨在制定无线桥接运作标准，但后来将标准追加到既有的 802.1 中，成为 802.1d。

④ 801.11d。它和 802.11c 一样在媒体接入控制/链路连接控制（MAC/LLC）层面上进行扩展，对应 802.11b 标准，解决不能使用 2.4GHz 频段国家的使用问题。

⑤ 802.11e。802.11e 是 IEEE 为满足服务质量（QoS，Ququlity of Service）方面的要求而制定的 WLAN 标准。在一些语音、视频等的传输中，QoS 是非常重要的指标。在 802.11MAC 层，802.11e 加入了 QoS 功能，它的分布式控制模式可提供稳定合理的服务质量，而集中控制模式可灵活支持多种服务质量策略，让影音传输能及时、定量、保证多媒体的顺畅应用，WIFI 联盟将此称为 WMM（Wi-Fi Multimedia）。

⑥ 802.11f。802.11f 追加了 IAPP（Inter-Access Point Protocol）协定，确保用户端在不同接入点间的漫游，让用户端能平顺、无形地切换存取区域。 802.11f 标准确定了在同一网络内接入点的登陆，以及用户从一个接入点切换到另一个接入点时的信息交换。

⑦ 802.11g。802.11g 是为了获得更高的传输速率而制定的标准，它采用 2.4GHz 频段，使用 CCK 技术与 802.11b（Wi-Fi）后向兼容，同时它又通过采用 OFDM 技术支持高达 54Mbit/s 的数据流，所提供的带宽是 802.11a 的 1.5 倍。从 802.11b 到 802.11g，可发现 WLAN 标准不断发展的轨迹：802.11b 是所有 WLAN 标准演进的基石，未来许多的系统大都需要与 802.11b 向后向兼容，802.11a 是一个非全球性的标准，与 802.11b 后向不兼容，但采用 OFDM 技术，支持的数据流高达 54Mbit/s，提供几倍于 802.11b/g 的高速信道，如 802.11b/g 提供 3 个非重叠信道可达 8-12 个；

可以看出，在 802.11g 和 802.11a 之间存在与 Wi-Fi 兼容性上的差距，为此出现了一种桥接此差距的双频技术——双模（Dual Band）802.11a+g（=b），它较好地融合了 802.11a/g 技术，工作在 2.4GHz 和 5GHz 两个频段，服从 802.11b/g/a 等标准，与 802.11b 后向兼容，使用户简单连接到现有或未来的 802.11 网络成为可能。

⑧ 802.11h。是为了与欧洲的 HiperLAN2 相协调的修订标准，美国和欧洲在 5GHz 频段上的规划、应用上存在差异，这一标准的制定目的，是为了减少对同处于 5GHz 频段的雷达的干扰。类似的还有 802.16（WIMAX），其中 802.16B 即是为了与 Wireless HUMAN 协调所制定。

802.11h 涉及两种技术，一种是动态频率选择（DFS，Dynamic Frequency Selection），即接入点不停地扫描信道上的雷达，接入点和相关的基站随时改变频率，最大限度地减少干扰，均匀分配 WLAN 流量；另一种技术是传输功率控制（TPC，Transmission Power Control），总的传输功率或干扰将减少 3dB。

⑨ 802.11i。802.11i 是无线局域网的重要标准，也称为 Wi-Fi 保护访问，它是一个存取与传输安全机制，由于在此标准未定案前，WI-FI 联盟已经先行暂代地提出比 WEP（Wired Equivalent Privacy）更高防护力的 WPA（WI-FI Protected Access），因此 802.11i 也被称为 WPA2。

WPA 使用当时密钥集成协议进行加密，其运算法则与 WEP 一样，但创建密钥的方法不同。

⑩ 802.11j。它是为适应日本在 5GHz 以上应用不同而制定的标准，日本从 4.9GHz 开始运用，同时，它们的功率也各不相同，例如同为 5.15-5.25GHz 的频段，欧洲允许 200MW 功率，日本仅允许 160MW。

⑪ 802.11k。802.11k 为无线局域网应该如何进行信道选择、漫游服务和传输功率控制提供了标准。它提供无线资源管理，让频段（BAND）、通道（CHANNEL）、载波（CARRIER）等更灵活动态地调整、调度，使有限的频段在整体运用效益上获得提升。

在一个无线局域网内，每个设备通常连接到提供最强信号的接入点。这种管理有时可能导致对一个接入点过度需求并且会使其他接入点利用率降低，从而导致整个网络的性能降低，这主要是由接入用户的数目及地理位置决定的。在一个遵守 802.11k 规范的网络中，如果具有最强信号的接入点以其最大容量加载，而一个无线设备连接到一个利用率较低的接入点，在这种情况下，即使其信号可能比较弱，但是总体吞吐量还是比较大的，这是因为这时网络资源得到了更加有效的利用。

⑫ 802.11l。由于（11L）字样与安全规范的（11i）容易混淆，并且很像（111），因此被放弃编列使用。

⑬ 802.11m。802.11m 主要是对 802.11 家族规范进行维护、修正、改进，以及为其提供解释文件。802.11m 中的 m 表示 Maintenance。

⑭ 802.11n。提升传输速度，目标突破 100Mbps。IEEE802.11n 工作小组由高吞吐量研究小组发展而来，并计划将 WLAN 的传输速率从 802.11a 和 802.11g 的 54Mbps 增加至 108Mbps 以上，最高速率可达 320Mbps，成为继 802.11b、802.11a、802.11g 之后的另一个重要标准。和以往的 802.11 标准不同，802.11n 协议为双频工作模式（包含 2.4GHz 和 5.8GHz 两个工作频段），保障了与以往的 802.11a/b/g 标准兼容。

⑮ 802.11o。针对 VOWLAN（Voice over WLAN）而制定，更快速的无限跨区切换，以及读取语音（Voice）比数据（Data）有更高的传输优先权。

⑯ 80211p。80211p 是针对汽车通信的特殊环境而出炉的标准。最初的设订是在 300M 距离内能有 6Mbps 的传输速度。它工作于 5.9GHz 的频段，并拥有 1000 英尺的传输距离和 6Mbps 的数据速率。802.11p 将能用于收费站交费、汽车安全业务、通过汽车的电子商务等很

多方面。从技术上来看，802.11p 对 802.11 进行了多项针对汽车这样的特殊环境的改进，如热点间切换更先进、更支持移动环境、增强了安全性、加强了身份认证等。

⑰ 802.11q。制定支援 VLAN（Virtual LAN，虚拟区域网路）的机制 。

⑱ 802.11r。802.11r 标准，着眼于减少漫游时认证所需的时间，这将有助于支持语音等实时应用。使用无线电话技术的移动用户必须能够从一个接入点迅速断开连接，并重新连接到另一个接入点。这个切换过程中的延迟时间不应该超过 50 毫秒，因为这是人耳能够感觉到的时间间隔。但是目前 802.11 网络在漫游时的平均延迟是几百毫秒，这直接导致传输过程中的断续，造成连接丢失和语音质量下降。所以对广泛使用的基于 802.11 的无线语音通讯来说，更快的切换是非常关键的。

802.11r 改善了移动的客户端设备在接入点之间运动时的切换过程。协议允许一个无线客户机在实现切换之前，就建立起与新接入点之间安全且具备 QoS 的状态，这会将连接损失和通话中断减到最小。

⑲ 802.11s。制定与实现目前最先进的 MESH 网路，提供自主性组态（Self-Configuring），自主性修复（Self-Healing）等能力。无线网状网可以把多个无线局域网连在一起从而能覆盖一个大学校园或整个城市。当一个新接入点加入进来时，它可以自动完成安全和服务质量方面的设置。整个网状网的数据包会自动避开繁忙的接入点，找到最好的路由线。目前关于该标准共有 15 个提案。IEEE 可能在 2008 年正式认可该标准。

⑳ 802.11t。提供提高无线电广播链路特征评估和衡量标准的一致性的方法标准，衡量无线网络性能。

㉑ 802.11u。与其他网络的交互性。以后更多的产品将兼具 Wi-Fi 与其他无线协议，例如 GSM、Edge、EV-DO 等。该工作组正在开发在不同网络之间传送信息的方法，以简化网络的交换与漫游。

㉒ 802.11v。无线网络管理。V 工作组是最新成立的小组，其任务将基于 802.11k 所取得的成果。802.11v 主要面对的是运营商，致力于增强由 Wi-Fi 网络提供的服务。

（2）IEEE 802.16 系列标准

IEEE 802.16 则是为制定无线城域网（Wireless MAN）标准成立的工作组，该工作组自 1999 年成立后，主要负责固定无线接入的空中接口标准，涉及 MMDS、LMDS 等技术，并没有引起很大的关注。但是自从支持移动特性的 802.16e 任务组成立以及很多主流设备制造商加盟 WiMAX 后，IEEE 802.16e 吸引了越来越多的目光。

IEEE 802.16 工作组于 2003 年 4 月颁布了 IEEE 802.16a，该标准支持的工作频段为 2～11 GHz，包括了需要发放牌照频段和免牌照的频段。与高频段相比，该频段能以更低的成本提供更大的用户覆盖，系统受障碍影响不大，可以在非视距传输环境下运行，大大降低了用户站安装的要求。另外，IEEE 802.16a 的 MAC 层提供服务质量（QoS）保证机制，可支持语音和视频等实时性业务，增加了对网格拓扑结构网络的支持，能适应各种物理层环境。这些特点使得 IEEE 802.16a 与 IEEE 802.16 相比更具有市场应用价值，真正成为可用于城域网的无线接入手段。

IEEE 802.16a 标准仅仅是 IEEE 802.16-2001 标准的修改和扩展，不是一个独立的标准，所以 2004 年 7 月 IEEE 802.16 组织又通过了 IEEE 802.16d。IEEE 802.16d 对 2～66 GHz 频段的空中接口物理层和 MAC 层作了详细规定，定义了支持多种业务类型的固定宽带无线接入系统的 MAC 层和相对应的多个物理层。该标准对 IEEE 802.16-2001 和 IEEE 802.16a 进行了整合和修订，但仍属于固定宽带无线接入规范，是相对比较成熟并且最具实用性的一个标准版本。

IEEE 802.16e 是工作在 2～6GHz 频段支持移动性的宽带无线接入空中接口标准。制定 IEEE 802.16e 的目的是为了实现既能提供高速数据业务又使用户具有移动性的宽带无线接入解决方案。IEEE 802.16e 被业界视为目前唯一能与 3G 竞争的下一代宽带无线技术。IEEE 802.16e 的目标是能够向下兼容 IEEE 802.16d，因此 IEEE 802.16e 的标准化工作基本上是在 IEEE 802.16d 的基础上进行的。在 IEEE 802.16d 固定无线接入标准研制的基础上，为了支持移动特性，IEEE 802.16e 提出了具有移动特性的系统框架结构，并于 2004 年 9 月通过了草案，在 2005 年 12 月推出了正式标准。

6.2.2 IEEE 802.11 系列兼容性

随着无线产品价格的不断降低，无线产品不仅被广泛应用于家庭和小型网络，而且还被作为大中型网络的有效补充，实现移动用户的灵活接入。然而，在无线产品选购时，许多人对 IEEE 802.11 系列产品的兼容性存在重大误区。

（1）IEEE 802.11g 与 IEEE802.11b 的兼容性

事实上，IEEE 802.11g 与 IEEE802.11b 的兼容性不仅不是无条件的，而且存在着许许多多的问题，包括：两个无法搭建对等无线网络；单独使用 IEEE 802.11g 无线网卡，或单独使用 IEEE802.11b 无线网卡，都可以搭建对等无线网络，但却不能同时使用 IEEE 802.11g 和 IEEE802.11b 无线网卡搭建无线网络，只能借助于无线 AP（AP，Access Point，无线访问节点、会话点或存取桥接器）来实现。

IEEE802.11b 将导致 IEEE 802.11g 传输速率的下降，IEEE 802.11g 产品提供以下几种工作模式。

① 混合模式（Mixed）。

② 纯 G 模式（G-Only）。

③ 自动模式（Auto）。

无论选用哪种工作模式，都会发生如下两种情况。

① 将 IEEE 802.11b 的设备连接到 IEEE 802.11g 无线网络时，所有 IEEE 802.11g 设备的性能会降低。即使 IEEE 802.11b 设备处于待机状态，也会降低 IEEE 802.11g 设备的性能。

② 当 IEEE802.11b 设备处于传送或接收状态时，所有 IEEE 802.11g 设备的传输速率都会变得更慢。

因此，尽管 IEEE 802.11b 与 IEEE 802.11g 可以在网络中共存，并且也可以实现彼此之间的通信，但这是以牺牲性能和带宽为代价的。

（2）IEEE 802.11n 与 IEEE 802.11a/b/g 的兼容性

IEEE 802.11n 通过采用软件无线电技术，解决了不同标准采用不同的工作频段、不同的调制方式，系统间难以互通，移动性差等问题。这样，不仅保障了与以往的 IEEE 802.11b、IEEE 802.11g 和 IEEE 802.311a 标准的兼容，而且还可以实现与无线广域网络的结合，极大地保护了用户的投资。这种软件无线电技术是一个完全可编程的硬件平台，所有的应用都通过在该平台上的软件编程实现，也就是说，不同系统的基站和移动终端都可以通过这一平台的不同软件实现互通和兼容，这使得 WLAN 的兼容性得到了极大的改善。软件无线电技术将根本改变网络结构，实现无线局域网与无线广域网融合并能容纳各种标准、协议，提供更为开放的接口，最终大大增加网络的灵活性，这意味着 WLAN 将不但能实现 IEEE 802.11n 向前后兼容，而且可以实现 WLAN 与无线广域网的结合。

6.2.3 Wi-Fi 与 WiMAX

（1）Wi-Fi

Wi-Fi（Wireless Fidelity）是无线保证联盟的缩写，Wi-Fi 联盟是一个非营利的国际贸易组织，其主要工作是测试基于 IEEE 802.11（包括 IEEE 802.11b、IEEE 802.11a 和 IEEE 802.11g）标准的无线设备，以确保 Wi-Fi 产品的互操作性。

只要经过 Wi-Fi 认证的产品，就能够在家、办公室、公司、校园网或者机场、旅馆、咖啡店及其他公众场合内使用。Wi-Fi 认证商标作为唯一的保障，其产品符合严谨互操作性的测试，并可保证与不同场上的产品互相操作。即通过 Wi-Fi 认证的商标，可以保证无线设备能融入其他无线网络，也可以保证其他无线设备能够融入该无线网络，实现彼此之间的互相连通。

换句话说，通过 Wi-Fi 认证的无线 LAN 产品能够确保相互之间的连接性，无论所使用的产品是否属于同一厂商生产，均可以有效地保障以前的投资和网络扩展的需要，同时，还有利于厂商间价格的竞争。

（2）WiMAX

WiMAx（Worldwide Interoperability for Microwave Access，全球微波互联接入），也就是 IEEE 802.16，是 IEEE 于 2004 年 1 月制定的标准，用于解决无线城域网和宽带接入“最后一公里”的问题，能提供面向 Internet 的高速连接，数据传输距离最远可达 50km。WiMAX 相当于无线 LAN IEEE 802.11 的 Wi-Fi 联盟，其目标是促进 IEEE 802.16 的应用，工作包括产品认证和确保同一标准产品之间的互相连接等。

WiMAX 将提供固定、移动、便携形式的无线宽带连接，并最终能够在不需要直视距离基站的情况下提供移动无线宽带连接。在典型的 3～10 英里（1 英里=1.6 千米）半径单元部署中，获得 WiMAX 认证的系统有望为固定和便携接入应用提供高达每信道 40Mbps 的带宽容量，可以为商业用户或家庭用户提供足够的带宽。移动网络部署能够在 3km 半径单元部署中提供高达 15Mbps 的宽带容量。

WiMAX 还具有 QoS 保障、传输速率高、业务丰富多样等优点。WiMAX 的技术起点较高，采用了代表未来通信技术发展方向的 OFDM/OFDMA、AAS、MIMO 等先进技术，随着技术标准的发展，WiMAX 逐步实现宽带业务的移动化，而 3G 则实现移动业务的宽带化，两种网络的融合程度会越来越高。

目前，由业界领先的运营商、通信部件和设备公司共同成立了 WiMAX 论坛，将提高大众对宽频潜力的认识，并力促供应商解决设备兼容问题，借此加速 WiMAX 技术的使用率，让 WiMAX 技术成为业界使用 IEEE 802.16 系列宽频无线设备的标准。虽然 WiMAX 无法另辟新的市场（目前市面已有多种宽频无线网方式），但是有助于统一技术的规范，有了标准化的规范，就可以以量制价，降低成本，提高市场增长率。

WiMAX 是一项新兴技术，能够在比 Wi-Fi 更广阔的地域范围内提供“最后一公里”宽带连接性，由此支持企业客户享受 T1 类服务以及居民用户拥有相当于线缆/DSL 的访问能力。凭借其在任意地点的 1～6 英里覆盖范围（取决于多种因素），WiMAX 将可以为高速数据应用提供更出色的移动性。此外，凭借这种覆盖范围和高吞吐率，WiMAX 还能够提供为电信基础设施、企业园区和 Wi-Fi 热点提供回程。

6.2.4 无线局域网安全标准

（1）WEP

WEP（Wired EquivalentPrivacy）是 802.11b 采用的安全标准，用于提供一种加密机制，保护数据链路层的安全，使无线网络 WLAN 的数据传输安全达到与有线 LAN 相同的级别。WEP 采用 RC4 算法实现对称加密。通过预置在 AP 和无线网卡间共享密钥。在通信时，WEP 标准要求传输程序创建一个特定于数据包的初始化向量（IV），将其与预置密钥相组合，生成用于数据包加密的加密密钥。接收程序接收此初始化向量，并将其与本地预置密钥相结合，恢复出加密密钥。

WEP允许40bit长的密钥，这对于大部分应用而言都太短。同时，WEP不支持自动更换密钥，所有密钥必须手动重设，这导致了相同密钥的长期重复使用。而且，尽管使用了初始化向量，但初始化向量被明文传递，并且允许在5个小时内重复使用，对加强密钥强度并无作用。此外，WEP中采用的RC4算法被证明是存在漏洞的。综上，密钥设置的局限性和算法本身的不足使得WEP存在较明显的安全缺陷，WEP提供的安全保护效果，只能被定义为"聊胜于无"。

（2）802.11i

IEEE 802.11i（当接入点经过Wi-Fi联盟认证时，它也被称为WPA2）为数据加密采用了高级加密标准（AES，Advanced Encryption Standard）。AES是目前最严格的加密标准，而且这种方法从来没有被破解过。

当一个站点与另一个站点建立网络连接之前，必须首先通过认证。执行认证的站点发送一个管理认证帧到一个相应的站点。IEEE 802.11b标准详细定义了两种认证服务：一开放系统认证（Open System Authentication）：是802.11b默认的认证方式。这种认证方式非常简单，分为两步：首先，想认证另一站点的站点发送一个含有发送站点身份的认证管理帧；然后，接收站发回一个提醒它是否识别认证站点身份的帧。一共享密钥认证（Shared Key Authentication）：这种认证先假定每个站点通过一个独立于802.11网络的安全信道，已经接收到一个秘密共享密钥，然后这些站点通过共享密钥的加密认证，加密算法是有线等价加密（WEP）。

（3）WAPI

WAPI（无线网络 WLAN Authentication and Privacy Infrastructure）是我国自主研发并大力推行的无线网络WLAN安全标准，它通过了IEEE（注意，不是Wi-Fi）认证和授权，是一种认证和私密性保护协议，其作用类似于802.11b中的WEP，但是能提供更加完善的安全保护。WAPI采用非对称（椭圆曲线密码）和对称密码体制（分组密码）相结合的方法实现安全保护，实现了设备的身份鉴别、链路验证、访问控制和用户信息在无线传输状态下的加密保护。

WAPI除实现移动终端和AP之间的相互认证之外，还可以实现移动网络对移动终端及AP的认证。同时，AP和移动终端证书的验证交给AS（Application Server，应用服务器）完成，一方面减少了MT和AP的电量消耗，另一方面为MT和AP使用不同颁发者颁发的公钥证书提供了可能。

（4）WPA

WPA（Wi-Fi Protected Access）是保护Wi-Fi登录安全的装置。它分为WPA和WPA2两个版本，是WEP的升级版本，针对WEP的几个缺点进行了弥补。是802.11i的组成部分，在802.11i没有完备之前，是802.11i的临时替代版本。

不同于WEP，WPA同时提供加密和认证。它保证了数据链路层的安全，同时保证了只有授权用户才可以访问无线网络WLAN。WPA采用TKIP协议（Temporal Key Integrity Protocol）作为加密协议，该协议提供密钥重置机制，并且增强了密钥的有效长度，通过这些方法弥补了WEP协议的不足。认证可采取两种方法，一种采用802.11x协议方式，一种采用预置密钥PSK方式。

（5）WPA2

WPA2与WPA后向兼容，支持更高级的AES加密，能够更好地解决的安全问题。由于部分AP和大多数移动客户端不支持此协议，尽管微软已经提供最新的WPA2补丁，但是仍需要对客户端逐一部署。该方法适用于企业、政府。

目前使用WPA2方式加密数据通讯可以为提供足够的安全，但是WPA2方式还不是很成熟，并不是所有用户都可以顺利使用，部分无线设备也不支持WPA2加密，所以对于这些用户和设备来说，只能被迫停留在不安全的技术上。

6.3 无线局域网模式

无线局域网模式，即无线网络所使用的拓扑结构。与有线网络不同，无线网络很少涉及线缆的连接。只有在无线网络与有线网络的混合网络中，才会出现网络线缆的连接。目前，常用的无线网络介入方式主要有以下4种：对等无线网络、独立无线网络、接入以太网的无线网络和无线漫游的无线网络。

6.3.1 对等无线网络

在对等无线网络方案中，客户端计算机只使用无线网卡。对等无线网络中的任何一台计算机均可以兼作文件服务器、打印服务器和代理服务器，并通过Modem接入Internet。网络中任何一台计算机，只要在网络的覆盖范围内，不必使用任何电缆，即可以实现计算机之间共享资源和Internet连接。在该方案中，台式计算机和笔记本电脑均使用无线网卡，没有任何其他有线接入设备，是名副其实的对等无线网络。

由于无线网络的传输距离有限，而所有的计算机之间又都必须在该有效传输距离内，否则根本无法实现彼此之间的通信，即无线网络的有效传输距离即为该无线网络的最大直径，室内通常为30m左右。因此，对等无线网络的覆盖范围非常有限。另外，由于该方案中所有计算机之间都共享连接带宽，所以，只适用于接入计算机数量较少，并对传输速率没有较高要求的小型网络。

6.3.2 独立无线网络

所谓独立无线网络，是指无线网络内的计算机之间构成一个独立的网络，无法实现与其他无线网络和以太网络的连接，独立无线网络使用一个访问点（Access Point，AP）和若干个无线网卡。

独立无线网络方案和对等无线网络方案非常相似，所有的计算机中都安装有一块网卡。所不同的是，独立无线网络方案中加入了一个无线网访问点。无线网访问点类似于以太网中的集线器，可以对网络信号进行处理，一个工作站到另一个工作站的信号可以经由该AP放大并进行中继。因此，拥有AP的独立无线网络的直径是无线网络有效传输距离的一倍，在室内通常为60m左右。

独立无线网络由唯一网络名标识。需要连接至此网络并配备所需硬件的所有设备必须使用相同的网络名进行配置。网络名是逻辑连接无线网络中的设备的值。该值（也称为SSID）通常被指定为公司名称或其他，用于区分与之相邻的网络名，否则，将无法支持漫游。同样，网卡的网络名需要设置成与AP的网络名相同，否则无法接入网络。

只要在网络的基站传输速率内，无线移动工作站就可以与网络保持通信。

6.3.3 接入点无线网络

当无线网络用户足够多时，应当在有线网络中接入一个无线接入点（AP），从而将无线网络连接至有线网络主干。AP在无线工作站和有线主干之间起桥梁的作用，实现无线与有线的无缝集成，既允许无线工作站访问有线网络资源，同时又为该有线网络增加了可用资源。

该方案适用于将大量的移动用户连接至有线网络，从而以低廉的价格实现网络直径的迅速扩展，或为移动用户提供更灵活的接入方式。

6.3.4 无线漫游网络

每个无线接入点所能覆盖的范围都是有限的，而用户的位置却不是固定的。为了使用户可以在公司地域的任何范围内都能接收到无线信号，就可以将多个 AP 组建成为无线漫游网络，使用户从一个位置移动到另一个位置，或者因为无线访问点信号变弱，或由于通信量太大而拥塞时，仍然可以连接到新的访问点，而不中断与网络的连接。在实际网络实施过程中，将多个 AP 各自形成的无线信号覆盖区局进行交叉覆盖，实现各覆盖区域之间的无缝连接。

网络中所有的无线 AP 全部通过双绞线与有线骨干网络相连，形成以有线网络为基础，无线覆盖为延伸的大面积服务区域。所有无线终端通过就近的 AP 接入网络，访问整个网络资源。蜂窝覆盖大大扩展了单个 AP 的覆盖范围，从而突破了无线网络覆盖半径的限制，用户可以在 AP 群覆盖的范围内漫游，而不会和网络失去联系，通信不会中断。

在无线漫游网络中，客户端的配置与接入点网络中的配置完全相同。用户在移动过程中，根本感觉不到无线 AP 间的切换。

6.4 无线局域网组建

6.4.1 无线局域网的硬件组成

经过十多年的发展，无线局域网技术正日渐成熟，相关产品越来越丰富，包括无线接入器、无线网卡、户外天线系统等。其中，无线网桥可实现局域网间的连接。无线接入器，相当于有线网络中的集线器 Hub，可实现无线与有线网络的连接。无线网卡一般分为 PCMCIA 网卡、PCI 网卡和 USB 网卡，PCMCIA 网卡用于笔记本电脑，PCI 网卡用于台式机，USB 网卡无限制。

目前，各大网络产品厂商均提供无线网络产品及相关技术服务。本节将以 TP-Link 的无线网络产品为例介绍各主要部件的性能特点。

（1）无线接入器（Access Point）

又称无线桥接器，可实现有线网络与无线网络连接。通过无线接入器，任何一台装有无线网卡的计算机都可连接到有线网络中，共享有线局域网的资源。除此之外，无线接入器本身也兼有网管功能，可针对具有无线网卡的计算机作必要的监控。TL-WA200 是 TP-LINK 的无线接入器产品，如图 6.1 所示。

图 6.1 TL-WA200

TL-WA200 遵循 IEEE 802.11b 无线通信标准，可外接 30 个无线工作站，最大传输速率可达 11Mbps，最远覆盖范围可达 300m，可自动修正传输速率使网络连接品质处于最佳状态，动态 LED 指示灯提供简单的工作状态提示及故障排除，支持有线等效加密（WEP）技术。其具体性能指标见表 6.1。

（2）无线网卡（Wireless Lan Card）

又称无线网络适配器。它与传统的以太网网卡的最大区别在于：前者依靠无线电波传送资料，而后者通过双绞线传送资料。目前无线网卡的规格按速率大致可分为 2Mbps、5Mbps、11Mpbs 和 22Mpbs 四种。而按应用接口可分为 PCMCIA、PCI、USB 网卡三种。PCMCIA 网卡用于连接笔记本。PCI、USB 网卡可用于台式 PC 机。TL-WN210 是 TP-LINK 的无线 PCMCAI

网卡，如图6.2所示。TL-WN230是TP-LINK的无线USB网卡，如图6.3所示。

表6.1 TL-WA200技术指标

标　准	IEEE 802.11b标准及所有常用的网络协议（包含 TCP/IP， IPX 等）
传输速率	11Mbps，5.5Mbps，2Mbps，1Mbps
传输距离	室内距离：35～100m　室外距离：100～300m
天 线	全向性
频率范围	2.4～2.4835GHz
工作信道	美国：11（3 non-overlapping）法国：4（1 non-overlapping） 欧洲：13（3 non-overlapping）日本：14（4 non-overlapping）
资料加密	64bit WEP
通用软件	AP Manager 管理无线网络，网络连接和存取控制
驱动程序	Windows 98/98SE、Windows ME、Windows 2000、Windows XP
电源供应	输入：AC100～240V，50～60Hz，1A 输出：DC5V，1A
工作温度	–10～55 °C
存储温度	–20～70 °C
湿 度	最大95%，无凝结

图6.2　TL-WN210

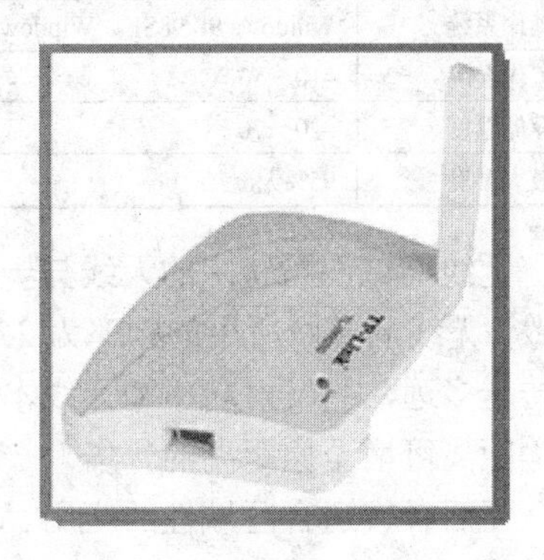

图6.3　TL-WN230

① TL-WN210

TL-WN210完全符合IEEE802.11b无线网络的国际标准，支持IEEE 802.11b标准、与Wi-Fi相容，11Mbps传输速度，提供64/128bit WEP加密。具体技术指标见表6.2。

表6.2 TL-WN210技术指标

标 准 规 范	IEEE 802.11b 标准、所有常用的网络协议 （TCP/IP， NetBEUI）
传输范围	室内距离：35～100m 户外距离：100～300 m
频率范围	2.4～2.4835 GHz
工作信道	美国：11（3 non-overlapping）法国：4（1 non-overlapping） 欧洲：13（3 non-overlapping）日本：14（4 non-overlapping）
传输速率	11 Mbps，5.5 Mbps，2 Mbps，1 Mbps
加密技术	64/128 bit WEP 加密
天 线	内置式天线
LED 指示灯	电源、RF 状态
操作系统	Windows 98/98SE、Windows ME、Windows NT4.0、Windows 2000、Windows XP
工作电压	直流＋3.3V±5％
传输时电压	2.7～3V
操作温度	–10～50 °C （运行）；–20～70 °C（存储）
最大湿度	95% 无凝结
尺 寸	110mm× 54 mm× 6mm

② TL-WN230

TL-WN230完全符合IEEE802.11b无线网络的国际标准，支持B-Type USB接口，11Mbps传输速度，提供64/128 WEP加密，丰富的驱动程序，支持 Microsoft Windows98/ME/2000/XP，即插即用安装。具体技术指标见表6.3。

表6.3 TL-WN230技术指标

标 准 规 范	IEEE 802.11b 标准、所有常用的网络协议 （TCP/IP， NetBEUI）
传输范围	室内距离：35～100m 户外距离： 100～300m
频率范围	2.4～2.4835 GHz
工作信道	美国：11（3 non-overlapping）法国：4（1 non-overlapping） 欧洲：13（3 non-overlapping）日本：14（4 non-overlapping）
传输速率	11Mbps，5.5Mbps，2Mbps，1Mbps
加密技术	64/128 bit WEP 加密
天 线	全向性
LED 指示灯	链接状态
操作系统	Windows 98/98SE、Windows ME、Windows 2000、Windows XP
工作温度	–10～50 °C
存储温度	–20～70 ° C
最大湿度	95%无凝结

无线局域网系统中的天线与一般电视、卫星和手机所用的天线不同，其原因是频率不同所致。无线局域网所用的频率为2.4GHz。无线局域网通过天线将数字信号传输到远处，至于能传送多远，由发射功率和天线本身的dB值（俗称增益值）决定。通常每增加8dB则相对传输距离可增至原距离的一倍。一般天线可分为指向性与全向性两种，前者较适合长距离使用，而后者较适合区域性的应用。目前，无线局域网的无线接入器、无线网卡一般自带全向性天线。

6.4.2 无线路由器设置

D-LINK路由器是大家经常用的路由器之一，所以，下面以D-LINK DI-504路由器为例介绍D-LINK路由器的设置图解。

（1）Dlink路由器设置——路由器的物理连接

如图6.4，路由器背后共有LAN、WAN、复位、电源4个类型。LAN是用于连接局域网内的电脑，WAN用于连接猫（Modem）或者是其他外网的线路，复位按钮用于复位路由器程序。如图6.5所示。

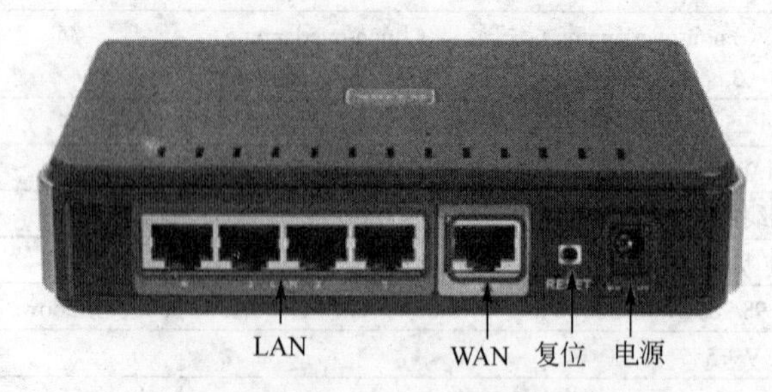

图6.4 Dlink路由器背后端口

（2）Dlink路由器设置——客户机的IP地址设置

① 右键点击“网上邻居”，出现“属性”，如图6.6所示。

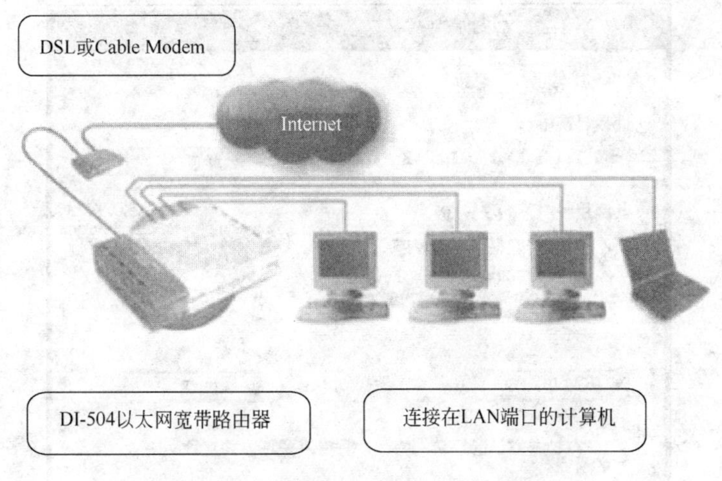

图 6.5　Dlink 路由器网络连接示意图

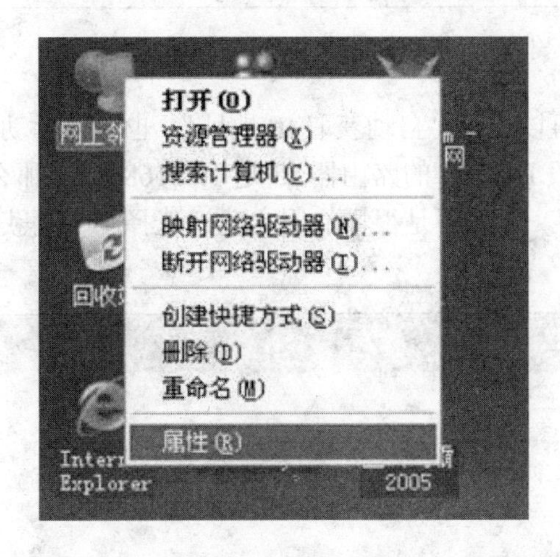

图 6.6　网上邻居属性

② 在连接路由器的右键点击“本地连接”，出现“属性”，如图 6.7 所示。

图 6.7　本地连接属性

③ 在“本地连接”属性中选择“TCP/IP”，点击“属性”，如图 6.8 所示。

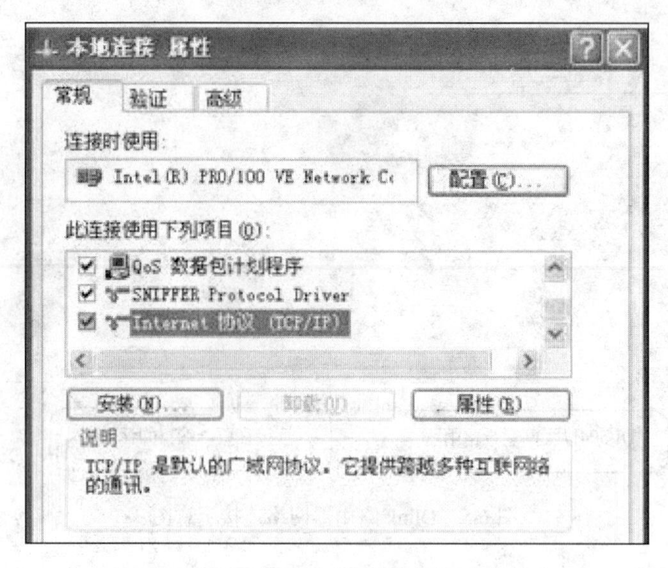

图 6.8 TCP/IP 属性

④ 在“TCP/IP”中可以选择“自动获取 IP 地址”，也可以手动输入，手动输入必须是跟路由器一个 IP 段的，一般 DLINK 的路由器 IP 是 192.168.0.1，那么我们设置的 IP 地址就必须是 192.168.0.X（2-254），一般不是很懂的用户建议选择“自动获取 IP 地址组装电脑”，如图 6.9 所示。

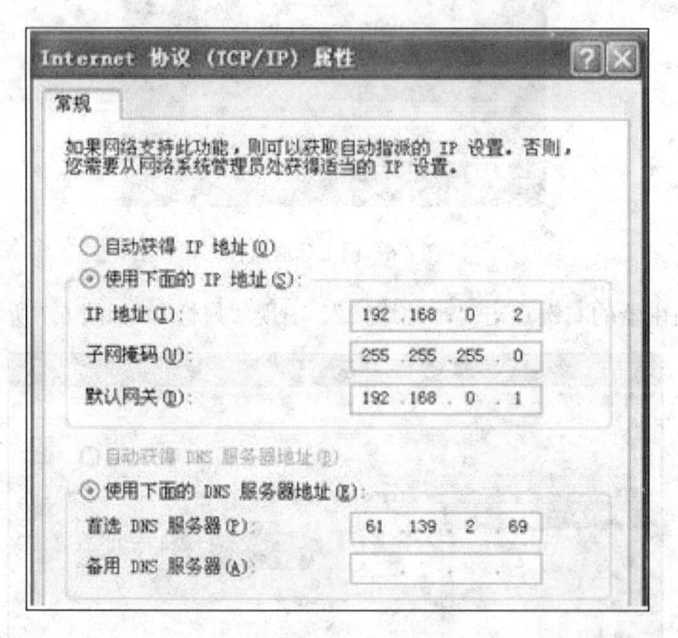

图 6.9 TCP/IP 属性设置

⑤ 测试是否跟路由器连接通信了，在“开始”→“运行”中输入 ping 192.168.0.1 点击“确定”，如图 6.10 所示。

⑥ 出现如图 6.11 所示画面，表示已经可以和路由器通信了。

（3）Dlink 路由器设置——基本设置

① 首先是登录路由器，在 IE 中输入路由器的 IP 地址即 http://192.168.0.1，如图 6.12

所示。

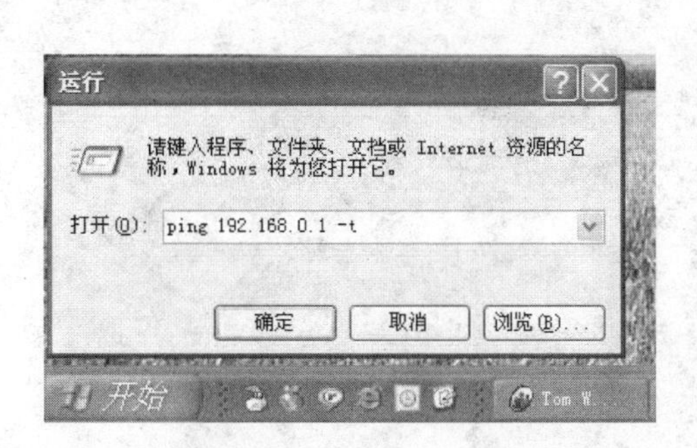

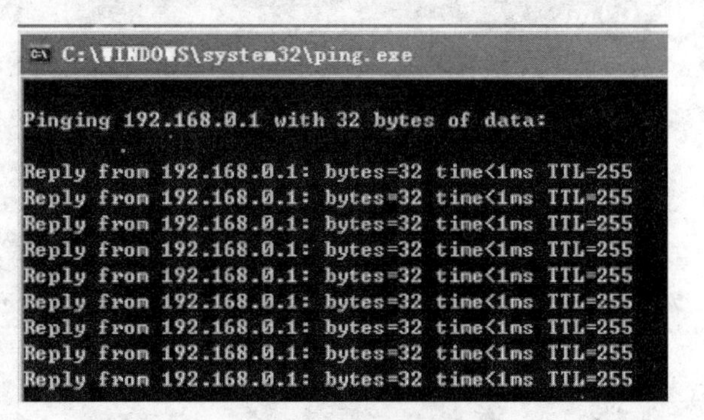

图 6.10　运行 ping 命令　　　　图 6.11　ping 命令运行结果

② 出现输入用户名密码的窗口，一般路由器背后有写着的，一般是用户名 admin 密码为空。如图 6.13 所示。

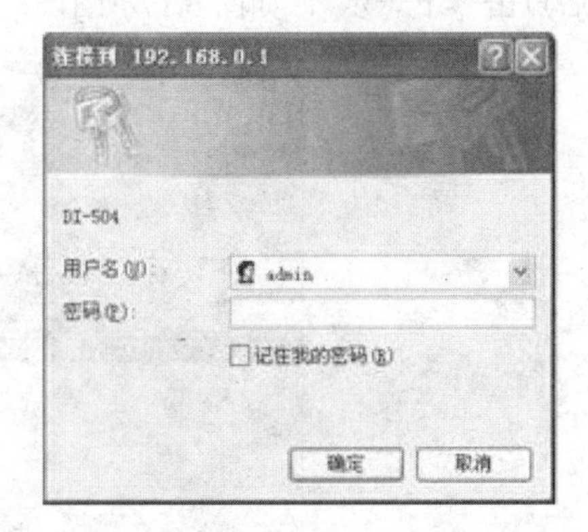

图 6.12　登录路由　　　　图 6.13　输入密码

③ 登录路由器后的界面如下图，点击“设置向导”后开始设置。如图 6.14 所示。

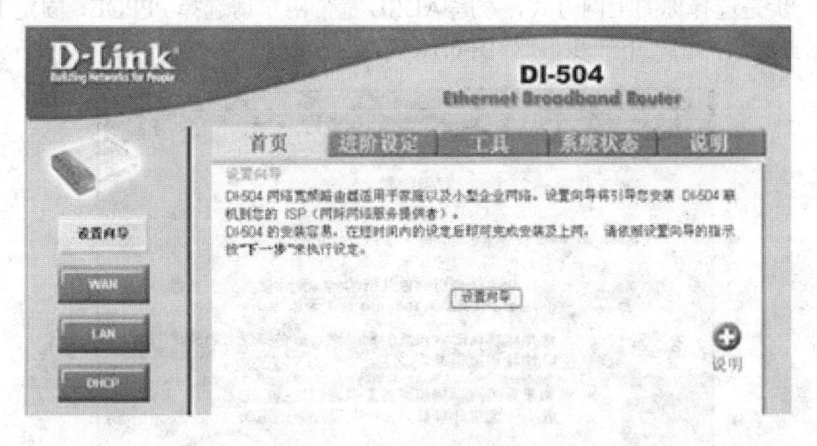

图 6.14　路由设置主界面

④ 点击“下一步”，如图 6.15 所示。

⑤ 系统提示你设置路由器的新密码，因为默认是空的。输入新密码后点击“下一步”，如图 6.16 所示。

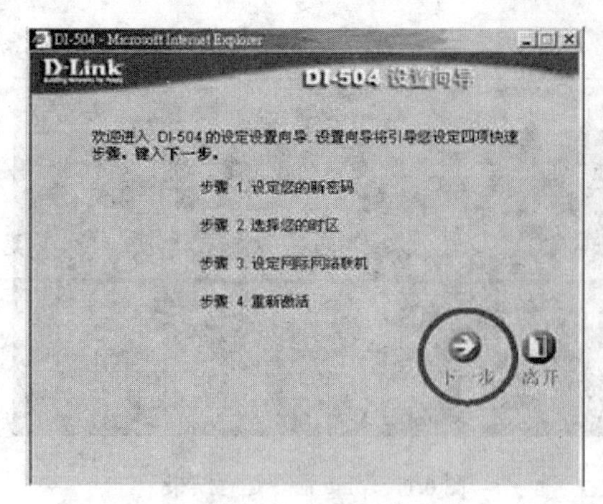

图 6.15 设置向导

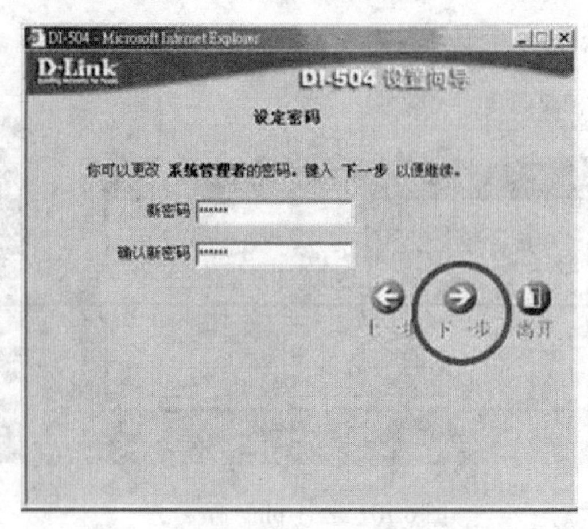

图 6.16 设置新密码

⑥ 设置路由器时间的时区。中国就选择“（GMT+08:00）北京，香港，新加坡，台北”，然后点击“下一步”，如图 6.17 所示。

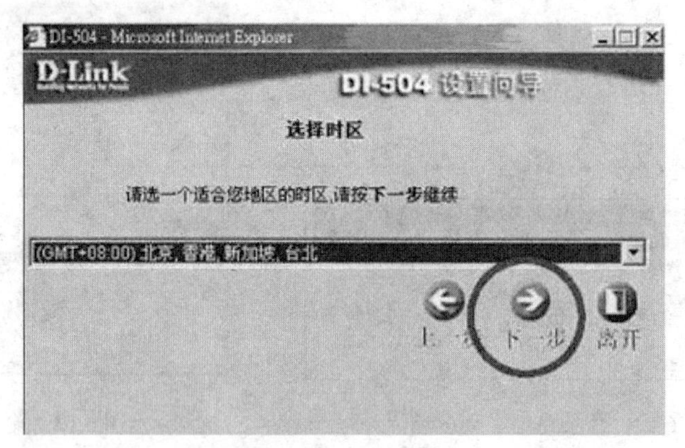

图 6.17 设置时间

⑦ 这一步是选择你的上网方式，家庭 ADSL 宽带用户请选择 PPPOE，固定 IP 的请选择固定 IP，选择好后点击“下一步”，如图 6.18 所示。

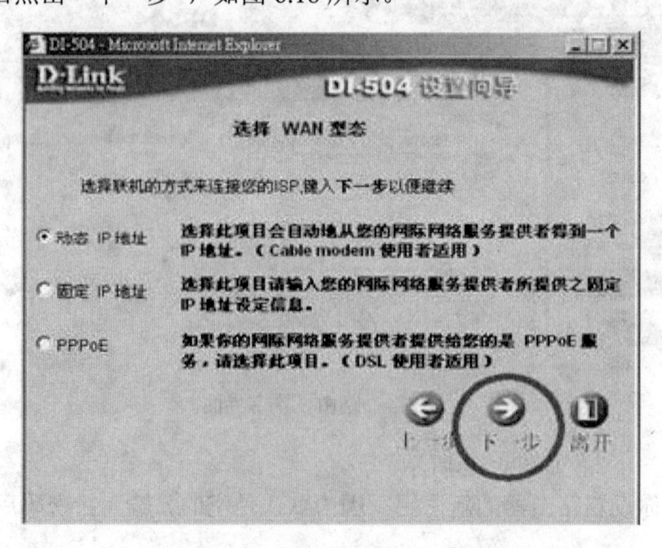

图 6.18 选择类型

⑧ 固定 IP 用户的设置如下图，根据 ISP 提供你的资料填写。如图 6.19 所示。

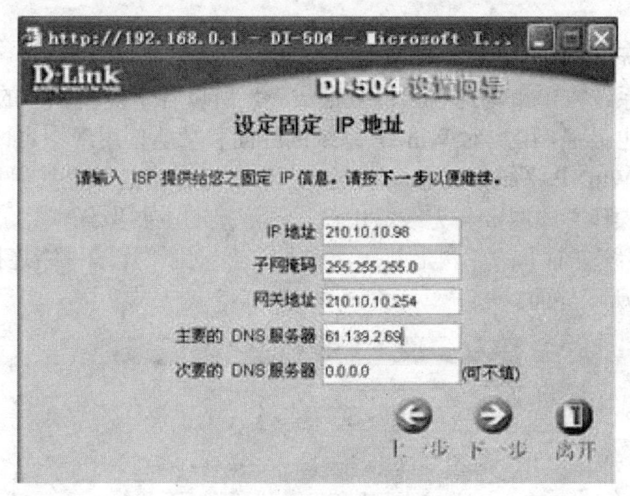

图 6.19　固定 IP 设置界面

⑨ 如果是 PPPOE 的用户请输入 ISP 提供的账号和密码，选择好后点击“下一步”，如图 6.20 所示。

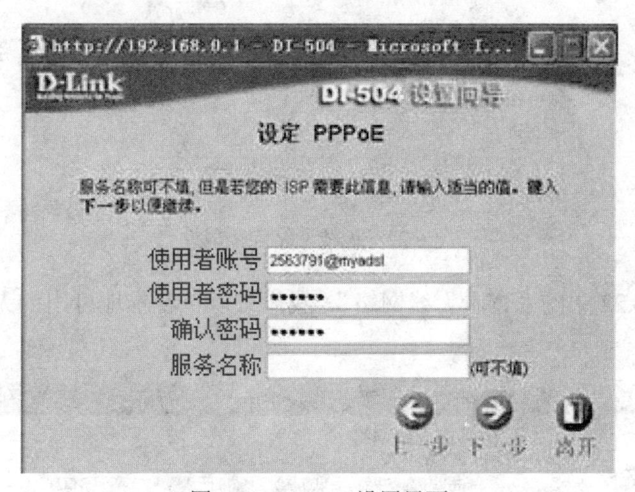

图 6.20　PPPOE 设置界面

⑩ 点击“下一步”后即可完成设置了。接着就可以上网冲浪了。如图 6.21 所示。

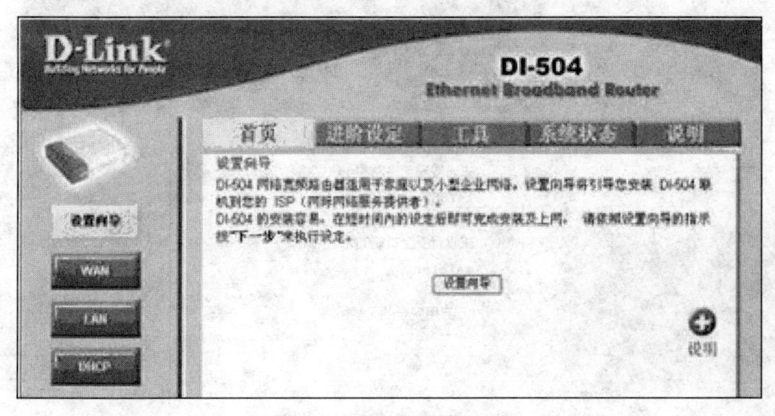

图 6.21　设置成功界面

Dlink 路由器设置的全过程就是这些，认真仔细地按照图示操作，还是很简单的，相信你能设置成功。

6.4.3 客户端接入无线网络

由于 WinXP 系统推出市场比较久而且很成熟，所以各个厂商生产的软件和硬件产品对它的支持和兼容性也最强，用户对 WinXP 系统的界面和功能使用应该也比较熟悉，一般的无线网卡都提供了在 WinXP 系统下的驱动程序，下面主要介绍的就是如何使用 WinXP 系统无线网卡配置工具，操作无线网卡与无线路由器进行连接的主要步骤。

① 首先通过系统桌面上的“网上邻居”进入，查看到“无线网络连接”，点击右键→属性，出现如图 6.22 所示界面。

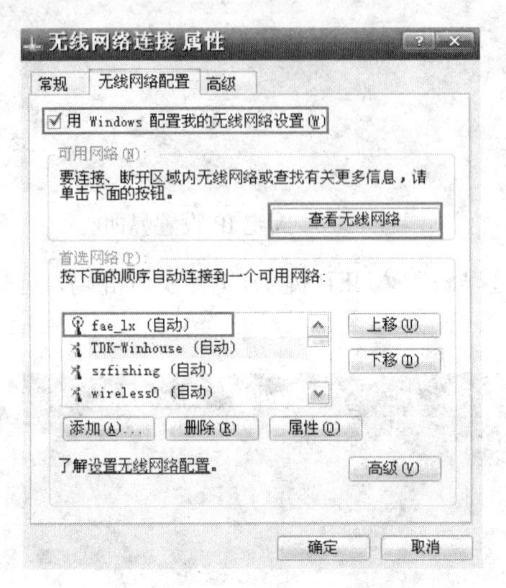

图 6.22 无线网络连接属性

② 点击上图 6.22 中的“查看无线网络”，我们可以查看本地可用的无线网络，如图 6.23 所示。

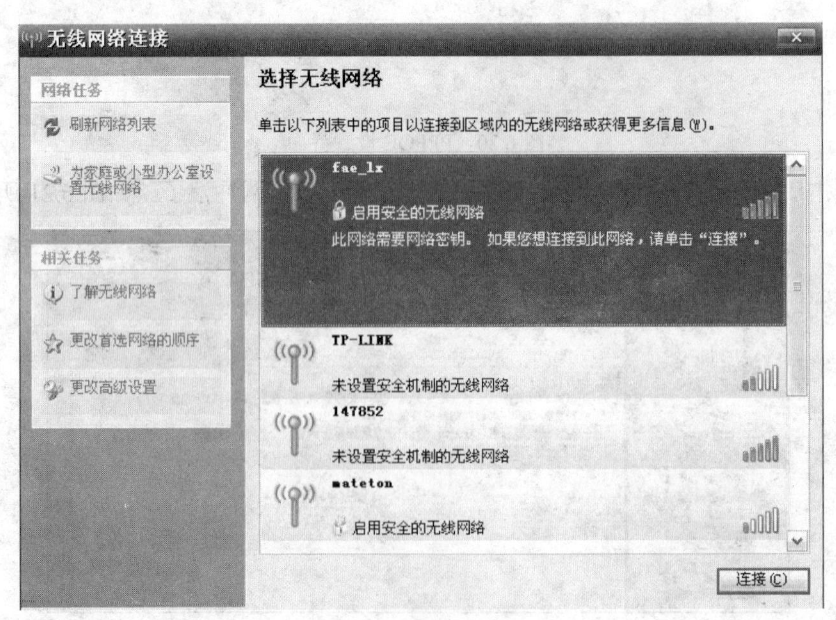

图 6.23 无线网络连接

③ 从右侧的网络列表中显示了当前无线网卡搜索到的无线网络，若信号是加密的则在信号的 SSID 下方会有“安全锁”样的提示，如果网卡想接入某个无线网络则只要用鼠标点击该无线网络，然后点击右下角的“连接”或者双击此无线网络即可。如果信号没有加密则经过上述操作之后就可以连入无线网络。

但如果信号进行了加密则在点击“连接”之后网卡和无线路由器会进行相应的协商。如图 6.24 所示。

④ 当协商完成之后无线网卡会提示输入无线网络加密的“网络密码”，我们在图 6.25 所示对话框中输入无线网络的加密密钥，点击“连接”即可。

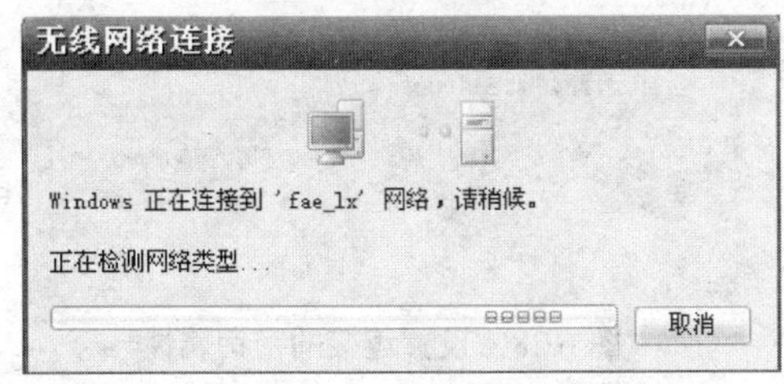

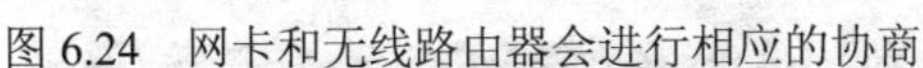

图 6.24　网卡和无线路由器会进行相应的协商

图 6.25　输入密码

⑤ 当无线网卡已经接入无线网络后，我们在“无线网络连接”界面中会看到：已经连入的无线网络中显示“已连接上”，并且在右下角显示“断开”，如图 6.26 所示。

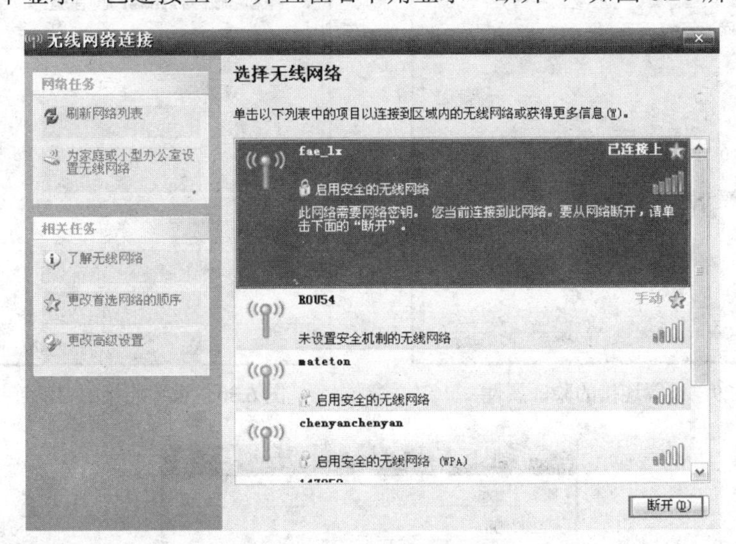

图 6.26　无线网络连接状态

至此，无线网卡已经成功和无线 AP 建立了无线连接。

当我们在设置无线网卡和无线 AP 连接的过程中，系统会自动为我们生成一个配置文件。在“首选网络”列表中记录的是无线网卡曾经和哪些无线 AP 建立过连接，只要建立过连接在允许记录的范围之内都会有相关的记录，包括 SSID、加密类型以及密钥等等。当然，我们也可以点击图 6.27 中的“属性”按钮来编辑和查看相关的状态，如图 6.28～图 6.30 所示。

当我们在“连接”窗口中启用“当此网络在区域内时连接”功能，则当无线网卡还没有连入任何无线网络时，只要无线网卡搜索到此无线信号时网卡会自动连入该网络。我们还可以在“无线网络连接”→“属性”中设定无线网卡连入的可用的无线网络的顺序。此顺序按照从上到下优先级依次降低的顺序。如果我们没有启用“Wireless Zero Configration”服务，则在无线网络连接属性中没有“无线网络配置”选项。如图 6.31 所示。

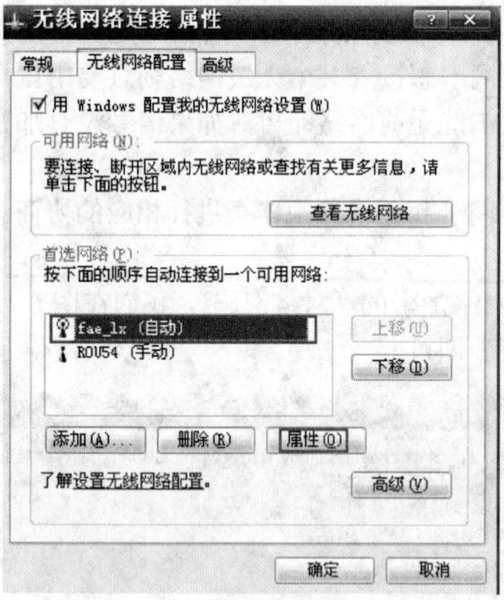

图 6.27　曾经建立过连接的 AP

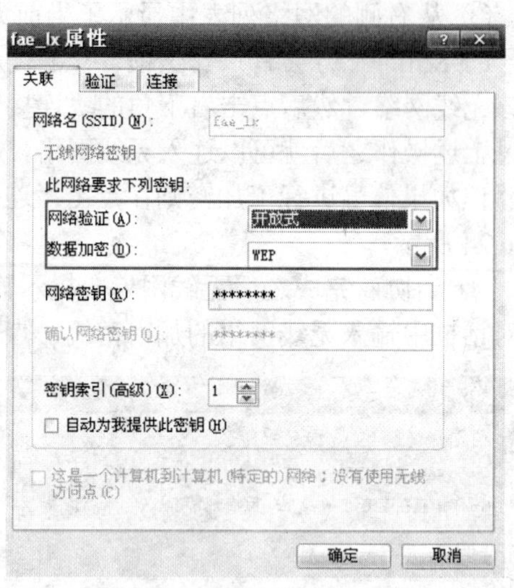

图 6.28　设置连接的密钥属性

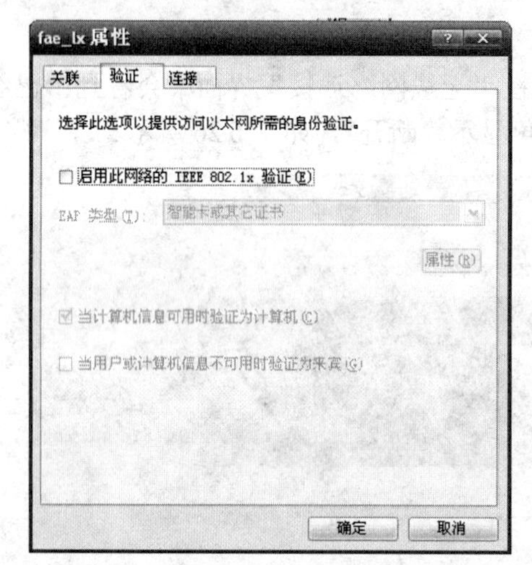

图 6.29　设置连接的验证属性

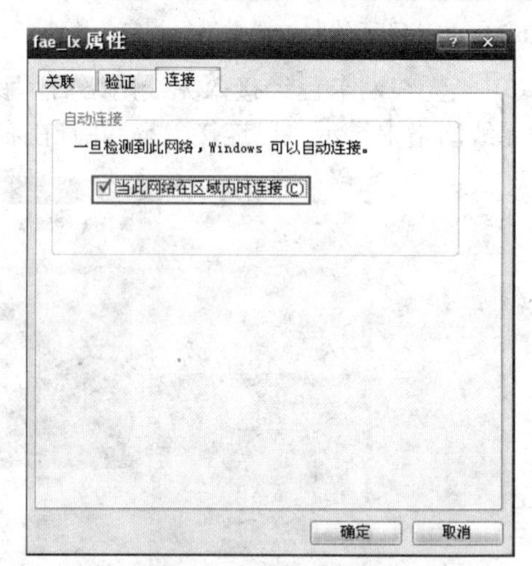

图 6.30　设置连接的自动连接属性

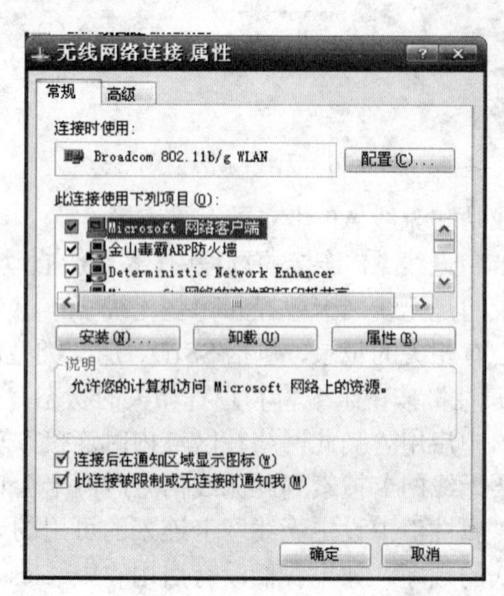

图 6.31　未启用“Wireless Zero Configration”服务的无线网络连接属性

不同厂商、不同的设备以及不同的操作系统的配置界面有所不同，这里只介绍了一个常用的产品和操作系统的配置，对于其他的产品或操作系统，可以按照使用手册说明进行配置。

本 章 习 题

1. 无线网络具有哪些特点？
2. 常用的无线网络标准有哪些？
3. 无线网络的安全保准有哪些？
4. 无线局域网的模式有哪几种？

第 7 章　TCP/IP 协议

现在，越来越多的人依赖于 Internet 提供的应用，例如电子邮件和 Web 访问。此外，商业应用的不断普及，也进一步强调了 Internet 的重要性。传输控制协议/网际协议（Transmission Control Protocol/Internet Protocol，TCP/IP）协议簇是 Internet 和全球各地网络互联的引擎。TCP/IP 协议簇具有简单性和强大的功能，使它成为当今世界网络协议中的唯一选择。

7.1　TCP/IP 协议概述

早期的计算机并非如我们现在生活中见到的个人计算机那样，它们大都是以一个集中的中央运算系统，用一定的线路与终端系统（输入输出设备）连接起来，这样的一个连接系统就是网络的最初出现形式。各个网络都使用自己的一套规则协议，可以说是相互独立的。将这些异构的网络互联存在很多问题，如选路问题、通信的不可信问题、控制机制问题（拥塞控制）。对于每个问题，引入专门的协议来解决，一系列的协议一起构成了 TCP/IP 协议簇。该协议簇包括上百个各种功能的协议，如：远程登录、文件传输和电子邮件等，而 TCP 和 IP 是 TCP/IP 协议簇中两个最重要且必不可少的协议，故用它们作为代表命名。

随着 TCP/IP 网络互联网技术的迅速发展蔓延，美国建立了新的广域网，并把它们连接到 APRANET。进而，全球其他网络也都纷纷加入到这个互相连接的网络集合中，它们不必基于 TCP/IP 协议。结果就形成了我们现在所述的 Internet。

7.2　网络接口层

TCP/IP 模型的网络接口层实际上没有规定任何具体协议，各物理网络可以使用自己的物理层协议和数据链路层协议，仅仅提供一个各种网络和 TCP/IP 接口的要求。

7.2.1　网络接口层基本功能

网络接口层与 OSI 参考模型中的物理层和数据链路层相对应。网络接口层是 TCP/IP 与各种 LAN 或 WAN 的接口。

网络接口层在发送端将上层的 IP 数据报封装成帧后发送到网络上，数据帧通过网络到达接收端时，该节点的网络接口层对数据帧拆封，并检查帧中包含的 MAC 地址。如果该地址就是本机的 MAC 地址或者是广播地址，则上传到网络层，否则丢弃该帧。

网络接口层实际上并不是因特网协议组中的一部分，但是它是数据包从一个设备的网络层传输到另外一个设备的网络层的方法。这个过程能够在网卡的软件驱动程序中控制，也可以在专用芯片中控制。这将完成如添加报头准备发送、通过物理媒介实际发送这样一些数据链路功能。另一端，链路层将完成数据帧接收、去除报头并且将接收到的包传到网络层。

7.2.2　SLIP 协议与 PPP 协议

当使用串行线路连接主机与网络，或连接网络与网络时，例如，主机通过 Modem 和电话线接入 Internet，则需要在网络接口层运行 SLIP 或 PPP 协议。

① SLIP（Serial Line Internet Protocol，串行线路网络协议）协议提供了一种在串行通信线路上封装 IP 数据报的简单方法，使用户通过电话线和 Modem 能方便地接入 TCP/IP 网络。

② PPP（Point to Point Protocol）协议是一种有效的点到点通信协议，解决了 SLIP 存在的上述问题，即可以支持多种网络层协议（如 IP、IPX 等），支持动态分配的 IP 地址；并且 PPP 帧中设置了校验字段，因而 PPP 在网络接口层上具有差错检验能力。

7.3 IP地址和域名

Internet 是能够提供通用通信服务的系统，它定义了两种方法来标识网上的计算机，分别是 Internet 的 IP 地址和域名。

7.3.1 IP 地址基本概念

（1）IP 地址的概念

连入 Internet 网络的计算机成千上万，为了能识别每一台计算机，为了使每个上网的计算机之间能够相互进行资源共享和信息交换，Internet 给每一台上网的计算机分配了一个 32 位长的二进制数字编号，这个编号就是所谓 IP 地址。任何一台计算机上的 IP 地址在全世界范围内都是唯一的。

（2）IP 地址的格式

IP 地址又称 Internet 地址，共 32 位长，分为 4 段，每个段称为一个地址节，每个地址节长 8 位。为了书写方便，每个地址节用一个十进制数表示，每个数的取值范围为 0～255，地址节之间用小数点“.”隔开，如图 7.1 所示。

11000000. 10101000. 00000000. 00000001

192 . 168 . 0 . 1

结构：IP 地址= 网络号 + 主机号

图 7.1 IP 地址的格式

一个有效 IP 地址是由机器所在的网络号和主机号组成，例如 IP 地址为 202.93.120.44 的主机所处的网络为 202.93.120，主机号为 44。最小的 IP 地址为 0.0.0.0，最大的 IP 地址为 255.255.255.255。

（3）IP 地址的分类

IP 地址又分为 A、B、C、D 和 E 五类。A 类地址适用于大型网络，B 类地址适用于中型网络，C 类地址适用于小型网络，D 类地址用于组播，E 类地址用于实验。一个单位或部门可拥有多个 IP 地址，比如可拥有 2 个 B 类地址和 50 个 C 类地址。地址的类别可从 IP 地址的最高 8 位进行判别，如表 7.1 所示。

表 7.1 IP 地址分类表

IP 地址类	高 8 位数值范围	最高 4 位的值
A	0-127	0XXX
B	128-191	10XX
C	192-223	110X
D	224-239	1110
E	240-255	1111

例如，IP 地址 116.111.4.120 是 A 类地址，IP 地址 162.105.129.11 是 B 类地址，IP 地址 210.40.0.58 是 C 类地址。

由于 IP 地址用网络号+主机号的方式来表示，A 类地址用高 8 位表示网络号，其中最高位固定为 0（实际只用 7 位），用低 24 位表示主机号；B 类地址用高 16 位表示网络号（实际只用 14 位），低 16 位表示主机号；C 类地址用高 24 位表示网络号（实际只用 21 位），用低 8 位表示主机号。如图 7.2 所示。

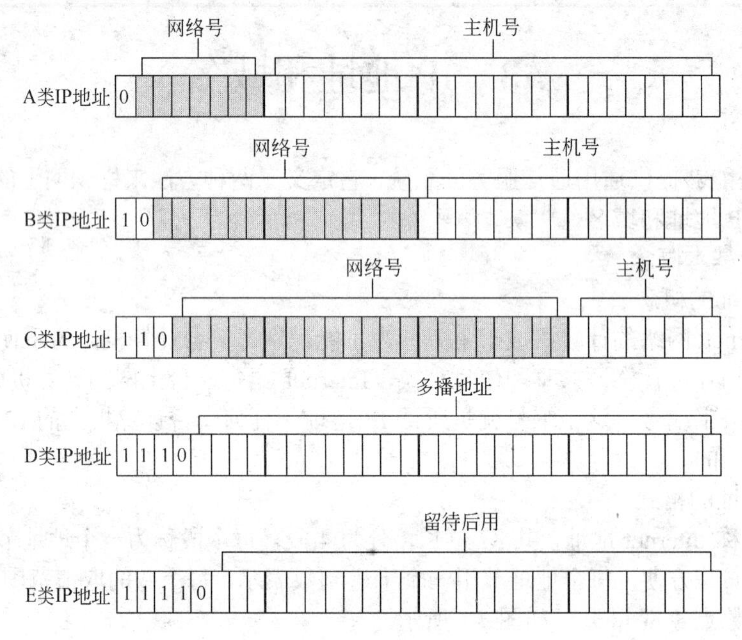

图 7.2　五类 IP 地址网络号与主机地址表示图

在 Internet 中，各种类别地址所能包含的网络个数是不一样的，A 类地址只有 128 个网络，但每个网络拥有 16777216 个主机数；而 C 类地址拥有 2097152 个网络，每个网络只能拥有 256 台主机。如表 7.2 所示。

由于每一个网络都存在两个特殊 IP 地址（全“0”或全“1”），所以实际能够分配的主机数比最大主机数少 2。

表 7.2　IP 地址分类表

类　别	网络号位数	最大网络数	主机位数	最大主机数	实际主机数
A 类	7	128	24	16777216	16777214
B 类	14	16384	16	65536	65534
C 类	21	2097152	8	256	254

（4）特殊 IP 地址

对于任何一个网络号，其全为“0”或全为“1”的主机地址均为特殊 IP 地址，例如，210.40.13.0 和 210.40.13.255 都是特殊的 IP 地址。特殊的 IP 地址有特殊的用途，不分配给任何用户使用，参见表 7.3。

- 网络地址。网络地址又称网段地址。网络号不空而主机号全 0 的 IP 地址表示网络地址，即网络本身。例如，地址 210.40.13.0 表示其网络地址为 210.40.13。
- 直接广播地址。网络号不空而主机号全“1”的 IP 地址表示直接广播地址，表示这一网段下的所有用户。例如，210.40.13.255 就是直接广播地址。表示 210.40.13 网段下的所有用户。

- 有限广播地址。网络号和主机号都是全“1”的 IP 地址是有限广播地址。在系统启动时，还不知道网络地址的情形下进行广播就是使用这种地址对本地物理网络进行广播。
- 本机地址。网络号和主机号都为全“0”的 IP 地址表示本机地址。
- 回送测试地址。网络号为“127”而主机号任意的 IP 地址为回送测试地址。最常用的回送测试地址为 127.0.0.1。

表 7.3 特殊 IP 地址表

网络地址	主机地址	地址类型	用途
全 0	全 0	本机地址	启动时使用
网络号	全 0	网络地址	标识一个网络
网络号	全 1	直接广播地址	在特殊网上广播
全 1	全 1	有限广播地址	在本地网上广播
127	任意	回送地址	回送测试

7.3.2 域名及域名解析

（1）域名

域名，如“www.it.com.cn”的形式。它同 IP 地址一样，都是用来表示一个单位、机构或个人在网上的一个确定的名称或位置。由于 IP 地址是用 32 位二进制表示的，不便于识别和记忆，即使换成 4 段十进制表示仍然如此。为了使 IP 地址便于记忆和识别，Internet 从 1985 年开始采用域名的方法来表示 IP 地址。

域名采用相应的英文或汉语拼音表示，一般由 4 个部分组成，从左到右依次为：分机名、主机域、机构性域和地理域，中间用小数点“.”隔开。即：分机名.主机域名.机构性域名.地理域名。

- 机构性域名又称为顶级域名，表示所在单位所属的行业或单位的性质，用 3 个或 4 个缩写英文字母表示。不同的组织、机构，都有不同的域名标识，如：.com-商业公司；.org-组织、协会等；.net-网络服务；.edu-教育机构；.gov-政府部门；.mil-军事领域；.arts-艺术机构；.firm-商业公司；.info-提供信息的机构等。
- 地理域名又称高级域名，以两个字母的缩写代表一个国家或地区的高级域名。如：.cn-中国；.au-澳大利亚；.jp-日本等。

例如，辽宁石油化工大学图书馆的域名为“lib.lnpu.edu.cn”。这里的 lib 为分机名，是 Library 的缩写；lnpu 为主机域名，是辽宁石油化工大学的缩写；edu 为机构性域名，是 education（教育行业）的缩写；cn 为地理域名，是 China（中国）的缩写。“lib.lnpu.edu.cn”的含义就是“中国教育与科研网络辽宁石油化工大学网站下的图书馆”。

（2）域名解析

域名管理系统即 DNS（Domain Name System）。计算机在网络上进行通信时只能识别如“202.101.139.188”之类的 IP 地址，而不能识别如“www.it.com.cn”之类的域名。因此，想要让好记的域名能被网络所认识，则需要在域名和网络之间有一个“翻译”，它能将域名翻译成网络能够识别的 IP 地址，DNS 起的正是这种作用，它的工作称为域名解析，域名解析需要由专门的域名解析服务器来完成，整个过程是自动进行的。

具体来说，在地址栏中输入“www.lnpu.edu.cn”的域名之后，计算机会向 DNS 服务器查询该域名所对应的 IP 地址，然后计算机就可以调出那个 IP 地址所对应的网页，并将网页在我们的浏览器上显示。

全球共有 13 台根域名服务器。这 13 台根域名服务器中名字分别为“A”至“M”，其中 10 台设置在美国，另外各有一台设置于英国、瑞典和日本。表 7.4 是这些机器的管理单位、设置地点及最新的 IP 地址。

表 7.4　根域名服务器的 IP 地址

名　称	管理单位及设置地点	IP 地址
A	INTERNIC.NET（美国，弗吉尼亚州）	198.41.0.4
B	美国信息科学研究所（美国，加利佛尼亚州）	128.9.0.107
C	PSINet 公司（美国，弗吉尼亚州）	192.33.4.12
D	马里兰大学（美国马里兰州）	128.8.10.90
E	美国航空航天管理局（美国加利弗尼亚州）	192.203.230.10
F	因特网软件联盟（美国加利弗尼亚州）	192.5.5.241
G	美国国防部网络信息中心（美国弗吉尼亚州）	192.112.36.4
H	美国陆军研究所（美国马里兰州）	128.63.2.53
I	Autonomica 公司（瑞典，斯德哥尔摩）	192.36.148.17
J	VeriSign 公司（美国，弗吉尼亚州）	192.58.128.30
K	RIPE NCC（英国，伦敦）	193.0.14.129
L	IANA （美国，弗吉尼亚州）	198.32.64.12
M	WIDE Project（日本，东京）	202.12.27.33

根域名服务器是架构因特网所必需的基础设施。在根域名服务器中并没有每个域名的具体信息，但储存了负责每个域（如 COM、NET、ORG 等）的解析的域名服务器的地址信息，如同通过北京电信你问不到广州市某单位的电话号码，但是北京电信可以告诉你去查 020114。世界上所有互联网访问者的浏览器的将域名转化为 IP 地址的请求（浏览器必须知道数字化的 IP 地址才能访问网站），理论上都要经过根服务器的指引后去该域名的权威域名服务器（Authoritative Name Server，如 haier.com 的权威域名服务器是 dns1.hichina.com）上得到对应的 IP 地址，当然现实中提供接入服务的 ISP 的缓存域名服务器上可能已经有了这个对应关系（域名到 IP 地址）的缓存。

7.3.3　子网、子网掩码和默认网关

（1）子网的概念

IP 地址由两部分组成，即网络号（Network ID）和主机号（Host ID）。对于一般由路由器和主机组成的互连系统，我们可以分开主机和路由器的每个接口，从而产生了几个分离的网络岛，接口端连接了这些独立的网络的端点。这些独立的网络中的每个都叫做一个子网（Subnet）。此时网络号表示的是 Internet 上的一个子网，而主机号表示的是子网中的某台主机。只有在一个网络号下的计算机之间才能“直接”互通，不同网络号的计算机要通过网关（Gateway）才能互通。

但这样的划分在某些情况下显得并不十分灵活。为此 IP 网络还允许划分成更小的网络，就是我们通常意义上的子网（Subnet）。

例如，某企业有 8 个部门，每个部门有 25 台计算机，共计有 200 台计算机连入 Internet 网。Internet 地址管理机构只能给该企业分配 1 个 C 类地址（1 个 C 类地址可连入 254 台计算机）。也就是说，不可能给该企业的每一个部门都分配一个 C 类地址。但在企业内部，希望在网上仍能以部门为单位进行管理。要想解决这一问题，就要在内部网络中进行子网的划分。

（2）子网掩码

要将一个网络划分为多个子网，网络号将要占用原来的主机位，如对于一个 C 类地址，它用 21 位来标识网络号，要将其划分为 2 个子网则需要占用 1 位原来的主机标识位。此时网络号位变为 22 位，主机标识位变为 7 位。同理借用 2 个主机位则可以将一个 C 类网络划分为 4 个子网。在前面的例子中，可用 3 位表示子网号，即“000”表示第 1 个子网，“001”表示第 2 个子网，“010”表示第 3 个子网，……，“111”表示第 8 个子网。而用第 5 位表示子网内部主机号（5 位地址位最大可表示 32 个主机号）。

计算机是怎样才知道这一网络是否划分了子网呢？这样就产生了子网掩码。子网掩码的作用就是用来判断任意两个 IP 地址是否属于同一子网络，这时只有在同一子网的计算机才能“直接”互通。

那么怎样确定子网掩码呢？子网掩码和 IP 地址一样有 32 位，确定子网掩码的方法是其与 IP 地址中标识网络号的所有对应位都用“1”，而与主机号对应的位都是“0”。如分为 2 个子网的 C 类 IP 地址用 22 位来标识网络号，则其子网掩码为：11111111 11111111 11111111 10000000 即 255.255.255.128。由此可以知道，A 类地址的缺省子网掩码为 255.0.0.0，B 类为 255.255.0.0，C 类为 255.255.255.0。表 7.5 是 C 类地址子网划分及相关子网掩码。

表 7.5　C 类地址子网划分及相关子网掩码

子网位数	子网掩码	主机数	可用主机数
1	55.255.255.128	128 126	126
2	255.255.255.192	64	62
3	255.255.255.224	32	30
4	255.255.255.240	16	14
5	255.255.255.248	8	6
6	255.255.255.252	4	2

对于一个 IP 地址，如何计算其归属哪一个子网，其在子网中的主机号又是多少？其实，我们只要按子网划分的方法，将 IP 地址中的网络号和子网内部主机号分离出来即可。那么如何分离出 IP 地址中的网络号和子网内部主机号分离出来呢？过程如下：

① 将 IP 地址与子网掩码转换成二进制；

② 将二进制形式的 IP 地址与子网掩码做“与”运算，将运算结果转化为十进制便得到 IP 地址中的网络号；

③ 将二进制形式的子网掩码取“反”；

④ 将取“反”后的子网掩码与 IP 地址做“与”运算，将运算结果转化为十进制便得到子网内部主机号。

例如，有一个 C 类地址为：192.9.200.13，其缺省的子网掩码为：255.255.255.0 则它的网络号和主机号可按如下方法得到。

① 将 IP 地址 192.9.200.13 转换为二进制 11000000 00001001 11001000 00001101。

② 将子网掩码 255.255.255.0 转换为二进制 11111111 11111111 11111111 00000000。

③ 将两个二进制数做“与”运算得：11000000 00001001 11001000 00000000。

④ 将其化为十进制得：192.9.200.0，即网络号为 192.9.200.0。

⑤ 将子网掩码取“反”得：00000000 00000000 00000000 11111111。

⑥ 再与 IP 地址做“与”运算得：00000000 00000000 00000000 00001101。

⑦ 将其化为十进制得：0.0.0.13，即主机号为 13。

（3）网关

网关（Gateway）就是一个网络连接到另一个网络的“关口”，实质上，它是一个网络通向其他网络的 IP 地址。按照不同的分类标准，网关有很多种。TCP/IP 协议里的网关是最常用的，在这里我们所讲的“网关”均指 TCP/IP 协议下的网关。比如有网络 A 和网络 B，网络 A 的 IP 地址范围为“192.168.1.1～192.168.1.254”，子网掩码为 255.255.255.0；网络 B 的 IP 地址范围为“192.168.2.1～192.168.2.254”，子网掩码为 255.255.255.0。在没有路由器的情况下，两个网络之间是不能进行 TCP/IP 通信的，即使是两个网络连接在同一台交换机（或集线器）上，TCP/IP 协议也会根据子网掩码（255.255.255.0）判定两个网络中的主机处在不同的网络里。而要实现这两个网络之间的通信，则必须通过网关。如果网络 A 中的主机发现数据包的目的主机不在本地网络中，就把数据包转发给它自己的网关，再由网关转发给网络 B 的网关，网络 B 的网关再转发给网络 B 的某个主机。网络 B 向网络 A 转发数据包的过程也是如此。

所以说，只有设置好网关的 IP 地址，TCP/IP 协议才能实现不同网络之间的相互通信。那么这个 IP 地址是哪台机器的 IP 地址呢？网关的 IP 地址是具有路由功能的设备的 IP 地址，具有路由功能的设备有路由器、启用了路由协议的服务器（实质上相当于一台路由器）、代理服务器（也相当于一台路由器）。

7.3.4 IP 地址和 MAC 地址

（1）MAC 地址的概念

MAC（Medium/Media Access Control）地址，或称为 MAC 位址、硬件地址，用来定义网络设备的位置。在 OSI 模型中，第三层网络层负责 IP 地址，第二层数据链路层则负责 MAC 位址。因此一个网卡会有一个全球唯一固定的 MAC 地址，但可对应多个 IP 地址。

MAC 地址通常是由网卡生产厂家烧录在网卡（Net work Interface Card，NIC）里的，它存储的是传输数据时真正赖以标识发出数据的电脑和接收数据的主机的地址，这个地址与网络无关，也即无论将带有这个地址的硬件（如网卡、集线器、路由器等）接入到网络的何处，它都有相同的 MAC 地址，MAC 地址一般不可改变，不能由用户自己设定。

MAC 地址的长度为 48 位（6 个字节），通常表示为 12 个 16 进制数，每 2 个 16 进制数之间用冒号隔开，如：08:00:20:0A:8C:6D 就是一个 MAC 地址，其中前 6 位 16 进制数 08:00:20 代表网络硬件制造商的编号，它由电气与电子工程师协会（Institute of Electrical and Electronics Engineers，IEEE）分配，而后 3 位 16 进制数 0A:8C:6D 代表该制造商所制造的某个网络产品（如网卡）的系列号。每个网络制造商必须确保它所制造的每个以太网设备都具有相同的前三字节以及不同的后三个字节。这样就可保证世界上每个以太网设备都具有唯一的 MAC 地址。查看本机 MAC 号码过程如图 7.3 所示。

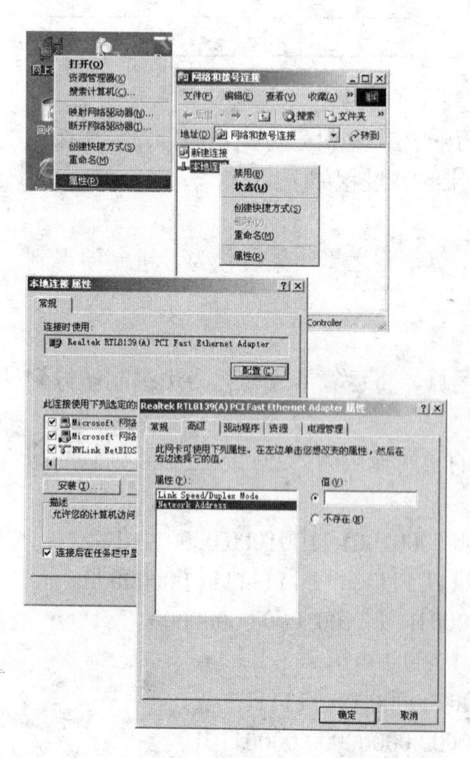

图 7.3 查看本机 MAC 号码

形象地说，MAC 地址就如同我们身份证上的身份证号码，具有全球唯一性。

（2）地址解析协议 ARP（Address Resolution Protocol）

IP 地址和 MAC 地址的关系就如同一个职位和应聘这个职位的人之间的关系。IP 地址如同一个职位，而 MAC 地址则好像是去应聘这个职位的人才，职位既可以让甲坐，也可以让乙坐，同样的道理一个节点的 IP 地址对于网卡是不做要求，基本上什么样的厂家都可以用，也就是说 IP 地址与 MAC 地址并不存在着绑定关系。比如，如果一个网卡坏了，可以被更换，而无须取得一个新的 IP 地址。如果一个 IP 主机从一个网络移到另一个网络，可以给它一个新的 IP 地址，而无须换一个新的网卡。

无论是局域网，还是广域网中的计算机之间的通信，最终都表现为将数据包从某种形式的链路上的初始节点出发，从一个节点传递到另一个节点，最终传送到目的节点。数据包在这些节点之间的移动都是由地址解析协议负责将 IP 地址映射到 MAC 地址上来完成的。下面我们来通过一个例子看看 IP 地址和 MAC 地址是怎样结合来传送数据包的。

假设网络上要将一个数据包（名为 PAC）由北京的一台主机（名称为 A，IP 地址为 IP_A，MAC 地址为 MAC_A）发送到华盛顿的一台主机（名称为 B，IP 地址为 IP_B，MAC 地址为 MAC_B）。这两台主机之间不可能是直接连接起来的，因而数据包在传递时必然要经过许多中间节点（如路由器，服务器等等），我们假定在传输过程中要经过 C1、C2、C3（其 MAC 地址分别为 M1、M2、M3）三个节点。A 在将 PAC 发出之前，先发送一个 ARP 请求，找到其要到达 IP_B 所必须经历的第一个中间节点 C1 的 MAC 地址 M1，然后在其数据包中封装（Encapsulation）这些地址：IP_A、IP_B、MAC_A 和 M1。当 PAC 传到 C1 后，再由 ARP 根据其目的 IP 地址 IP_B，找到其要经历的第二个中间节点 C2 的 MAC 地址 M2，然后再将带有 M2 的数据包传送到 C2。如此类推，直到最后找到带有 IP 地址为 IP_B 的 B 主机的地址 MAC_B，最终传送给主机 B。在传输过程中，IP_A、IP_B 和 MAC_A 不变，而中间节点的 MAC 地址通过 ARP 在不断改变（M1、M2、M3），直至目的地址 MAC_B。

7.3.5　IP 地址配置

可以按下列步骤设置 IP 地址。

① 在桌面上找到“网上邻居”图标，在上面点鼠标右键，选择“属性”，打开属性对话框。如图 7.4 所示。

② 在出现的窗口中，双击“本地连接”图标，打开本地连接状态对话框。如图 7.5 所示。

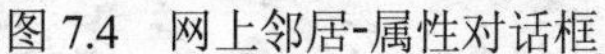

图 7.4　网上邻居-属性对话框

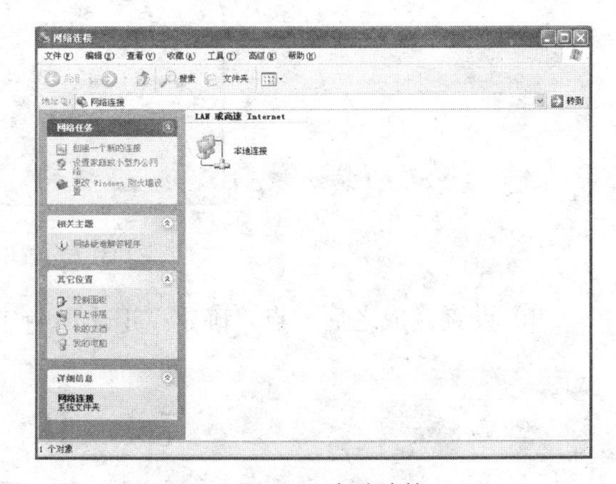

图 7.5　本地连接

③ 在本地连接状态对话框中，点“属性”按钮，打开本地连接属性对话框。如图 7.6 所示。

④ 在本地连接属性对话框中，选择 Internet 协议（TCP/IP），点“属性”按钮，打开 Internet 协议（TCP/IP）属性对话框。如图 7.7 所示。

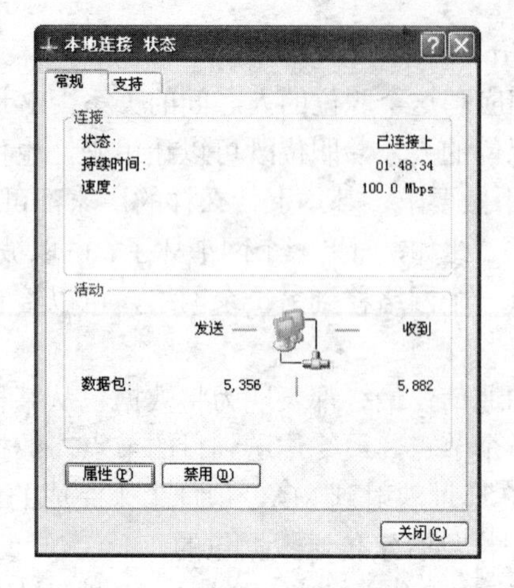

图 7.6　本地连接属性对话框

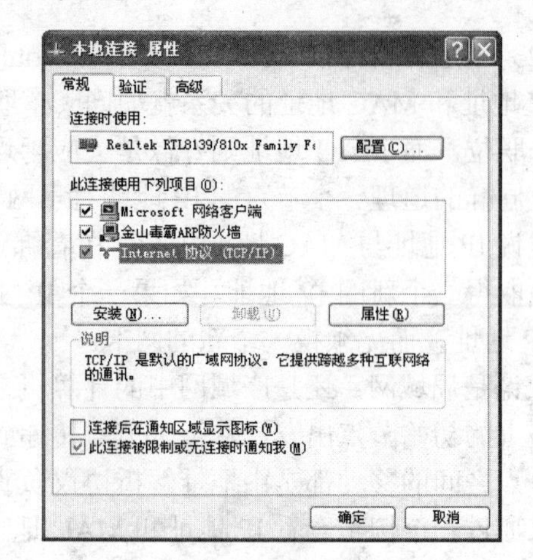

图 7.7　TCP/IP 属性对话框

⑤ 在 Internet 协议（TCP/IP）“属性”对话框中，选择使用下面的 IP 地址，每位用户需要查询到自己的 IP 地址，将自己的 IP 地址设置进去。如图 7.8 所示。

如自己的 IP 地址为 192.168.192.001，就做如下设置：

IP 地址：192.168.196.1

子网掩码：255.255.255.0

默认网关：192.168.192.10

首选 DNS 服务器：202.101.98.55

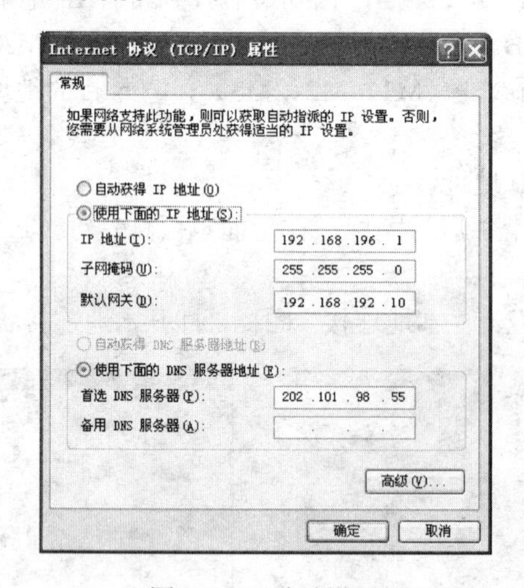

图 7.8　IP 地址设置

⑥ 设置完成之后，点“确定”退出所有窗口即可。

7.4　IP　路　由

（1）路由

在因特网中进行路由选择要使用路由器，路由器根据所收到的报文的目的地址选择一条合适的路由（通过某一网络），并将报文传送到下一个路由器。路径中最后的路由器负责将报文送交目的主机。

（2）路由表

路由器转发分组的关键是路由表。每个路由器中都保存着一张路由表，表中每条路由项都指明了要到达某子网或某主机的分组应通过路由器的哪个物理接口发送，就可到达该路径的下一个路由器，或者不需再经过别的路由器便可传送到直接相连的网络中的目的主机。路由表中包含了下列关键项。

- 目的地址。用来标识 IP 数据报的目的地址或目的网络。
- 网络掩码。与目的地址一起来标识目的主机或路由器所在网段的地址。将目的地址和网络掩码“逻辑与”后可得到目的主机或路由器所在网段的地址。例如：目的地址为 129.102.8.10、掩码为 255.255.0.0 的主机或路由器所在网段的地址为 129.102.0.0。掩码由若干个连续“1”构成，既可以用点分十进制法表示，也可以用掩码中连续“1”的个数来表示。
- 出接口。指明 IP 报文将从该路由器哪个接口转发。
- 下一跳 IP 地址。更接近目的网络的下一个路由器地址。如果只配置了出接口，下一跳 IP 地址是出接口的地址。
- 本条路由加入 IP 路由表的优先级。对于同一目的地，可能存在若干条不同下一跳的路由，这些不同的路由可能是由不同的路由协议发现的，也可能是手工配置的静态路由。优先级高（数值小）的路由将成为当前的最优路由。

在图 7.9 所示的因特网中，各网络中的数字是该网络的网络地址。路由器（Router）与三个网络相连，因此有三个 IP 地址和三个物理接口，其路由表如表 7.6 所示。

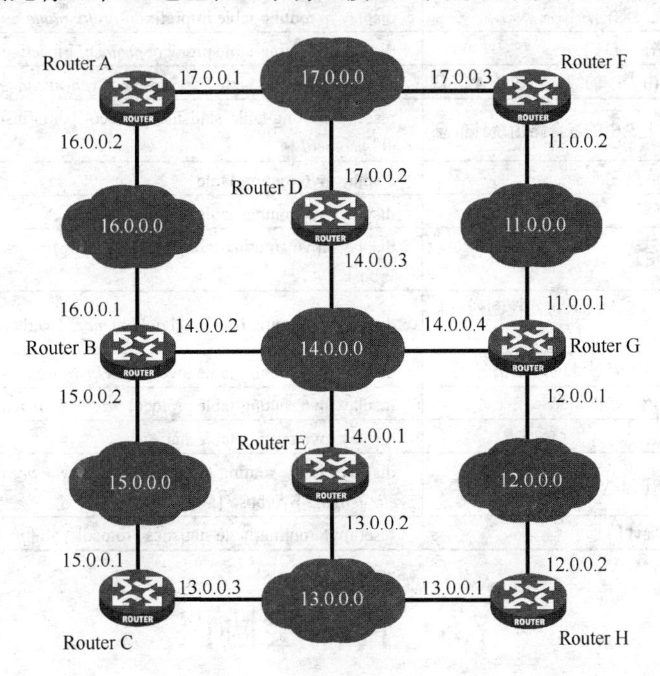

图 7.9 有路由的 Internet

表 7.6 路由表

Destiantion Network	Nexthop	Interface
11.0.0.0	11.0.0.1	2
12.0.0.0	12.0.0.1	1

续表

Destiantion Network	Nexthop	Interface
13.0.0.0	12.0.0.2	1
14.0.0.0	14.0.0.4	3
15.0.0.0	14.0.0.2	3
16.0.0.0	14.0.0.2	3
17.0.0.0	11.0.0.2	2

（3）路由表显示和维护

查看路由表的信息是定位路由问题的基本要求，表 7.7 中列举了通用的路由表信息显示命令。Display 命令可以在任意视图下使用，在用户视图下执行 Reset 命令可以清除路由表的统计信息。

表 7.7　路由表显示和维护命令

操　作	命　令
查看路由表中当前激活路由的摘要信息	display ip routing-table [vpn-instance *vpn-instance-name*] [verbose || { begin → exclude → include } *regular-expression*]
查看指定目的地址的路由信息	display ip routing-table *ip-address* [*mask-length* | *mask*] [longer-match] [verbose]
查看指定目的地址范围内的路由信息	display ip routing-table *ip-address1* { *mask-length* | *mask* } *ip-address2* { *mask-length* | *mask* } [verbose]
查看通过指定基本访问控制列表过滤的路由信息	display ip routing-table acl *acl-number* [verbose]
查看通过指定前缀列表过滤的路由信息	display ip routing-table ip-prefix *ip-prefix-name* [verbose]
查看指定协议发现的路由信息	display ip routing-table protocol *protocol* [inactive | verbose]
显示路由表或 VPN 路由表中的综合路由统计信息	display ip routing-table [vpn-instance *vpn-instance-name*] statistics
清除路由表或 VPN 路由表中的综合路由统计信息	reset ip routing-table statistics protocol [vpn-instance *vpn-instance-name*] { all | *protocol* }
查看 IPv6 路由表摘要信息	display ipv6 routing-table
查看 IPv6 路由表详细信息	display ipv6 routing-table verbose
查看指定 IPv6 路由的信息	display ipv6 routing-table *ipv6-address prefix-length* [longer-match] [verbose]
查看经过指定的基本 IPv6 ACL（访问控制列表）过滤的路由	display ipv6 routing-table acl *acl6-number* [verbose]
查看经过指定 IPv6 前缀列表过滤的路由信息	display ipv6 routing-table ipv6-prefix *ipv6-prefix-name* [verbose]
查看指定协议发现的 IPv6 路由信息	display ipv6 routing-table protocol *protocol* [inactive | verbose]
查看 IPv6 路由统计信息	display ipv6 routing-table statistics
查看在指定地址范围内的 IPv6 路由信息	display ipv6 routing-table *ipv6-address1 prefix-length1 ipv6-address2 prefix-length2* [verbose]
清除 IPv6 路由表中的统计信息	reset ipv6 routing-table statistics protocol { all | *protocol* }

7.5　传输层协议

传输层（Transport Layer）是 OSI 中最重要最关键的一层，是唯一负责总体的数据传输和数据控制的一层，保证源主机和目标主机透明可靠地传输报文，其主要协议有传输控制协议 TCP 和用户报文协议 UDP。

7.5.1　传输层的作用

传输层提供了主机应用程序进程之间的端到端的服务，传输层对其上三层如会话层等，提供可靠的传输服务，对网络层提供可靠的目的地站点信息，基本功能有：分割与重组数据；按端口号寻址；连接管理；差错控制和流量控制。传输层要向会话层提供通信服务的可靠性，避免报文的出错、丢失、延迟时间紊乱、重复、乱序等差错。为端到端连接提供传输服务，这种传输服务分为可靠和不可靠的，其中 TCP 是典型的可靠传输，而 UDP 则是不可靠传输。

7.5.2　进程间通信

由于在一台计算机中同时存在多个进程，要进行进程间的通信，首先要解决进程的标识问题。TCP 和 UDP 采用协议端口来标识某一主机上的通信进程。

信宿端的进程标识符由主机 IP 地址+端口号组成。该标识符是全局唯一的，主机的 IP 地址是全局唯一的，再给主机上的进程赋予一个本地唯一的标识符——端口号，二者加起来，便形成了进程的全局唯一标识符。因此，因特网中要全局唯一的标识一个进程必须采用一个三元组：协议，主机地址，端口号。

端口是进程访问传输服务的入口点。每个端口拥有一个端口号（Port Number），端口号是 16 比特的标识符，因此，端口号的取值范围是从 0 到 65535。

同一个端口在 TCP 和 UDP 中可能对应于不同类型的应用进程，也可能对应于相同类型的应用进程。为了区别 TCP 和 UDP 的进程，除了给出主机 IP 地址和端口号之外，还要指明协议。因此，因特网中要全局唯一的标识一个进程必须采用一个三元组：协议，主机地址，端口号。

7.5.3　TCP 协议和 UDP 协议

（1）传输控制协议

传输控制协议（Transmission Control Protocol，TCP）是一种基于连接、可靠的字节流传输控制协议，它提供了一种可靠的传输方式，允许从一台机器发出的字节流无差错地发往互联网上的其他机器。

传输层协议软件将要传送的数据流划分成分组，并把每个分组连同目的地址交给下一层（互联网层）去发送。在接收端，该层协议软件把收到的分组再组装成输出流。

TCP 还要进行协商，让接收方回送确认信息及让发送方重发丢失的分组。解决了 IP 协议的不安全因素，为数据包正确、安全地到达目的地提供可靠的保障。

具体来说，TCP 协议要完成以下任务。

① TCP 连接的建立。通过采取了三次握手、两次确认的有效技术，保证双方连接的建立，如图 7.10 所示。

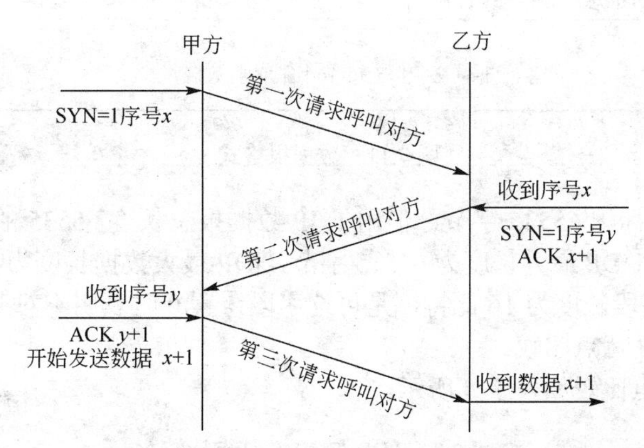

图 7.10　TCP 连接的建立过程

② TCP 连接的拆除。连接双方都可以发起拆除连接操作。采用和三次握手类似的方法，这里可以将断开连接操作视为在两个方向上分别断开连接操作构成。一方发出断开连接请求

后并不马上拆除连接，而是等待对方的确认，对方收到断开连接请求后，发送确认报文，这时拆除的只是单方向上连接（半连接）。对方发送完数据后，再通过发送断开连接请求来断开另一个方向上的半连接。

③ TCP 流量控制。TCP 除了提供进程通信能力外，主要特点是具有高可靠性。TCP 在发送端与接收端之间建立一条连接，报文需要得到接收端的确认。TCP 传输的是一个无报文丢失、重复和失序的正确的数据流。

④ TCP 拥塞控制。TCP 提供了拥塞控制机制。TCP 的拥塞控制，是利用发送方的窗口来控制注入网络的数据流的速度。减缓注入网络的数据流后，拥塞就会被解除。

⑤ TCP 差错控制。TCP 的差错控制包括差错检测和纠正。TCP 处理的差错有数据被破坏、重复、失序和丢失。数据被破坏可以通过 TCP 的校验和检测出来，接收方丢弃出错的数据，而且不给出确认，发送方定时器超时后，重发该数据。重复数据段一般是由超时重传造成的，接收方可以根据序号判断是否是重复数据段，对于重复数据段只需要简单地丢弃即可。数据失序是由于 TCP 下面的 IP 协议是无连接的数据报协议，不能保证数据报的按序到达。TCP 对于提前到达（前面的数据还未到达）的数据，暂不确认，直到前面的数据到达后再一起确认。数据丢失错误也是通过超时重传来进行恢复。但是确认报文段的丢失一般不会造成任何影响，因为 TCP 采用的是累计确认，TCP 确认针对数据流中的字节序号，而不是段号。一般情况下，接收方确认已正确收到的、连续的流前部。对于接下去的数据段的确认也就包含了对前面数据的确认。若下一个确认未能在重传定时器超时之前到达发送方，则会出现重复报文段。重复数据会被接收方鉴别出来（根据序号），并被丢弃。

（2）用户数据报协议

用户数据报协议（User Datagram Protocol，UDP）是 TCP/IP 传输层的另一个协议，是一种基于无连接的、不可靠的报文传输协议。但 UDP 不提供流量控制，也不对 UDP 数据报进行确认，被广泛地应用于只有一次的、客户/服务器模式的请示应答查询，以及快速递交比准确递交更重要的应用程序，如传输语音或影像。

UDP 将应用层的数据封装成 UDP 数据报进行发送。UDP 数据报由首部和数据构成。UDP 采用定长首部，长度为 8 个字节。UDP 数据报格式如图 7.11 所示。

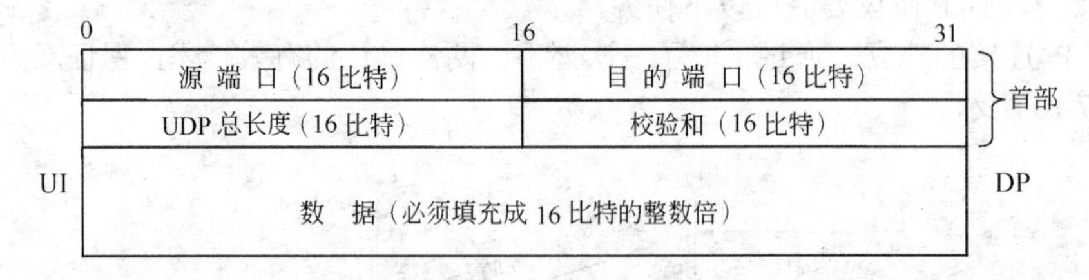

图 7.11 数据报格式

总长度字段可以标识 65535 字节，但由于 IP 数据报总长度 65535 的限制及 IP 数据报首部占用 20 字节，实际 UDP 最大长度为 65515 字节，UDP 最大数据长度为 65507 字节(65506)。

UDP 的校验和字段长度为 16 比特，是可选字段，置 0 时表明不对 UDP 进行校验。

（3）TCP 与 UDP 特点比较

TCP 与 UDP 特点比较如表 7. 8 所示。

表 7.8 TCP 与 UDP 特点比较

传输控制协议 TCP	用户数据报协议 UDP	传输控制协议 TCP	用户数据报协议 UDP
面向连接	无连接	一次传输交换大量报文	一次传输交换少量信息
高可靠	高效率	复杂	简单

7.6　常用的网络命令

（1）cmd 命令简介

运行此命令可快速进入 Windows 的命令行模式(适用于 Windows2000 以上的操作系统)。点击“开始”→“运行”→“cmd”即可。如图 7.12 所示。

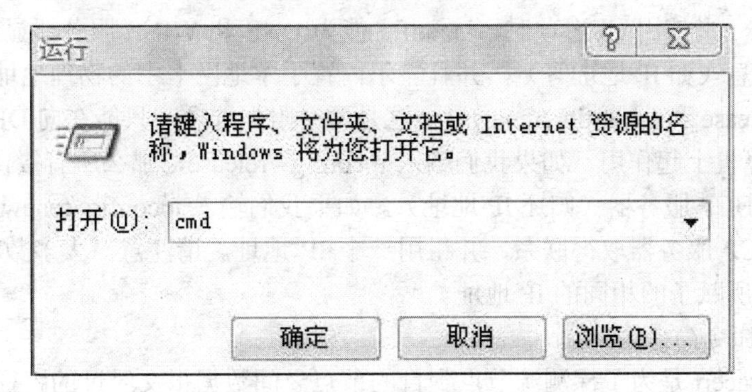

图 7.12　运行 cmd 命令

（2）ping 命令简介

① 原理。源站点向目的站点发送 ICMP request 报文，目的主机收到后回 Icmp reply 报文，这样就验证了两个接点之间 IP 的可达性。如图 7.13 所示。

② 功能。用 ping 来判断两个接点在网络层的连通性。

③ ping 命令参数。ping ip_address –n 连续 ping N 个包。ping ip_address –t 持续地 ping 直到人为地中断，ctrl+breack 暂时终止 ping 命令查看当前的统计结果，而 ctrl+c 则是中断命令的执行。ping ip_ address–l 指定每个 ping 报文的所携带的数据部分字节数。

（3）arp 命令简介

① 原理。arp 即地址解析协议，用于实现第三层到第二层地址的转换，把 IP 转化为 MAC 地址。

② 功能。显示和修改 IP 地址与 MAC 地址的之间映射。

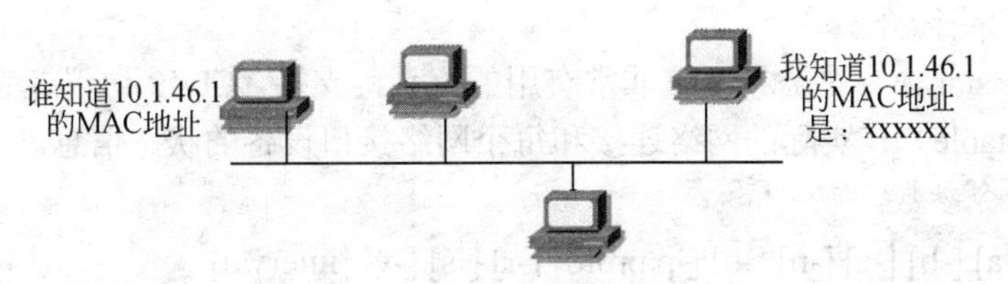

图 7.13　ping 命令运行原理

③ arp 命令参数。

arp –a　　显示所有的 ARP 表项。

arp -s　　在 ARP 缓存中添加一条记录。

c:\>arp　-s 126.13.156.2　02-e0-fc-fe-01-b9

arp -d　　在 ARP 缓存中删除一条记录。

c:\>arp　-d 126.13.156.2

arp –g　显示所有的表项。

c:\>arp　-g

（4）ipconfig 命令简介

① 功能 ipconfig 命令获得主机配置信息，包括 IP 地址、子网掩码和默认网关。

② ipconfig 命令参数。

ipconfig　当使用 ipconfig 不带任何参数选项时，那么它为每个已经配置了的接口显示 IP 地址、子网掩码和缺省网关值。

ipconfig /all　当使用 all 选项时，ipconfig 能为 DNS 和 WINS 服务器显示它已配置且所要使用的附加信息（如 IP 地址等），并且显示内置于本地网卡中的物理地址（MAC）。

ipconfig /release 和 ipconfig /renew　这是两个附加选项，只能在向 DHCP 服务器租用其 IP 地址的计算机上起作用。如果我们输入 ipconfig /release，那么所有接口的租用 IP 地址便重新交付给 DHCP 服务器（归还 IP 地址）。如果我们输入 ipconfig /renew，那么本地计算机便设法与 DHCP 服务器取得联系，并租用一个 IP 地址。请注意，大多数情况下网卡将被重新赋予和以前所赋予的相同的 IP 地址。

（5）tracert 命令简介

① 原理。tracert 是为了探测源节点到目的节点之间数据报文经过的路径。

② 功能。探索两个节点的路由。

③ tracert。命令参数。

c:\>tracert ip_adress

（6）route 命令简介

① 原理。路由是 IP 层的核心问题，路由表是 TCP/IP 协议栈所必需的核心数据结构，是 IP 选路的唯一依据。

② 功能。route 命令是操作，维护路由表的重要工具。

③ route 命令参数。

route print　查看路由表

route add　增加一条路由记录

route delete　删除一条路由记录

route –p add　永久地增加一条路由记录（重启后不丢失）

（7）netstat 命令简介

① 功能。netstat 命令是监视网络非常有用的工具，支持 TCP/IP 协议。它可以显示网络的路由表（route table）、实际的网络连接和每个网络接口设备的状态信息。

② netstat 命令参数。

NETSTAT [-a] [-b] [-e] [-n] [-o] [-p proto] [-r] [-s] [-v] [interval]

-a：显示所有连接和监听端口。

-b：显示包含于创建每个连接或监听端口的可执行组件。

-e：显示以太网统计信息，此选项可以与-s 选项组合使用。

-n：以数字形式显示地址和端口号。

-o：显示与每个连接相关的所属进程 ID。

-p：显示 proto 指定的协议的连接。协议可以是下列协议之一：TCP、UDP、TCPv6 或 UDPv6。

-r：显示路由表。

-s：显示按协议统计信息。默认显示 IP、IPv6、ICMP、ICMPv6、TCP、TCPv6、UDP 和 UDPv6 的统计信息。

-v：与 -b 选项一起使用时将显示包含于为所有可执行组件创建连接或监听端口的组件。

interval：重新显示选定统计信息，每次显示之间暂停时间间隔（以秒计）。按 ctrl+c 停止重新显示统计信息。如果省略，netstat 显示当前配置信息（只显示一次）。

（8）pathping 命令简介

① 功能。pathping 命令是一个路由跟踪工具，它将 ping 和 tracert 命令的功能和这两个工具所不提供的其他信息结合起来。pathping 命令在一段时间内将数据包发送到到达最终目标的路径上的每个路由器，然后基于数据包的计算机结果从每个跃点返回。由于命令显示数据包在任何给定路由器或链接上丢失的程度，因此可以很容易地确定可能导致网络问题的路由器或链接。

② pathping 命令参数。

c:\>pathping ip_address

（9）net 命令简介

① 功能。net 命令是一个命令行命令，Net 命令有很多函数用于实用和核查计算机之间的 NetBIOS 连接，可以查看我们的管理网络环境、服务、用户、登录等信息内容。

② net 命令参数。

c:\>net view　显示域列表、计算机列表或指定计算机的共享资源列表。

c:\>net user　添加或更改用户账号或显示用户账号信息。

c:\>net use　连接计算机或断开计算机与共享资源的连接，或显示计算机的连接信息。

本章习题

1. 已知 IP 地址 202.97.224.68，回答下列问题。

（1）试分析是哪类 IP 地址？

（2）网络号是多少？

（3）主机号是多少？

（4）二进制的值是多少？

2. 第 1 题若设子网掩码为 255.255.255.240，回答下列问题。

（1）可以分成多少个子网？

（2）每个子网有多少台主机？

（3）该地址的子网号和主机号是多少？

（4）第 1 个子网的广播地址是什么？第 1 个子网的地址范围是什么？

（5）如果要分成至少 10 个子网，子网掩码应该是什么？每个子网可以有多少台主机？

（6）如果希望每个子网至少有 50 台主机，子网掩码应是什么？这时可以分得多少个子网？

3. 试叙述 IP 层的作用主要包括哪些？IP 层的作用都是如何实现的？

4. TCP 协议有哪些功能？简述 TCP 协议如何保证可靠的数据传输服务。

5. 在 TCP/IP 协议中，如何识别主机？如何识别应用进程？如何识别服务器应用进程？如何识别通信端点？

第 8 章　部分网络服务器配置

网络服务器作为网络的重要节点，存储、处理网络上 80%的数据、信息，因此被称为网络的灵魂。网络服务器是网络上一种为客户端计算机提供各种服务的高性能计算机，它在网络操作系统的控制下，将与其相连的硬盘、磁带、打印机、Modem 及各种专用通讯设备提供给网络上的客户站点共享，也能为网络用户提供集中计算、信息发布及数据管理等服务。网络服务器的高性能主要体现在高速度的运算能力、长时间的可靠运行、强大的外部数据吞吐能力等方面。

目前，按照体系架构来区分，服务器主要分为两类：ISC（精简指令集）架构服务器和 IA 架构服务器。ISC 服务器是使用 RISC 芯片，并且主要采用 UNIX 操作系统的服务器，如 Sun 公司的 SPARC，HP 公司的 PA-RISC，DEC 的 Alpha 芯片、SGI 公司的 MIPS 等。IA 架构服务器又称为 CISC（复杂指令集）架构服务器，即通常所讲的 PC 服务器，它是基于 PC 机体系结构，使用 Intel 或与其兼容的处理器芯片的服务器，如联想的万全系列、HP 的 Netserver 系列服务器等。

8.1　Web 服务器架设

WWW（World Wide Web 的缩写）服务也称为 Web 服务，它将多媒体信息组织成网页的形式，为用户提供丰富多彩的各种信息服务，Web 服务是互联网提供的最基本的服务。Web 服务遵循 HTTP 协议。要建立一个提供信息服务的网站，必须要安装一个 Web 服务器。

Web 服务器是安装在计算机上的一组程序。Web 服务器采用 B/S 工作模式，它的主要功能是接收来自 Web 浏览器（客户端）的请求，并将服务器的应答数据传送到客户端的浏览器上。目前流行的 Web 服务器较多，如 NCSA、CERN、Apache、Sambar 和微软的 IIS 等，其主要功能类似。针对 Windows 操作系统，本节将介绍 IIS 6.0 的安装和配置。

8.1.1　IIS 6.0 简介

IIS 是 Internet Information Service（互联网信息服务）的缩写。IIS 6.0 是微软配合 Windows 2003 版本推出的 Web 服务器，它集成在 Windows Server 2003 的数据中心版、企业版、标准版和 Web 版等四种版本之中，是目前微软推出的最新的 Web 服务器版本。IIS 是基于 TCP/IP 的 Web 应用系统，使用 IIS 可使运行 Windows 2000 的计算机成为大容量、功能强大的 Web 服务器。IIS 不但可以通过使用 HTTP 协议传输信息，还可以提供 FTP 和 Gopher 服务，这样，IIS 可以轻松地将信息发送给整个 Internet 上的用户。

IIS 6.0 与之前的版本相比，在性能上有很大的提升。IIS 6.0 引入了进程隔离模式，可以将应用程序配置成单独的应用程序池，在运行时避免应用程序间的相互影响；IIS 6.0 还提供状态监视功能以发现、恢复和防止应用程序故障。IIS 6.0 在配置数据库时将以 XML 文件形式存储，而不是早期版本的二进制格式存储，大大地增加了数据库操作的灵活性。IIS 6.0 可以很好地支持.NET 技术，能对某些访问页面时的出错（如内存泄露、非法访问等问题）进行检测、容错和排除。IIS 6.0 扩展了早期 Web 服务器的功能，管理员可以根据需要对各种 Web

服务组件进行添加、禁止和授权。IIS 6.0 支持更多的身份验证手段，如启用了.NET Passport 的用户身份验证服务。IIS 6.0 在默认情况下不会安装在系统中，需通过手动进行安装。IIS 6.0 不仅提供了 WWW 服务，还能提供 FTP 和 SMTP 等服务，即 IIS 6.0 不仅可以配置一个高性能的 Web 服务器，还可以配置 FTP 服务器和电子邮件服务器等。

8.1.2　IIS 的安装

IIS 6.0 的具体安装步骤如下。

① 依次选择“开始”→“设置”→“控制面板”→“添加或删除程序”，打开“添加或删除程序”对话框。如图 8.1 所示。

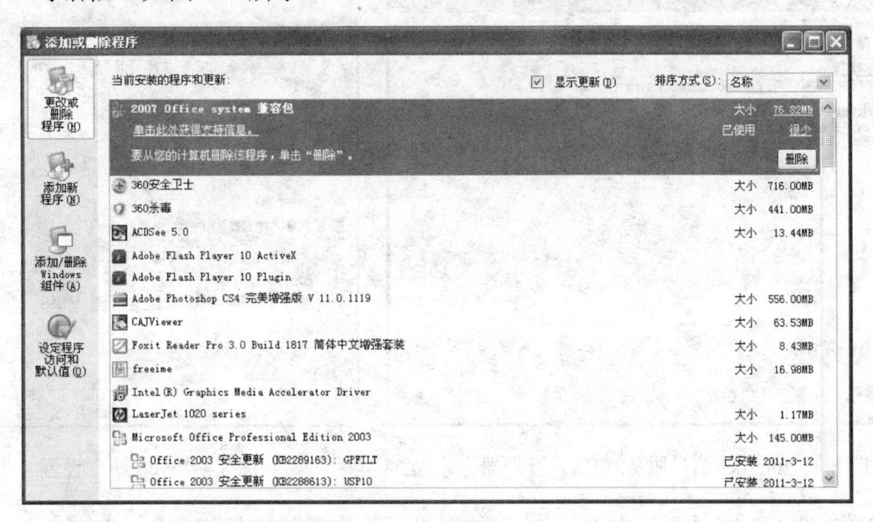

图 8.1　“添加或删除程序”对话框

② 在该对话框的左侧按钮面板中点击“添加/删除 Windows 组件”，打开“Windows 组件向导”对话框。在对话框的“组件”列表中选择“Internet 信息服务（IIS）”复选框。由于 IIS 组件中集成了 SMTP 服务、FTP 服务等，你可以在选择了该复选框后再点击“详细信息”按钮，在打开的对话框中取消相应服务的安装。如图 8.2 所示。

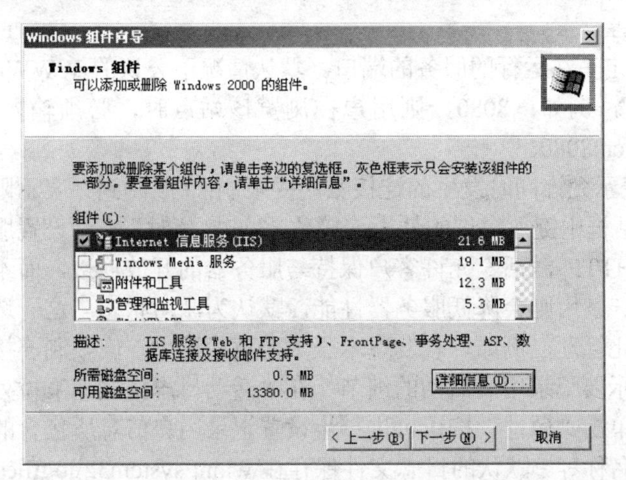

图 8.2　组件安装向导对话框

③ 依照向导的提示进行安装，在安装过程中系统会提示你插入 Windows XP 的安装光盘，此时你将其路径指向 Windows XP 安装程序的 I386 目录下即可。

8.1.3 IIS 的配置

安装好 IIS 后，就可以配置 Web 服务器了。最基本的配置方法如下。

（1）使用 IIS 的默认站点

① 在“开始”菜单中选择“管理工具”中的“Internet 信息服务（IIS）管理器”，弹出界面如图 8.3 所示。

② 在“默认 Web 站点”上点击鼠标右键，选择“属性”，弹出默认 Web 站点设置窗口如图 8.4 所示。

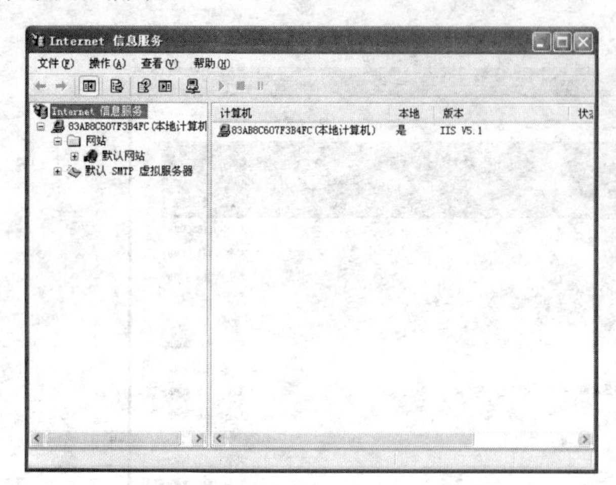

图 8.3 Internet 信息服务（IIS）管理器

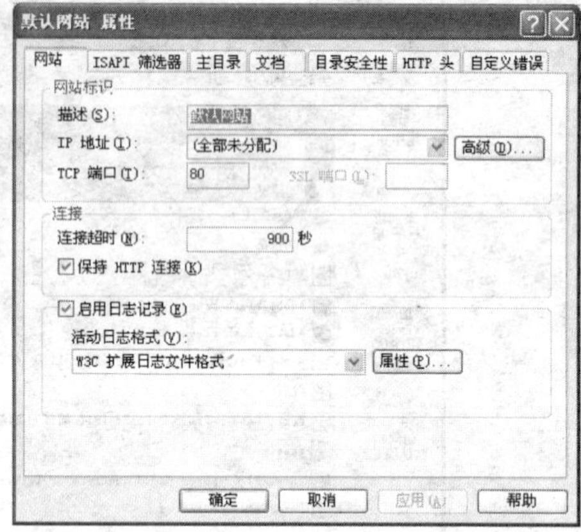

图 8.4 Web 站点设置

a.“Web 站点”属性页。在 Web 站点的属性页上主要设置标识参数、连接、启用日志记录，主要有以下内容：

说明：在“说明”文本框中输入对该站点的说明文字，用它表示站点名称。这个名称会出现在 IIS 的树状目录中，通过它来识别站点。

IP 地址：设置此站点使用的 IP 地址，如果构架此站点的计算机中设置了多个 IP 地址，可以选择对应的 IP 地址。若站点要使用多个 IP 地址或与其他站点共用一个 IP 地址，则可以通过高级按钮设置。

TCP 端口：确定正在运行的服务的端口。默认情况下公认的 WWW 连接端口为 80。如果设置了其他端口，例如：8080，则用户在浏览该站点时，必须输入这个端口号，如：http://www.zzpi.edu.cn:8080。

“连接无限”表示允许同时发生的连接数不受限制；“限制到”表示限制同时连接到该站点的连接数，在对话框中键入允许的最大连接数；“连接超时”表示设置服务器断开未活动的时间；“启用保持 HTTP 激活”允许客户保持与服务器的开放连接，而不是使用新请求逐个重新打开客户连接，禁用则会降低服务器性能，默认为激活状态。这一选择页的设置关系到对网络及服务器优化管理，例如，若发现本服务器负载过大，应限制连接数量。

启用日志：表示要记录用户活动的细节，在“活动日志格式”下拉列表框中可选择日志文件使用的格式。单击“属性”按钮可进一步设置记录用户信息所包含的内容，如用户 IP、访问时间、服务器名称等。默认的日志文件保存在\winnt\system32\logfiles 子目录下。良好的管理习惯应注重日志功能的使用，通过日志可以监视访问本服务器的用户、内容等，对不正常的连接和访问加以监控和限制。

b.“主目录”属性页。可以设置 Web 站点所提供的内容来自何处，内容的访问权限以及应用程序在此站点的执行许可。Web 站点的内容包含各种给用户浏览的文件，例如 HTML 文件、ASP 程序文件等，这些数据必须指定一个目录来存放，而主目录所在的位置有 3 种选择：“此计算机上的目录”表示站点内容来自本地计算机；“另一计算机上的共享位置”表示站点的数据也可以不在本地计算机上，而在局域网上其他计算机中的共享位置，注意要在网络目录文本框中输入其路径。并按“连接为”按钮设置有权访问此资源的域用户账号和密码，“重定向到 URL（U）”表示将连接请求重新定向到别的网络资源，如某个文件、目录、虚拟目录或其他的站点等。选择此项后，在重定向到文本框中输入上述网络资源的 URL 地址。

执行许可：此项权限可以决定对该站点或虚拟目录资源进行何种级别的程序执行。“无”只允许访问静态文件，如 HTML 或图像文件；“纯文本”只允许运行脚本，如 ASP 脚本；“脚本和可执行程序”可以访问或执行各种文件类型，如服务器端存储的 CGI 程序。

应用程序保护：选择运行应用程序的保护方式。可以是与 Web 服务在同一进程中运行（低），与其他应用程序在独立的共用进程中运行（中），或者在与其他进程不同的独立进程中运行（高）。

c.“操作员”属性页。使用该属性页可以设置哪些用户账号拥有管理此站点的权力，默认只有 Administrators 组成员才能管理 Web 站点，而且无法利用“删除”按钮来解除该组的管理权力。如果你是该组的成员，可以在每个站点的这个选项中利用“添加”及“删除”按钮来个别设置操作员。虽然操作员具有管理站点的权力，但其权限与服务器管理员仍有差别。

d.“性能”属性页。性能调整：Web 站连接的数目愈大时，占有的系统资源愈多。在这里预先设置的 Web 站点每天的连接数，将会影响到计算机预留给 Web 服务器使用的系统资源。合理设置连接数可以提高 Web 服务器的性能。

启用带宽抑制：如果计算机上设置了多个 Web 站点，或是还提供其他的 Internet 服务，如文件传输、电子邮件等，那么就有必要根据各个站点的实际需要，来限制每个站点可以使用的带宽。要限制 Web 站点所使用的带宽，只要选择“启用带宽抑制”选项，在“最大网络使用”文本框中输入设置数值即可。启用进程限制：选择该选项以限制该 Web 站点使用 CPU 处理时间的百分比。如果选择了该框但未选择“强制性限制”，结果将是在超过指定限制时间时把事件写入事件记录中。

e.“文档”属性页。启动默认文档：默认文档可以是 HTML 文件或 ASP 文件，当用户通过浏览器连接至 Web 站点时，若未指定要浏览哪一个文件，则 Web 服务器会自动传送该站点的默认文档供用户浏览，例如我们通常将 Web 站点主页 default.htm、default.asp 和 index.htm 设为默认文档，当浏览 Web 站点时会自动连接到主页上。如果不启用默认文档，则会将整个站点内容以列表形式显示出来供用户自己选择。

f.“HTTP 头”属性页。在“HTTP 标题”属性页上，如果选择了“允许内容过期”选项，便可进一步设置此站点内容过期的时间，当用户浏览此站点时，浏览器会对比当前日期和过期日期，来决定显示硬盘中的网页暂存文件，或是向服务器要求更新网页。

③ 选择“Web 站点”选项卡，界面如图 8.4 所示。依次填写“说明”、“IP 地址”和“TCP 端口”等基本信息。

④ 选择“主目录”选项卡，如图 8.5 所示，用于设置网站的根目录，即网页文档存放的目录，可以通过“浏览”将网站根目录设置在红颜色标出的文本框中。

⑤ 选择“文档”选项卡，如图 8.6 所示，用于设置默认文档，所谓默认文档是用户访问该网站时首先运行的网页文档，即主页。

通过上述的基本配置，IIS Web 服务器就可以使用了。

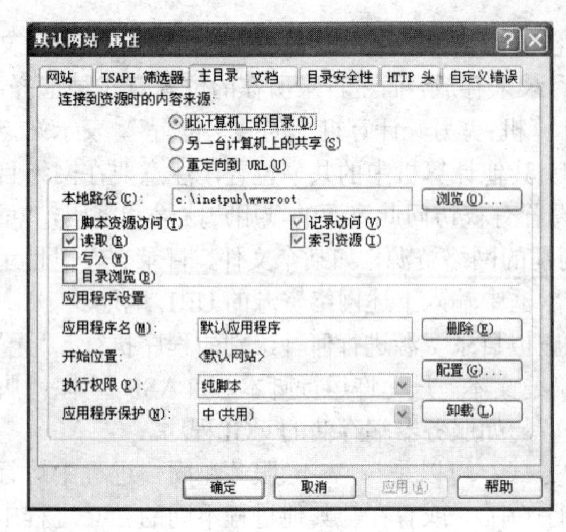

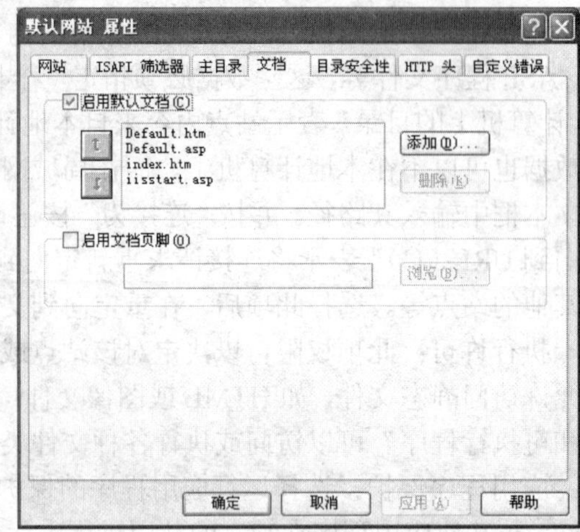

图 8.5 主目录设置　　　　图 8.6 默认文档设置

（2）添加新的 Web 站点

① 打开如图 8.3 所示“Internet 信息服务”窗口，鼠标右键单击要创建新站点的计算机，在弹出菜单中选择“新建”→“Web 站点”，出现“Web 站点创建向导”，单击“下一步”继续。

② 在“Web 站点说明”文本框中输入说明文字，单击“下一步”继续，出现如图 8.7 所示窗口，输入新建 Web 站点的 IP 地址和 TCP 端口地址。如果通过主机头文件将其他站点添加到单一 IP 地址，必须指定主机头文件名称。

③ 单击“下一步”，出现如图 8.8 所示对话框，输入站点的主目录路径，然后单击“下一步”，选择 Web 站点的访问权限，单击“下一步”完成设置。

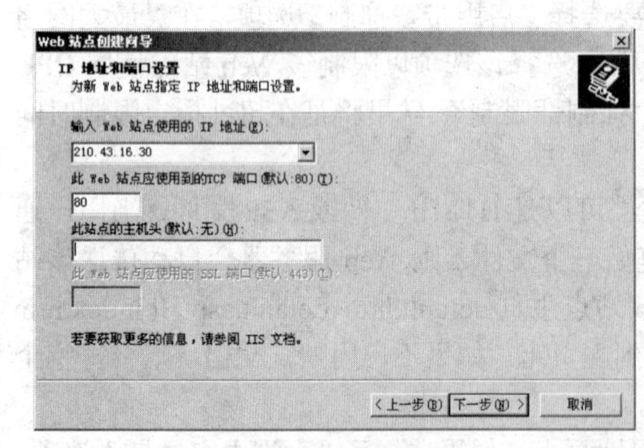

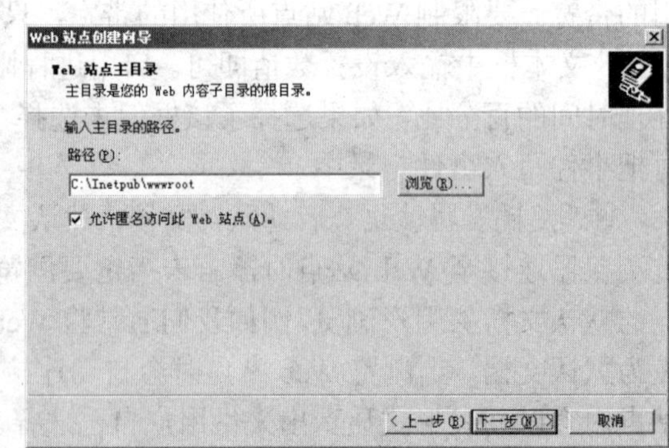

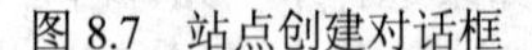

图 8.7 站点创建对话框　　　　图 8.8 站点创建对话框

8.2 FTP 服务器架设

FTP（File Transfer Protocol）是文件传输协议。服务器中存有大量的共享软件和免费资源，要想从服务器中把文件传送到客户机上或者把客户机上的资源传送至服务器，就必须在两台机器中进行文件传送，此时双方必须要共同遵守一定的规则。FTP 就是用来在客户机和服务器之间实现文件传输的标准协议。它使用客户/服务器模式，客户程序把客户的请求告诉服务器，并将服务器发回的结果显示出来。而服务器端执行真正的工作，比如存储、发送文件等。如果用户要将一个文件从自己的计算机上发送到另一台计算机上，称为是 FTP 的上载（Upload），而更多的情况是用户从服务器上把文件或资源传送到客户机上，称之为 FTP 的下载（Download）。在 Internet 上有一些计算机称为 FTP 服务器，它存储了许多允许存取的文件，如：文本文件、图像文件、程序文件、声音文件、电影文件等。

8.2.1　FTP 基本工作过程

FTP 采用客户机/服务器模式，客户机与服务器之间利用 TCP 建立双重连接，即一个控制连接和一个数据连接，如图 8.9 所示。控制连接负责在客户机和服务器之间传送 FTP 命令和响应。控制连接通常以客户机和服务器方式建立：服务器进程以被动方式在 TCP 的 21 端口打开，等待客户机的连接；客户机进程则以主动方式在一个 TCP 随机端口上打开，请求与服务器建立连接。当控制连接成功建立后，客户机与服务器之间便进入会话状态，通过控制连接将命令从客户机传送给服务器，并传回服务器的应答。

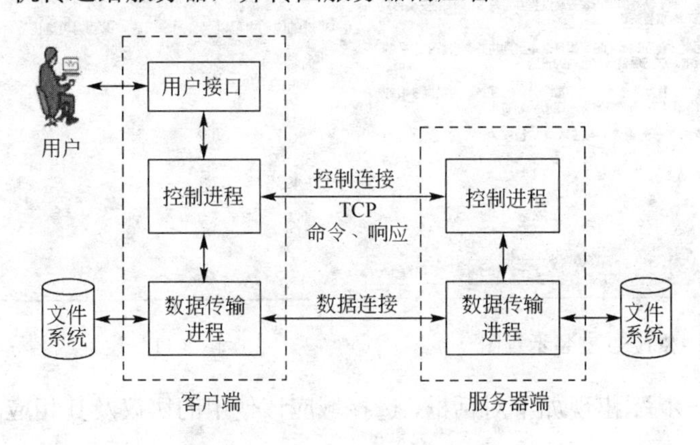

图 8.9　FTP 客户机/服务器模型

FTP 服务是一种实时的联机服务，利用账号来控制用户对服务器的访问。用户在访问 FTP 服务器之前必须进行登录，登录时要求用户给出在 FTP 服务器上的合法账号和口令。只有成功登录的用户才能访问该 FTP 服务器，并对授权的文件进行查阅和传输。FTP 的这种工作方式限制了 Internet 上一些公用文件及资源的发布，为此 Internet 上的多数 FTP 服务器都提供了一种匿名 FTP 服务。用户可以通常可以通过如下 3 种方法来使用 FTP 服务器。

（1）直接使用 FTP 命令

用户可以通过命令窗口，直接键入 FTP 的命令与 FTP 服务器进行交互。首先登录到 FTP 服务器，然后使用 FTP 提供的相应命令来完成查看文件、上传和下载文件等操作。

（2）使用浏览器

用户可以通过浏览器访问 FTP 服务器，就像访问一般的网站一样，只要在地址栏键入 FTP 服务器的地址。

（3）使用客户端软件

目前使用的 FTP 的客户端软件较多，在 Windows 系统使用的有 CuteFTP、FlashFTP 等，客户端应用软件为用户使用 FTP 服务提供了很大的便利。

8.2.2　使用 Serv-U 架设 FTP 服务

Serv-U 是一种运行在 Windows 操作系统上的、被广泛使用的 FTP 服务器端软件。它可以设定多个 FTP 服务器，可以限定登录用户的权限，可以设置登录主目录及空间大小等，功能非常完备，它同时具有非常完备的安全特性，如支持 SSL FTP 传输。

安装 Serv-U 非常简单，展开 Serv-U 的压缩文件后，执行其中的“setup.exe”，即开始安装，安装过程全部选择默认选项即可。如图 8.10 所示。

8.2.3 使用 Serv-U 建立 FTP 服务器

使用 Serv-U 建立 FTP 服务器的步骤如下所示。

① 安装完成后进入 Serv-U 管理控制台时，会出现创建域的“域向导”窗口界面，填入域的名称及域的相关说明，如图 8.11 所示。

图 8.10 Serv-U 安装示意图

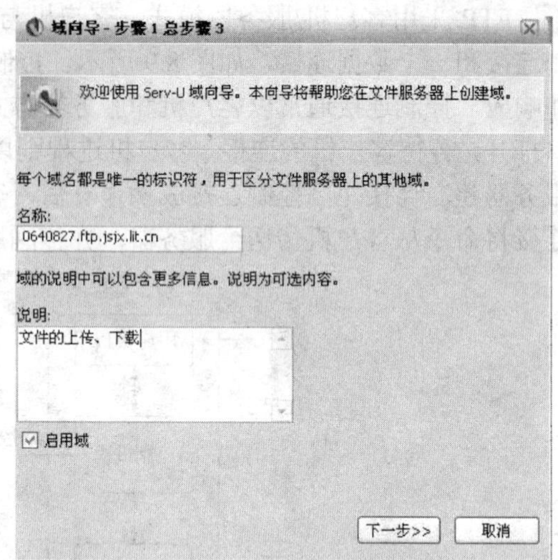

图 8.11 设置域名称及域的说明

② 单击“下一步”，出现如下对话框，选择域应该使用的协议及其相应的端口，如图 8.12 所示。

③ 单击“下一步”，出现设置域的 IP 地址的对话框，IP 设置为 192.168.31.170，如图 8.13 所示。

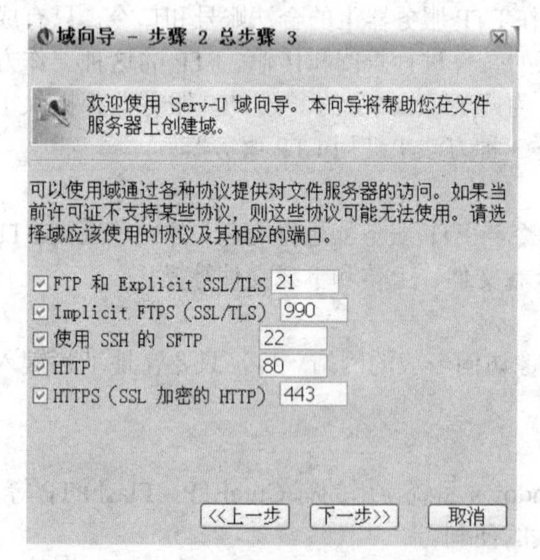

图 8.12 选择域应该使用的协议及相应的端口

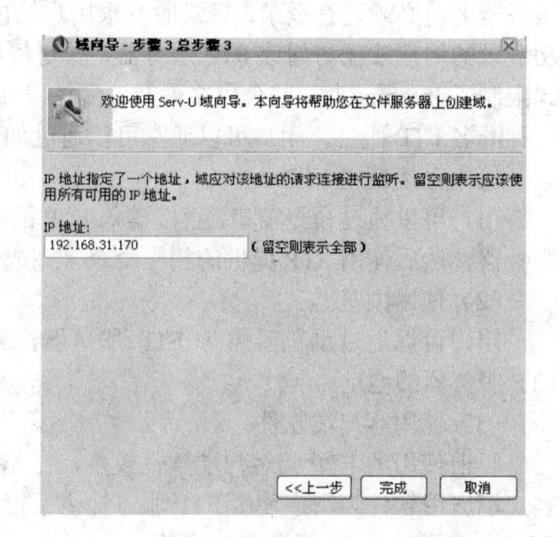

图 8.13 为新建域设置 IP 地址

④ 单击“完成”，出现“为域创建用户”窗口界面，点击“是”进入下面的 Serv-U FTP 用户的配置和管理。

8.2.4 Serv-U FTP 用户的配置和管理

（1）FTP 服务器的配置

安装好 Serv-U 后，可以看到在“开始”菜单的“程序”中出现“Serv-U FTP Server”选项。FTP 服务器的配置步骤如下。

① 在“Serv-U FTP Server”的子菜单中选择运行“Serv-U Administrator”，就会出现 FTP 服务器的设置向导。

② 根据向导，输入如下参数。

- IP address。输入服务器的 IP 地址，如 192.168.0.1。
- Domain name。输入服务器的域名，如 ftp.abc.com。
- Install as system server？选“Yes”。
- Allow anonymous access？如果允许匿名登录，选“Yes”。
- Anonymous home directory。输入（或选择）一个供匿名用户登录的主目录。
- Lock anonymous users in to their home directory。选“Yes”。
- Create named account？如果需要建立其他账号，选“Yes”。
- Account login name。输入普通用户账号名，如“zhangsan”。
- Password。为用户设定密码。
- Home directory。为用户设定主目录。
- Lock anonymous users in to their home directory。选“Yes”。
- Account admin privilege。账号管理特权一般使用它的默认值“No privilege”。

③ 点击“Finish”按钮，在完成上述设置后，将弹出如图 8.14 所示的界面。从图中可以看出，现在已经建立好了一个 FTP 服务器，服务器地址为“ftp.abc.com”，其下有两个用户：一个是匿名用户“Anonymous”；另一个是普通用户“Zhangsan”。

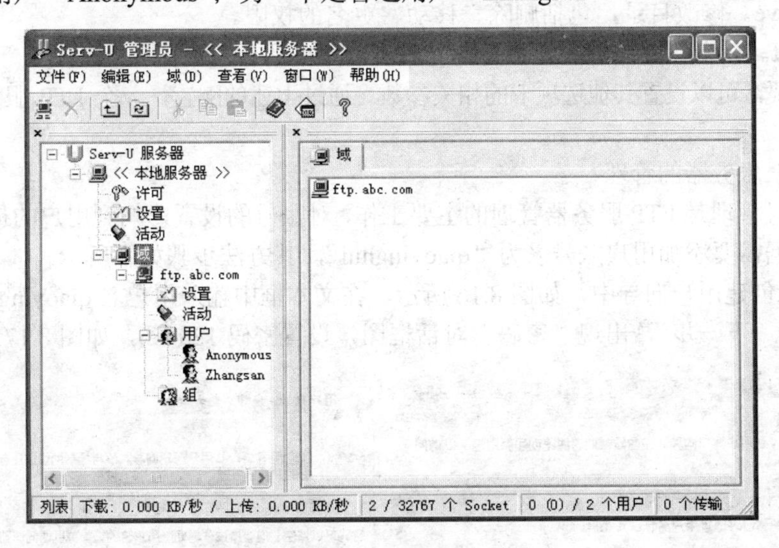

图 8.14　FTP 服务器主界面

④ 可以通过右击“Users”进行添加用户，根据提示进行操作，用于创建和设置允许访问 FTP 服务器的用户名和密码等信息。

⑤ 如果需要对用户“Zhangsan”设置权限，只要点击用户“Zhangsan”，则会在图的右边面板中出现如图 8.15 所示的设置窗口。

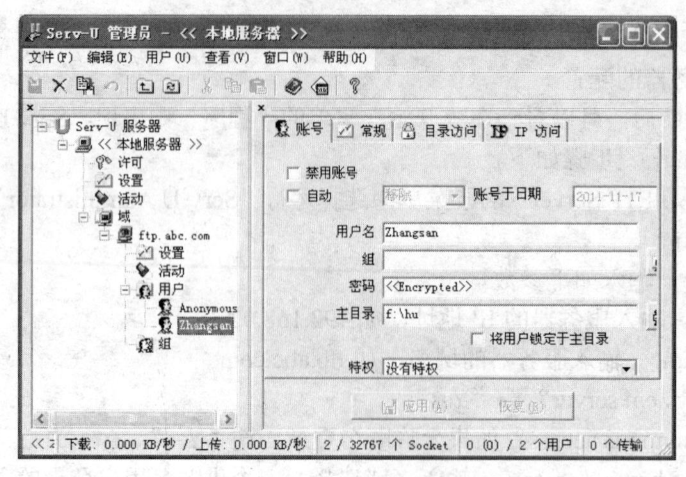

图 8.15 用户权限设置

⑥ 选择目录存取权限“Dir Access”选项卡，即可设置此用户在它的主目录中的相关权限。

- Read。文件的读权限。
- Write。文件的写权限。
- Append。文件的写和添加权限。
- Delete。文件的删除权限。
- Execute。文件的执行权限。
- List。目录的文件和目录列表权限。
- Create。建立建立新目录的权限。
- Remove。修改目录，包括删除、移动、更名的权限。
- Inherit。以上设置的权限是否延伸涵盖到它下面的目录中。

如果需要，可以设置其他选项卡的相关参数。通过上述的配置，一个 FTP 服务器就可以工作了。

（2）FTP 服务器的管理

用户账号管理是 FTP 服务器管理的主要工作，对账号的设置影响到用户的最终访问内容和权限。根据需要添加用户账号名为“qiaoyinghui”，其方法步骤如下所示。

① 进入创建用户向导中，如图 8.16 所示，在文本框中输入用户名 qiaoyinghui 。

② 单击“下一步”，出现“密码”对话框图，设置密码 123456，如图 8.17 所示。

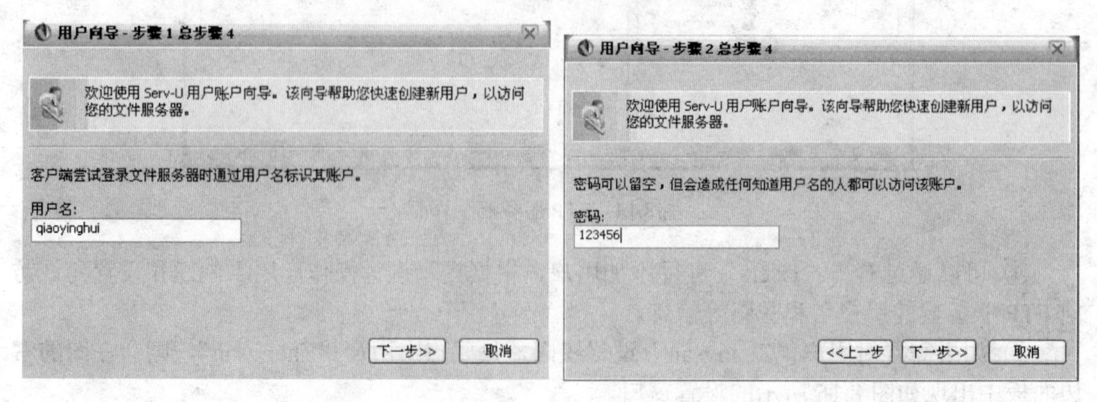

图 8.16 设置用户名称

图 8.17 设置用户密码

③ 单击“下一步”，出现“主目录”对话框，根据所加内容的位置，选取主目录，如图 8.18 所示。

④ 单击“下一步”，出现“访问权限”对话框，选择相应的授予用户在其根目录的访问的权限，然后点击“完成”，新建用户就创建完成了。

⑤ 点击“设置“，选取”虚拟路径”，然后选取“添加”后，再在虚拟路径中输入相应的路径名称，出现如图 8.19 所示的对话框。

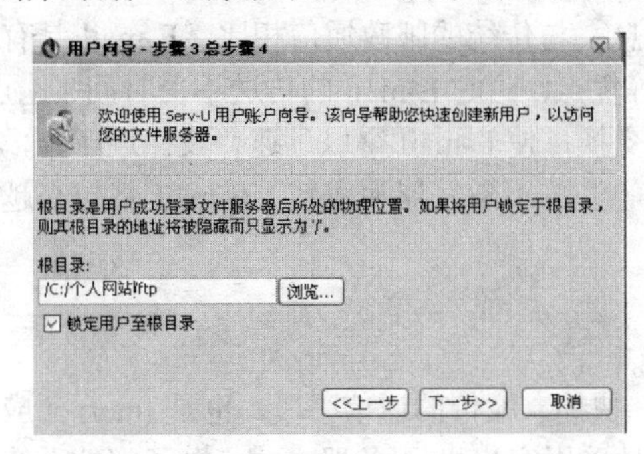

图 8.18　设置主目录

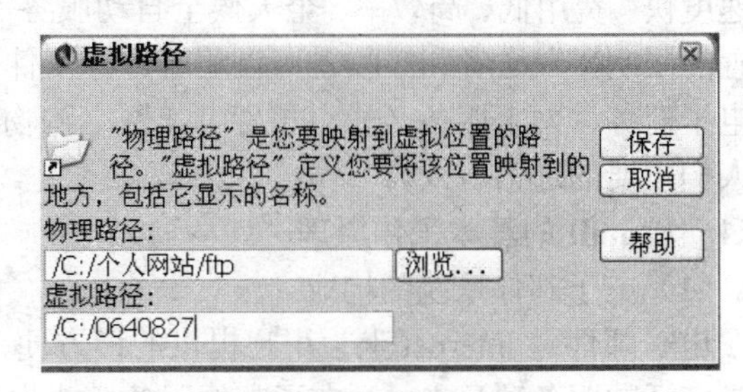

图 8.19　设置虚拟路径

⑥ 单击“保存”，完成操作。

⑦ 在 IE 浏览器中的地址栏中输入 ftp://0640827.ftp.jsjx.lit.cn 就可看到所示的成功界面。

（3）测试 FTP 服务器

为了测试 FTP 服务器是否正常工作，可选择一台客户机登录 FTP 服务器进行测试，首先保证 FTP 服务器的 FTP 发布目录下存放有文件，可供下载，在这里我们选择使用 Web 浏览器作为 FTP 客户程序。

可以使用 Internet Explorer（IE）连接到 FTP 站点。输入协议以及域名，例如 ftp://zyj/zzpi.edu.cn/，就可以连接到 FTP 站点，如图 8.20 所示。对用户来讲，与访问本地计算机磁盘上文件夹一样。

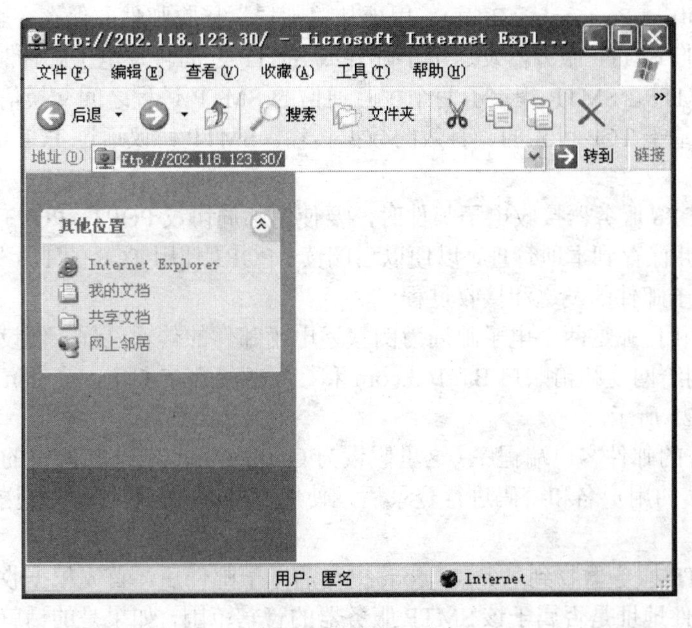

图 8.20　访问 ftp 站点

8.3 E-mail 服务器架设

E-mail（电子邮件）是指发送者和指定的接收者利用计算机通信网络发送信息的一种非交互式的通信方式。这些信息包括文本、数据、声音、图像、视频等内容。由于 E-mail 采用了先进的网络通信技术，又能传送多种形式的信息，与传统的邮政通信相比，E-mail 具有传输速度快、费用低、高效率、全天候全自动服务等优点，同时 E-mail 的传送不受时间、地点、位置的限制，发送者和接收者可以随时进行信件交换，使 E-mail 得以迅速普及。近年来，随着电子商务、网上服务（如电子贺卡、网上购物等）的不断发展和成熟，E-mail 将越来越成为人们主要的通信方式。

8.3.1 E-mail 的基本工作原理

（1）电子邮件系统的构成

电子邮件是 Internet 上为用户提供的最方便、快捷、廉价的通信手段，也是 Internet 应用最为广泛的服务项目之一。电子邮件服务模式也是采用客户机/服务器方式。电子邮件系统主要由 3 部分组成：客户代理、邮件服务器和邮件协议。

① 客户代理。客户端软件称为客户代理 UA（User Agent），是运行在客户端的一个本地程序，其功能是给用户提供一个交互界面，负责电子邮件的读写、发送、接收及管理。如微软的 Outlook Express、专业邮件工具 Foxmail 等。

② 邮件服务器。邮件服务器是电子邮件的核心组成部分，是安装在服务器端的软件，也称为消息传送代理 MTA（Message Transfer Agent）。MTA 主要负责传递电子邮件及相关信息。邮件发送服务器即 SMTP，专为用户提供接受电子邮件以及转发等服务；邮件接收服务器即 POP3，专为用户提供邮箱，以保存和读取电子邮件等服务。

③ 邮件协议。邮件服务器要实现其功能需要使用的两个基本协议：一个是简单邮件传输协议 SMTP（Simple Mail Transfer Protocol）协议，用于发送和转发邮件。另一个是邮局协议 POP3（Post Office Protocol 第 3 版），用于从“邮局”接收邮件并保存在客户的本地。

当用户代理向 SMTP 服务器发送电子邮件或 SMTP 之间转发电子邮件时，应用的是简单邮件传输协议 SMTP。SMTP 规定了两个相互通信的 SMTP 进程之间交换信息的方法，提供的是一个简单的基于 TCP 可靠的、有效的数据传输。SMTP 协议通过 TCP 的 25 号端口提供服务。

当用户从 POP3 服务器接收电子邮件时，要使用邮局协议 POP3，POP3 能从远程邮箱中读取电子邮件，并保存到本地管理，以便以后阅读。POP3 使用 TCP 的 110 号端口提供服务。

（2）一封电子邮件的发送和接收过程

我们以网易和搜狐这两个电子邮局为例叙述电子邮件的传输过程。假设网易邮箱账户为 A@163.com 分别给网易邮箱账户 B@163.com 和搜狐邮箱账户 C@sohu.com 发送邮件，邮件收发过程如图 8.21 所示。

A@163.com 的邮件客户端程序（这里假设为 Outlook Express）与网易的 SMTP 服务器建立连接，并以 A 的用户名和密码进行登录后，使用 SMTP 协议把邮件发送给网易的 SMTP 服务器。

网易的 SMTP 服务器收到 A@163.com 提交的电子邮件后，首先根据收件人的地址后缀判断接收者的邮件地址是否属于该 SMTP 服务器的管辖范围，如果是的话就直接把邮件存储到收件人的邮箱中；反之，网易的 SMTP 服务器向 DNS 服务器查询收件人的邮件地址后缀

（sohu.com）所表示的域名记录，从而得到搜狐的 SMTP 服务器 IP 信息，然后与搜狐的 SMTP 服务器建立连接并采用 SMTP 协议把邮件发送给搜狐的 SMTP 服务器。

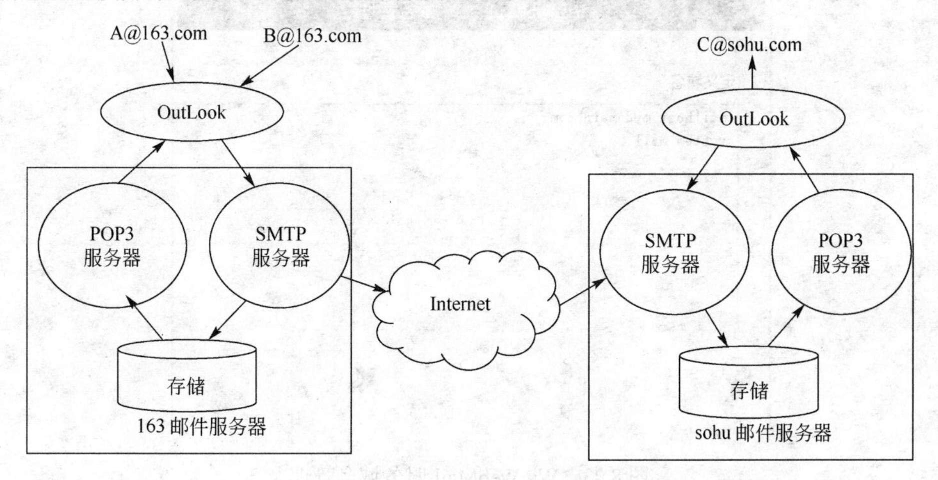

图 8.21　电子邮件的传输过程

搜狐的 SMTP 服务器收到网易的 SMTP 服务器发来的电子邮件后，也将根据收件人的地址判断该邮件是否属于该 SMTP 服务器的管辖范围，如果是的话就直接把邮件存储到收件人的邮箱中；反之，继续转发。

拥有 C@sohu.com 账户的用户通过邮件客户端程序（这里假设也为 Outlook Express）与搜狐的 POP3 服务器建立连接，并以 C 的账户名和密码进行登录，通过 POP3 协议查看邮箱是否有新邮件，如果有的话，则使用 POP3 协议读取邮箱中的邮件，保存到客户端。

8.3.2　使用 WinWebMail 架设电子邮件服务器

在安装 WinWebMail 之前，要确保 Web 服务器工作正常。安装 WinWebMail，按照缺省值设置。安装完毕后运行 WinWebMail，屏幕上会出现带“e”的小图标。

① 点击“e”图标，选择“服务”菜单项，如图 8.22 所示。

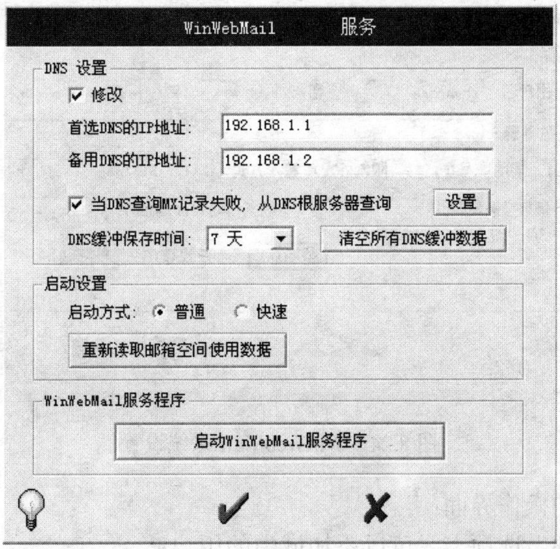

WinWebMail　服务
DNS 设置
修改
首选DNS的IP地址：192.168.1.1
备用DNS的IP地址：192.168.1.2
当DNS查询MX记录失败，从DNS根服务器查询　设置
DNS缓冲保存时间：7 天　清空所有DNS缓冲数据
启动设置
启动方式：普通　快速
重新读取邮箱空间使用数据
WinWebMail服务程序
启动WinWebMail服务程序

图 8.22　WinWebMail 服务

② 点击“e”图标，选择“域名管理”菜单项，如图 8.23 所示。

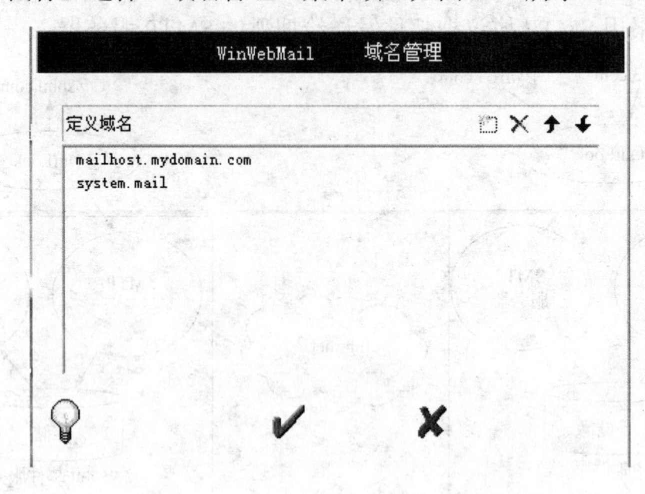

图 8.23 WinWebMail 服务域名管理

③ 点击“e”图标，选择“系统设置”菜单项，如图 8.24 所示。

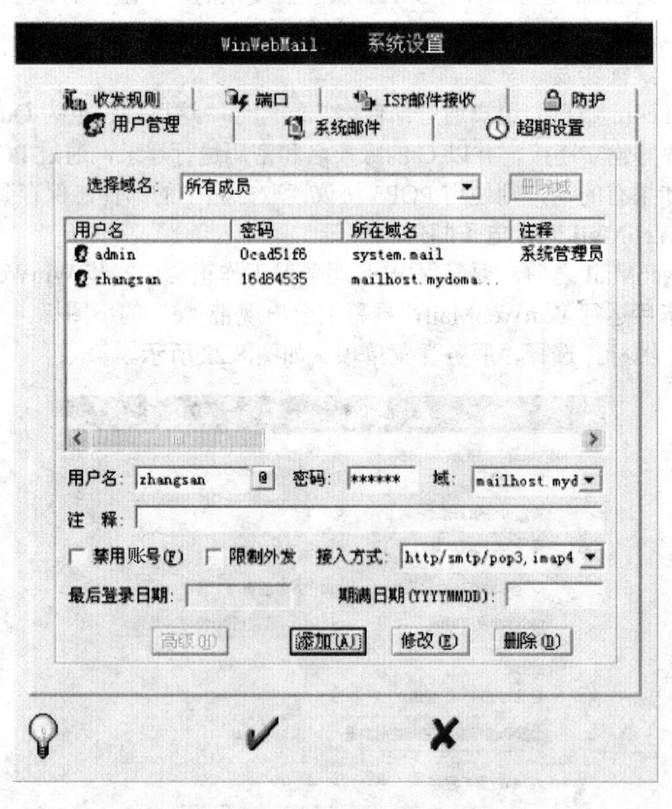

图 8.24 WinWebMail 系统设置

在“系统设置”的操作界面：

- 选择“用户管理”选项卡，可以添加域中的用户；
- 选择“收发规则”选项卡，可以设置允许发送邮件的最大邮件大小、限定下载的最大邮件大小、设置缺省的邮箱大小、最大邮件数、最大收件人数等；

• 选择“系统邮件”选项卡，可以设置各类系统邮件的主题和内容等。

8.4　远程登录服务器架设

远程登录是利用 TCP/IP 协议簇中的重要协议 Telnet 协议实现的远程访问。因特网中的用户远程登录是指用户使用 Telnet 命令，使自己的计算机暂时成为远程计算机的一个仿真终端的过程。一旦用户计算机成功地实现了远程登录，就可以像一台与远程计算机直接连接的本地终端一样进行工作。利用因特网提供的远程登录服务可以实现：

① 与远程计算机通信；

② 如果用户有足够的权限，就可以利用远程登录，执行远程计算机上的任何应用程序，并且能屏蔽不同型号计算机之间的差异；

③ 用户可以利用个人计算机完成许多只有大型计算机才能完成的任务。

Telnet 协议是 TCP/IP 协议簇中的一员，通过该协议用户可以登录到远程计算机上，使用基于文本界面的命令连接并控制远程计算机。它的优点之一是能够解决多种不同的计算机系统之间的互操作问题。

8.4.1　配置 Telnet 服务器

Telnet（远程登录服务）是互联网中最悠久的服务之一。它可以将用户的计算机通过远程登录服务连接到一台高性能的大型计算机上，作为该大型计算机的远程终端，使用大型计算机中的各种资源。配置 Telnet 服务器操作如下所示。

① 依次选择“开始”→“控制面板”→“管理工具”　→“服务”，打开“服务”对话框。如图 8.25 所示。

② 双击“Telnet”，出现 Telnet 的配置窗口，如图 8.26 所示。

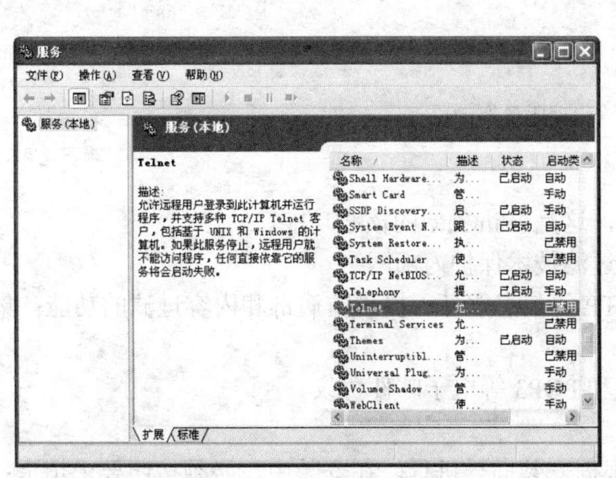

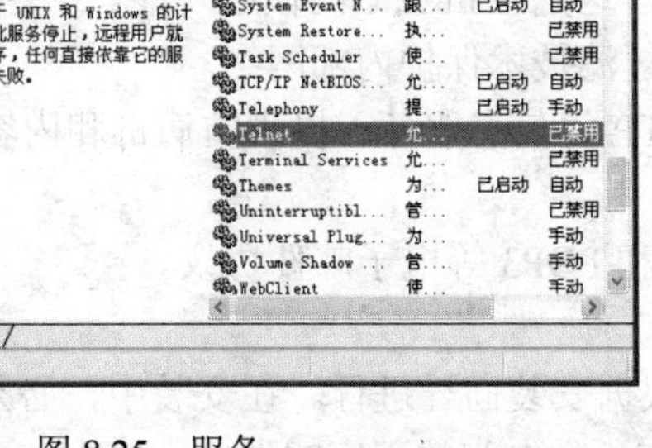

图 8.25　服务

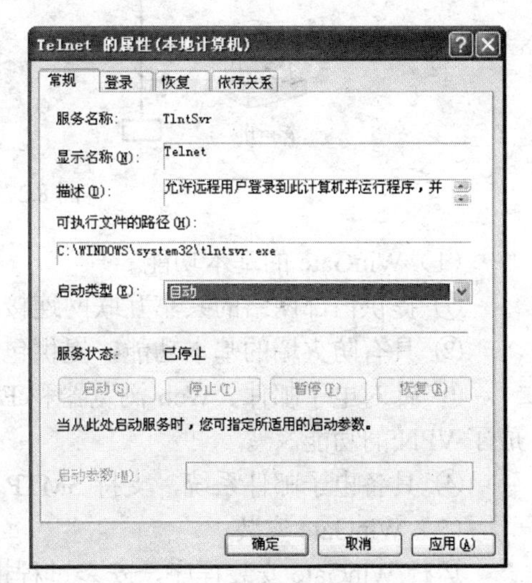

图 8.26　Telnet 的属性

• “常规”选项卡。“启动类型”设置为“自动”。

• “登陆”选项卡。“登录身份”设置为“本地系统账户”，并根据需要创建登录用户的账户和密码。

• “恢复”选项卡。根据自己需要配置等。

8.4.2 SSH 简介

Telnet 在传输过程中，数据以明码的形式传输。SSH（Secure Shell）是一套安全的网络连接程序，可以让用户的计算机通过网络连接到其他计算机。使用 SSH，可以把所有传输的数据进行加密，这样就提高了数据传输的安全性；SSH 还有一个功能是数据压缩，对经过压缩后的数据进行传输，可以提高传输速度。SSH 还有很多其他功能，如它可以代替 Telnet 实现远程登录，可以为 FTP、POP 和 PPP 等协议提供一个安全的传输通道等。

8.5 互联网连接共享服务配置

8.5.1 代理服务器

代理服务器就像一个中间人，在内部网络和外部网络之间充当网关（中介），一端连着内部网，另一端连着互联网，两个网络之间的数据传输全部通过代理服务器来转发和控制；同时，代理服务器还具有防火墙的基本功能，能提供访问控制、防病毒和内容过滤等功能。代理服务器的原理如图 8.27 所示。

常见的运行在 Windows 上的代理服务器软件有 WinGate、SyGate 和 WinRouter 等等。下面介绍代理服务器软件 WinGate。

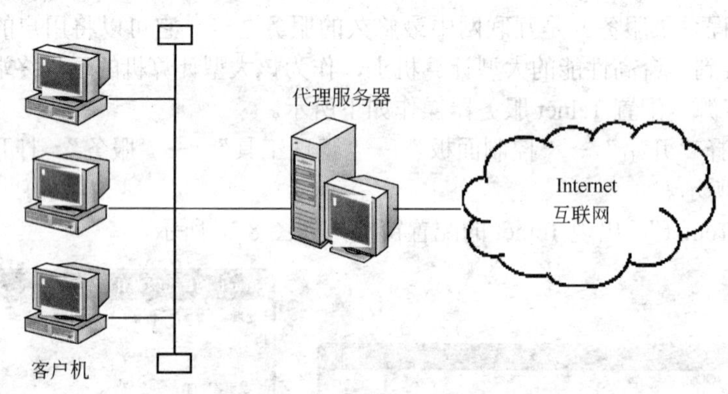

图 8.27 代理服务器的原理

（1）WinGate 的基本功能

① 提供内部网络的共享互联网连接，这是 WinGate 的核心功能。

② 具有防火墙的基本功能，提供包过滤技术保护内部网络。

③ 针对电子邮件、Web 浏览器和 FTP 等信息服务，提供防病毒和内容过滤的功能；集成了 VPN 的功能。

④ 具备电子邮件系统，支持 SMTP 和 POP3 等电子邮件协议。

（2）WinGate 安装

运行 WinGate 安装程序，安装过程根据安装向导进行。在安装中，必须按照要求填上：Licence name 和 Licence Key。WinGate 下有一个专门的程序叫做 GateKeeper 专门用于 WinGate 的设置。

（3）WinGate 配置

为主机设置 IP 地址和子网掩码，如图 8.28 所示，然后配置 WINS 选项卡（禁用 WINS 解析）和 DNS 选项卡（配置并启用 DNS）。

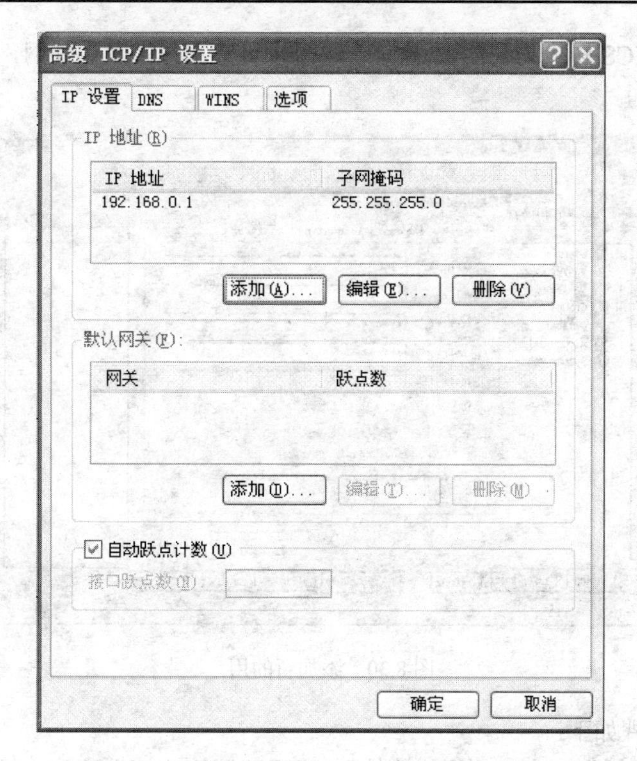

图 8.28　高级 TCP/IP 设置

（4）运行 WinKeeper

设置管理员密码，如图 8.29 所示。右击“Users”，选择“Add User”来添加新的用户，如图 8.30 所示。

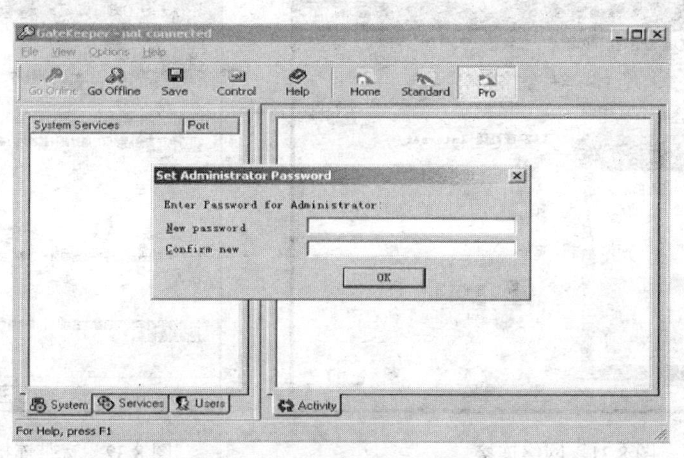

图 8.29　设置管理员密码

8.5.2　Internet 连接共享与 NAT

（1）Internet 连接共享

Internet 连接共享（Internet Connection Sharing，简称 ICS）是 Windows 操作系统自带的、用于内部网共享上网的一组程序。ICS 相当于一种网络地址转换器。网络地址转换就是在数据传递过程中，可以转换数据包中 IP 地址和端口等地址。有了网络地址转换器，内部网络中的计算机就可以有私有的 IP 地址，只需有一个 ISP 分配的公用 IP 地址，所有的计算机在访问外网时，都通过 ICS 转换为公用 IP 地址，然后才将数据包转发到外网，从而实现内部网的共享上网。

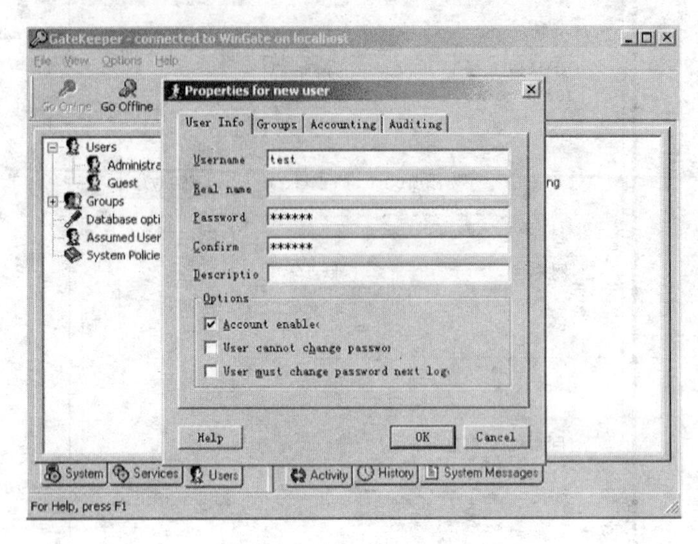

图 8.30 添加新的用户

ICS 的设置步骤如下：

① 在“控制面板”中点击“网络连接”，出现“网络连接”窗口，如图 8.31 所示。

② 根据向导的提示创建一个新的网络连接。右击“网络连接”，选择“属性”。选择“高级”选项卡，选中“允许其他网络用户通过此计算机的 Internet 连接来连接”复选框。如图 8.32 所示。

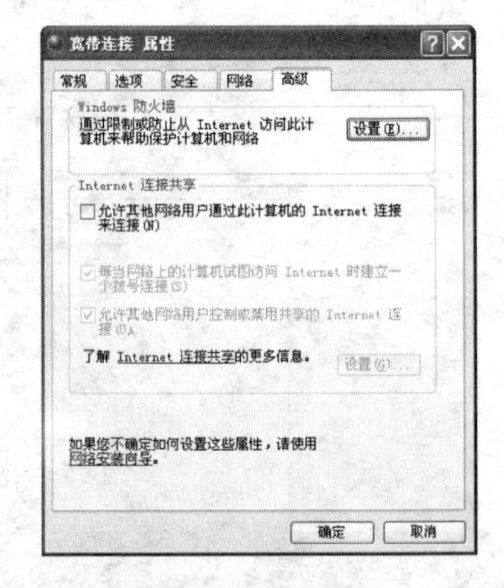

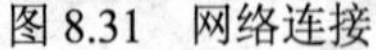
图 8.31 网络连接

图 8.32 宽带连接属性

（2）NAT

NAT（Network Address Translator），即网络地址转换。NAT 服务器的作用类似于一台 IP 路由器，通过它连接内部网和互联网，内部网和互联网之间传输的数据包都通过 NAT 服务器转发。NAT 可以解决 IP 地址短缺的问题，可以让一个较大规模的局域网只需要租用少量几个公用 IP 地址，就可以让整个局域网实现共享访问互联网。

在数据通信时，NAT 将内部 IP 地址转换为公共的外部 IP 地址，对外隐藏了内部网的 IP 地址。同时，NAT 技术也隐藏了内部网络结构，从而降低了内部网络受到外部攻击的风险。

8.6　DHCP 服务器配置

动态主机配置协议（DHCP，Dynamic Host Configuration Protocol）服务能自动为网络客户机的 TCP/IP 分配 IP 地址、子网掩码、默认网关以及 DNS 服务器和 WINS 服务器的 IP 地址。它能使网络管理员不用前往现场就能对每台计算机上的 TCP/IP 参数进行配置，一切设置的修改直接在服务器上即可完成。

DHCP 避免了因手工设置 IP 地址及子网掩码所产生的错误，同时也避免了把一个 IP 地址分配给多台计算机所造成的地址冲突，而客户机也只需将 TCP/IP 配置全设置为自动获取即可上网。DHCP 服务降低了管理 IP 地址设置的负担，使用 DHCP 服务器大大缩短了配置或重新配置网络中工作站所花费的时间，达到了最高效地利用有限的 IP 地址的目的。由于包含 IP 地址的相关 TCP/IP 配置参数是 DHCP 服务器"临时发放"给客户端使用的，所以当客户机断开与服务器的连接后，旧的 IP 地址将被释放以便重用。

8.6.1　安装 DHCP 组件

在安装 DHCP 服务器之前，必须注意：DHCP 服务器本身的 IP 地址必须是固定的，也就是其 IP 地址、子网掩码、默认网关等数据必须是静态分配的；事先规划好可提供给 DHCP 客户端使用的 IP 地址范围，也就是所建立的 IP 作用域。

（1）安装 DHCP 服务器

安装 DHCP 服务器的步骤如下。

步骤一，选择"开始"→"设置"→"控制面板"→"添加或删除程序"，选择"添加/删除 Windows 组件"。

步骤二，出现如图 8.33 所示安装向导对话框，请选择"网络服务"→"详细信息"。

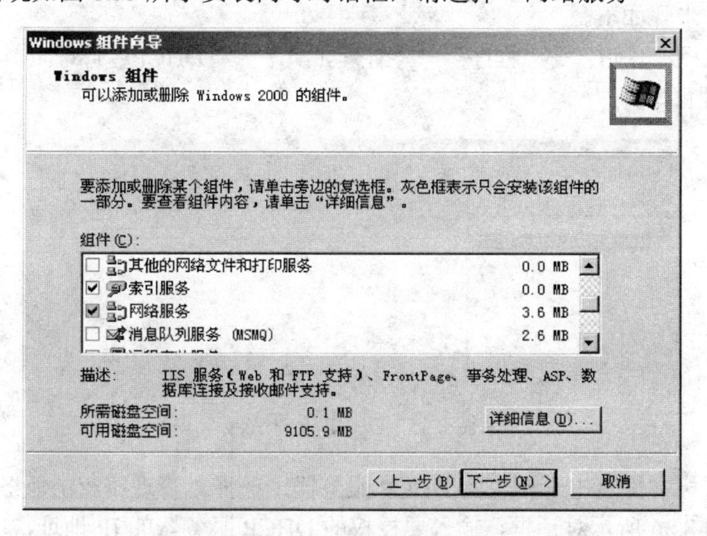

图 8.33　添加网络组件对话框

步骤三，出现如图 8.34 所示设置"网络服务"对话框时，在此选择"动态主机配置协议（DHCP）"复选框，单击"确定"按钮。

步骤四，回到前一画面，单击"下一步"按钮，直至安装完成。

完成安装后，在"开始"→"程序"→"管理工具"程序组内会多一个"DHCP"选项供用户管理与设置 DHCP 服务器。

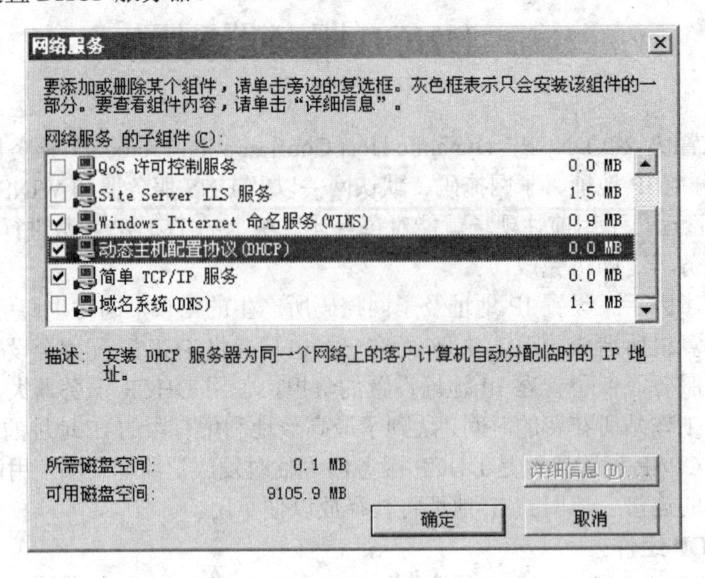

图 8.34　添加网络服务组件对话框

（2）授权给 DHCP 服务器

DHCP 服务器安装好后并不是立即就可以给 DHCP 客户端提供服务，它必须经过一个“授权”的步骤。未经授权的 DHCP 服务器在接收到 DHCP 客户端索取 IP 地址的要求时，并不会给 DHCP 客户端分派 IP 地址。

被授权的 DHCP 服务器的 IP 地址记录在 Windows 2000 的 Active Directory 内，必须是 Domain Admin 或 Enterprise Admin 组的成员，才可以执行 DHCP 服务器的授权工作。

授权的操作步骤如下。

步骤一，选择“开始”→“程序”→“管理工具”→“DHCP”管理工具，出现如图 8.35 所示 DHCP 管理窗口。

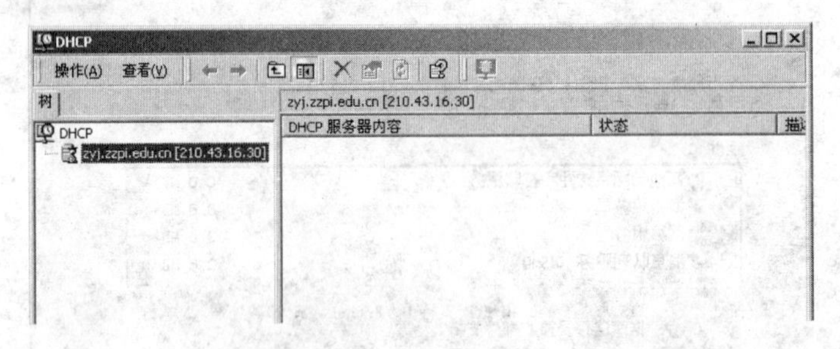

图 8.35　DHCP 管理平台

步骤二，鼠标右键点击要授权的 DHCP 服务器，选择“管理授权的服务器”→“授权”菜单，出现如图 8.36 所示对话框，输入要授权的 DHCP 服务器的 IP 地址，单击“确定”，可以看到如图 8.37 所示“管理授权服务器”对话框，单击“关闭”按钮就完成授权操作。

（3）建立可用的 IP 作用域

在 DHCP 服务器内，必须设定一段 IP 地址的范围（可用的 IP 作用域），当 DHCP 客户端请求 IP 地址时，DHCP 服务器将从此段范围提取一个尚未使用的 IP 地址分配给 DHCP 客户端。

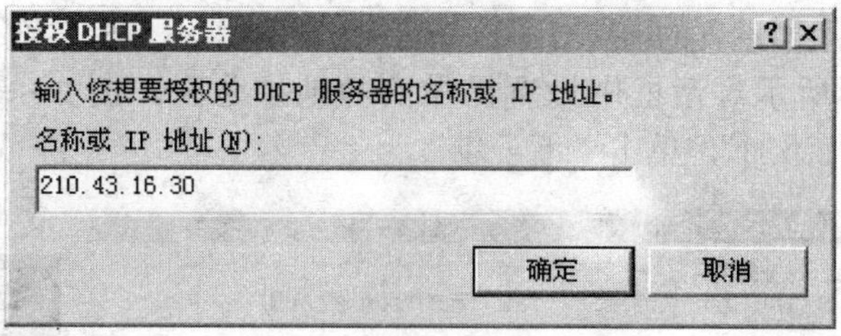

图 8.36　授权 DHCP 服务器

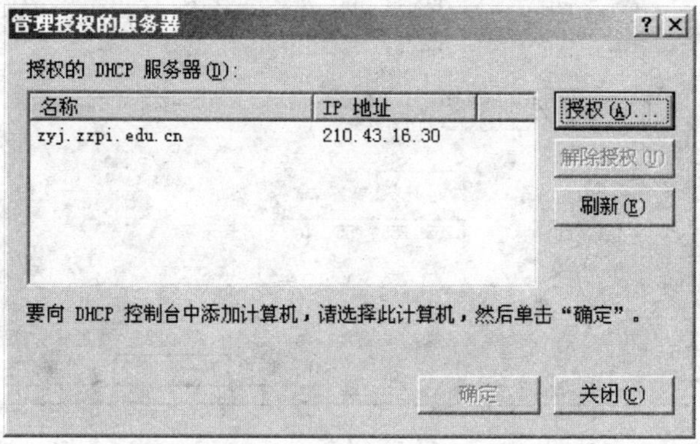

图 8.37　管理授权的服务器对话框

需要注意的是，在一台 DHCP 服务器内，只能针对一个子网设置一个 IP 作用域，例如：不可以建立一个 IP 作用域为 210.43.16.1—210.43.16.60 后，又建立另一个 IP 作用域为 210.43.16.100—210.43.16.160。解决方法是先设置一个连续的 IP 作用域为 210.43.16.1—210.43.16.160，然后将中间的 210.43.16.61—210.43.16.99 添加到排除范围。

建立一个新的 DHCP 作用域的步骤如下。

步骤一，在图的窗口列表中，用鼠标右键单击要创建作用域的服务器，选择“新建作用域”。

步骤二，出现“欢迎使用新建作用域向导”对话框时，单击“下一步”，为该域设置一个名称并输入一些说明文字，单击“下一步”。

步骤三，出现如图 8.38 所示对话框，在此定义新作用域可用 IP 地址范围，子网掩码等信息。例如可分配供 DHCP 客户机使用的 IP 地址是 210.43.16.70 至 210.43.16.108，子网掩码是 255.255.255.0，单击“下一步”。

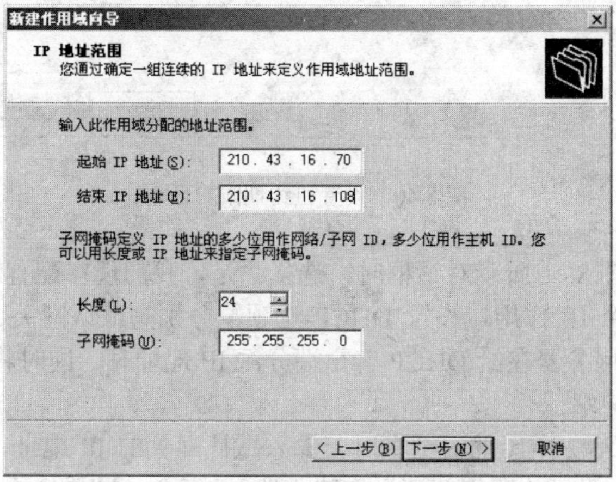

图 8.38　设置 DHCP 服务器 IP 地址范围

步骤四，如果在上面设置的IP作用域内有部分IP地址不想提供给DHCP客户端使用，则可以在如图 8.39 所示对话框中设置需排除的地址范围。例如：输入 210.43.16.98—210.43.16.100，单击“添加”，单击“下一步”。

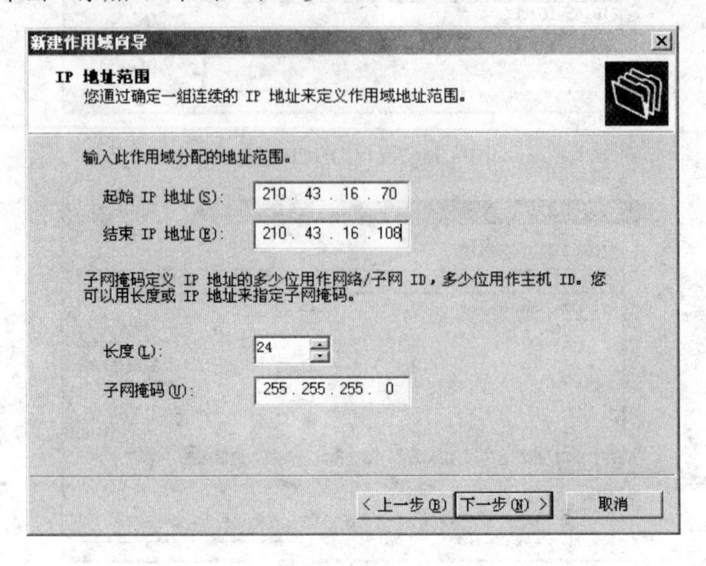

图 8.39 添加排除 IP 地址段

步骤五，出现如图 8.40 所示对话框，在此设置 IP 地址的租用期限，然后单击“下一步”。

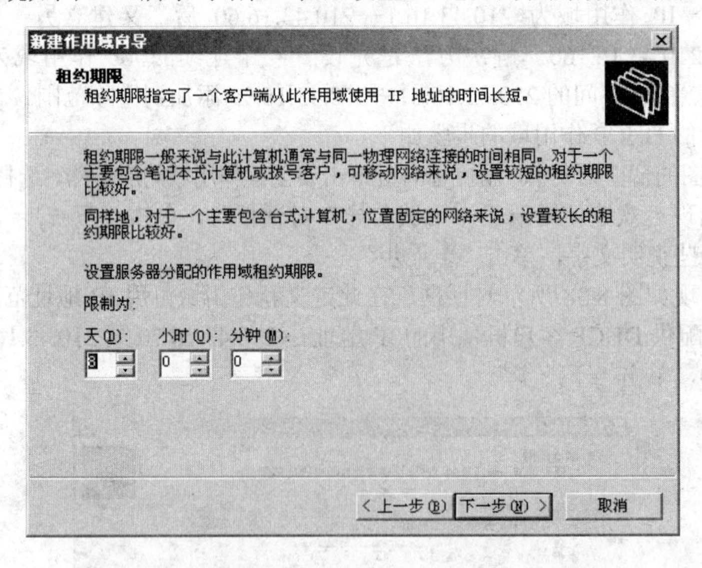

图 8.40 设置租约期限对话框

步骤六，出现如图 8.41 所示对话框时，选择“是，我想现在配置这些选项（Y）”，然后单击“下一步”为这个 IP 作用域设置 DHCP 选项，分别是默认网关、DNS 服务器、WINS 服务器等。当 DHCP 服务器在给 DHCP 客户端分派 IP 地址时，同时将这些 DHCP 选项中的服务器数据指定给客户端。

步骤七，出现图 8.42 所示的对话框时，输入默认网关的 IP 地址，然后单击“添加”按钮，单击“下一步”。如果目前网络总还没有路由器，则可以不必输入任何数据，直接单击“下一步”按钮即可。

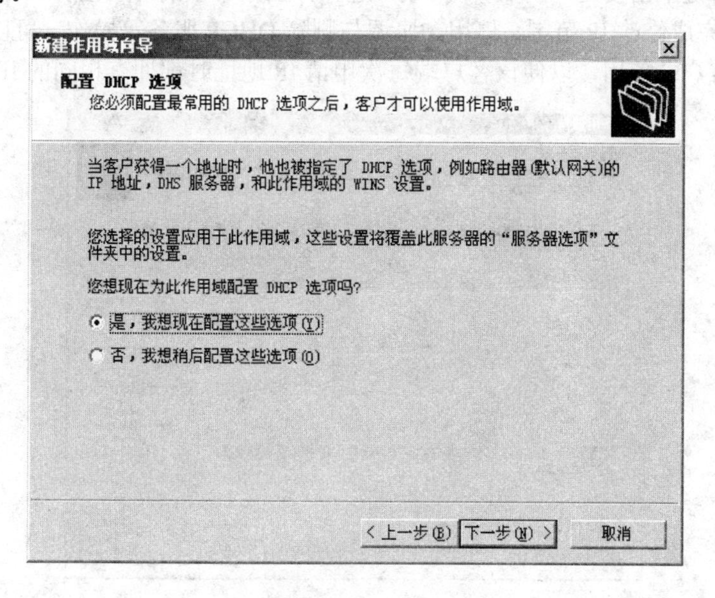

图 8.41　允许设置 DNS、WINS 等选项设置

步骤八，出现图 8.43 所示的对话框时，设置客户端的 DNS 域名称，输入 DNS 服务器的名称与 IP 地址，或者只输入 DNS 服务器的名称，然后单击“解析”按钮让其自动帮你找这台 DNS 服务器的 IP 地址。单击“下一步”继续。

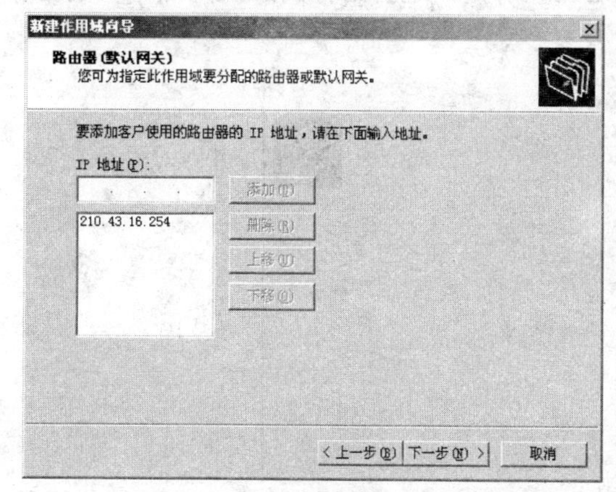

图 8.42　设置网关地址对话框

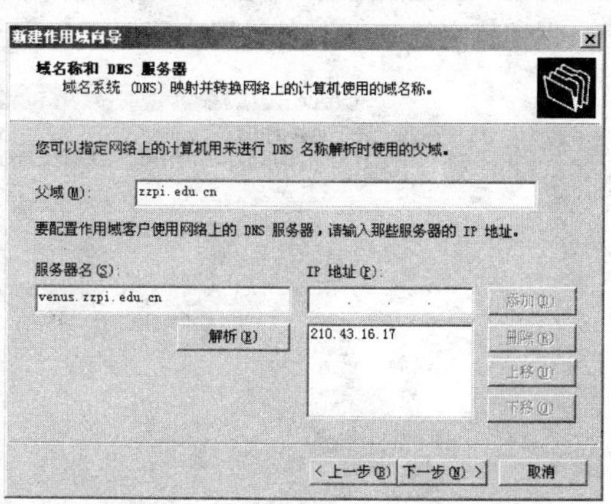

图 8.43　设置 DNS 服务器信息

步骤九，出现图 8.44 所示的对话框时，输入 WINS 服务器的名称与 IP 地址，或者只输入名称，单击“解析”按钮让自动解析。如果网络中没有 WINS 服务器，则可以不必输入任何数据，直接单击“下一步”按钮即可。

步骤十，出现如图 8.45 所示对话框时，选择“是，我想现在激活此作用域”，开始激活新的作用域，然后在“完成新建作用域向导”中单击“完成”即可。

完成上述设置，DHCP 服务器就可以开始接收 DHCP 客户端索取 IP 地址的要求了。

（4）IP 作用域的维护

IP 作用域的维护主要是修改、停用、协调与删除 IP 作用域，这些操作都在“DHCP”控制台中进行。右键单击要处理的IP作用域，选择弹出菜单中的“属性”、“停用”、“协调”、“删除”选项可完成修改IP范围、停用、协调与删除DHCP服务等操作。可以保留特定的IP地址给特定的客户端使用，以便该客户端每次申请IP地址时都拥有相同的IP地址。

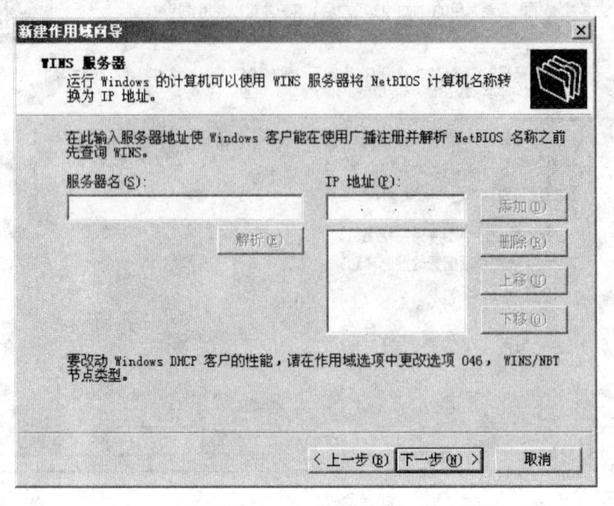

图 8.44 配置 WINS 服务器选项对话框

（5）保留特定的IP地址

这在实际中很有用处，例如你管理单位的网络，一方面可以避免用户随意更改IP地址，另一方面用户也无须设置自己的IP地址、网关地址、DNS服务器等信息，可以通过此功能逐一为用户设置固定的IP地址，即所谓“IP-MAC”绑定，这会给你的维护降低不少的工作量。保留特定的IP地址的设置步骤如下。

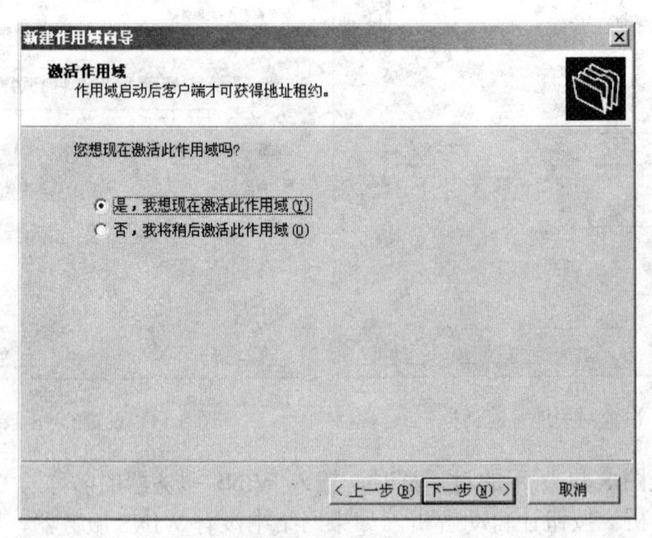

图 8.45 激活 DHCP 的 IP 作用域

步骤一，启动“DHCP管理器”，在DHCP服务器窗口列表下选择一个IP范围，用鼠标右键单击“保留”→“新建保留”菜单。

步骤二，出现“新建保留”对话框，如图8.46所示。

a. 在“保留名称”输入框中输入用来标识DHCP客户端的名称，该名称只是一般的说明文字，并非用户账号的名称，例如，可以输入计算机名称。但并不一定需要输入客户端的真正计算机名称，因为该名称只在管理 DHCP 服务器中的数据时使用。

b. 在“IP 地址”输入框中输入一个保留的 IP 地址，可以指定任何一个保留的未使用的 IP 地址。如果输入重复或非保留地址，“DHCP 管理器”将发生警告信息。在“MAC 地址”输入框中输入上述 IP 地址要保留给客户机的网卡号。在“说明”输入框中输入描述客户的说明文字，该项内容可选。网卡 MAC 物理地址是“固化在网卡里的编号”，是一个 12 位的 16 进制数。全世界所有的网卡都有自己的唯一标号，是不会重复的。在安装 Windows 98 的机器中可通过在“开始”→“运行”中输入 winipcfg 命令来查看本机的 MAC 地址。如图 8.47 所示。在安装 Windows2000 的机器中，通过“开始”→“运行”，输入 CMD 进入命令窗口，输入 ipconfig/all 命令查看本机网络属性信息。如图 8.48 所示。

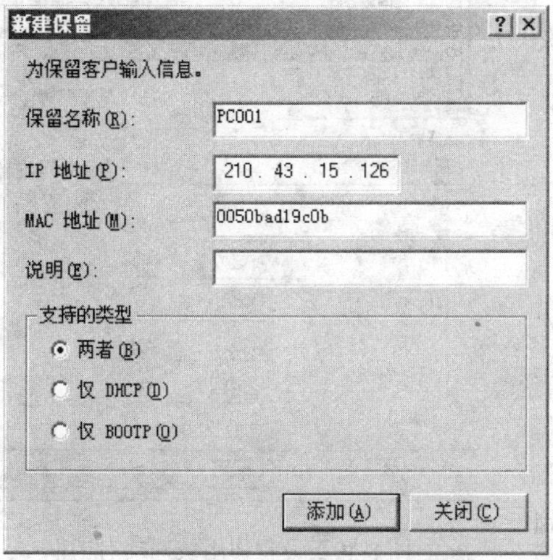

图 8.46　设置 IP 地址对话框

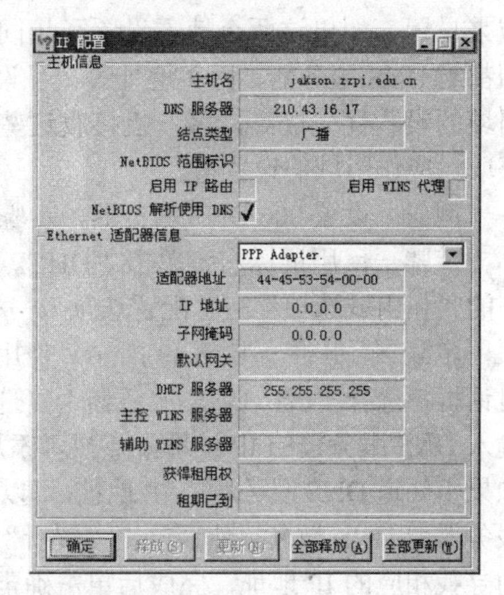

图 8.47　使用 winipcfg 查看网络属性

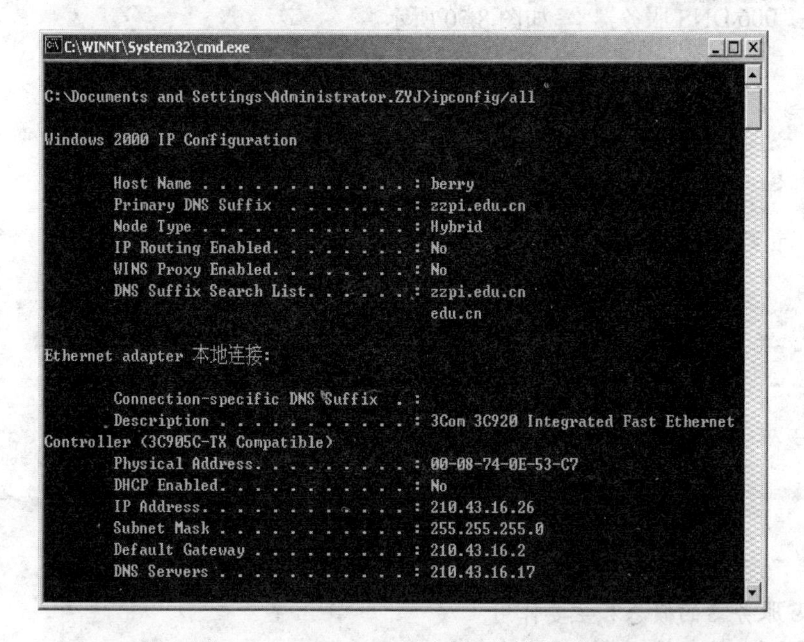

图 8.48　Windows 2000 网络属性设置信息

步骤三，在图 8.46 中，单击“添加”按钮，将保留的 IP 地址添加到 DHCP 服务器的数据库中。可以按照以上操作继续添加保留地址，添加完后，单击“关闭”按钮。

可以通过单击“DHCP 管理器”中的“地址租约”查看目前有哪些 IP 地址已被租用或用作保留。

8.6.2 DHCP 服务器配置

DHCP 服务器不仅可以动态地给 DHCP 客户端提供 IP 地址，还可以设置 DHCP 客户端的工作环境。例如，DHCP 服务器在为 DHCP 客户端分配 IP 地址的同时，设置其 DNS 服务器、默认网关、WINS 服务器等配置。

设置 DHCP 选项时，可以针对一个作用域来设置，也可以针对该 DHCP 服务器内的所有作用域来设置。如果这两个地方设置了相同的选项，如都对 DNS 服务器、网关地址等做了设置，则作用域的设置优先级高，客户机接收这些信息时，获取对应作用域的设置值。

例如，设置 006 DNS 服务器，步骤如下。

步骤一，用鼠标右键单击“DHCP 管理器”中的“作用域选项”→“配置选项”。

步骤二，出现如图 8.49 所示“作用域选项”对话框，选择“006 DNS 服务器”复选框，然后输入 DNS 服务器的 IP 地址，点按“添加”按钮。如果不知道 DNS 服务器的 IP 地址，可以输入 DNS 服务器的 DNS 域名，然后单击“解析”让系统自动寻找相应的 IP 地址，完成后单击确定。

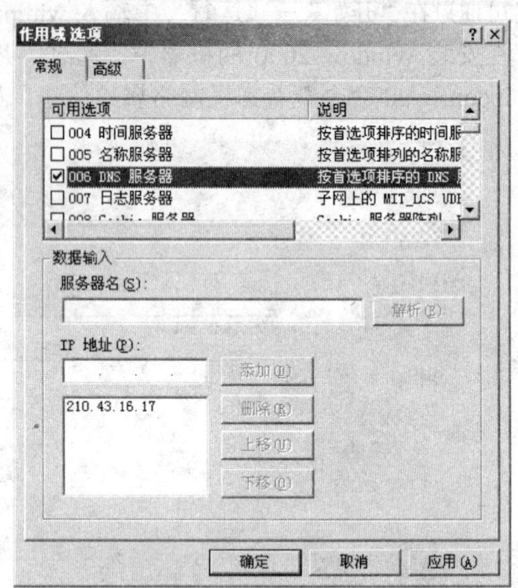

图 8.49 设置作用域选项对话框

完成设置后，在 DHCP 管理控制台可以看到设置的选项“006 DNS 服务器”，如图 8.50 所示。

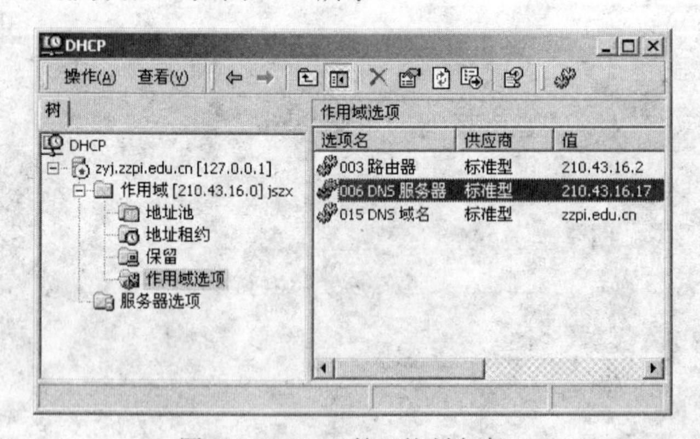

图 8.50 DHCP 管理控制台窗口

本章习题

1. 简述 Web 服务器的概念和主要作用。
2. 简述使用 FTP 服务器的常用方法。
3. 简述电子邮件系统的组成。
4. 简述远程登录的概念和主要功能。

第 9 章　互联网应用

21 世纪已经处于信息时代，网络把各种各样的计算机连接在一起，尤其是国际互联网 Internet 的出现给人们的生活带来了巨大的变化，逐渐地改变着人们的生活方式和工作方式。Internet 是计算机和通信两大现代技术相结合的产物，代表着当代计算机网络体系结构发展的一个重要方向。本章主要介绍 Internet 的应用。

9.1　万维网和 IE 浏览器

9.1.1　万维网

万维网（Word Wide Web）又称为 WWW，3W 或 Web。设计万维网的最初目的是积极建立一个“可描述的多媒体系统”。实际上，万维网是由无数网页组合而成的，这些网页按照超文本的格式使用户可以非常方便地通过这些超文本链接从一个网页跳到另一个网页。万维网的发展十分迅速，其商业化的速度更是惊人，目前已经有许多公司在万维网上建立网站来宣传自己的产品。

万维网最大的成功之处在于它建立了一套标准的超文本开发语言 HTML、统一资源定位器 URL 和超文本传输通信协议 HTTP。

（1）超文本标记语言

超文本标记语言（Hyper Text Markup Language，HTML）是一个包含各种标记的文本文件，这些标记可以告诉浏览器应该链接到哪一个站点。由 HTML 语言编写的文件叫做 HTML 文件，即超文本文件，其扩展名为.HTML 或.HTM。

（2）统一资源定位符

统一资源定位符（Uniform Resource Locator，URL）是用来描述资源的地址和访问协议，它能够告诉计算机系统信息存放的地址，即地址指针。在 WWW 上浏览或查询信息，必须在浏览器上输入查询目标的地址，即 URL，也称 Web 地址，俗称“网址”。

URL 的格式为：协议://IP 地址或域名 / 路径 / 文件名。其中协议就是指获取数据的方法，一般有以下几种。

http：表示与一个 www 服务器上超文本文件的连接；

ftp：表示与一个 FTP 服务器上文件的连接；

gopher-：表示与一个 Gopher 服务器上文件的连接；

new：表示与一个 Usenet 新闻组的连接；

telnet：表示与一个远程主机的连接；

wais：表示与一个 WAIS 服务器的连接；

file：表示与本地计算机上文件的连接。

IP 地址或域名是指存放该资源的主机的 IP 地址或域名；路径和文件名用来表示包含资源的主机的具体位置。以 http://www.lnpu.edu.cn./home.html 为例，协议为 http；域名 www.inpu.edu.cn，即资源存放在该主机上；home.html 为该服务器的文件目录。

在使用浏览器时，网址通常在浏览器窗口上部的 Location 或 URL 框中输入和显示。下面是一些 URL 的例子：

http://www.computerworld.com 计算机世界报主页；

http://www.cctv.com 中国中央电视台主页；

http://www.sohu.com“搜狐”网站的搜索引擎主页；

http://www.tsinghua.edu.cn 清华大学主页；

http://www.chinavista.com/econo/checono.htrnl 中国财经热点主页。

（3）HTTP 协议

网络中存在着大量的信息传输，这种信息要想实现正确的传输就需要一种双方都能理解的“语言”，这种语言就是“通信协议”，它是一种使用网络的用户必须遵循的标准，只有遵循这个标准的信息和数据才可以在网络上顺利地传输。超文本传输协议（Hypertext: Transfer Protocol，HTTP）是万维网服务使用的主要协议。HTTP 协议建立在统一资源定位符（URL）提供的参考原则下，是一种请求 / 应答式的协议——客户端发送一个请求，服务器返回该请求的应答。Web 服务器和浏览器通过 HTTP 协议在 Internet 上发送和接收消息。

（4）Web 工作原理

当你想登录万维网上的一个网页，或者其他网络资源的时候，通常你要首先在你的浏览器上键入你想访问网页的统一资源定位符 URL，或者通过超链接方式链接到那个网页或网络资源。这之后的工作首先是 URL 的服务器名部分被命名为域名系统的、分布于全球的因特网数据库解析，并根据解析结果决定进入哪一个 IP 地址（IP address）。接下来的步骤是为所要访问的网页向在那个 IP 地址工作的服务器发送一个 HTTP 请求。在通常情况下，HTML 文本、图片和构成该网页的一切其他文件很快会被逐一请求并发送回用户。网络浏览器接下来的工作是把 HTML、CSS 和其他接受到的文件所描述的内容，加上图像、链接和其他必须的资源显示给用户。这些就构成了你所看到的“网页”。

上述过程中，客户机是一个需要某些东西的程序，而服务器则是提供某些东西的程序。一个客户机可以向许多不同的服务器请求。一个服务器也可以向多个不同的客户机提供服务。通常情况下，一个客户机启动与某个服务器的对话；服务器通常是等待客户机请求的一个自动程序。客户机通常是作为某个用户请求或类似于用户的每个程序提出的请求而运行的。协议是客户机请求服务器和服务器如何应答请求的各种方法的定义。WWW 客户机又可称为浏览器。

在 Web 中，客户机的任务如下。

- 帮助你制作一个请求（通常在单击某个链接点时启动）。
- 将你的请求发送给某个服务器。
- 通过对直接图像适当解码，呈交 HTML 文档和传递各种文件给相应的“Viewer”，把请求所得的结果报告给你。一个“Viewer”是一个可被 WWW 客户机调用而呈现特定类型文件的程序。当一个声音文件被你的 WWW 客户机查阅并下载时，它只能用某些程序（例如 Windows 下的“媒体播放器”）来“观察”。

通常 WWW 客户机不仅限于向 Web 服务器发出请求，还可以向其他服务器（例如 Gopher、FTP、News、Mail）发出请求。

服务器的任务如下。

- 接受请求。
- 请求的合法性检查，包括安全性屏蔽。
- 针对请求获取并制作数据，包括 Java 脚本和程序、CGI 脚本和程序、为文件设置适当的 MIME 类型来对数据进行前期处理和后期处理。

- 审核信息的有效性。
- 把信息发送给提出请求的客户机。

总体来说，WWW 采用客户机/服务器的工作模式，工作流程具体如下。

① 用户使用浏览器或其他程序建立客户机与服务器连接，并发送浏览请求。

② Web 服务器接收到请求后，返回信息到客户机。

③ 通信完成，关闭连接。

9.1.2　IE 浏览器

（1）浏览器简介

浏览器是显示网页服务器或者文件系统的 HTML 文件内容，并让用户与这些文件交互的一种软件。是万维网（Web）服务的客户端浏览程序，是人们在网上交互信息必不可少的工具。可向万维网服务器发送各种请求，并对从服务器发来的超文本信息和各种多媒体数据格式进行解释、显示和播放。常用的浏览器有 Microsoft 的 Internet Explorer 和 Netscape 的 Navigator。

（2）IE 浏览器的使用

① 启动 IE 浏览器。首先，双击桌面上 Internet Explorer 的图标（或单击快速启动栏中 IE 图标或者执行“开始”→“程序”菜单命令）启动 IE，然后在“地址栏”中输入某个网站的地址，例如登录新浪网站，输入 www.sina.com.cn，并按回车键“Enter”，显示图 9.1 所示窗口。

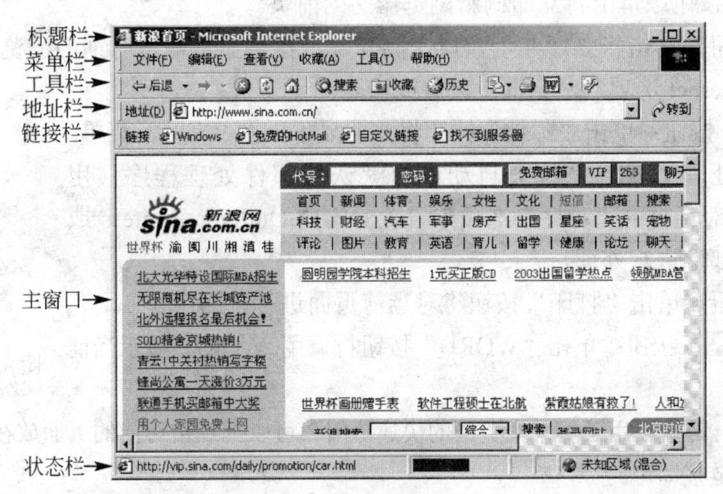

图 9.1　IE 浏览器窗口

② IE 浏览器窗口。和 Windows 的其他窗口一样，IE 浏览器的窗口也包括“标题栏”、“菜单栏”、“工具栏”、“地址栏”、“链接栏”、“主窗口”和“状态栏”。

a．工具栏。浏览器的工具栏中显示了“上网冲浪”和管理所查找信息的控制操作，如图 9.2 所示。工具栏为管理浏览器提供了一系列功能和命令。工具栏下面的地址栏显示出目前要访问的 Web 节点的地址。要转到新的 Web 节点，可以直接在此栏的空白处键入节点的 Web 地址（URL），并在输入完后按回车。

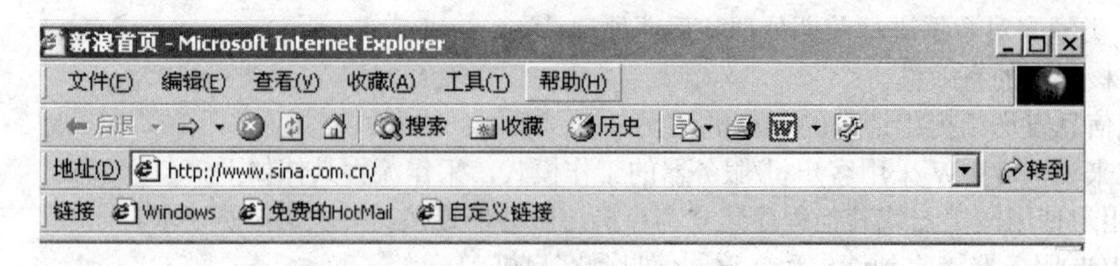

图 9.2 IE 窗口的工具栏

在 Internet Explorer Web 浏览器的工具栏上有许多非常有用的按钮。

“后退”按钮：用于返回到前一显示页，通常是最近的那一页。

“前进”按钮：用于转到下一显示页。如果目前还没有使用“后退”按钮，那么“前进”按钮将处于非激活状态。

“打开起始页”按钮：用于返回到默认的起始页。起始页是打开浏览器时开始浏览的那一页，可由用户设置。

环球 Windows 标志：当浏览器访问或下载信息时，屏幕右上角的环球 Windows 标志将随之转动。如果此图标的运动时间比您期望的要长，请使用后面所介绍的“停止”按钮。

“搜索”按钮：打开包括 Internet 搜索工具的那一页。

“停止”按钮：单击将立即终止浏览器对某一链接的访问。

“收藏夹”按钮：通过将 Web 页添加到“收藏夹”列表，同时在 IE 窗口的左侧显示“收藏夹”窗格。

“刷新”按钮：单击将立即刷新浏览器的当前页。

“历史”按钮：单击将立即在主窗口左侧开辟一窗格显示最近时期的浏览历史。网页保存的天数在“Internet 选项”对话框中设置或清除。

“邮件”按钮：单击“邮件”按钮将立即显示如图 9.3 所示菜单，选择对邮件的处理方式，系统会自动调用默认的邮件处理程序（用“Internet 选项”对话框的“程序”选项卡设置）比如 Outlook Express 或 Foxmail 等，对邮件进行处理。

“打印”按钮：单击“打印”按钮将对当前页面进行打印。

“WORD”按钮：单击“WORD”按钮将调用 WORD 显示当前页面。

阅读邮件(M)
新建邮件(W)...
发送链接(L)...
发送网页(P)...
阅读新闻(N)

图 9.3 “邮件”菜单

b. 链接栏。链接栏用于对某个页面的快速访问。可以把经常访问的页面放在此栏内。使用时打开其对应的链接即可。

把某个页面放在此栏内的方法为：

- 用 IE 浏览器访问该页面；
- 拖动“地址栏”内最左侧的 IE 图标到链接栏内。

c. 主窗口。主窗口用于显示当前页面的信息，其下部和右侧各有一个滚动条，用于显示窗口的上、下、左、右移动。

d. 状态栏。状态栏用于显示当前访问的 Web 页面的信息，包括当前页面的 IP 地址、页面的访问情况、下载进度等信息。

（3）使用 IE 浏览器

① 浏览 Web 页。在 Internet 上浏览 Web 页是 IE 浏览器最基本的功能，它可以方便地在

众多的Web页中实现转换。

a．在“地址”栏中输入要查看网页的地址，或在“地址”栏的下拉列表中选择地址，例如输入中央电视台网页地址“www.cctv.com”，然后按<Enter>键或单击“转到”按钮；

b．链接成功，浏览区显示目标网页的信息，如图9.4所示，其中有很多超级链接点连接另外的网页，如果用户要继续访问这些网页，可单击超级链接点，例如单击“电视指南”，显示“电视指南”网页；

图9.4 IE浏览器示例

c．浏览结束后，单击菜单“文件”→“退出”命令，或单击IE窗口右上角的“关闭”按钮，关闭IE窗口。

② 收藏网页。前文说过，链接栏提供了快速访问某个页面的方法，可以把经常访问的页面放在此栏内。但是，如果喜欢的页面较多，不可能都放在链接栏内。而且页面较多时也不便于分类组织。使用IE的“收藏”菜单或“收藏”按钮可以解决这个问题，将自己喜欢的页面地址分类保存起来。收藏当前网页的方法如下。

a．打开“添加到收藏夹”对话框，如图9.5所示。

- 单击菜单“收藏”→“添加到收藏夹”命令；
- 右击网页，单击快捷菜单中的“添加到收藏夹”命令；
- 单击“收藏夹”窗格中的“添加...” 添加... 按钮；

b．在“名称”栏中输入要保存网页的名称，若不输入则以当前网页的标题命名。

c．单击“创建到”按钮，在对话框的下方显示“创建到”列表框。

d．欲将当前页面保存到某个分类文件夹中，单击该文件夹。若要新建一个分类文件夹，单击“新建文件夹”，并按提示新建一个文件夹。

e．单击“确定”按钮，收藏网页。

注意：此种方式收藏的是当前页面的Web地址，而不是内容。若要保存当前页面的内容，应选中“允许脱机使用”。

③ 访问收藏的页面。要访问收藏的页面，打开“收藏”菜单或单击“收藏”按钮，打开页面所在的分类文件夹，如图9.6所示，再单击页面名称，即可打开所保存的Web页面。

④ 下载文字或图片。除收藏网页的全部内容，还可将当前页面的部分内容（文字、图片等）保存到本地计算机上。

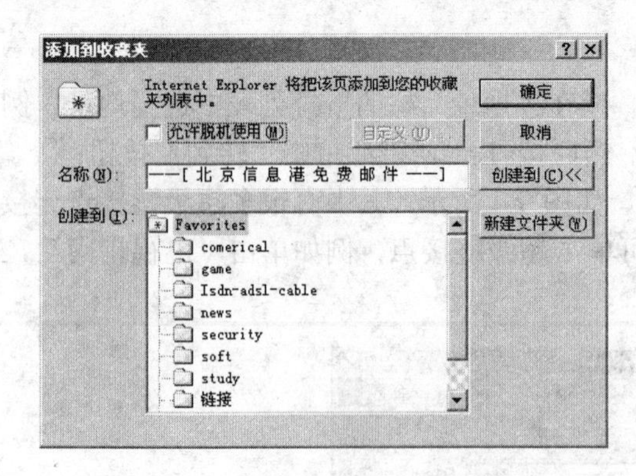

图 9.5 “添加到收藏夹”对话框

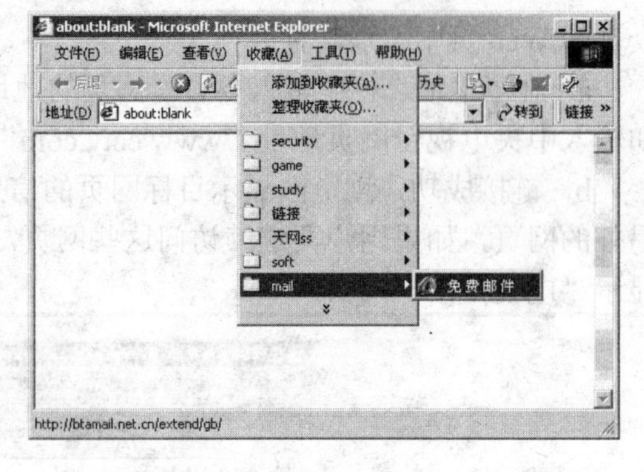

图 9.6 “收藏”菜单

a. 选定文字或图片。

b. 执行“文件”→“另存为”菜单命令，打开“保存 Web 页”对话框。

c. 输入目标文件夹及文件名，单击“确定”按钮。

设置起始页及网页保存时间。

a. 执行“工具”→“Internet 选项”菜单命令，打开“Internet 选项”对话框。

b. 选择“常规”选项卡，如图 9.7 所示。

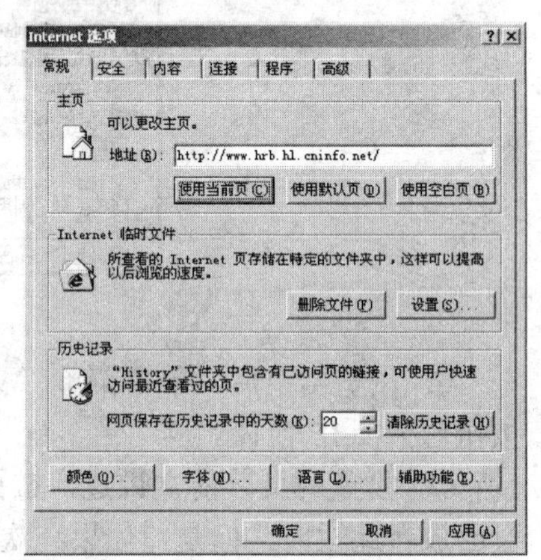

图 9.7 “Internet 选项”对话框

c. 设置起始页。

➢ 用某一网页：在“地址”文本框中输入网址。

➢ 用当前页：单击“使用当前页”按钮。

➢ 用第一次安装 IE 时设置的主页：单击“使用默认页”按钮。

➢ 用空白页：单击“使用空白页”按钮。

d. 设置历史记录。

➢ 网页保存时间：在“网页保存在历史记录中的天数”框中输入天数。

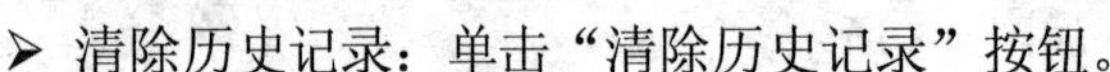

➢ 清除历史记录：单击“清除历史记录”按钮。

➢ 单击“确定”按钮，关闭对话框。

⑤ 使用提示。Internet 服务器允许很多人在同一时刻访问同一页。但并非所有的服务器都是这样，有些服务器可能来不及处理多人发来的浏览器请求。如果加载一页要花费的时间很长，请耐心等待。访问一页花费一些时间并不奇怪。如果您试图访问某一页，但遇到一个对话框指出它不可用或正忙，等一会再试，可抓紧时间浏览其他 Web 节点。

如果在 Internet Explorer 工具栏右上角的环球 Windows 标志转动了很长时间，请使用“停止”按钮暂停对目标地点的访问。

9.2 网络资源获取

用“浩如烟海”来形容互联网毫不为过，如何在最短的时间内找到需要的信息是个很大的话题，通过搜索引擎、网络资源导航、利用机构网站和专业网站及相关数据库，我们可以获取网上优质信息。

9.2.1　搜索引擎

（1）搜索引擎的含义

真正意义上的搜索引擎（Search Engines）通常指的是收集了因特网上几千万到几十亿个网页并对网页中的每一个词（关键词）进行索引，建立索引数据库的一种检索系统机制。如图9.8，即为百度搜索引擎的搜索界面。当用户查找某个关键词的时候，所有在页面内容中包含了该关键词的网页都将作为搜索结果被搜出来。现在的搜索引擎已普遍使用超链分析技术，除了分析索引网页本身的内容，还分析索引所有指向该网页的链接的URL、AnchorText甚至链接周围的文字。所以，有时候，即使某个网页A中并没有某个词比如“环境保护”，但如果有别的网页B用链接“环境保护”指向这个网页A，那么用户搜索“环境保护”时也能找到网页 A。而且，如果有越多网页（C、D、E、F…）用名为“环境保护”的链接指向这个网页A，或者给出这个链接的源网页（B、C、D、E、F…）越优秀，那么网页A在用户搜索“环境保护”时也会被认为更相关，排序也会越靠前。

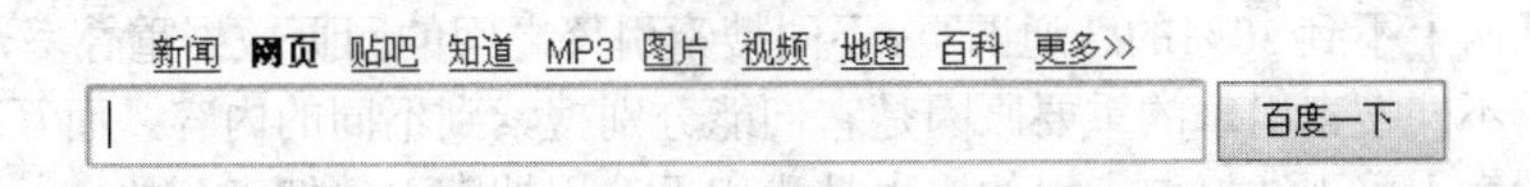

图9.8　百度搜索界面图

从上述过程可以看出，搜索引擎起源于传统的信息全文检索理论，即计算机程序通过扫描每一篇文章中的每一个词，建立以词为单位的倒排文档，检索程序根据检索词在每一篇文章中出现的频率和每一个检索词在一篇文章中出现的概率对包含这些检索词的文章进行排序，最后输出排序的结果。搜索引擎除了需要全文检索系统之外，还必须有能够从互联网上自动收集网页的数据搜集系统即“蜘蛛”（Spider）或“机器人”（Robot）。

（2）搜索引擎的基本原理

搜索引擎的原理可以看做三步：从互联网上采集信息、建立索引数据库、在索引数据库中搜索排序。

① 从互联网上采集信息。搜索引擎的数据采集包括人工采集和自动采集方式。人工采集方式是由信息教导员跟踪和甄选有用的Web站点或页面，并按规范方式进行内容分析并组建成标引数据库。自动采集方式是利用能够从互联网上自动收集网页的“蜘蛛”软件或“机器人”软件，自动访问互联网，并沿着任何网页中的所有URL爬到其他网页，重复这过程，并把爬过的所有网页收集回来。目前，大多数搜索引擎采取了自动和人工方式相结合的形式。

② 建立索引数据库。为了保证存储在数据库中的数据的安全和一致，必须有一组软件来完成相应的管理任务，这组软件就是数据库管理系统，简称DBMS。DBMS随系统的不同而不同，但是一般来说，它应该包括以下几方面的内容：第一，数据库描述功能，它定义数据库的全局逻辑结构，局部逻辑结构和其他各种数据库对象；第二，数据库管理功能，它包括系统配置与管理，数据存取与更新管理，数据完整性管理和数据安全性管理；第三，数据库的查询和操纵功能，该功能包括数据库检索和修改；第四，数据库维护功能，它包括数据引入引出管理，数据库结构维护，数据恢复功能和性能监测。为了提高数据库系统的开发效

率，现代数据库系统除了 DBMS 外，还提供了各种支持应用开发的工具。

在服务器端，由分析索引系统程序对收集回来的网页进行分析，提取相关网页信息（包括网页所在 URL、编码类型、页面内容包含的关键词、关键词位置、生成时间、大小与其他网页的链接关系等），根据一定的相关度算法进行大量复杂计算，得到每一个网页针对页面内容及超链每一个关键词的相关度（或重要性），然后用这些相关信息建立网页索引数据库。

③ 在索引数据库中搜索排序。当用户输入关键词搜索后，由搜索系统程序从网页索引数据库中找到符合该关键词的所有相关网页。因为所有相关网页针对该关键词的相关度早已算好，所以只需按照现成的相关度数值排序，相关度越高，排名越靠前。最后，由页面生成系统将搜索结果的链接地址和页面内容摘要等内容组织起来返回给用户。

搜索引擎的 Spider 一般要定期重新访问所有网页（各搜索引擎的周期不同，可能是几天、几周或几月，也可能对不同重要性的网页有不同的更新频率），更新网页索引数据库以反映出网页内容的更新情况，增加新的网页信息，去除死链接，并根据网页内容和链接关系的变化重新排序。这样，网页的具体内容和变化情况就会反映到用户查询的结果中。

虽然只有一个互联网，但各搜索引擎的能力和偏好不同，所以抓取的网页各不相同，排序算法也各不相同。大型搜索引擎的数据库储存了互联网上几亿至几十亿的网页索引，数据量达到几千 GB 甚至几万 GB。但即使最大的搜索引擎建立超过 20 亿网页的索引数据库，也只能占到互联网上不到 30%的普通网页，不同搜索引擎之间的网页数据重叠率一般在 70%以下。我们使用不同搜索引擎的重要原因是它们能分别搜索到不同的内容。而互联网上有更大量的内容是搜索引擎无法抓取索引的，也是我们无法用搜索引擎搜索到的。

（3）搜索的基本类型

因为概念上的差异，搜索引擎的分类也常常不规范。在美国，搜索引擎通常指的是基于 Internet 的搜索引擎，它们收集了 Internet 上几千万到几亿个网页，并且对网页上的每一个词都作了索引，也就是所谓全文检索。典型的有 A1tavista、Google 等。在中国，搜索引擎最初被理解为基于网站目录的搜索服务或是特定网站的搜索服务。

搜索引擎是一个带来了太多混乱的概念，它有时候指索引搜索，与分类搜索相对；有时候又指整个搜索，包含了索引搜索和分类搜索。但搜索引擎其实就是搜索（Search），包含了分类搜索（Directory）、索引搜索（Index）和书签搜索（Bookmark）三种基本模式。

① 分类搜索。1994 年 4 月，美国斯坦福大学的两名博士生杨致远和大卫·费罗创立了雅虎（www.yahoo.com）。在相当长一段时间内，雅虎成了搜索的代名词。“你今天雅虎了吗?”据说一度是美国人见面的问候语。在中国的网络狂热时期，亿唐网站就用“你今天有否亿唐”作为广告语。其实雅虎搜索只是一个分类搜索网站，它提供的核心产品就是一个庞大的分类目录。它将信息分成 14 大类，然后在 14 类框架下构建层层分类的知识结构。全球说英语的人都按照雅虎的秩序认识和了解他们周围的世界。

在英语世界，代表性的分类搜索网站还有 Aboutcom 和 Looksmart.com 等。

在中国，尽管搜狐（www.sohu.com）是分类搜索的先驱，而且至今仍在分类搜索领域发挥着不可低估的作用，我们也不能将搜狐看成是中文分类搜索的象征。搜狐已经成功转型成为赫赫有名的门户网站，它已经不是以搜索作为主要产品的搜索网站。雅虎虽然仍是分类搜索的代名词，但也已经不再是搜索的代名词。

目前主要分类目录有以下几种。

a. 雅虎中国分类目录（http://cn.yahoo.com/）。雅虎中国的分类目录是最早的分类目录，现有 14 个主类目，包括“商业与经济”、“艺术与人文”等，可以逐层进入进行检索，也可以利用关键词对“分类网站”进行搜索（http://m6.search.cnb.yahoo.com/dirsrch/）此外，雅虎中国也可以对“所有网站”进行关键词搜索（http://cn～search.ya: hoo.com/websrch/），早期，它的搜索结果使用 Google 的数据，2004 年 2 月正式推出自己的全文搜索引擎并结束了与 Google 的合作。

b．新浪分类目录（http://dir.sina.com.cn/）。新浪的分类目录目前共有 18 个大类目，用户可按目录逐级向下浏览，直到找到所需网站。就像用户到图书馆找书，按照类别大小层层查找，最终找到需要的网站或内容。通过和其他全文搜索引擎的合作，现在，用户也可以使用关键词对新浪的“分类网站”或“全部网站”进行搜索。

c．搜狐分类目录（http://dir.sohu.com/）。搜狐分类目录把网站作为收录对象，具体的方法就是将每个网站首页的 URL 地址提供给搜索用户，并且将网站的题名和整个网站的内容简单描述一下，但是并不揭示网站中每个网页的信息内容。除此之外，也可以使用关键词对搜狐的“分类目录”或所有网站进行搜索。

d．网易分类目录（http://search.163.com/）。网易的分类目录采用“开放式目录”管理方式，在功能齐全的分布式编辑和管理系统的支持下，现有 5000 多位各界专业人士参与可浏览分类目录的编辑工作，极大地适应了互联网信息爆炸式增长的趋势。在加强与其他搜索引擎合作的基础上，新版搜索引擎支持使用关键词对所有网站进行检索。

② 索引搜索。Google 孕育于网络狂热的年代。它的创始人，两个并不富裕的大学生：莱瑞・佩奇（LarivPage）和舍奇・伯利恩（Sergey Brin），他们于 1998 年 9 月推出 Google 网站后，用体贴用户的搜索服务，经过几次网络变革后，以闪电般的速度开始了对互联网搜索服务的独裁统治。

Google 的主要业务是提供索引搜索服务，但现在已经取代雅虎成为了搜索的代名词。无论你是什么人，无论你想知道什么，输入关键词，比如“脱氧核糖核酸”，按回车键，在 0.14 秒的时间里，它会告诉你 369 万相关的网页。无论是技术专家还是家庭主妇，都以同样的热情在工作上和生活上依赖于这位“酷哥”。据说 Google 的数据库有 8000 台服务器，存储了 42 亿网页的索引，每天接受 2 亿次搜索请求。Google 来源于 Googol，意思是 1 后面带有 100 个“0”，一个天文数字。在英文方面，代表性的索引搜索网站还有 AiitheWeb，AskJeeves 和 Altavista 等。

中国的索引搜索起步并不算晚。1997 年 10 月 29 日，当莱瑞・佩奇和舍奇・伯利恩还在大街上到处兜售他们的 BackRub 搜索技术时，天网搜索（http://e.pku.edu.cn）已经在 CERNET 上正式向网络用户提供信息导航服务。天网搜索是国家“九五”重点科技攻关项目，由北大网络实验室开发，也许正是因为它的出身太高贵，直到今天仍然没有以强者的形象出现在网络世界里。

2003 年 7 月，北京天网时代科技有限公司成立，发布“天网时代”索引搜索（www.netera.tom.cn）。

主要的索引搜索有以下三种。

a．Google（http://www.google.com/）。Google 成立于 1997 年，几年间迅速发展成为世界范围内规模最大的搜索引擎。Google 数据库现存有 42.8 亿个 Web 文件，每天处理的搜索请求已达 2 亿次，而且这一数字还在不断增长。

b．百度（http://www.baidu.com/）。百度是国内最早的商业化（早期为其他门户网站提供搜索服务，现在的竞价排名更是日进斗金）全文搜索引擎，拥有自己的网络机器人和索引数据库，专注于中文的搜索引擎市场，除有网页搜索外，百度还有新闻、MP3 和图片等搜索，并在 2003 年底推出“贴吧”、按地域搜索等功能。

c．中国搜索（http://www.huicong.com/）。中国搜索的前身是慧聪搜索，原慧聪搜索在联合中国网等 30 多家知名网站的基础上，在 2002 年 9 月 25 日正式组建了中国搜索联盟，经过一年多的发展，联盟成员就已达630多家，成为中国互联网一支重要的力量。由于发展迅速，慧聪集团借上市之机，将慧聪搜索更名为中国搜索，全力发展其在搜索引擎方面的业务，以打造中文搜索领域的全新品牌。

③ 书签搜索。分类搜索和索引搜索都有一个致命的弱点，而且产品越成熟先进，这个弱点就表现得越明显。它们都追求信息数据库的齐全和完整，试图用合理的结构或者先进的算法最迅捷地向搜索者提供他们需要的信息，但无论如何也甩不掉数据库包袱。例如：你想找一个游戏网站，分类搜索会让你一次一次在再分类的岔路口作出选择，到了目的地，还会负责任地向你推荐数百个良莠不齐的同类网站；索引搜索则会在 0.001 s 的时间里向你推荐8950万个与游戏相关的网页，当然它会按照它认为的重要性大小排好顺序。而你其实只想找一个类似于163那样的游戏门户或者是联众那样的棋牌游戏网站。

书签搜索就是要解决这道搜索难题。它的理论根据是 80%的网络用户 80%的时间都在使用20%的网站，书签搜索就是让你方便地找到那20%的网站。如果你在书签搜索网站里单击游戏，那些关于游戏各个方面的一流网站都在那里。

书签搜索的主要内容有著名网站导航、实用网站导航、分类网站导航以及实用信息查询四大部分。而专业的书签搜索网站，如阿酷导航（ww._arkoo.net），往往会整合新闻联播、联合邮局、多元搜索、热点关注、读者文摘、历史上的今天以及各类排行榜等网络用户经常进行的网络活动。

书签搜索的分类与目录搜索的分类差别较大。书签搜索的分类虽然离不开分类学原理，却更多地照顾了上网者的习惯和偏好。书签搜索一般将整个信息分成72类左右，而不是像目录搜索那样分成18类左右，进入二级页面最多进入三级页面就能找到你需要的信息。

目前，提供书签搜索服务的网站主要有新浪（http://dir.sina.com.cn（inpin/index-html、百度（http: //site.baidu.tom）和阿酷（www.arkoo.net）。

（4）IE 的搜索功能

① IE 的搜索助理。IE 的搜索助理集合了 yahoo、AltaVista 以及 GoCom 三大搜索引擎，只需单击工具栏上的“搜索”按钮就可以打开搜索引擎，然后输入想要查找的内容即可，而不需要登录具体的搜索引擎。IE 搜索示意图如图 9.9 所示。

还可以定义自己想要的搜索引擎，方法是打开“搜索”助理后，单击右边的箭头，从弹出的面板中选择“自定义”，然后再选择一个搜索引擎作为默认值。

用户还可以通过在地址输入栏中输入关键词的办法快速达到搜索目的，而不需要打开搜索助理。

② 显示相关站点。如果对当前站点的内容比较感兴趣，同时还想看到更多这方面的内容，可以启用 IE 的“显示相关站点”，利用 IE 搜索快速找到与本网页内容相关的其他信息，查找结果会返回到左边的搜索窗口中，如图 9.10 所示。

③ 快速的历史查找功能。如果想找到最近查看过的一些网页内容，但又记不清具体是在哪个网站上看到的，这时就可以用“历史”查找功能快速完成过去内容的查找，如图 9.11 所示。单击工具条上的“历史”按钮，在左边弹出的历史窗口中单击“查找”，最后在弹出的查找窗口中输入内容即可。

④ 快速的页面内容查找。如果已经通过搜索引擎找到相关的站点了，但成百上千个结果充斥在页面上，如何在这个长长的页面上找到自己想要的内容呢？很简单，单击菜单条上“编辑”命令，选择“查找（在当前页）”命令，再输入查找内容。查找条件包括“全字匹配”与“区分大小写”两种，如图 9.12 所示。

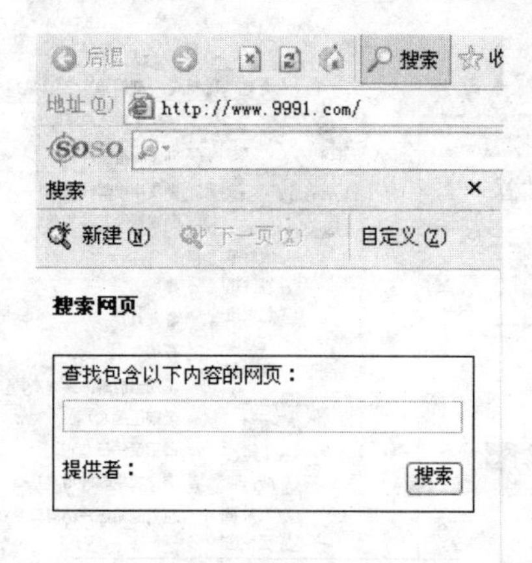

图 9.9　IE 搜索示意图

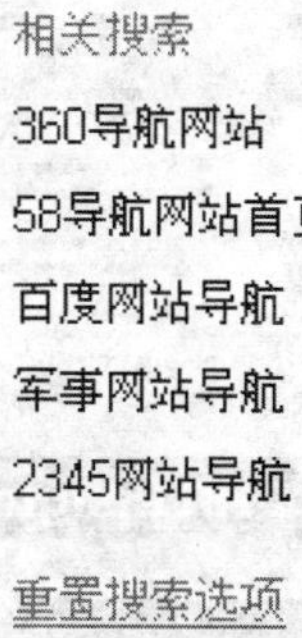

相关搜索
360导航网站
58导航网站首页
百度网站导航
军事网站导航
2345网站导航
重置搜索选项

图 9.10　IE 显示的相关站点图

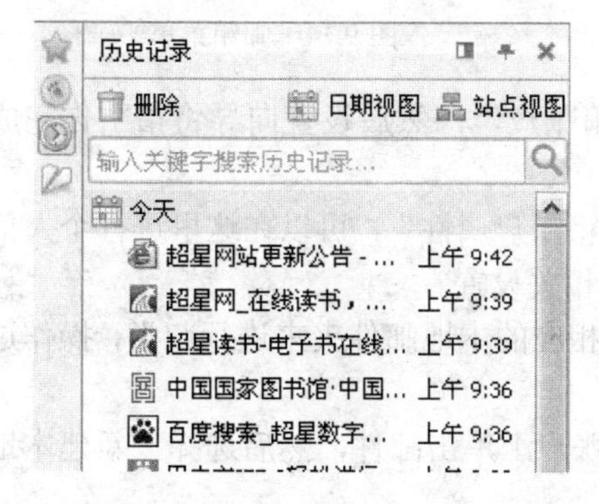

图 9.11　IE 的“历史”查找功能

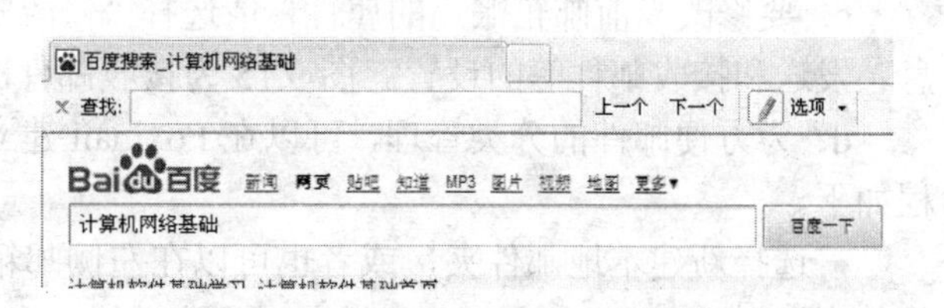

图 9.12　页面内容查找图

9.2.2　网络通信工具

网络通信工具的出现，使人们可以借助互联网，实现与对方面对面的交流，不再需要走到对方面前，通过互联网即可传输文字、语音和视频。借助即时通信软件，大为节省了人们互相通信的成本，提高了人与人之间交流的便捷性。

（1）电子邮件

最早出现的网络通信工具就是电子邮件。电子邮件（E-mail 或 Email，有时简称电邮）是通过计算机书写和查看，通过互联网发送和接受的邮件，是互联网最受欢迎且最常用到的功能之一。使用电子邮件，用户可以与世界上任何一个角落的网络用户联系。在使用电子邮件时，用户可以登录到各大 Web 邮箱站点接收和发送电子邮件；同时，也可以使用电子邮件工具方便快捷地管理邮件，实现远程管理邮箱中的电子邮件。

Foxmail 作为一个易学易用的邮件管理工具，可以帮助用户在不登录网站的情况下实现邮件的收发，而且还能实现垃圾邮件的过滤、添加联系人信息等功能，可以同时管理多个邮箱账户，使用户与他人的联系变得更加方便、快捷。其使用过程如下。

① 主界面操作。打开 Foxmail，可以看到如图 9.13 所示的一个主界面，在这个主界面可以完成邮件收发、回复、转发、删除、新邮件撰写等基本的操作，界面上方为功能菜单栏，功能菜单下方左侧是邮箱账户名称列表，右侧主要是邮件列表以及邮件内容。

② 新建或修改邮箱账户以及建立本地邮件夹的操作。

a．点击菜单栏中的“邮箱”，界面显示如图 9.14 所示。

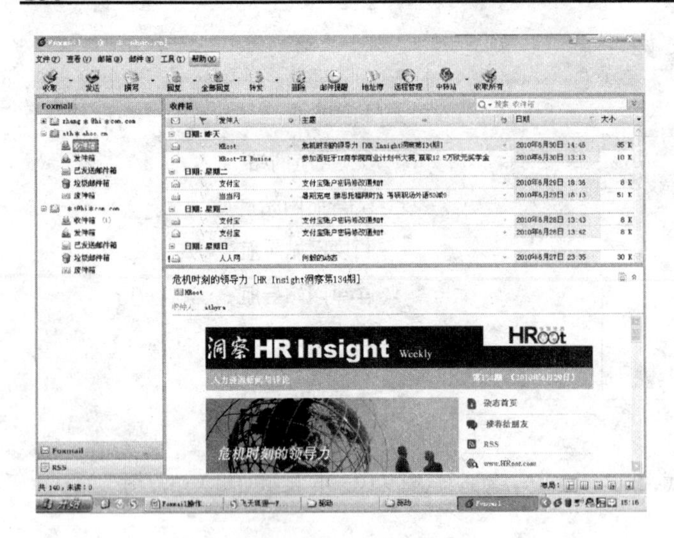

图 9.13　Foxmail 主界面

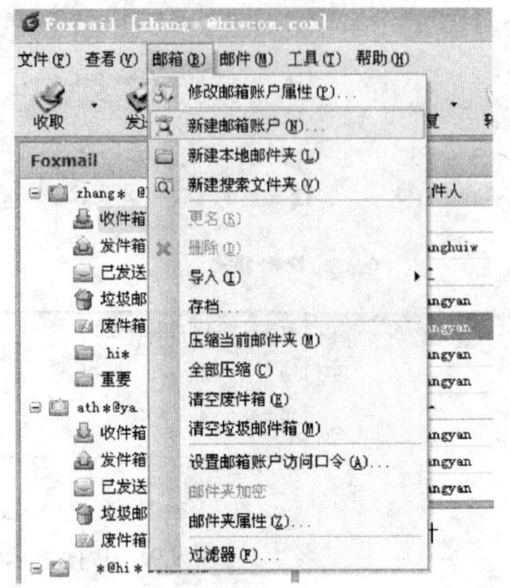

图 9.14　邮箱菜单

b．要设置一个新的邮箱账户，请选择“新建邮箱账户”，然后设置向导将指引你完成新邮箱账户的设置。

c．要修改当前邮箱账户的属性，请选择“修改邮箱账户属性”，可以在这里进行个人信息、发送和接收邮件等的设置。图 9.15 为接收邮件的相关设置。

d．为方便邮件的分类管理，可以在 Foxmail 建立相应的本地邮件夹来进行归类，操作过程如下。

• 选择新建本地邮件夹，或者也可以在左侧邮箱账户上单击邮件，然后选择“新建本地邮件夹”。如图 9.16 所示。

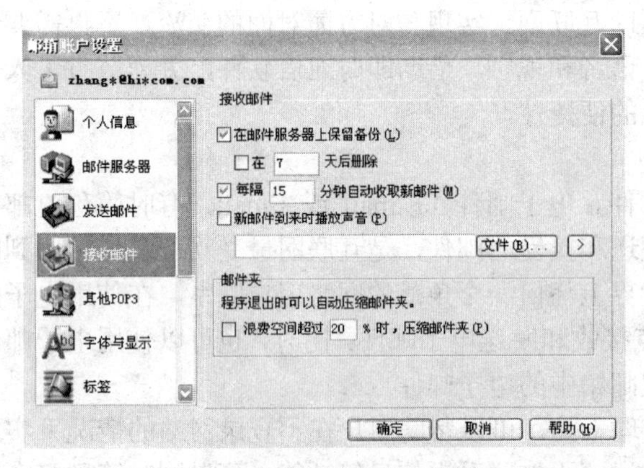

图 9.15　接收邮件的相关设置

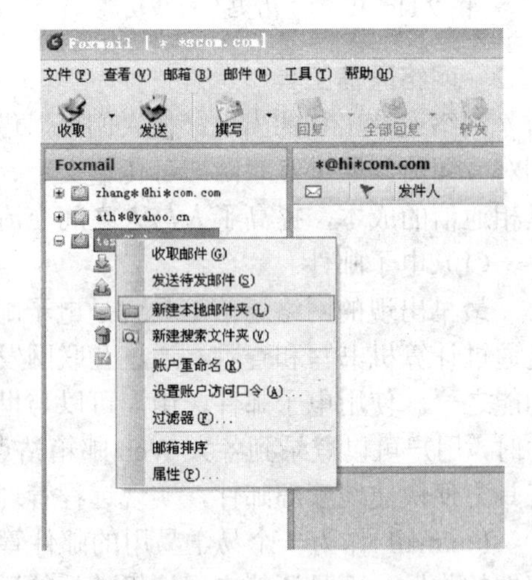

图 9.16　新建本地邮件夹

• 在当前邮箱的最下端出现一个新的文件夹图标，默认名称是“新邮箱 1”，单击文件夹名字，可以对名称进行更改。如图 9.17 所示。

• 修改名称后，界面将自动弹出一个提示对话框。如图 9.18 所示。

• 建议选择“确定”，然后进入过滤器的设置步骤，如图 9.19（a）所示。如果选择了“取消”或者在修改名称后，未弹出图上对话框，以后可以通过在邮箱账户上单击右键，然后选择“过滤器”来继续进行分类设置。如图 9.19（b）所示。

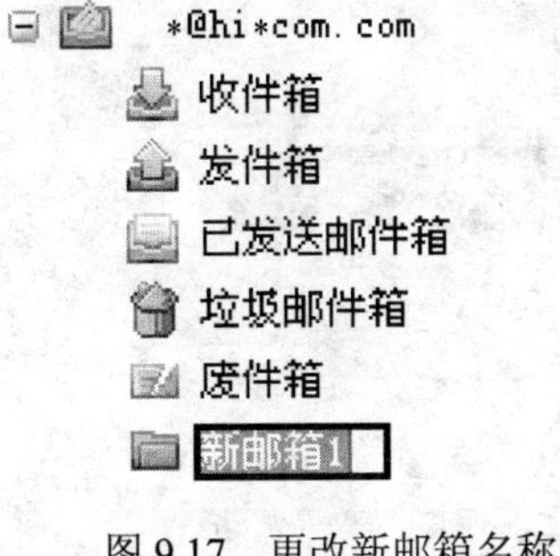

图 9.17　更改新邮箱名称

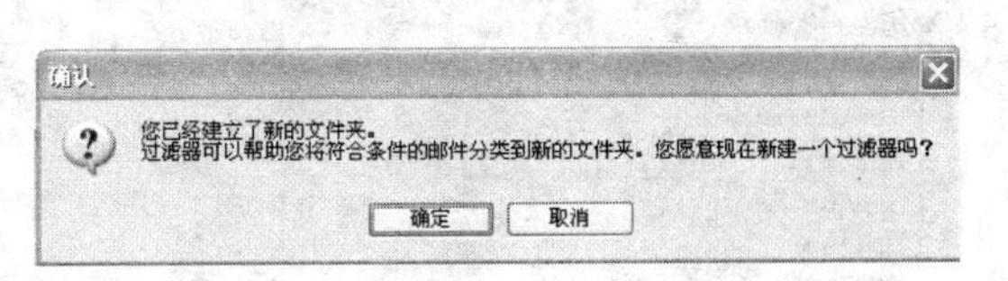

图 9.18　确认对话框

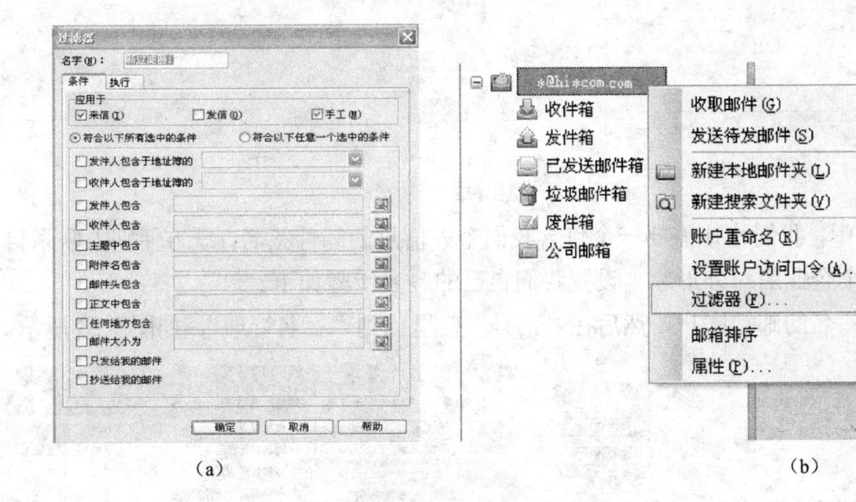

图 9.19　过滤器的设置

• 选择后，将显示如下对话框，如图 9.20 所示。

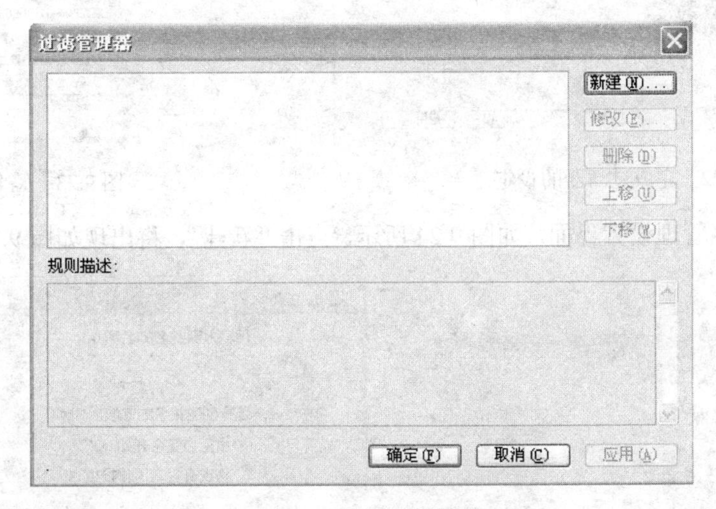

图 9.20　过滤管理器

• 选择“新建”后，将出现设置界面，如图 9.21（a）所示。请根据分类需求进行相关设置。例如，将来自于公司的邮件自动转入新建的邮件夹，如图 9.21（b）所示。

• 设置完毕后，点击“确定”，系统将返回过滤管理器界面。重点确定“规则描述”无误后，单击“应用”和“确定”即完成过滤器的设定。如图 9.22 所示。

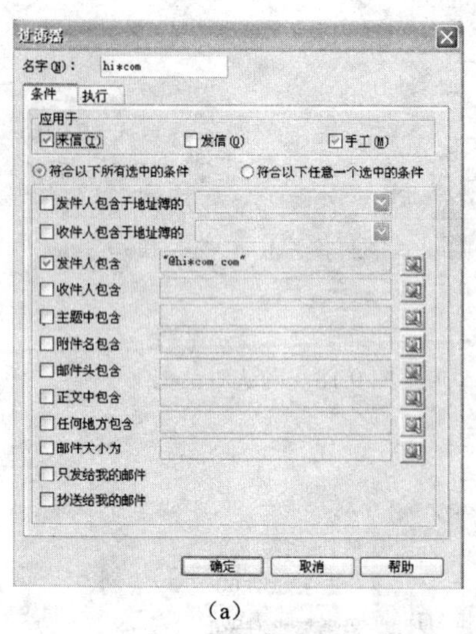

(a)

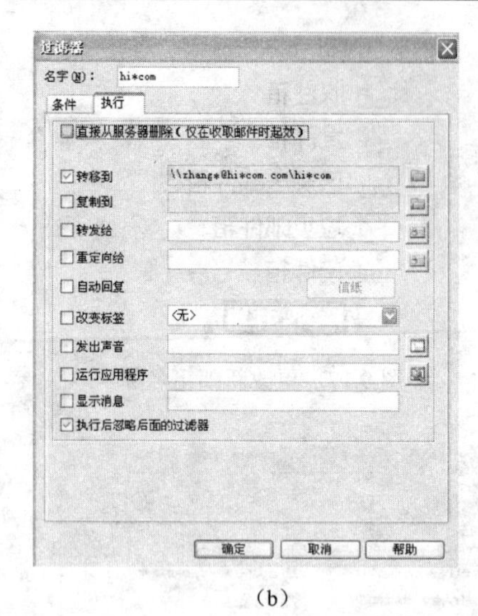

(b)

图 9.21 设置界面

e. 在商务邮件中，我们往往需要一个包含我们个人信息的邮件签名，既方便别人联系自己，也是代表着一个企业的对外形象。设置我们自己的签名步骤如下。

- 选择要编辑签名的邮箱账户，然后在“工具”栏里找到“签名管理”，如图 9.23 所示。

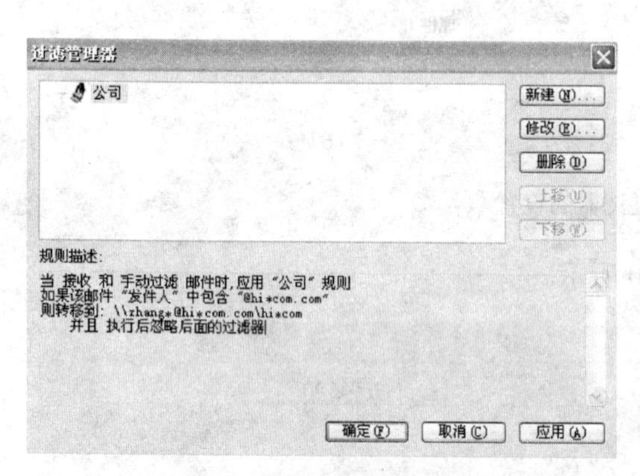

图 9.22 完成过滤器的设定

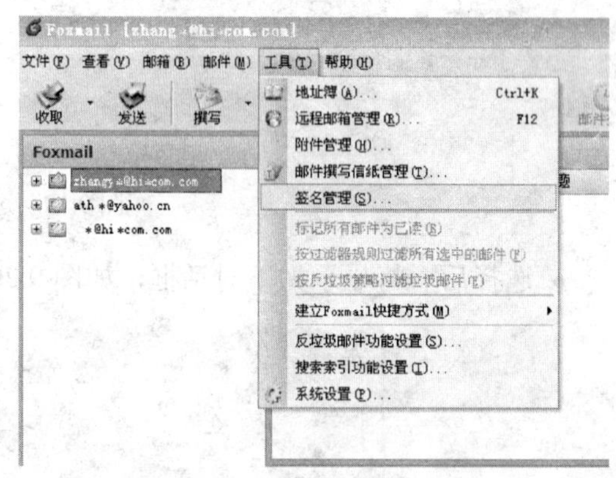

图 9.23 签名管理

- 打开签名管理设置界面，如图 9.24 所示。点击“新建”，将出现如图 9.25 所示对话框。

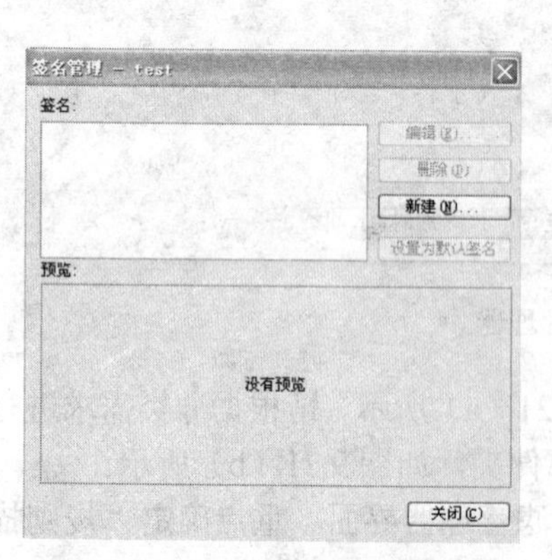

图 9.24 签名管理设置界面

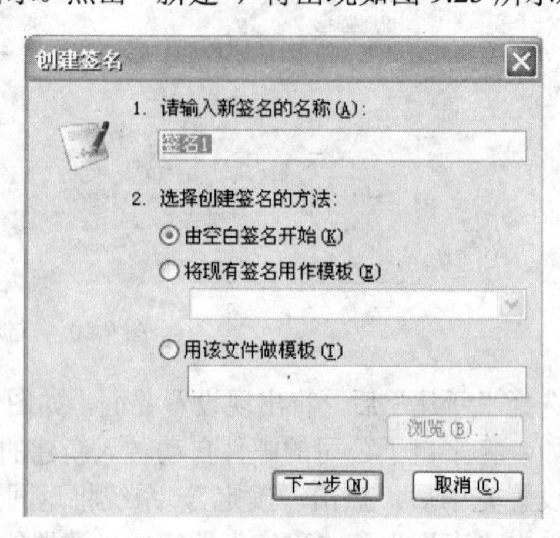

图 9.25 创建签名对话框

• 输入新建签名的名称以方便区别，并根据提示选择创建签名的方法，然后点击“下一步”，进入签名编辑器。

• 在签名编辑器中，设计并编排好相关信息，然后点击“确定”。下图仅供参考，如图9.26所示。

• 返回签名管理的主页面，如图9.27所示。不需新建其他签名，点击“关闭”则结束签名编辑。以后该邮箱账户在发送邮件时，这个签名会自动添加在邮件结尾处。

f. 收条。为确保对方收到邮件，可以建立一个“请求收条”的设置，这样，当对方收到邮件的时候，你就可以收到对方已读邮件的反馈了。具体操作过程如下。

• 在菜单栏的“工具”中选择“系统设置”，打开后出现如图9.28界面。

图9.26　签名信息

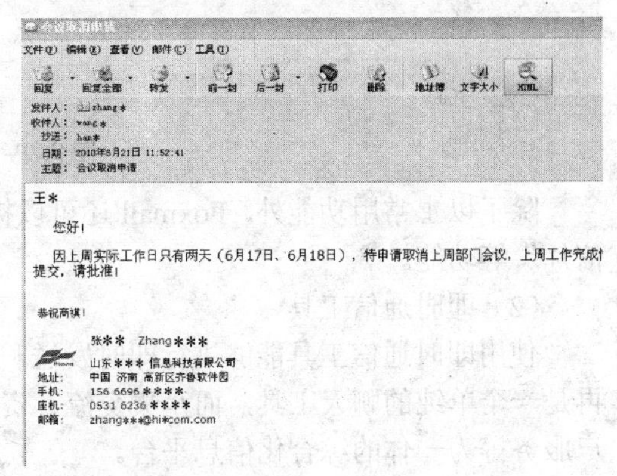

图9.27　签名管理的主页面

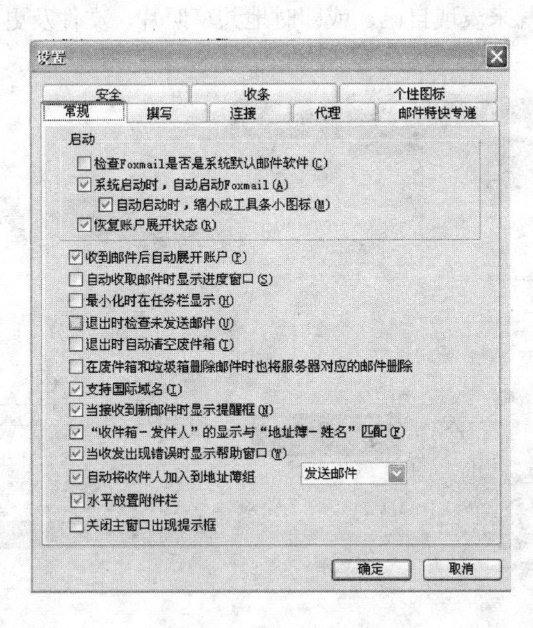

图9.28　系统设置界面

• 选择“收条”选项，然后在“请求阅读收条”前的方框里打上对号，如图9.29（a）。除此以外，还可以对“返回阅读收条”进行设置。如图9.29（b）所示。除了这个方式以外，还可以在撰写每封邮件的时候，在撰写界面菜单栏的“选项”中进行选择，具体界面如图 9.29（c）所示。

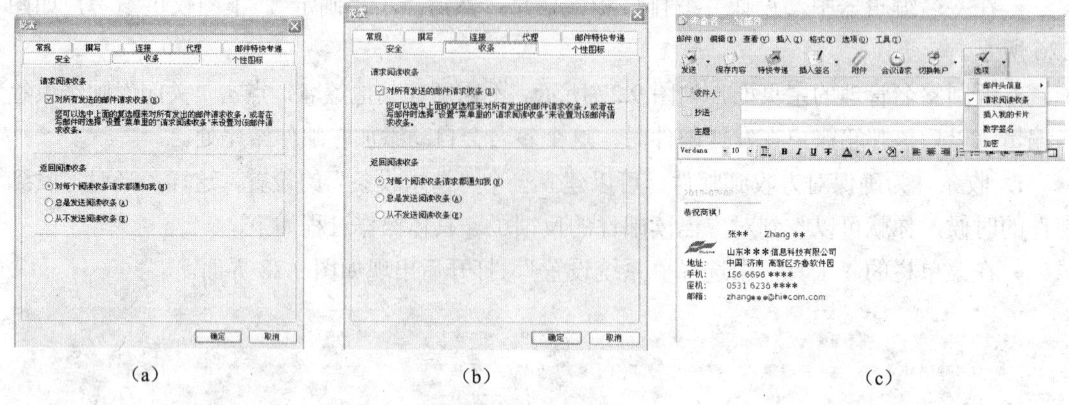

（a）　　（b）　　（c）

图 9.29 “收条”设置

除了以上常用功能外，Foxmail 还可以提供“备忘录提醒”、“通讯录”、“RSS 订阅”、“明信片”等功能。

（2）即时通信工具

使用即时通信工具能够进行即时发送和接收互联网消息等业务。现代即时通信工具已不再是一个单纯的聊天工具，而是集交流、资讯、娱乐、搜索、电子商务、办公协作和企业客户服务等为一体的综合化信息平台。

Windows Live Messenger（MSN）是 Microsoft 公司开发的一款即时通信软件。使用 MSN 可以通过文本、语音、移动电话以及视频对话实时地与朋友、家人或同事联机聊天，也可以通过传静态和动态的图片来表现自己，或即时地共享照片、文件及更多内容。 MSN 操作界面如图 9.30 所示。

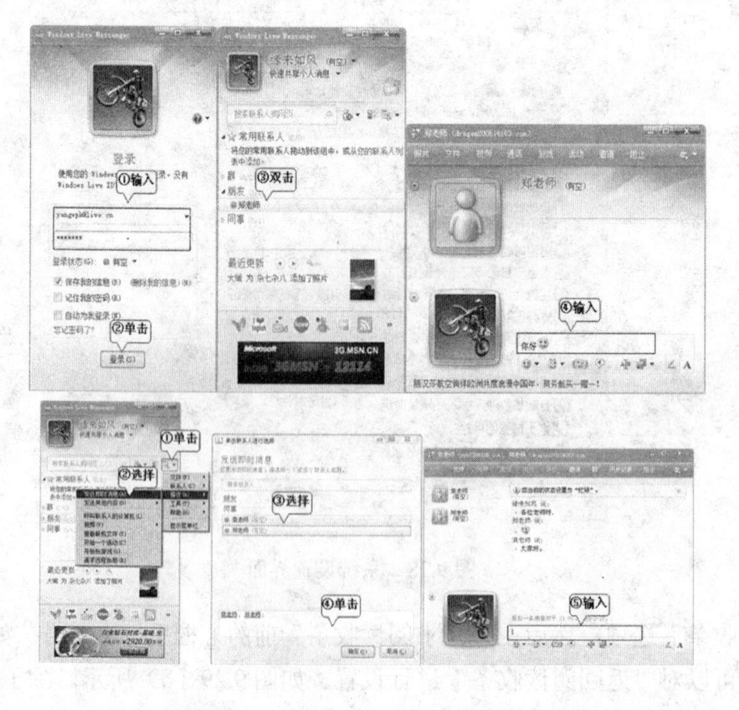

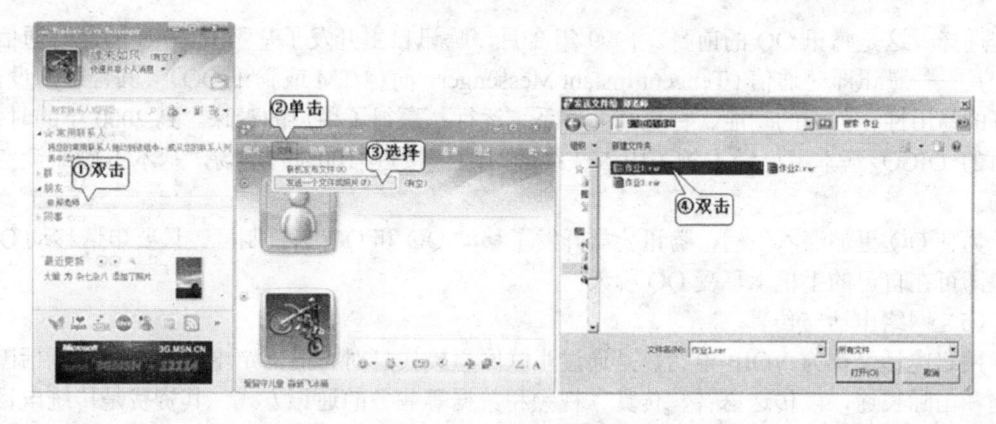

图 9.30 MSN 操作界面

（3）飞信

飞信是中国移动的一项新业务，为注册用户提供融合语音、GPRS、短信等多种通信方式的综合通信服务，可通过 PC 客户端、手机客户端或 WAP 方式登录，也可用普通短信方式与各客户端上的联系人沟通，保证用户能够实现永不离线的状态；同时，飞信所提供的好友手机短信免费发、语音群聊超低资费、手机电脑文件互传等更多强大功能，令用户在使用过程中产生更加完美的产品体验；飞信能够满足用户以匿名形式进行文字和语音的沟通需求，在真正意义上为使用者创造了一个不受约束、不受限制、安全沟通和交流的通信平台。

总的来说，飞信具有以下特点。

- 免费短信。
- 语音群聊，超低资费。
- 多终端登录，永不离线。
- 有效防扰安全沟通。

（4）QQ

腾讯 QQ 是由深圳市腾讯计算机系统有限公司开发的一款基于 Internet 的，并具有方便、实用、高效的即时通信工具。此外，QQ 还具有与手机聊天、BP 机网上寻呼、聊天室、点对点断点续传传输文件、共享文件、QQ 邮箱、网络收藏夹、发送贺卡等功能。QQ 不仅仅是简单的即时通信软件，它与全国多家寻呼台、移动通信公司合作，实现传统的无线寻呼网、GSM 移动电话的短消息互联，是国内最为流行功能最强的即时通信（IM）软件。腾讯 QQ 支持在线聊天、即时传送视频、语音和文件等多种多样的功能。同时，QQ 还可以与移动通信终端、IP 电话网、无线寻呼等多种通讯方式相连，使 QQ 不仅仅是单纯意义的网络虚拟呼机，而是一种方便、实用、超高效的即时通信工具。现在 QQ 可能是在中国被使用次数最多的通信工具。随着时间的推移，根据 QQ 所开发的附加产品越来越多，如：QQ 宠物、QQ 音乐、QQ 空间等，受到 QQ 用户的青睐。QQ 操作界面如图 9.31 所示。

图 9.31 QQ 操作界面

腾讯公司成立于 1998 年 11 月，是目前中国最大的互联网综合服务提供商之一，也是中国服务用户最多的互联网企业之一。在公司成立当初，主要业务是为寻呼台建立网上寻呼系统，这种针对企业或单位的软件开发工程可以说是几乎所有中小型网络服务公司的最佳选择。这是腾讯 QQ 的前身。1999 年 2 月，腾讯自主开发了基于 Internet 的即时通信网络工具——腾讯即时通信（Tencent Instant Messenger，简称 TM 或腾讯 QQ），其合理的设计、良好的易用性、强大的功能、稳定高效的系统运行，赢得了用户的青睐。到 2000 年的时候，腾讯的 OICQ 基本上已经占领了中国在线即时通信接近 100%的市场，基本上已经锁定了胜局。

为使 QQ 更加深入生活，腾讯公司开发了移动 QQ 和 QQ 等级制度。只要申请移动 QQ，用户即可在自己的手机上享受 QQ 聊天。

（5）网络电话与传真

网络电话又称为 VOIP 电话，是通过互联网直接拨打对方的固定电话和手机，包括国内长途和国际长途，以传送语音、传真、视频和数据等业务的通讯方式，其资费是传统电话费用的 10%～20%。网络电话的应用领域很多，包括统一消息、虚拟电话、虚拟语音/传真邮箱、查号业务、Internet 呼叫中心、Internet 呼叫管理、电视会议、电子商务、传真存储转发和各种信息的存储转发等，是互联网的多种新兴业务之一。

宏观上讲，网络电话可以分为软件电话和硬件电话。软件电话就是在电脑上下载软件，然后购买网络电话卡，然后通过耳麦实现和对方（固话或手机）进行通话；硬件电话比较适合公司、话吧等使用，首先要一个语音网关，网关一边接到路由器上，另一边接到普通的话机上，然后普通话机即可直接通过网络自由呼出了。

网络电话的实现方式主要有 PC to PC、PC to Phone 和 Phone to Phone 三种方式。

① PC to PC。这种方式适合那些拥有多媒体电脑（声卡须为全双工的，配有麦克风）并且可以连上互联网的用户，通话的前提是双方电脑中必须安装有同套网络电话软件。这种网上点对点方式的通话，是 IP 电话应用的雏形，它的优点是相当方便与经济，但缺点也是显而易见的，即通话双方必须事先约定时间同时上网，而这在普通的商务领域中就显得相当麻烦，因此这种方式不能商用化或进入公众通信领域。

② PC to Phone。随着 IP 电话的优点逐步被人们认识，许多电信公司在此基础上进行了开发，从而实现了通过计算机拨打普通电话。作为呼叫方的计算机，要求具备多媒体功能，能连接上因特网，并且要安装 IP 电话的软件。拨打从电脑到市话类型的电话的好处是显而易见的，被叫方拥有一台普通电话即可，但这种方式除了付上网费和市话费用外，还必须向 IP 电话软件公司付费。目前这种方式主要用于拨打到国外的电话，但是这种方式仍旧十分不方便，无法满足公众随时通话的需要。

③ Phone to Phone。这种方式即“电话拨电话”，需要 IP 电话系统的支持。IP 电话系统一般由三部分构成：电话、网关和网络管理者。电话是指可以通过本地电话网连到本地网关的电话终端；网关是 Internet 网络与电话网之间的接口，同时它还负责进行语音压缩；网络管理者负责用户注册与管理，具体包括对接入用户的身份认证、呼叫记录并有详细数据（用于计费）等。这种方式在充分利用现在电话线路的基础上，满足了用户随时通信的需要，是一种比较理想的 IP 电话方式。

网络电话软件及运营商很多，目前常用的主要有以下几种。

a．阿里通（Alicall）。阿里通网络电话目前是国内使用用户最多的网络电话，也是目前国内通信资费最低的网络电话，拥有国内最大最完善的售后服务体系。目前总会员 3000 多万人，日均新增会员 3 万人。同时在线人数达到 10 万人，人均月度使用天数达到 16 天。软件采用世界上最先进的语音平台，功能简单，极易操作。软件除了普通网络包括的电话、短信收发、通讯录等外，还集成了日常航班、翻译、电话查询等日常信息查询，回拨等强大功能，手机亦可使用。阿里通软件界面如图 9.32 所示。

b．掌上宝。掌上宝网络电话是目前国内唯一一款集语音通讯与免费数据业务于一体的网络电话软件，提供资讯浏览和语音通讯服务，其功能强大，音质效果好，资费低廉，版本齐全，包括 Java 通用版、Java 增值版、塞班 V2、塞班 V3、塞班 V5、Android 版、PC 版等众多版本，适用范围广。其软件界面如图 9.33 所示。

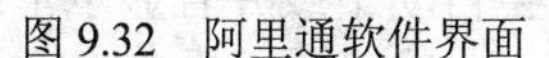
图 9.32 阿里通软件界面

图 9.33 掌上宝软件界面

9.2.3 网络资源下载工具

在无限广阔的网络世界里，我们除了可以浏览各式各样的信息之外，还有一个重要的功能就是下载自己需要的各种网络资源。所谓下载，就是将网络上的资料保存到自己的电脑上。通过下载，我们可以得到自己喜欢的音乐、电影、游戏、最新版本的应用软件、最新的驱动程序、需要的书籍等。

目前流行的下载方式主要有 Web 下载、BT（Bit Torrent）下载、P2SP 下载和流媒体下载四种下载方式。

（1）Web 下载方式

Web 下载方式又可分为 HTTP 与 FTP 两种类型，它们分别是 Hyper Text Transportation Protocol（超文本传输协议）与 File Transportation Protocol（文件传输协议）的缩写。它们是两种计算机之间交换数据的方式，也是两种最经典的下载方式。该下载方式的原理非常简单，就是用户通过两种规则（协议）和提供下载的服务器取得联系并将需要的文件搬到自己的计算机中来，从而实现了下载。

Web 下载方式常用的软件有 FlashGet（网际快车）、NetAnt（网络蚂蚁）等。

（2）BT 下载方式

BT（Bit Torrent）下载实际上就是 P2P（Peer to Peer）下载，该下载方式与 WEB 下载方式不同，此模式不需要专用的服务器，而是直接在用户机与用户机之间进行文件的传输，也可以说每台用户机都是服务器，讲究“人人平等”和“我为人人，人人为我”的下载理念。每台用户机在下载其他用户机上文件的同时，还提供被其他用户机下载的功能，所以使用此下载方式下载同一文件的用户数越多，其下载速度就会越快。

BT 下载方式常用的软件有 BitComet、BitSpirit（比特精灵）等。

（3）P2SP 下载方式

P2SP 下载方式实际上是对 P2P（Peer to Peer）技术的进一步延伸和改进，P2SP 中的 S 就代表“Server”（服务器）的意思。这种下载方式不但支持 P2P 技术，同时还通过多媒体检索数据库这个桥梁把原本孤立的服务器资源和 P2P 资源整合到了一起，这样下载速度更快，同时下载资源更丰富，下载稳定性更强。

P2SP 下载方式常用的软件有 Thunder（迅雷）等。

（4）流媒体下载方式

流媒体下载方式是通过 RTSP（Real Time Streaming Protocol 实时流协议）、MMS（Microsoft Media Server Protocol 流媒体服务协议）等流媒体传输协议使用特殊的下载软件在流媒体服务器上下载视频、音频文件的一种下载方式。

流媒体下载方式常用的软件有 Net Transport（影音传送带）等。

注意：如果计算机上没有安装下载软件，我们可以使用 IE 浏览器直接进行 Web 方式的下载。其操作过程如下所示。

首先在 IE 浏览器的地址栏中输入相应的网址（如：http://www.onlinedown.net/）进入该网站，我们可以通过分类查找或站内搜索等方法找到我们需要下载的软件，然后通过单击链接来完成下载。

单击其中的一个下载链接，系统会自动弹出“文件下载”对话框，如图 9.34 所示。单击“保存”按钮，选择一个文件下载后的保存位置。此时，系统会自动下载并且显示下载进度窗口，如图 9.35 所示。

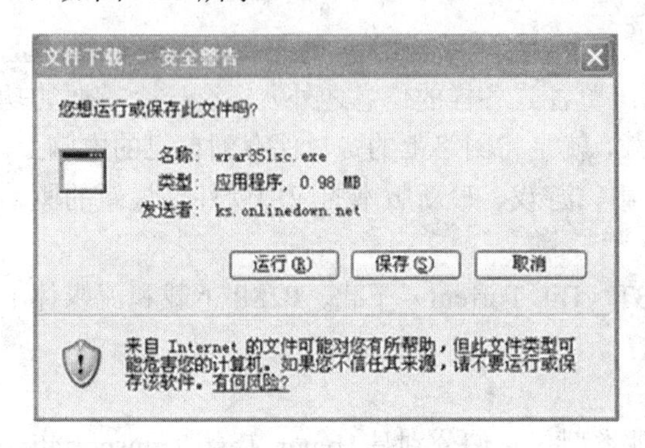

图 9.34 “文件下载”对话框

图 9.35 下载进度窗口

常用下载工具软件很多，下面以网际快车 FlashGet 为例介绍它的安装及使用。

（1）网际快车 FlashGet 的下载及安装

FlashGet 是一个免费软件，用户可以到它的官方网站（http://www.amazesoft.com）下载它的最新版本，如图 9.36 所示。

图 9.36 FlashGet 下载界面

FlashGet 的安装非常简单，只需要根据安装向导进行安装，安装完毕后运行，其主界面如图 9.37 所示。同时，在屏幕上出现一个半透明的悬浮窗图标，如图 9.38 所示，在 FlashGet

下载文件时，该图标用以显示正在下载任务的状态，同时右下角任务栏会出现FlashGet的任务图标。

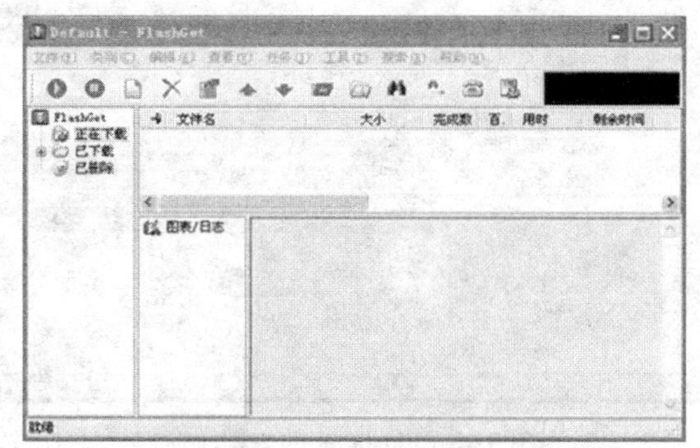

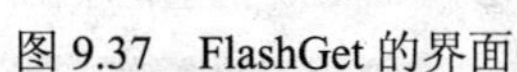
图9.37 FlashGet的界面

图9.38 FlashGet的任务图标

（2）资源下载

首先打开WinRAR的下载页面，在网页下方的“立即下载”列表中选择一个下载地址，然后单击鼠标右键，弹出如图9.39所示的快捷菜单。

从中选择“使用网际快车下载”菜单命令，系统会自动启动FlashGet（如果FlashGet还没有运行的话）并且弹出“添加新的下载任务”对话框，如图9.40所示。

图9.39 快捷菜单

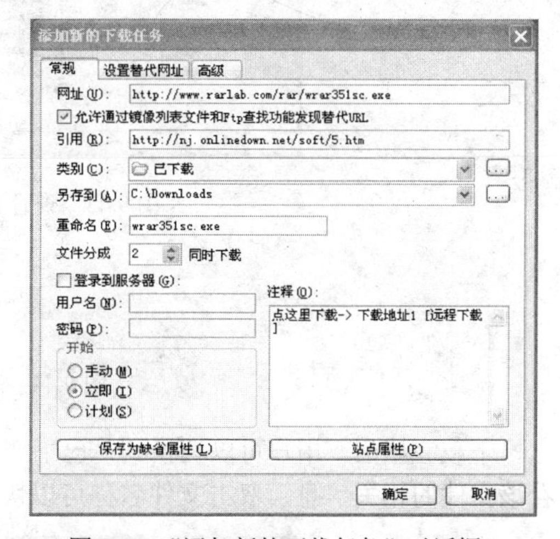

图9.40 “添加新的下载任务”对话框

单击“确定”按钮，FlashGet会自动开始文件的下载，悬浮窗会显示下载进行的进度，如图9.41所示。

在下载过程中，我们可以随时单击桌面右下角任务栏中的图标，打开FlashGet的主程序窗口，如图9.42所示。

单击“图表/日志”列表中的“Jet 1”，则可以在右面的区域中查看Jet 1文件的下载链接状态，如果该Jet文件处于“开始接受数据”状态，则表示正在进行该文件的下载，如图9.43所示。

在下载过程中，用户可以通过FlashGet工具栏上的对应按钮控制任务的暂停、删除、修改优先级等，如图9.44所示。

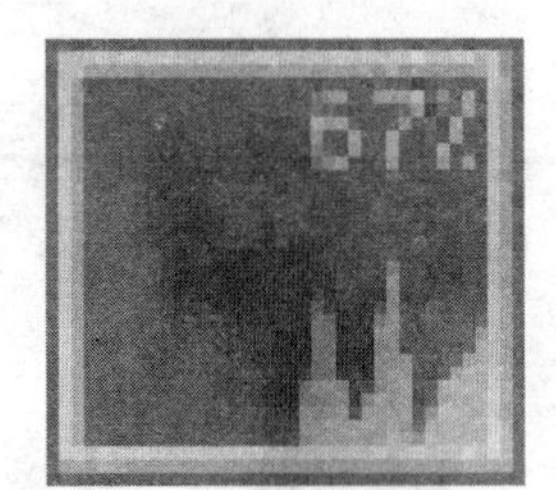

图 9.41 显示下载进度的悬浮窗

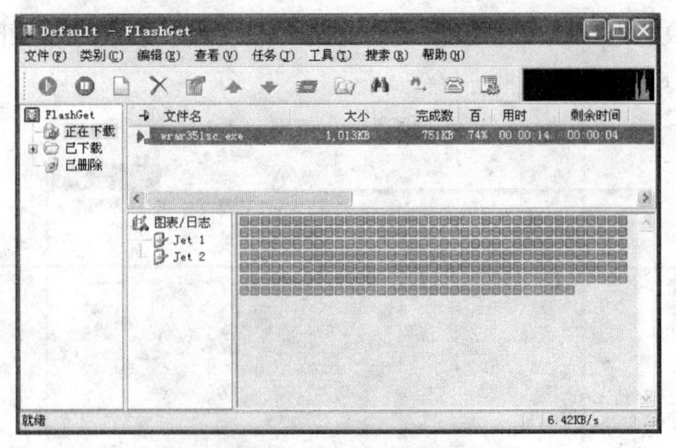

图 9.42 FlashGet 的主程序窗口

图 9.43 查看文件的下载链接状态

图 9.44 FlashGet 工具栏

下载完毕后，用户可以切换到“已下载”文件夹，如图 9.45 所示。单击文件名称可以查看该文件的相关信息，双击文件名称可以快速地打开此文件。

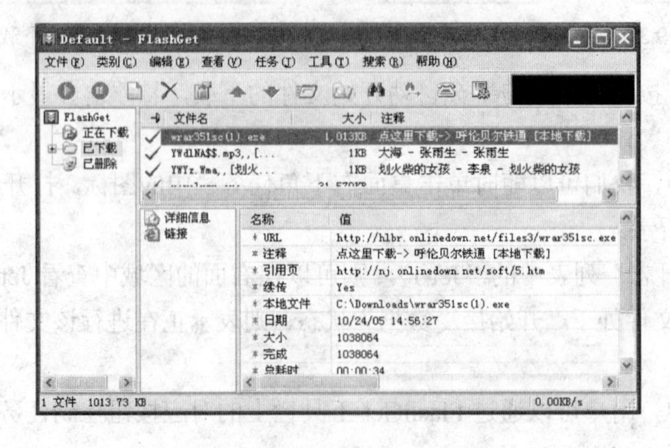

图 9.45 切换到“已下载”文件夹

（3）FlashGet 下载文件管理

FlashGet 能够对已经下载的文件进行归类整理，这也是 FlashGet 的特点之一。FlashGet 引入了类别的概念，它的每一种类别对应一个文件夹，用户可以根据需要在主界面左窗口中相应的文件夹下面建立自己的类别。比如在“已下载”文件夹上面单击鼠标右键，则弹出如图 9.46 所示的快捷菜单。

选择“新建类别”菜单命令，则弹出“创建新类别”对话框，如图 9.47 所示。

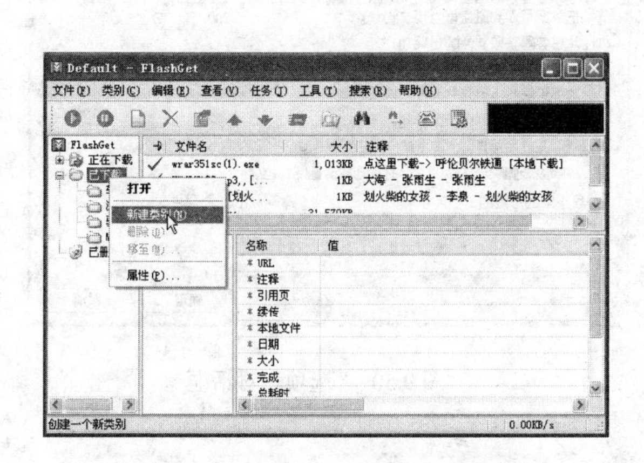

图 9.46 “已下载”文件夹的快捷菜单

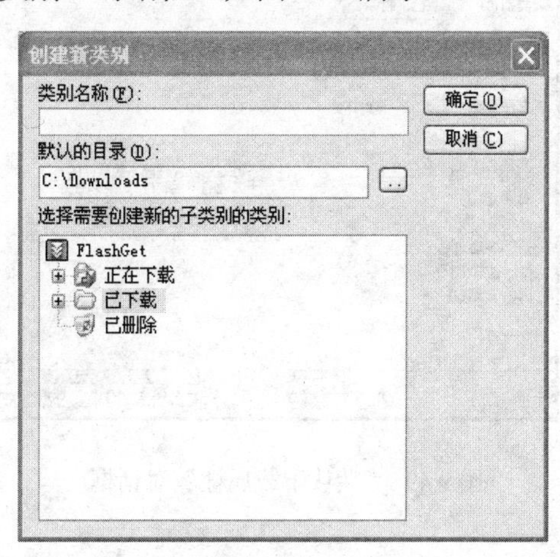

图 9.47 “创建新类别”对话框

（4）FlashGet 批量下载

有时需要从同一个网站上下载成批的文件，如果一个文件一个文件地分别下载则十分的麻烦，但是如果这些文件的文件名是按序号（或字母）递增或递减排列的，则我们可以利用 FlashGet 提供的批量下载功能轻松地解决这个问题。

执行“任务”→“添加成批任务”菜单命令，弹出如图 9.48 所示对话框。

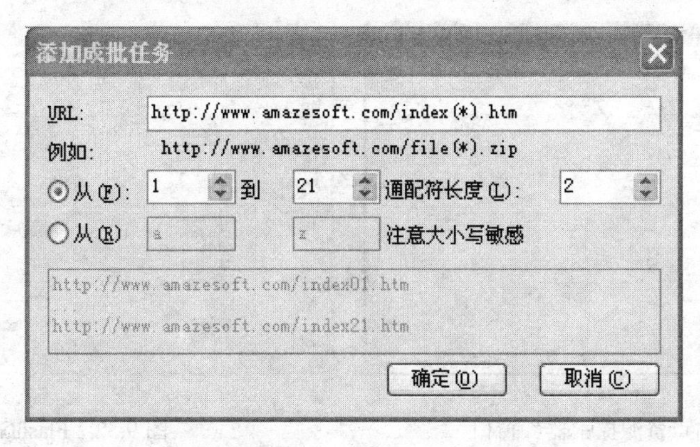

图 9.48 批量下载界面

（5）FlashGet 的设置

在 FlashGet 中，可以根据自己的需要对其进行属性的下载。

执行“工具”→“默认下载属性”菜单命令，打开“默认下载属性”对话框，如图 9.49

所示。

执行“工具”→“选项”菜单命令，打开“选项”对话框，如图 9.50 所示。

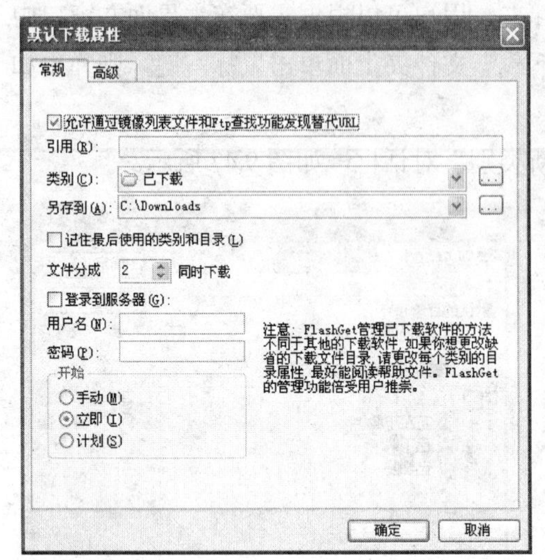

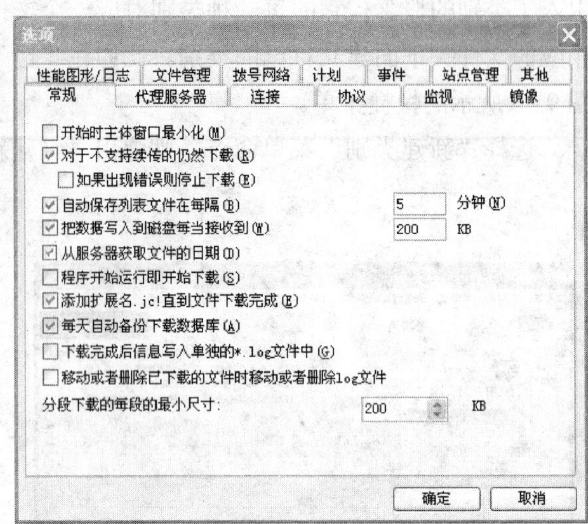

图 9.49 “默认下载属性”对话框

图 9.50 “选项”对话框

（6）FlashGet 站点资源探索器

FlashGet 站点资源探索器能够帮助用户将某一站点中的全部文件和文件夹探测并且显示出来，然后可以根据需要从中任意选择文件或文件夹实现快速下载的目的，其具体步骤如下。

在 FlashGet 的主界面中，执行“工具”→“站点资源探索器”菜单命令，打开“站点资源探索器”窗口，如图 9.51 所示。

在“地址”文本框中输入一个完整的网络地址，例如 http://www.sina.com.cn，按<Enter>键后，FlashGet 会自动搜索该网址的全部文件夹以及文件，如图 9.52 所示。

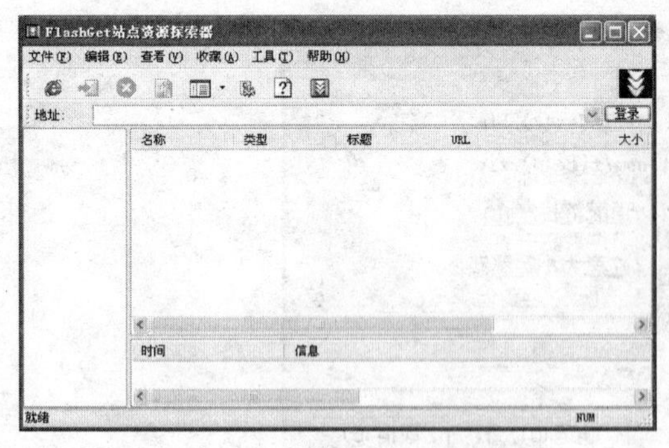

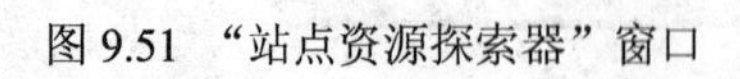

图 9.51 “站点资源探索器”窗口

图 9.52 FlashGet 自动搜索

选择需要下载的文件，单击鼠标右键，弹出快捷菜单，如图 9.53 所示。

选择“下载”菜单命令，FlashGet 自动弹出“添加新的下载任务”对话框，如图 9.54 所示。

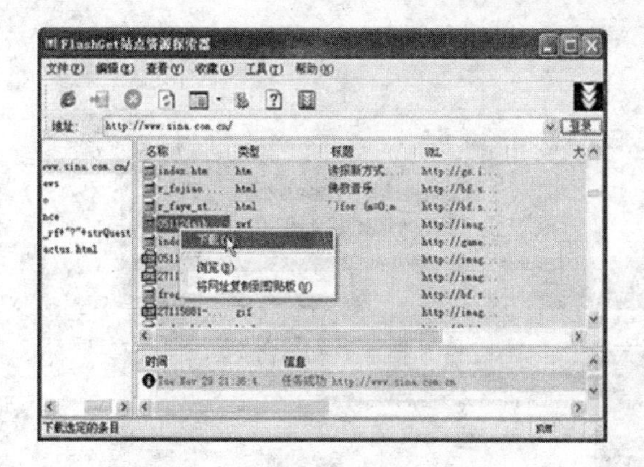

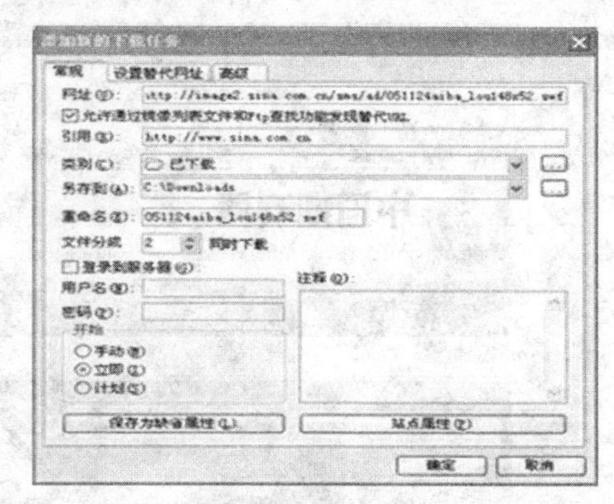

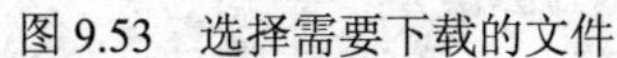

图 9.53 选择需要下载的文件

图 9.54 “添加新的下载任务”对话框

9.3 网络数据库使用

9.3.1 中国期刊网

（1）“中国期刊网”简介

“中国期刊网”是由清华同方光盘股份有限公司和中国学术期刊（光盘版）电子杂志社共同创建并维护的大型中文学术期刊数据库，它于 1999 年 6 月 18 日在清华大学正式开通，是中国知识基础设施工程（China National Knowledge Infrastructure，CNKI）中的一个重要组成部分，也是国内最大的期刊文献数据库之一。目前共收录有 1994 年以来公开出版发行的核心期刊和专业特色期刊约 5300 种，题录 1000 万余条。内容覆盖理工 A（数理科学）、理工 B（化学、化工、能源与材料）、理工 C（工业技术）、农业、医药卫生、文史哲、经济政治与法律、教育与社会科学、电子技术与信息科学，共九大专辑 126 个专题文献数据库。

中国期刊网收录的期刊均已有印刷版，电子版的速度晚于印刷版。发行方式有两种：一是以光盘形式发行，分为整库和专题库等几种不同的形式供用户按需选择；二是以网络版形式发行，提供三种类型的数据库，即题录数据库、题录摘要数据库和全文数据库。除全文数据库收费外，其余两种均为免费服务。用户欲浏览期刊全文，必须在初次使用时首先下载和安装全文浏览器 CAJViewer。

为方便不同网络条件的用户使用“中国期刊网”，目前，该系统在“中国公众数据数字网”（即邮电网）（ChinaNet）和“中国教育和科研计算机网”（CERNet）上分别挂有网站，网址是：

ChinaNet：http://www.cnki.net

CERNet： http://www.Chinajiournal.net.cn / index.html

校园网用户还可以直接登录本校图书馆网站，在图书馆网络数据库中文数据资源栏目下，单击“中国期刊网”链接，访问该数据库。

用户可根据自己的网络接入方式选择合适的网址检索该数据库系统。

（2）检索方法

通过上述途径进入“中国期刊网”主页，如图 9.55 所示。

图 9.55 "中国期刊网"主页

在左侧的用户登录界面，输入账号和密码，单击"登录"按钮，即可进入检索界面。校园网上的户不用输入账号和密码，只要单击"登录"按钮，即可进入检索界面。系统具有两种检索界面：初级检索界面（系统默认）和高级检索界面。通过页面转换工具条可以进行两者的切换。

9.3.2 电子图书

（1）中国数字图书馆电子图书

中国数字图书馆有限责任公司是中国数字图书馆工程建设的重要组成单位之一，自 2000 年 9 月，它推出了"网上图书馆"服务，目的在于满足读者在网上阅读中文图书的需求。目前中国数字图书馆公司拥有 6000 万页以上的数字化图书，并以每天 20 万页的速度增长。数字图书馆的网上图书涉及的内容包括社会科学、自然科学、理工农医等类别。

中国数字图书馆公司网上图书馆的地址（http://www.nlc.gov.cn）。如图 9.56 所示。注意：首次使用需下载并安装中国数图浏览器。

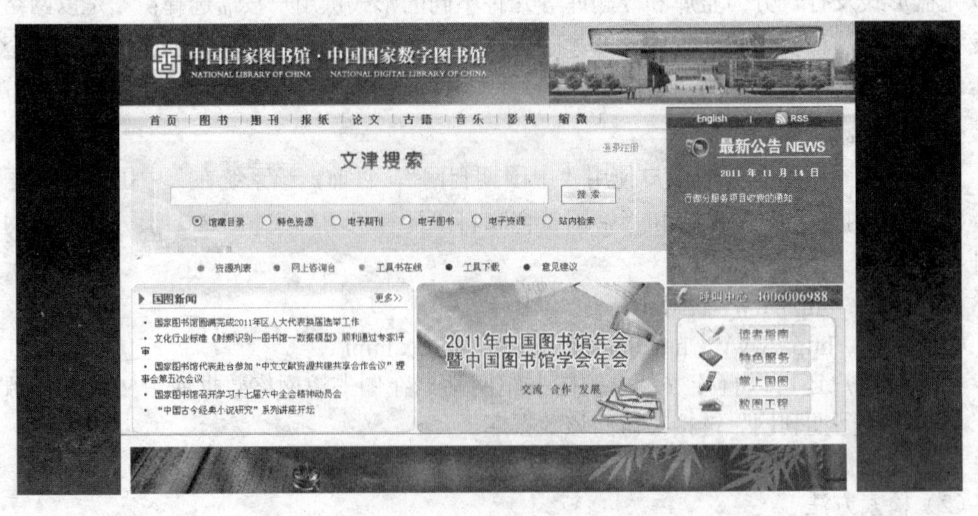

图 9.56 中国数字图书馆主页

（2）超星中文电子图书

超星数字图书馆是由北京世纪超星信息技术发展有限责任公司建成的数字图书系统，它拥有21万种电子图书，可浏览的图书达7000多万页，其内容涉及文学、历史、哲学、医学、旅游、计算机、建筑、军事、经济、金融和环保等45个学科。配有专门的超星全文浏览器，能浏览每本书的全文。其检索方法多样，既可以通过图书书名、作者、出版社、出版时间等多种途径进行目录检索和全文检索，也可以通过学科分类，进行层层检索。而且有显示全文下载、文字识别、打印等多种功能。许多高校图书馆已建立了该数字图书系统的数据检索镜像站点。

访问超星数字图书馆的方式有两个：一是通过网络访问购买了超星数字图书馆的数据库的单位（大部分是高校或公共图书馆）；二是直接访问超星数字图书馆的主页http://book.chaoxing.com，如图9.57所示。如果需要获得显示全文及下载的功能，用户可以通过购买读书卡的方式来进行注册。

图9.57 超星数字图书馆主页

对于首次下载浏览超图电子图书的用户，首先需在超星首页下载超星电子图书阅览器。

（3）书生之家电子图书

“书生之家数字图书馆”网站于2000年4月7日试运行，5月8日正式开通，是集支持普遍存取、分布式管理和提供集成服务于一身的基于Intranet和Internet环境下的数字图书馆系统平台。

书生之家是一个全球性的中文书报刊网上开架交易平台，下设中华图书网、中华期TUN、中华报纸网、中华资讯网等子网，集成了图书、期刊、报纸、论文、CD等各种出版物的（在版）书（篇）目信息、内容提要、精彩章节、全文，是著书、出书、售书、购书、读书、评书的网上交流园地。收录1980年到1999年的10多万种精品图书。书生之家每个子网都设有博览区、交易区、沙龙区三个主要版块。

“书生之家数字图书馆”网站的核心技术为自主研发的全息数字化技术，该平台逐一解决了数字图书馆技术领域的各项挑战：图书信息完整性、导航信息、海量存储、图书浏览、防下载盗版、防信息复制盗版等。同时，在技术设计上着重Internet / Intranet模式的系统方案，提供给客户从服务器端到客户端的完整解决方案，充分利用满足图书馆内部局域网的资源，针对图书情报行业在局域网上建设数字图书馆的特殊需求度身定做了整体的解决方案。

“书生之家数字图书馆”网站创造了一个全新的阅读空间，为广大读者提供了一个多元立体化的知识网络系统。轻松愉悦的精显阅读界面，方便快捷的书内四级目录导航，集成业界领先的 TRS 搜索引擎能实现海量数据的全文检索，提供分类检索、单项检索、组合检索、全文检索、二次检索等强大的检索功能。

部分高校图书馆购买了书生之家磁盘镜像，可以在校园网终端下载阅读所有的信息资源，用户可以通过图书书名、作者、分类等多种途径进行全面检索。其检索界面如图 9.58 所示。

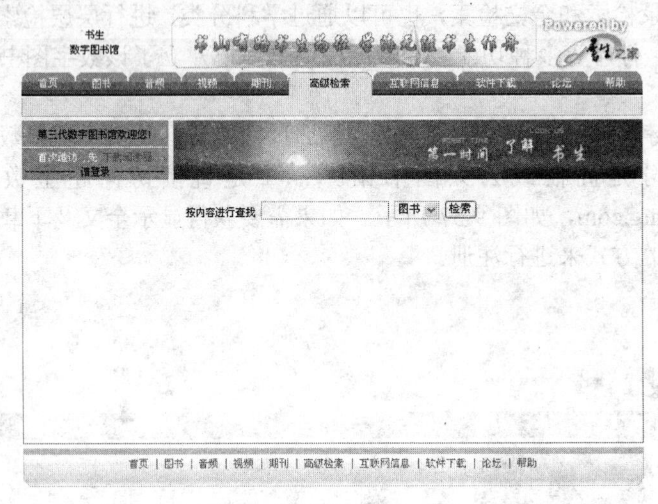

图 9.58　书生之家检索界面

9.4 网络生活

9.4.1 网络购物

网上购物，就是通过互联网检索商品信息，并通过电子订购单发出购物请求，然后填上私人支票账号或信用卡的号码，厂商通过邮购的方式发货，或是通过快递公司送货上门。国内的网上购物，一般付款方式包括款到发货（直接银行转账、在线汇款）、担保交易（淘宝支付宝、百度百付宝、腾讯财付通等）、货到付款等。

网上购物的途径有 B2B 平台，B2C 平台，以及独立的网络商城和团购网站等。目前国内购物比较多的 B2B 网站有阿里巴巴、慧聪网等，C2C 网站有淘宝网、百度有啊、腾讯拍拍等，B2C 商城有华强商城、淘宝商城、亿汇网、京东商城、日日来商城、卓购商城等，M2C 团购网站有 58 同城、拉手网、美团网等，垂直类商城有凡客诚品、玛莎玛索，S2C（Shop to Customer in city）网站有 95 百货商城、同城购物。

下面以淘宝网为例介绍购物流程。

（1）注册淘宝网和支付宝账号。登录淘宝网（http://www.taobao.com），点击左上角的“免费注册”，进入注册程序（图 9.59）。

淘宝会员与支付宝账户可以用手机注册，也可以用邮箱注册（任选一种），在注册淘宝会员的时候，会同时产生支付宝账户，而且还可以直接用淘宝会员名登录旺旺。旺旺是淘宝交易专用的聊天工具，在交易出现纠纷时旺旺聊天记录可以作为证据，其他聊天工具比如 QQ 的聊天记录则不被承认。两种注册方式的具体步骤如下。

a．手机号码注册。先填写会员信息，填完点击“同意以下协议，提交注册”，之后手机会收到一条校验码，输入校验码即注册成功。

图 9.59 “免费注册”界面

b．电子邮箱注册。先填写会员信息，填完点击“同意以下协议，提交注册”，之后邮箱会收到激活信件，登录邮箱激活即注册成功。

在注册完淘宝会员首次登录淘宝购物时，淘宝会提示填写“收货人信息”等资料，按提示填写完就可以了。如图 9.60 所示。

此外，还要登录支付宝（https://www.alipay.com）完成支付宝资料的填写（图 9.61）。

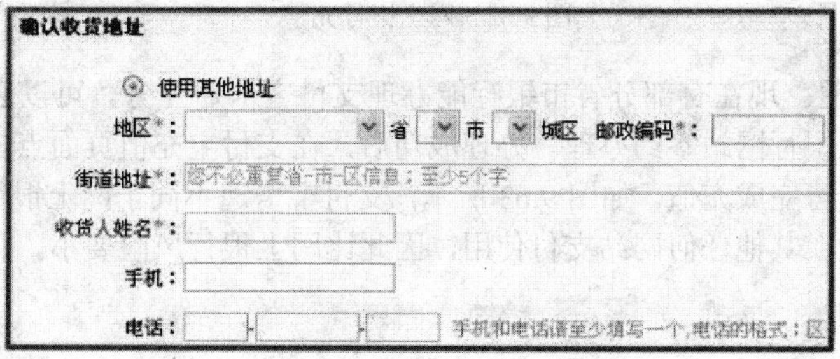

图 9.60　填写“收货人信息”

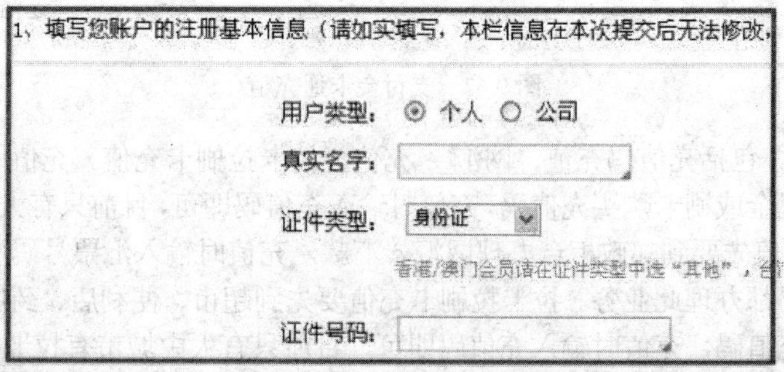

图 9.61　支付宝资料的填写

（2）给支付宝账户充值

申请了支付宝账户还不够，要网上购物还要给支付宝充值，这是淘宝购物很关键的一步。具体充值方法可参考支付宝帮助。主要有下面四类。

a．网上银行。现在几乎所有银行都支持开通网上银行，不过这需要去银行柜台签约办理，银行网站签约开通的只可以查账而不具备支付功能。网上银行有多种形式，常见的是口令卡，就是一个密码表，支付时需要输入口令卡动态密码。你只要把口令卡保管好，不要让别人拍照或复制就可以确保网上银行的安全。开通网上银行后，登录支付宝账户点充值，再点击网上银行，按照提示即可一步步完成网上银行充值。如图 9.62 所示。

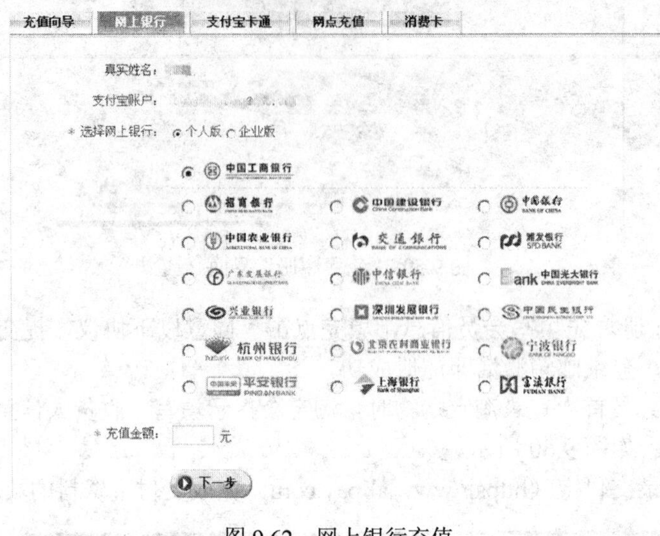

图 9.62　网上银行充值

b．支付宝卡通。现在有部分省市银行能办理支付宝卡通业务，可以去银行柜台签约办理，也可以直接在银行网站签约办理。办理成功后，在支付宝充值页面点击支付宝卡通输入支付宝支付密码即可完成充值。如图 9.63 所示，支付宝卡通不同于网上银行，它只能用来给支付宝充值，不能在其他任何网站支付使用，因此比网上银行风险要小。

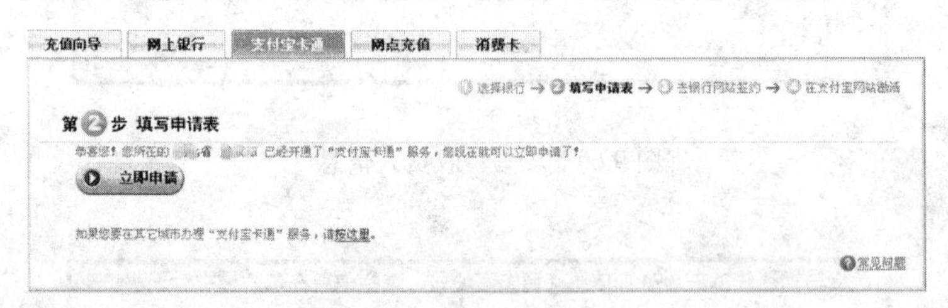

图 9.63　支付宝卡通充值

c．网点充值。包括充值码充值、网汇 e 充值、拉卡拉刷卡充值。充值码充值先要到支付宝合作网点使用现金或刷卡购买充值码，充值时输入充值码即可，目前只有大中城市有网点（图 9.64）。网汇 e 充值先要到邮政柜台办理网汇 e 汇款，充值时输入汇票号码和密码即可，目前全国大多数邮政局都办理此业务。拉卡拉刷卡充值要先到超市、便利店、药店等能刷卡的地方刷卡购买支付宝充值码，充值时输入充值码即可，目前只有大中城市有拉卡拉刷卡网点。

d．消费卡充值。包括百联 OK 卡充值、便利通卡充值、话费充值卡充值。百联 OK 卡是百联发行的消费卡，经百联网站认证后可以给支付宝充值但要支付 2%的服务费。便利通卡是农工商超市集团发行的消费卡，可以给支付宝充值但要支付 2%的服务费。话费充值卡包括全国神州行卡、联通一卡充，可以给支付宝充值但要支付 5%的服务费。使用这几种消费卡充值只要在充值页面输入卡号密码照提示即可完成充值。如图 9.65 所示。

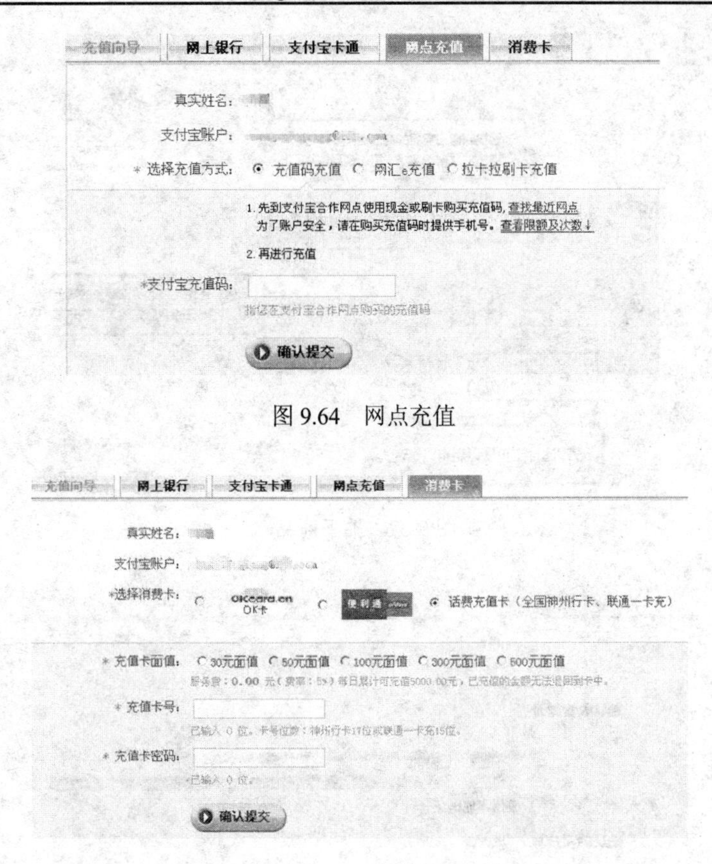

图 9.64　网点充值

图 9.65　消费卡充值

（3）挑选商品

注册完账号并给支付宝充值后就可以登录淘宝网寻找商品开始购物了。淘宝网首页有详细的商品分类，点击进去是详细的商品列表。淘宝网最上边的搜索框要好好利用。默认的是搜宝贝，也可以点击切换成搜商城、搜店铺、搜拍卖。如图 9.66 所示。

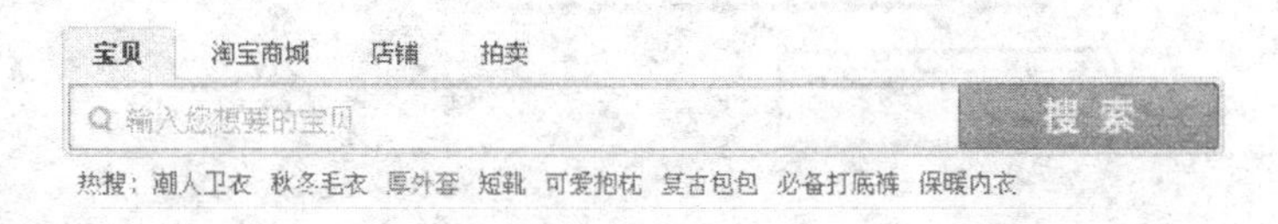

图 9.66　挑选商品

淘宝网还有许多导购频道，对买家尤其是新手买家是很有用的。这些频道有：淘宝排行榜、皇冠店铺、商城频道、女人频道、男人频道、美容频道、鞋包配饰频道、居家玩具频道、食品频道、数码频道、电器城频道、家装频道、机票频道、台湾馆频道、秒杀频道等。

（4）拍下商品

找到需要的商品后，如果只购买某个商家的一种商品就点击“立刻购买”来拍下商品，如果想购买某个商家的多种商品就点击“加入购物车”。如图 9.67 所示。

拍下商品后要填写相关的购买信息，比如收货地址、购买数量等，点击“确认无误，购买”按钮便生成了一个交易记录。如图 9.68 所示。

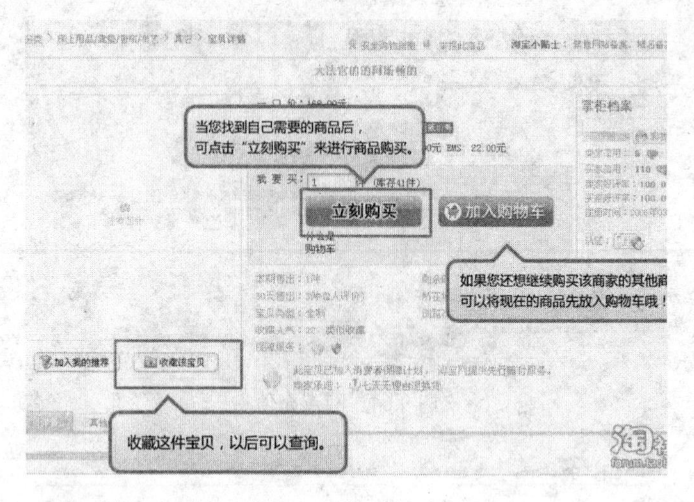

图 9.67 拍下商品

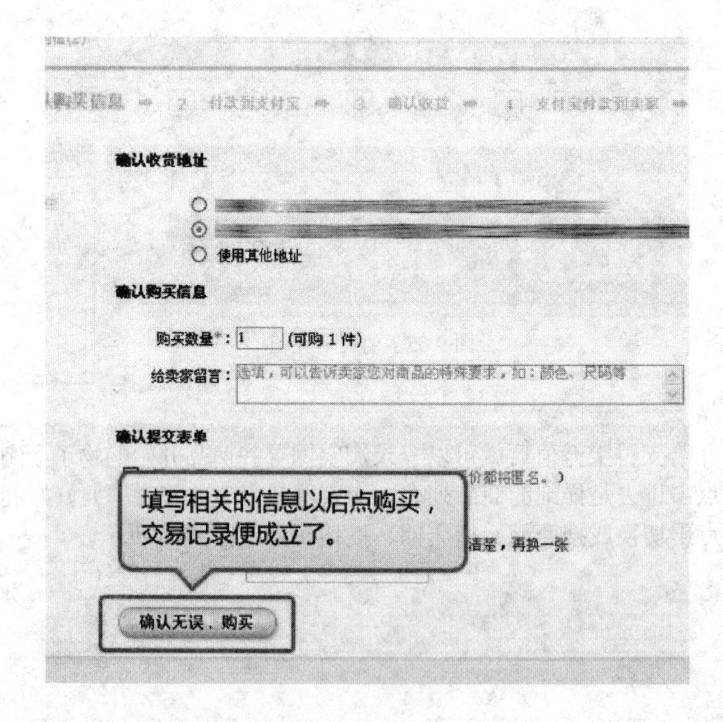

图 9.68 生成交易记录

使用"加入购物车"来拍下商品的好处是在不超重的前提下只计算一次运费，只填写一次购买信息。如果使用"立刻购买"来拍下商品则每种商品都要计算运费，都要填写购买信息。

（5）支付宝付款

拍下商品后，系统会自动跳转到支付宝页面。如图 9.69 所示。

此时，如果想立刻付款的话，可以输入支付密码，点"确认"便能完成支付操作。如图 9.70 所示。点支付操作后，系统会从买家的支付宝账号扣除应付的货款和运费。这时货款只是从买家的账户转移到第三方支付宝，只有当买家确认收货后，货款才会从支付宝转移到卖家账户。

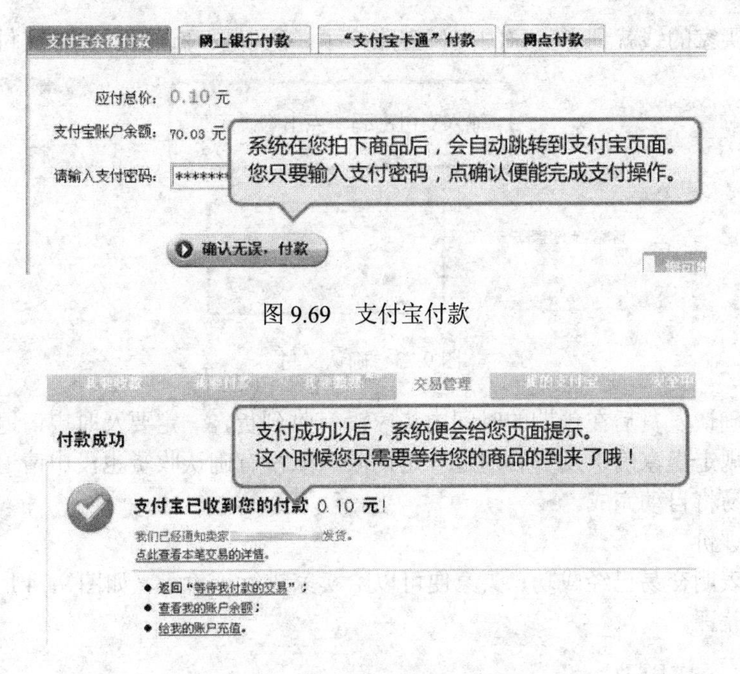

图 9.69　支付宝付款

图 9.70　完成支付操作界面

如果还想再逛逛，不想立刻付款的话，可以关闭该支付页面。当想付款时，可以在"我的淘宝"→"已买到的宝贝"中找到该商品。此时该商品的交易状态是"等待买家付款"，您只要点击"付款"即可完成支付。如图 9.71 所示。

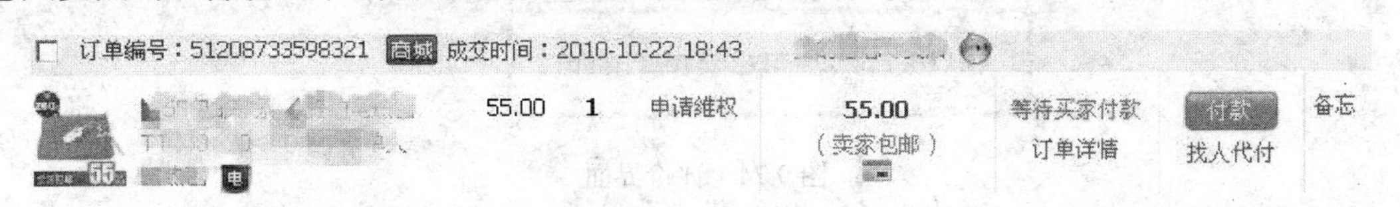

图 9.71　交易状态界面

（6）确认收货

完成支付宝付款后，接下来就是等待卖家发货了。可以在"我的淘宝"→"已买到的宝贝"中找到该商品，查看交易状态。如图 9.72 所示。如果交易状态是"买家已付款，等待卖家发货"，可以催卖家尽快发货。如果交易状态是"卖家已发货"，就只需等待快递送货。在收到快递送货后最好当面拆封检查后再签收，这样可避免纠纷。货已收到了，确认没有问题了，就找到该交易点击"确认收货"。

图 9.72　交易状态界面

接下来是输入支付宝密码进行支付了，如图 9.73 所示。注意：此处支付是实实在在的支付了，支付后买家的钱就到了卖家的支付宝账户了，所以要确认无误后才支付。

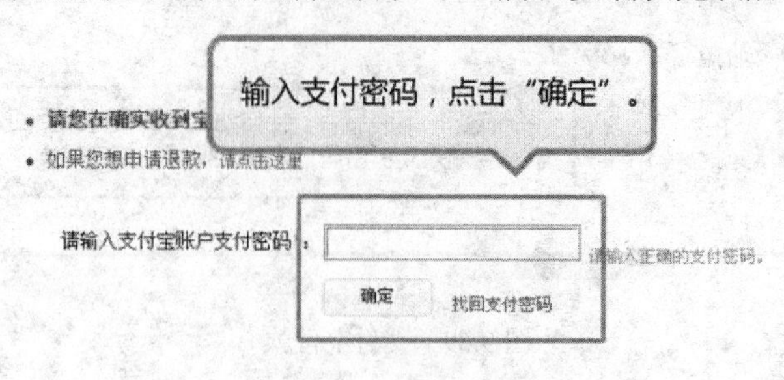

图 9.73　确认支付

如果卖家确认发货后在预期的时间内买家没有收到货，一定要及时申请退款或延长收货时间。淘宝网规定卖家确认发货后超过一定期限买家没有确认收货也没申请退款系统将自动确认收货，交易将自动完成。

（7）相互评价

确认收货表明交易已经成功，买家便可以给卖家进行评价了，如图 9.74 所示。评价包括好评、中评、差评。

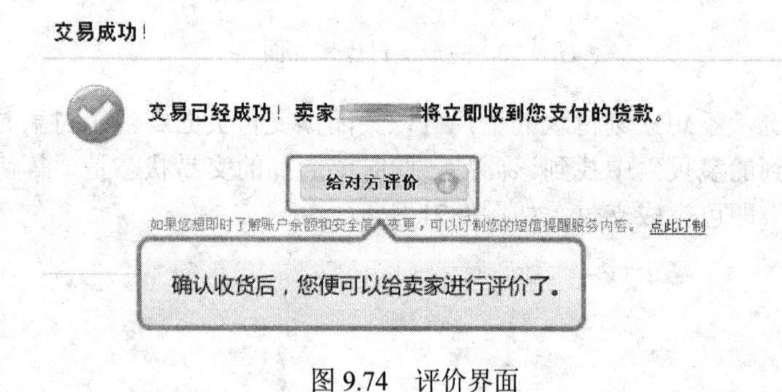

图 9.74　评价界面

9.4.2　网络论坛

网络论坛是一个和网络技术有关的网上交流场所。一般就是大家口中常提的 BBS（Bulletin Board System），翻译为中文就是“电子公告板”。

BBS 最早是用来公布股市价格等类信息的，当时 BBS 连文件传输的功能都没有，而且只能在苹果计算机上运行。早期的 BBS 与一般街头和校园内的公告板性质相同，只不过是通过电脑来传播或获得消息而已。一直到个人计算机开始普及之后，有些人尝试将苹果计算机上的 BBS 转移到个人计算机上，BBS 才开始渐渐普及开来。近些年来，由于爱好者们的努力，BBS 的功能得到了很大的扩充。目前，通过 BBS 系统可随时取得国际最新的软件及信息，也可以通过 BBS 系统来和别人讨论计算机软件、硬件、Internet、多媒体、程序设计以及医学等各种有趣的话题，更可以利用 BBS 系统来刊登一些“征友”、“廉价转让”及“公司产品”等启事，而且这个园地就在你我身旁。只要拥有 1 台计算机、1 只调制解调器和 1 条电话线，就能够进入这个“超时代”的领域，进而去享用它无比的威力！

BBS 多用于大型公司或中小型企业，开放给客户交流的平台，对于初识网络的新人来讲，BBS 就是用于在网络上交流的地方，可以发表一个主题，让大家一起来探讨，也可以提出一个问题，大家一起来解决等，是一个人与人语言文化共享的平台，具有实时性、互动性。随着时代的发展，新新人类的出现，也使得论坛成为新型词语或一些不正规的词语飞速蔓延。例如：“斑竹”（版主）、罐水（灌水）、“沙发”（第一个回帖人）、“板凳”（第二个回贴人），因此，在交流的时候请注意，同时避免不正规的词语蔓延。

国内的BBS站，按其性质划分可以分为两种：一种是商业BBS站，如新华龙讯网；另一种是业余BBS站，如天堂资讯站。由于使用商业BBS站要交纳一笔费用，而商业站所能提供的服务与业余站相比，并没有什么优势，所以其用户数量不多。多数业余BBS站的站长，基于个人关系，每天都互相交换电子邮件，渐渐地形成了一个全国性的电子邮件网络China FidoNet（中国惠多网）。于是，各地的用户都可以通过本地的业余BBS站与远在异地的网友互通信息。这种跨地域电子邮件交流正是商业站无法与业余站相抗衡的根本因素。由于业余BBS站拥有这种优势，所以使用者都更乐意加入。这里“业余”二字，并不是代表这种类型的BBS站的服务和技术水平是业余的，而是指这类BBS站的性质。一般BBS站都是由志愿者开发的。他们付出的不仅是金钱，更多的是精力。其目的是为了推动中国计算机网络的健康发展，提高广大计算机用户的应用水平。

论坛在主题方面几乎涵盖了我们生活的各个方面，几乎每一个人都可以找到自己感兴趣或者需要了解的专题性论坛，而各类网站，如综合性门户网站或者功能性专题网站也都青睐于开设自己的论坛，以促进网友之间的交流，增加互动性和丰富网站的内容。主要有综合类论坛和专题类论坛。

（1）综合类论坛

综合类的论坛包含的信息比较丰富和广泛，能够吸引几乎全部的网民来到论坛，但是由于广便难于精，所以这类的论坛往往存在着弊端，即不能全部做到精细和面面俱到。通常大型的门户网站有足够的人气和凝聚力以及强大的后盾支持能够把门户类网站做到很强大，但是对于小型规模的网络公司，或个人简历的论坛站，就倾向于选择专题性的论坛，来做到精致。

（2）专题类论坛

此类论坛是相对于综合类论坛而言，专题类的论坛能够吸引真正志同道合的人一起来交流探讨，有利于信息的分类整合和搜集，专题性论坛对学术科研教学都起到重要的作用，例如军事类论坛、情感倾诉类论坛、电脑爱好者论坛、动漫论坛，这样的专题性论坛能够在单独的一个领域里进行版块的划分设置，但是有的论坛把专题性直接做到最细化，这样往往能够取到更好的效果，如养猫人论坛、吉他论坛等。

9.4.3 网络金融

所谓网络金融，又称电子金融（E-finance），从狭义上讲是指在国际互联网（Internet）上开展的金融业务，包括网络银行、网络证券、网络保险等金融服务及相关内容；从广义上讲，网络金融就是以网络技术为支撑，在全球范围内的所有金融活动的总称，它不仅包括狭义的内容，还包括网络金融安全、网络金融监管等诸多方面。它不同于传统的以物理形态存在的金融活动，是存在于电子空间中的金融活动，其存在形态是虚拟化的、运行方式是网络化的。它是信息技术、特别是互联网技术飞速发展的产物，是适应电子商务（E-commerce）发展需要而产生的网络时代的金融运行模式。

我国网络金融服务工作始于20世纪70年代末，经历了从微机单机应用到城市综合网络，从分散无组织的自由开发应用到统一领导规划、集中开发应用，从单一业务应用到综合业务系统，从单纯营业系统到业务处理和管理信息系统配套运用的发展过程。

网络金融主要有以下几种服务。

① 电子银行。电子银行系指在银行与客户间，通过网络连线或Internet传输金融资讯与交易。主要包括网上银行、电话银行等等，借助个人电脑、自动提款机等器具，提供服务，缩短银行与客户间的距离，并同时达到提高效率的目的。

② 电子资金转账。经由终端机，语音工具，电脑等资讯设备或工具，通知或授权金融机构处理资金往来账户的转移行为。主要有线上电子交易给付系统、信用卡式给付系统等方式。本质是电子现金和电子支票。

电子现金：为一种因电子交易所需产生的线上给付系统，主要目的在于由电子付款模式取代消费者在购买过程中对现金的依赖，但仍保有现金应有的货币性质。

电子支票：购买者可就持有一定金额的支票型式进行交易，这些支票系透过电子方式传递，处理方式与传统支票有许多相似之处，账号用户会取得一份电子文件，其内容包括付款者姓名、账户号码、付款金融机构名称，接收支票者的姓名及支票的总金额等。

电子支付系统通常指电子信用卡支付系统、电子支票支付系统、网上电子现金产品（如数码现金、电子货币）等等。

③ 电子交易。包括各种金融产品的交易越来越借助电子手段。股票交易、期货交易、外汇交易，都需要一个强大、严密的电子交易平台。

④ 电子金融服务。包括各种金融机构为客户提供的电子手段服务，例如线上市场销售、线上或电话客户服务（如透过网上、电话申请信用卡）、客户遥距操作及结算（如电子信用证）、线上产品资讯服务（如线上查询存款利率）等等。基于电子网络系统的电子承兑汇票、电子信用证、电子抵押担保等业务的开发与运营，提高了金融业务的效率与质量，改善了对客户的服务，降低了经营管理的成本，扩大了银行的收益水平。

9.5 新型网络应用

网络应用是推动网络技术发展的强大动力。计算机技术和网络技术的飞速发展，使得人们不再满足于简单的文件传输、电子邮件、远程登录等网络应用，而是希望网络能够提供更多的服务，伴随着各种网络技术的发展，今后的网络应用将会具有如下特点：对网络带宽的要求越来越高，需要网络支持 QoS 服务，要求网络提供对组播的支持以及对网络安全的支持。以下是几个新型网络应用的方面。

（1）内部设备互联

内部设备互联指的是家庭用户可共享上网或共享网内资源。典型应用场景包括家庭用户可同时上网查找资料，可同时参加网络游戏，可通过网络共享使用同一台打印机等。如今无论中国电信的“我的 e 家”，还是网通的“亲情 e 家”，都以无线上网业务作为卖点，满足家庭用户同时移动上网的需求。无论是在书房、客厅还是在卧室，爸爸妈妈和孩子都可以顺利接入互联网，同时使用一条 ADSL 宽带，与普通上网的操作方式完全相同。

（2）融合通信

融合通信指的是用户可通过多种通信终端进行通信。现在通信手段逐渐丰富，手机、固话、小灵通、PC、可视电话都可被利用起来进行各种多媒体通信。典型应用场景包括用户在家中可通过 PC、可视电话或电视机与其他视频聊天软件进行多媒体通信；可搭建家庭内部无线网络，用户可在室外使用公用移动网络，在家内则切换到内部无线网络，从而节省通信费用，也可在家利用家庭内部网络进行手机上网。另外，IPTV 业务的发展使电视机也成为通信终端的一种，家庭网络也支持利用电视屏幕与其他 PC、手机、可视电话等进行通信。

（3）多媒体内容共享

多媒体内容共享指的是用户使用不同的终端设备共享家庭内部不同存储设备上的内容。典型应用场景包括用户可共享 PC 上存储的软件和数据；用户可选择各类终端下载家庭内部存储设备上的流媒体内容；用户可自动将手机拍摄的照片传输并存储到 PC 上，还可发表在网络上；用户可通过电视机搜索在 PC 中的媒体内容，如照片、音乐、电影等；用户可将数码照片存储到 PC 中，还可将这些照片显示在电视机上，通过电视遥控器进行控制，包括调整照片的大小、翻转照片、将照片设定为电视机的桌面背景；用户可将存储在 PC 中的音乐通过家庭音响系统播放出来等。

（4）娱乐服务

娱乐服务指的是用户使用不同的终端设备，享受外部网络提供的娱乐服务，如电视直播、点播电影、音乐、游戏等。典型应用场景包括用户利用电视中的节目单选择来自网络的节目并进行收看；用户在收看电视节目的同时，通过遥控器参与节目互动，如投票支持某位选手等；用户通过音响播放在线音乐，并通过互联网对音乐的相关资料进行搜索，如自动搜索歌手、专辑的信息，查阅相关的评论等。

（5）家居监控与安防

家居监控与安防指的是用户远程对家庭内部进行监控并与报警系统联动。典型应用场景包括用户通过办公室的 PC 远程查看家庭内部监控摄像头画面，查看家中小孩、老人的状况，并可控制摄像头的角度、图像的远近等；用户在客厅收看电视节目的同时，利用电视的画中画功能显示其他房间的情况，如儿童房里婴儿的情况、厨房电饭煲的情况；用户通过手机等终端发送短信或 Email 控制摄像头在指定时刻或即时发送图像到手机或其他指定终端，如 PC 或电视机等；报警联动系统通过传感器检测到异常信息时，可短信通知用户，同时根据预先设定执行切断电源、关闭设备等操作，并触发报警信息到小区安防系统及时通知小区保安等。

（6）家居智能控制

家居智能控制指的是用户可以在家庭内部或外部控制家里的智能家电。典型应用场景包括自动抄表并缴费；自动加电、加气；用户远程控制家中的洗衣机、电饭煲等；用户回家之前远程获得家里温度的信息、控制空调或暖气的开启；用户远程控制家里的电灯开关等。

随着网络技术和应用的不断普及和深入，新型网络应用还将不断涌现。而这些新型应用对网络的服务质量提出了新的挑战。传统网络服务质量主要集中在差错控制，而对传输延时没有严格限制。新型应用则要求系统在网络带宽有限的前提下提供实时传输、抖动控制等功能，以进一步提高网络服务的可靠性。

本章习题

1. 什么是 Internet 服务器？Internet 可提供哪些服务？
2. 简述网络资源获取方式。
3. 通过 IE 浏览器地址能访问哪些服务器？它们执行的协议相同吗？
4. 试利用搜索引擎查找上海交通大学的 FIP 站点，然后从上面下载一个有用的小软件。
5. 简述在 Web 浏览器（服务器）工作模式下，浏览信息资源的基本原理。

第 10 章　计算机网络安全

10.1　计算机网络安全概述

10.1.1　网络安全问题

信息时代，犯罪行为逐步向高科技蔓延并迅速扩散，利用计算机特别是计算机网络进行犯罪的案件越来越多。计算机犯罪是一种高技术型犯罪，由于其犯罪的隐蔽性，对计算机网络安全构成了很大的威胁。因此，计算机网络的安全越来越引起世界各国的关注。随着 Internet 的广泛应用，采用浏览器/服务器模式的 Intranet 纷纷建成，这使网络用户可以方便地访问和共享网络资源。但同时对企业的重要信息，如贸易秘密、产品开发计划、市场策略、财务资料等的安全无疑埋下了致命的隐患。计算机网络不断被非法入侵，重要情报资料被窃，给各用户及众多公司造成巨大的经济损失，甚至危害到国家和地区的安全。除了泄露信息对企业网构成威胁之外，还有一种危险是有害信息的侵入。有人在网上传播一些不健康的图片、文字或散布不负责任的消息；另一种不遵守网络使用规则的用户可能通过玩一些电子游戏将病毒带入系统，轻则造成信息出错，严重时将会造成网络瘫痪。

在此，以 Bell 实验室为例，概述计算机网络安全的重要性和必要性。Bell 实验室的工作大量地涉及计算机和软件，大约 50%的雇员在从事软件开发和软件应用工作。他们拥有 1800 多台主机和比其技术人员人数还多的各种计算机终端。在 Bell 网络系统内，有多达 3500 多万条有效编码组成的各种软件在运行，Bell 实验室也是世界上最大的软件企业之一。

Bell 实验室的计算机环境包括：分布在不同地区的集中化的计算中心，它们一般装备的是大型机和高档微型计算机，分布在各部门的通常是小型机，直接由技术人员使用的是大量的工作站。所有这些计算机均以各种方式联成网络，包括从高速通信专线联络到直接使用电信网络的拨号通信线等，使得雇员们可以通过在家中的终端直接存取 Bell 实验室的各种计算机资源。

综上所述，Bell 实验室所有的工作都是离不开计算机的，更离不开计其机网络，如果 Bell 实验室的网络受到攻击，将会导致整个实验室无法进行工作，其损失是无法估量的。

10.1.2　网络安全的定义

网络安全所涉及的领域是相当广泛的，因为对计算机网络安全的威胁来自各个方面，有自然因素，也有人为因素。自然因素有地震、火灾、空气污染和设备故障等，而人为因素有无意和有意之分，无意的比如误操作造成的数据丢失；有意的如诸多的黑客侵入。

从用户角度看，网络安全主要是保证个人数据和信息在网络传输和存储中的保密性、完整性、不可否认性，防止信息的泄露和破坏，防止信息资源的非授权访问。

对于网络管理员来说，网络安全的主要任务是保障用户正常使用网络资源，避免病毒、非授权访问等安全威胁，及时发现安全漏洞，制止攻击行为等。

从教育和意识形态方面看，网络安全主要是保障信息内容的合法和健康，控制含不良内容的信息在网络中传播。例如，英国实施的“安全网络 R-3 号”，能有效地防止 Internet 上不健康内容的泛滥。

可见网络安全的内容是十分广泛的，不同的用户对其有不同的见解。从广义上说，网络安全包括网络硬件资源和信息资源的安全性。硬件资源包括通信线路、网络通信设备（集线器、交换机、路由器、防火墙）、服务器等。要实现信息快速、安全地交换，一个可靠、可行的物理网络是必不可少的。信息资源安全包括维持网络服务运行的系统软件和应用软件，以及在网络中存储和传输的用户信息的安全。

在此，我们对网络安全下一个定义：网络安全是指保护网络系统中的软件、硬件及数据信息资源，使之免受偶然或恶意的破坏、盗用、暴露和篡改，保证网络系统的正常运行、网络服务不受中断所采取的措施和行为。

10.1.3 网络安全威胁

所谓的安全威胁是指某个实体（人、事件、程序等）对某一资源的机密性、完整性及可用性在合法使用时可能造成的危害。这些可能出现的危害，是某些别有用心的人通过一定的攻击手段来实现的。

安全威胁可分为故意的（如系统入侵）和偶然的（如将信息发到错误地址）两类。故意威胁又可进一步分成被动威胁和主动威胁两类。被动威胁只对信息进行监听，而不对其修改和破坏；主动威胁则要对信息进行故意篡改和破坏，使合法用户得不到可用信息。

（1）基本的安全威胁

网络安全具备4个方面的特征，即机密性、完整性、可用性及可控性。下面的4个基本安全威胁直接针对这4个安全目标。

① 信息泄露。信息泄露给某个未经授权的实体。这种威胁主要来自窃听、搭线等信息探测攻击。

② 完整性破坏。数据的一致性由于受到未授权的修改、创建、破坏而损害。

③ 拒绝服务。对资源的合法访问被阻断。拒绝服务可能由以下原因造成：攻击者对系统进行大量的、反复的非法访问尝试而造成系统资源过载，无法为合法用户提供服务；系统物理或逻辑上受到破坏而中断服务。

④ 非法使用。某一资源被非授权人以授权方式使用。

（2）可实现的威胁

可实现的威胁可以直接导致某一基本威胁的实现，包括渗入威胁和植入威胁。

① 渗入威胁。

a. 假冒。即某个实体假装成另外一个不同的实体。这个未授权实体以一定的方式使安全守卫者相信它是一个合法实体，从而获得合法实体对资源的访问权限。这是大多数黑客常用的攻击方法。

如甲和乙网络上的合法用户，网络能为他们服务。丙也想获得这些服务，于是丙向网络发出："我是乙"的信息，从而获得乙应得的服务。

b. 篡改。乙给甲发了如下一份报文："请给丁汇10000元钱。乙"。报文在转发过程中经过丙，丙把"丁"改为"丙"。结果是丙而不是丁收到了这10000元钱。这就是报文篡改。

c. 旁路。攻击者。

d. 授权侵犯。对某一通过各种手段发现一些系统安全缺陷，并利用这些安全缺陷绕过系统防线渗入到系统内部。资源具有一定权限的实体，将此权限用于未被授权的实体，也称"内部威胁"

② 植入威胁。

a. 计算机病毒。一种会"传染"给其他程序并具有破坏能力的程序，"传染"是通过修改其他程序来把自身或其变种复制进去完成的。如"特洛伊木马（ Trojan horse）"是一种执行超出程序定义之外的程序，如一个编译程序除了执行编译任务以外，还把用户的源程序偷偷地复制下来，这种编辑程序就是一个特洛伊木马。

b. 陷门。在某个系统或某个文件中预先设置“机关”，引诱用户掉入“陷门”之中，一旦用户提供特定的输入时，就允许用户违反安全策略，将自己机器上的秘密自动传送到对方的计算机上。

典型的安全威胁如表10.1所示。

表10.1 典型的网络安全威胁

威　胁	描　述
授权侵犯	为某一特定目的被授权使用某个系统的人，将该系统用作其他未受权的目的
窃听	在监视通信的过程中获得信息
电磁泄漏	从设备发出的辐射中泄露信息
信息泄露	信息泄露给未授权实体
物理入侵	入侵者绕过物理控制而获得对系统的访问权
重放	出于非法目的而重新发送截获的合法通信数据的复制
资源耗尽	某一资源被故意超负荷使用，导致其他用户的服务中断
完整性破坏	对数据的未授权创建、修改或破坏造成一致性损坏
人员疏忽	一个授权的人出于某种动机或由于粗心将信息泄露未授权的人

10.2 网络安全的体系结构

因为网络软件、硬件都可能存在安全漏洞，不可能无懈可击，又有各种威胁的存在，所以网络安全事件频频发生。要想使网络尽可能的安全可靠，损失尽可能小，人们必须利用一定的手段来维护这个网络体系，即依据一定的安全策略建立一个网络安全防护体系。

10.2.1 网络安全策略

安全策略是指在一个特定的环境里，为保证网络安全提供一定级别的规则。实现网络的安全，不但要靠先进的技术，也要靠严格的管理、法律约束和安全教育。当前制定的网络安全策略主要分为五个方面的策略：物理安全策略、访问控制策略、防火墙控制策略、信息加密策略和网络安全管理策略。

（1）物理安全策略

物理安全策略的目的是保护计算机系统、网络服务器、打印机等硬件实体和通信链路免受自然灾害、人为破坏和搭线攻击；验证用户的身份和使用权限、防止用户越权操作；确保计算机系统有一个良好的电磁兼容工作环境；建立完备的安全管理制度，防止非法进入计算机控制室和各种偷窃、破坏活动的发生。

（2）访问控制策略

访问控制是网络安全防范和保护的主要策略，它的主要任务是保证网络资源不被非法使用和非常访问。它也是维护网络系统安全、保护网络资源的重要手段。各种安全策略必须相互配合才能真正起到保护作用，但访问控制可以说是保证网络安全最重要的核心策略之一。主要有以下几种访问控制。

① 入网访问控制。入网访问控制为网络访问提供了第一层访问控制。它控制哪些用户能够登录到服务器并获取网络资源，控制准许用户入网的时间和准许他们在哪台工作站入网。

② 网络的权限控制。网络的权限控制是针对网络非法操作所提出的一种安全保护措施。

用户和用户组被赋予一定的权限。网络控制用户和用户组可以访问哪些目录、子目录、文件和其他资源。可以指定用户对这些文件、目录、设备能够执行哪些操作。

③ 目录级安全控制。网络应允许控制用户对目录、文件、设备的访问。用户在目录一级指定的权限对所有文件和子目录有效，用户还可进一步指定对目录下的子目录和文件的权限。

④ 属性安全控制。属性安全控制可以将给定的属性与网络服务器的文件、目录和网络设备联系起来。属性安全在权限安全的基础上提供更进一步的安全性。

⑤ 网络服务器安全控制。网络允许在服务器控制台上执行一系列操作。用户使用控制台可以装载和卸载模块，可以安装和删除软件等操作。

⑥ 网络监测和锁定控制。网络管理员应对网络实施监控，服务器应记录用户对网络资源的访问，对非法的网络访问，服务器应以图形或文字或声音等形式报警，以引起网络管理员的注意。如果不法之徒试图进入网络，网络服务器应会自动记录企图尝试进入网络的次数，如果非法访问的次数达到设定数值，那么该账户将被自动锁定。

⑦ 网络端口和节点的安全控制。网络中服务器的端口往往使用自动回呼设备、静默调制解调器加以保护，并以加密的形式来识别节点的身份。

（3）防火墙控制策略

防火墙是近期发展起来的一种保护计算机网络安全的技术性措施，它是一个用以阻止网络中的黑客访问某个机构网络的屏障，也可称之为控制进/出两个方向通信的门槛。在网络边界上通过建立起来的相应网络通信监控系统来隔离内部和外部网络，可以阻挡外部网络的侵入。

（4）信息加密策略

信息加密的目的是保护网内的数据、文件、口令和控制信息，保护网上传输的数据。

（5）网络安全管理策略

网络的安全管理策略包括：确定安全管理等级和安全管理范围；制定有关网络操作使用规程和人员出入机房管理制度；制定网络系统的维护制度和应急措施等。

10.2.2　网络安全体系

网络安全不仅仅是一个纯技术问题，单凭技术因素是不可能确保网络安全的，也要靠严格的管理、法律约束和安全教育。因此，网络安全问题涉及法律、管理和技术等多方面的因素。网络安全体系由网络安全法律体系、网络安全管理体系和网络安全技术体系组成，这三者是相辅相成的。

从加强安全管理的角度出发，可以认为网络安全首先是管理问题，然后才是技术问题。

网络安全管理要做的具体工作包括：

① 根据工作的重要程度，确定系统的安全等级，根据确定的安全等级，确定安全管理范围，根据安全管理范围，分别进行安全管理；

② 制定严格的安全制度，如机房出入管理制度、设备管理制度、软件管理制度、备份制度等；

③ 制定严格的操作规程，遵循职责分离和多人多责的原则，各司其职、各负其责，做到事事有人管理、人人不越权；

④ 制定完备的系统维护制度，要有详细的维护记录；

⑤ 制定应急恢复措施，以便在紧急情况下尽快恢复系统，使其正常运行；

⑥ 加强人员管理。

网络技术安全包括物理安全、网络安全和信息安全。

（1）物理安全

物理安全是指用装置和应用程序来保护计算机和传输介质的安全，主要包括环境安全、设备安全和媒体安全。

① 环境安全。对系统所在环境的安全保护，如区域保护和灾难保护。

要保障区域安全，应设立电子屏蔽，而要在灾难发生时使损失尽可能小，则应设立灾难的预警、应急处理和恢复机制。

② 设备安全。设备安全是指对设备进行安全保护，主要是设备防盗、设备防毁、防电磁信息泄漏、防线路截获、抗电磁干扰以及电源保护。

防盗：要求门窗上锁，并可在安全等级较高的场地安装报警器。

防毁：要防火、防水，要求设备外壳要有接地保护，以防在有电泄漏时起火对设备造成毁坏。

防电磁信息辐射泄漏：常用方法有屏蔽、滤波、隔离、接地、选用低辐射设备和加装干扰装置。

防止线路截获：首先是预防，当然还需用检测仪器进行探测、定位，然后实施对抗。

电源保护：要求使用 UPS、纹波抑制器等。

③ 媒体安全。包括媒体数据和媒体本身的安全。

媒体本身的安全要求媒体安全保管，比如防盗、防毁、防霉等。媒体数据安全要求防止被删除或者被销毁的敏感数据被他人恢复等。

（2）网络安全

网络安全是指主机、服务器安全，网络运行安全，局域网安全以及子网安全。要实现网络安全，需要内外网隔离、及时进行网络安全检测、对计算机网络进行审计和分析，同时更重要的是网络反病毒和网络系统备份。

① 防火墙。在内部网和外部网之间以及内部网不同网段之间设置防火墙可以保护内部网以及限制局部网络安全问题。

② 网络检测。用网络安全检测工具对网络系统定期进行安全性分析，发现并修正存在的风险。

③ 审计跟踪。审计跟踪就是要对计算机网络系统的所有活动过程进行人工或自动的审计跟踪，保存审计记录和维护详尽的审计日志，以便确定问题和攻击源。

④ 备份与恢复。运行安全中的备份与恢复，就是要提供对系统设备和系统数据的备份与恢复。

⑤ 应急。是为了在紧急事件或安全事故发生时，提供保障计算机网络系统继续运行或紧急恢复所需要的策略。

（3）信息安全

信息安全就是要保证数据的机密性、完整性、抗否认性和可用性。网络上的系统信息的安全包括用户口令鉴别，用户存取权限控制，数据存取权限、方式控制，安全审计，安全问题跟踪，计算机病毒防治和数据加密等。

10.2.3 计算机网络系统的硬件防护技术

实体安全是保证整个计算机信息系统安全的前提，它是要保护计算机设备、设施（含网络）免遭自然灾害和环境事故（包括电磁污染等）以及人为操作失误及计算机犯罪行为人导致的破坏。

影响计算机网络实体安全的主要因素如下：

① 计算机及其网络系统自身存在的脆弱性因素；

② 各种自然灾害导致的安全问题；

③ 由于人为的错误操作及各种计算机犯罪导致的安全问题。

对于实体的安全防护，通常有前面提到的防火、防水、防盗、防电磁干扰及对存储媒体的防护。除此以外，还要维护计算机硬件的正常运行，排除其硬件故障。

计算机硬件故障是由于计算机硬件损坏或安装设置不正确引起的故障。简单的如电源插头、插件板等的接触不良，严重的如机器的元器件损坏，还有人为的计算机假故障都会使计算机无法正常运行。

人们在使用电脑时的一些不良习惯也会对计算机部件造成损害，比如大力敲击回车键，光盘总是放在光驱里，用手触摸屏幕等，要保障计算机硬件系统的正常运行，就要爱护好每一个部件。

为了保证CPU长期安全使用，要有良好的散热环境，所以CPU散热风扇的安装和维护是一个很重要的问题。安装散热风扇时，为了把CPU产生的热量迅速均匀地传递给散热片，可在散热片和CPU之间涂一些导热硅脂。为了维护机箱内的清洁和避免漏电事故，硅脂的使用要尽量少；CPU散热风扇在使用过程中会吸入灰尘，为了散热良好，散热风扇在使用一段时间后需要进行清扫。

硬盘是电脑中最重要的存储设备之一，它的故障发生率也比较高，硬盘的故障可能会丢失重要数据，造成不可挽回的损失，所以，对于硬盘要正确维护。首先是要防振，无论是安装硬盘，还是在使用硬盘时，振动撞击都有可能造成硬盘的物理损伤，致使硬盘的数据丢失甚至硬盘损坏；硬盘读写时的突然断电也可能损坏硬盘，因为现在的硬盘转速大都在720r/min以上，高速运转时突然断电会导致磁头和盘片剧烈摩擦，所以在读写硬盘的指示灯亮时，尽量保证不要掉电；对于磁性介质的硬盘，防潮、防磁场也非常必要；最重要的是要防毒，有些病毒“吞吃”硬盘的数据，有些会格式化被感染的硬盘，不管是哪种，都会损害硬盘的信息甚至减少硬盘的使用寿命。

键盘是计算机必要的输入设备，它的清洁可以使用户避免许多误操作，还会延长键盘的使用寿命。清洁键盘要在关机状态下，将键盘反过来轻轻拍打，使其内部的灰尘掉出，然后用干净的湿布擦拭键盘，顽固的污渍可用中性清洁剂，对缝隙内的污垢可用棉签清除；如果液体流入键盘，应尽快关机，拔下键盘接口，打开键盘，用干净的软布吸干后在通风处自然晾干。

鼠标是计算机的又一必不可少的输入设备，由于鼠标的底部长期同桌子接触，容易被污染，所以在使用时最好使用鼠标垫，并在使用时保证鼠标垫清洁。对于机械式鼠标，可拆开清洁鼠标内部和滚动球。

显示器是必要的输出设备，它的性能一般比较稳定，更新周期较长，但对它的保养同样不能忽视，否则它的寿命可能会大大缩短。显像管中的阴极板容易被磁化，所以千万不要将显示器放在有磁场的地方；显示器内有高压电，所以要使显示器处于干燥的环境，以防内部器件受潮后漏电或生锈腐蚀；通风对于显示器的使用性能和寿命也很关键，如果没有良好的通风散热，就可能使显示器内的某些锡焊点因温度过高而脱落成开路，同时也会加快元器件的老化，造成显示器工作不稳定，寿命降低；显示器内的高压形成的电场很容易吸引空气中的灰尘，影响元器件散热，最终可能造成显示器的损坏，所以防尘对于显示器的维护也很重要，在每次使用完后，最好给显示器罩上防尘罩；显示器的塑料部件，阳光照射久了，容易老化，显示器的荧光屏在强烈光照下也会老化，因此将显示器放在避光的地方则可以延缓衰老。

对于计算机硬件的每个部件的精心维护是保障计算机硬件系统正常安全工作的必要途

径，有了计算机硬件的安全维护，才可以尽量避免计算机的硬件故障。

10.3 计算机网络安全技术

10.3.1 网络安全服务

安全服务是指计算机网络提供的安全防护措施。国际标准化组织（ISO）定义了以下几种基本的安全服务：认证服务、访问控制服务、数据机密性服务、数据完整性服务、不可否认服务。

（1）认证服务

认证服务能确保某个实体身份的可能性，可分为两种类型。一种类型是认证实体本身的身份，确保其真实性，称为实体认证。另一种认证是证明某个信息是否来自某个特殊的实体，这种认证叫作数据源认证。

（2）访问控制服务

访问控制服务的目标是防止任何资源的非授权访问，确保只有经过授权的实体能访问授权的资源。

（3）数据机密性服务

数据机密性服务确保只有经过授权的实体才能理解受保护的信息。在信息安全中主要区分两种机密性服务：数据机密性服务和业务流机密性服务。数据机密服务主要采用加密手段使得攻击者即使获取了加密的数据也很难得到有用的信息。业务流机密性服务则要使监听者很难从网络流量的变化上筛选出敏感的信息。

（4）数据完整性服务

数据完整性服务能防止对数据未授权的修改和破坏。完整性服务使消息的接收者能够发现消息是否被修改，是否被攻击者用假消息替换。

（5）不可否认服务

根据 ISO 的标准，不可否认服务要防止对数据源以及数据提交的否认。这有两种可能：数据发送的不可否认性和数据接收的不可否认性。这两种服务需要比较复杂的基础设施，比如数字签名技术的支持。

10.3.2 加密技术

（1）数据加密技术

① 加密定义。加密是一种限制对网络上传输数据的访问权的技术。原始数据（也称为明文）被加密设备（硬件或软件）和密钥加密而产生的经过编码的数据称为密文。将密文还原为原始明文的过程称为解密，它是加密的反向处理，但解密者必须利用相同类型的加密设备和密钥对密文进行解密。加密过程如图 10.1 所示。

② 加密基本功能。

a. 防止不速之客查看机密的数据文件；

b. 防止机密数据被泄露或篡改；

c. 防止特权用户（如系统管理员）查看私人数据文件；

d. 使入侵者不能轻易地查找一个系统的文件。

③ 加密技术类型。

a. 根本不考虑解密问题。这种加密主要是针对一些像口令加密这样的类型，它只需要被加密，并与以前的加密进行比较。

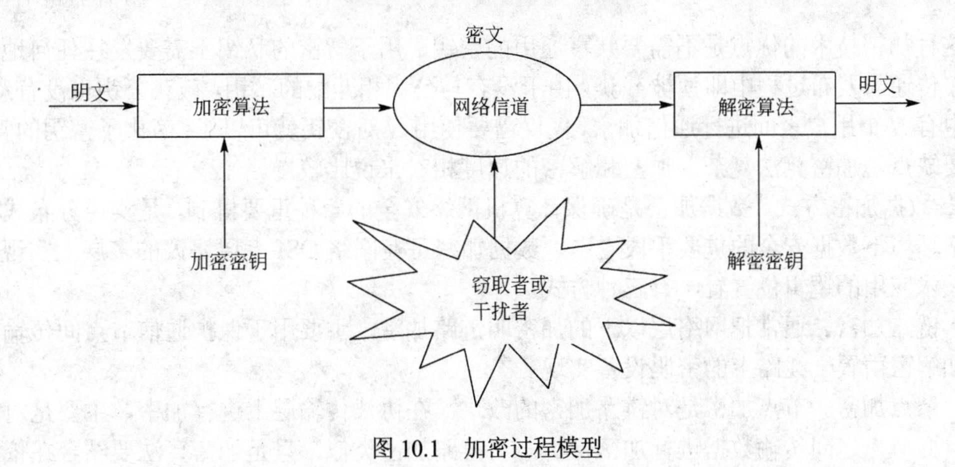

图 10.1　加密过程模型

b. 对称密钥加密。私用密钥加密利用一个密钥对数据进行加密，对方接收到数据后，需要用同一密钥来进行解密。如图 10.2 所示。

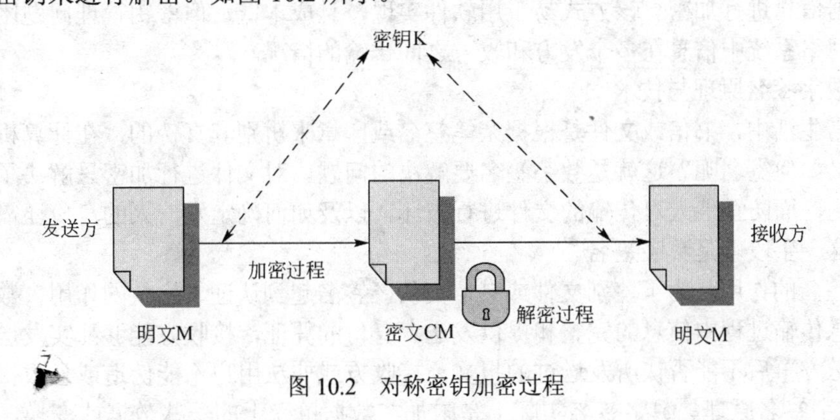

图 10.2　对称密钥加密过程

这种加密技术的特点是数学运算量小，加密速度快，其主要弱点在于密钥管理困难，网络中有 N 个用户之间进行通信加密，需要使用 $N(N-1)/2$ 对密钥，而且密钥的安全也必须保证，一旦密钥泄露则直接影响到信息的安全性。

对称密钥加密技术中最具有代表性的算法是 IBM 公司提出的 DES（Data Encryptiorn Standard）算法。

c. 非对称密钥加密技术。非对称密钥加密体制，即每个人都有一对密钥，其中一个为公开的，一个为私有的。发送信息时用对方的公开密钥加密，收信者用自己的私用密钥进行解密。如图 10.3 所示。

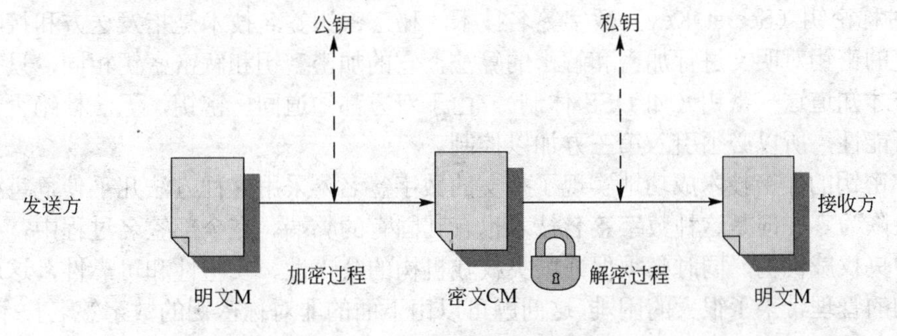

图 10.3　非对称密钥加密过程

这种加密技术的优点是不需要共享通用的密钥，用于解密的私钥不需要发往任何地方，公钥在传递与发布过程中即使被截获，由于没有与公钥相匹配的私钥，截获公钥也没有意义。网络中有 N 个用户之间进行通信加密，仅仅需要使用 N 对密钥就可以了，简化了密钥的管理。其主要缺点是加密算法复杂，加密和解密的速度相对来说比较慢。

d. 数据加密方式。数据加密是确保计算机网络安全的一种重要机制，是实现分布式系统和网络环境下数据安全的重要手段之一。数据加密可在网络 OSI 七层协议的多层上实现，从加密技术应用的逻辑位置看，有三种方式。

• 链路加密。通常把网络层以下的加密叫链路加密，主要用于保护通信节点间传输的数据，加解密由置于线路上的密码设备实现。

• 节点加密。节点加密是对链路加密的改进。在协议传输层上进行加密，主要是对源节点和目标节点之间传输数据进行加密保护。与链路加密类似，只是加密算法要结合在依附于节点的加密模件中，克服了链路加密在节点处易遭非法存取的缺点。

• 端对端加密。网络层以上的加密称为端对端加密。这种加密是面向网络层主体，对应用层的数据信息进行加密。该方式易于用软件实现，且成本低，但密钥管理问题困难，主要适合大型网络系统中信息在多个发方和收方之间传输的情况。

（2）数字签名原理与技术

在日常生活中，书信或文件是根据亲笔签名或印章来辨别其真伪的，在计算机网络中传送的文件又如何签名呢？这就是数字签名要解决的问题。对文件进行加密只解决了传送信息的保密问题，而防止他人对传输的文件进行破坏，以及如何确定发信人的身份还需要采取其他手段，这一手段就是数字签名。

数字签名的作用是为了鉴别文件或书信真伪，签名起到认证、生效的作用。数字签名可以保证信息传输过程中信息的完整和提供发送者身份的凭证，接收方能够证实发送方的真实身份，发送方事后不能否认所发送过的报文，接收方或非法用户不能伪造或篡改报文。

① 数字签名原理。数字签名实际上是附加在数据单元上的一些数据或变换，能使数据单元的接收者确认数据单元的来源和数据的完整性，并保护数据，防止被人（如接收者）伪造。

签名机制的特征是该签名只有通过签名者的私有信息才能产生，也就是说，一个签名者的签名只能唯一地由他自己生成。当收发双方发生争议时，第三方（仲裁机构）就能够根据消息上的数字签名来裁定这条消息是否确实由发送方发出，从而实现抗赖服务。另外，数字签名应是所发送数据的函数，即签名与消息相关，从而防止数字签名的伪造和重用。

② 数字签名技术。数字签名技术是采用加密技术的加、解密算法体制来实现对报文的数字签名的。实现数字签名的方法较多，下面介绍两种常用的数字签名技术。

a. 对称密钥（Secret Key）数字签名技术。秘密密钥签名技术是指发送方和接收方依靠事先约定的密钥对明文进行加密和解密的算法，它的加密密钥和解密密钥相同，只有发送方和接收方才知道这一密钥（如 DES 体制）。由于双方都知道同一密钥，无法杜绝否认和篡改报文的可能性，所以必须引入第三方加以控制。

对称密钥的加密技术成功地实现了报文的数字签名，采用这种方法几乎使危害报文安全的可能性降为零。但是这种数字签名技术也有其固有的弊端。在全部签名过程中，必须引入第三方中央权威机构，同时必须保证中央权威机构的公正性、安全性和可靠性，这就为中央权威机构的管理带来了很大的困难，这问题可以由下面的非对称密钥的数字签名技术来解决。

b. 非对称密钥（Public Key）的数字签名技术。由于对称密钥的数字签名技术需要引入第三方权威机构，而人们又很难保证中央权威机构的公正性、安全性和可靠性，同时这种机制给网络管理工作带来很大困难，所以迫切需要一种只需收、发双方参与就可实现的数字签名技术，而非对称密钥的加密体制能很好地解决这一难题。

非对称密钥密码体制实现的数字签名方法必须同时使用收、发双方的解密密钥和公共密钥才能获得原文，也能够完成发送方的身份认证和接收方无法伪造报文的功能。因为只有发送方有其解密密钥，所以只要能用其公开密钥加以还原，发送方就无法否认所发送的报文。

（3）CA 认证与数字凭证

所谓 CA（Certificate Authority，证书发行机构），是采用 PKI（Public Key Infrastructure，公共密钥体系）公开密钥基础架构技术，专门提供网络身份认证服务，负责签发和管理数字证书，且具有权威性和公正性的第三方信任机构，它的作用就像现实生活中颁发证件的公司，如护照办理机构。

数字凭证（Digital ID）又称为数字证书，是一种正在兴起的身份认证方法，它对报文收发有着积极影响。数字凭证是用电子手段来证实一个用户的身份和对网络资源访问权限。在网上的信息交换中，如果双方出示了各自的数字凭证，那么双方都可不必为对方身份的真伪担心。数字凭证可用于电子邮件、电子商务、群件、电子资金转移等各种用途。目前，数字凭证有个人凭证、企业凭证、软件凭证三种，其中前两类较为常用。

数字证书就是一个数字文件，通常由 4 个部分组成：第一是证书持有人的姓名、地址等关键信息；第二是证书持有人的公共密钥；第三是证书序号、证书的有效期限；第四是发证单位的数字签名。

（4）加密技术的应用

① Word 文件加密解密。有时我们需要保密一些个人文档，防止未经许可的人看到自己的私人文档。许多办公软件现在就带有这个功能。在此介绍 Office 中提供的如何对 Word 文件进行加密。

具体步骤如下。

a. 单击“工具”→“选项”命令，如图 10.4 所示，打开“选项”对话框，如图 10.5 所示。

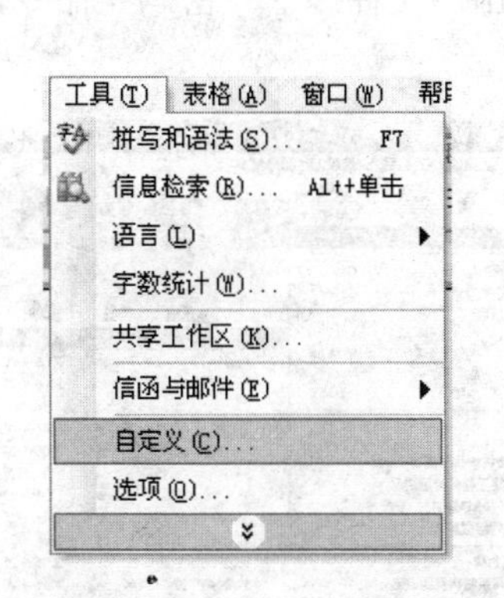

图 10.4 “工具”→“选项”命令

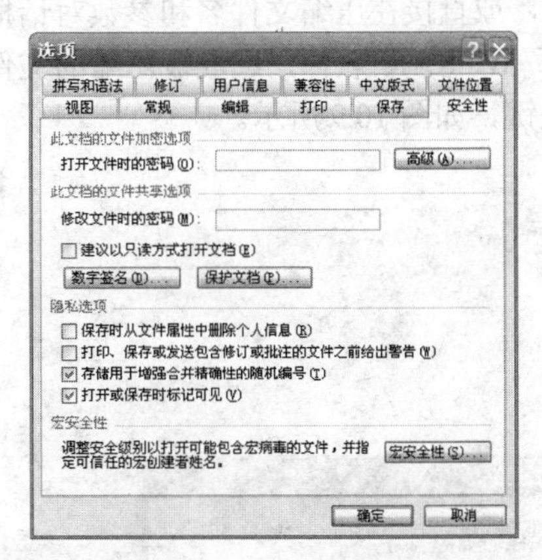

图 10.5 “选项”对话框

b. 在“选项”对话框中，可以看到有“打开权限密码”和“修改权限密码”项，在设两个文本框中输入自己容易记的密码。若只设“打开权限密码”或设成只读方式，忘记密码后可以打开文件，但不能修改，不过可以通过复制重新建一个文档，重新保存。若设了两个密码而忘记了，这个文档就无法打开。

注意，密码是区分大小写的。在“打开权限密码”或“修改权限密码”中输入密码后，单击“确定”按钮，此时会弹出“确认密码”对话框，如图 10.6 所示。

c. 在“确认密码”对话框中再次输入同一密码，单击“确定”按钮，若设有两个密码，还会弹出一个再一次确认对话框，同样设置后，文档加密就完成了。

d. 设置密码后，再次打开文档时，系统会提示让用户输入所需密码，如图 10.7 所示。

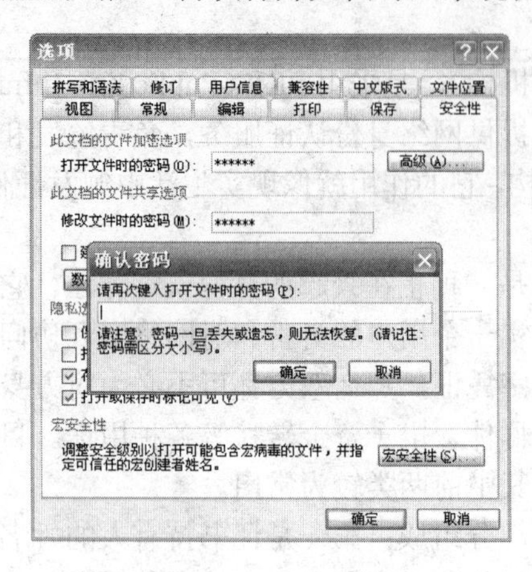

图 10.6 “确认密码”对话框

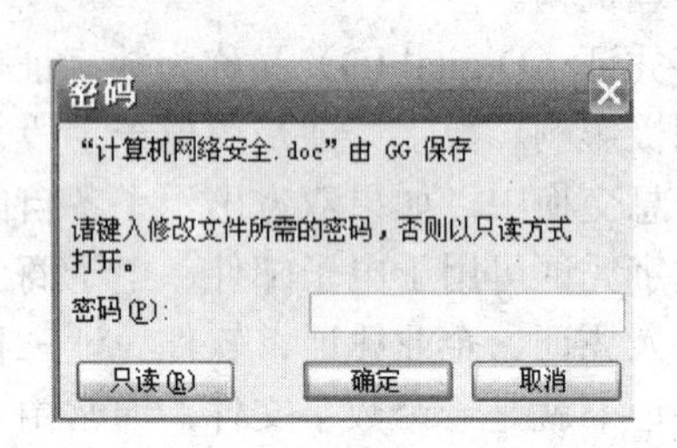

图 10.7 让用户输入密码对话框

e. 若输入密码不正确，文档将不能打开，会弹出提示对话框，如图 10.8 所示。

f. 若要修改密码，首先要输入正确的密码打开文档，即打开修改权限的密码，然后按设置密码的步骤，把原来的密码删除或修改，同时系统会重新提示让用户再次键入新修改的密码。

② WinRAR 加密解密技术。在发送邮件时，信件内容可通过 Foxmail 等电子邮件编辑软件进行加密，而附件则可以用 WinZip， WinRAR 等这些常用的文件压缩工具进行加密。以 WinRAR3.30 为例，RAR 和 ZIP 两种格式均支持加密功能，若要加密文件，在压缩之前必须先指定密码，或直接在压缩文件名和参数对话框中指定，具体应用如下。

a. 打开 WinRAR 软件，选取被压缩的文件，单击“文件”→“密码”命令，或者按下<Ctrl+P>键，如图 10.9 所示。

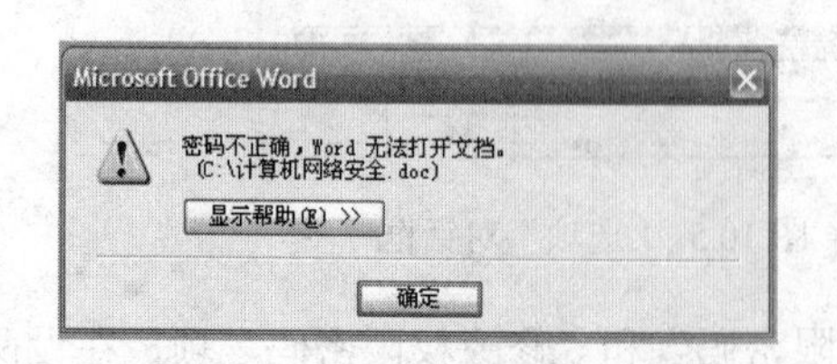

图 10.8 密码不正确提示框

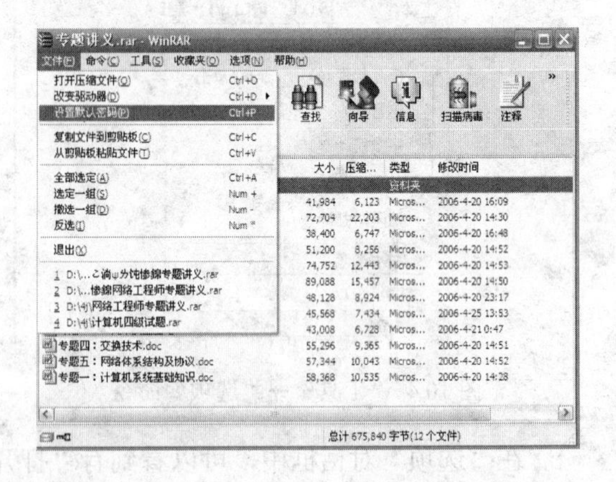

图 10.9 “文件”→“密码”命令

b. 此时会打开“输入默认密码”对话框，如图 10.10 所示，在文本框中输入两次相同的密码，此时 WinRAR 处于加密状态，WinRAR 左下角的钥匙图标为红色，如图 10.11 所示。

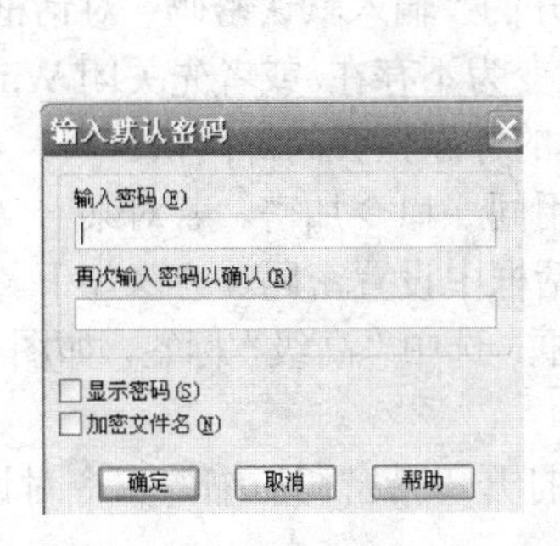

图 10.10 “输入默认密码”对话框

图 10.11 WinRAR 左下角的钥匙图标

c. 在 WinRAR 启用密码加密时，若要加密文件，打开的加密对话框为“带密码压缩”对话框，如图 10.12 所示。

d. 带加密压缩后，若要解压文件，则必须有口令。双击已压缩的文件，打开 WinRAR，选取文件解压，则会弹出“输入密码”对话框，要求输入口令，如图 10.13 所示。

e. 输入正确口令后，才能正常解压，否则会提示解压出错，如图 10.14 所示。

最好使用任意的随机组合字符和数字作为密码，但一定是自己容易记住的，因为如果遗失密码，加密的文件将无法取出。

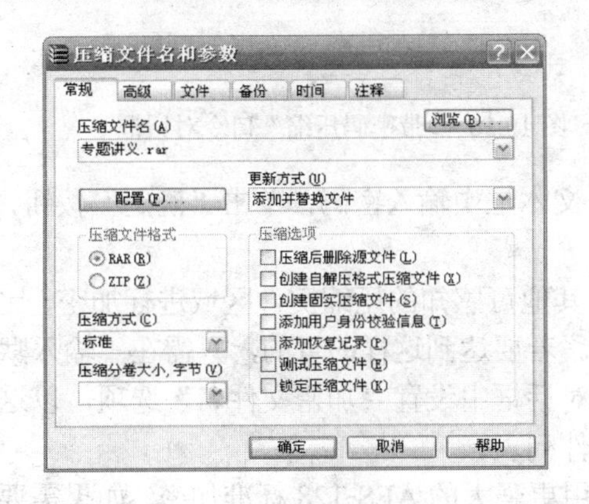

图 10.12 “带密码压缩”对话框

图 10.13 “输入密码”对话框

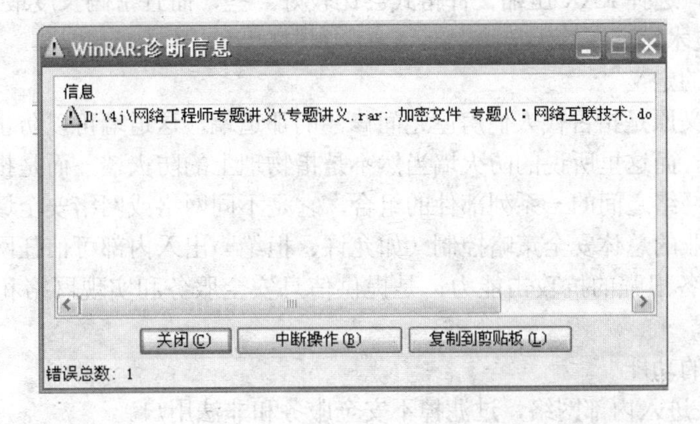

图 10.14 提示解压出错

这是使用默认密码对文件进行加密，当不再需要的时候，需将输入的密码删除。删除密码的方法是只需要单击 WinRAR 界面左下角的钥匙，在打开的“输入默认密码”对话框中输入空字符串即可使钥匙图标由红色变为黄色，即由密码存在变为不存在。或者先关闭 WinRAR 并重新启动一次。当有密码存在时，“带密码压缩”对话框的标题栏会闪烁两次。

在用默认密码对文件进行加密时，可一次对多个文件用同一口令加密。若对某一文件进行加密，即让口令在单一压缩操作期间有效，可在压缩对话框中设置密码，方法如下。

a. 选取要被压缩的文件进行压缩，进入压缩文件对话框，选中“高级”标签，如图 10.15 所示。

b. 在“高级”选项卡中，单击“设置密码”按钮，会打开“带密码压缩”口令对话框，如图 10.16 所示。

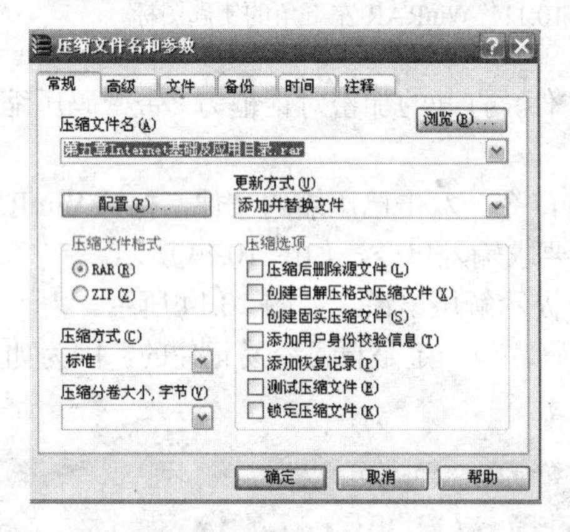

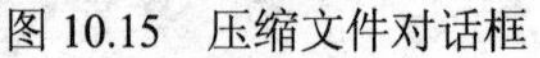
图 10.15　压缩文件对话框

图 10.16 “带密码压缩”口令对话框

c. 在“输入密码”和“再次输入密码以确认”文本框中输入密码，单击“确定”按钮，即可带密码压缩文件。

RAR 格式不仅允许对数据加密，而且也允许对其他可感知的压缩文件区域进行加密，比如：文件名、大小、属性、注释和其他块都可加密。若要达到这样的目的，只需在“输入默认密码”（图 10.10）或“带密码压缩”（图 10.15）对话框中设置“加密文件名”选项，以这种方式加密的文件，如果没有密码就不可能查看文件列表。

ZIP 格式使用私有加密算法，RAR 压缩文件使用更强大的 AES-128 标准加密。如果需要加密重要的信息，选择 RAR 压缩文件格式会比较好一些，而且密码长度最少选用 8 个字符。

10.3.3　防火墙技术

（1）防火墙的定义

防火墙的本义原是指古代人们房屋之间修建的那道墙，这道墙可以防止火灾发生的时候蔓延到别的房屋。而这里所说的防火墙当然不是指物理上的防火墙，而是指介于内部网络和不可信任的外部网络之间的一系列部件的组合，它是不同网络或网络安全域之间信息的唯一出入口，根据企业的总体安全策略控制（如允许、拒绝）出入内部可信任网络的信息流，而且防火墙本身具备很强的抗攻击能力，是提供信息安全服务和实现网络和信息安全的基础设施。

（2）防火墙的功能

① 限制他人进入内部网络，过滤掉不安全服务和非法用户。

② 防止入侵者接近你的防御设施。

③ 限定用户访问特殊站点。

④ 为监视 Internet 安全提供方便。

（3）防火墙的分类

如今市场上的防火墙林林总总，形式多样。有以软件形式运行在普通计算机之上的，也有以固件形式设计在路由器之中的。总的来说可以分为三种：包过滤防火墙、代理服务器和状态监视器。

① 包过滤防火墙（IP Filting Firewall）。包过滤（PacketFilter）是在网络层中对数据包实施有选择的通过，依据系统事先设定好的过滤逻辑，检查数据流中的每个数据包，根据数据包的源地址、目标地址以及包所使用端口确定是否允许该类数据包通过。如图 10.17 所示。

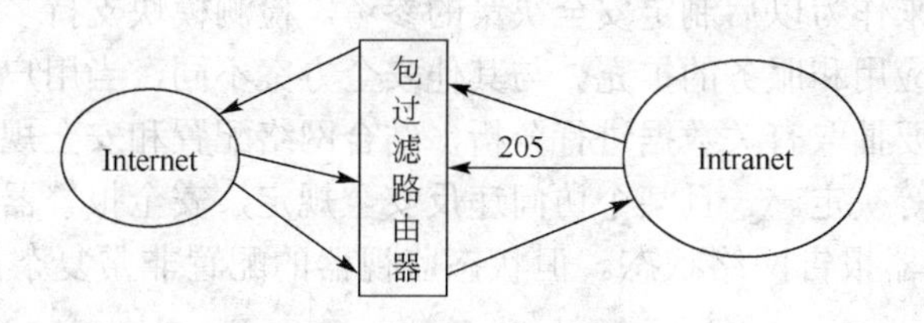

图 10.17　包过滤防火墙

在互联网这样的信息包交换网络上，所有往来的信息都被分割成许许多多一定长度的信息包，包中包括发送者的 IP 地址和接收者的 IP 地址。当这些包被送上互联网时，路由器会读取接收者的 IP 并选择一条物理上的线路发送出去，信息包可能以不同的路线抵达目的地，当所有的包抵达后会在目的地重新组装还原。包过滤式的防火墙会检查所有通过信息包里的 IP 地址，并按照系统管理员所给定的过滤规则过滤信息包。如果防火墙设定某一 IP 为危险的话，从这个地址而来的所有信息都会被防火墙屏蔽掉。这种防火墙的用法很多，比如国家有关部门可以通过包过滤防火墙来禁止国内用户去访问那些违反我国有关规定或者有问题的国外站点，例如 www.playboy. com、www.cnn.com 等。

包过滤防火墙的最大的优点就是它对于用户来说是透明的，也就是说不需要用户名和密码来登录。这种防火墙速度快而且易于维护，通常作为第一道防线。

包过滤路由器的弊端也是很明显的，通常它没有用户的使用记录，这样我们就不能从访问记录中发现黑客的攻击记录。而攻击一个单纯的包过滤式的防火墙对黑客来说是比较容易的，他们在这一方面已经积累了大量的经验。“信息包冲击”是黑客比较常用的一种攻击手段，黑客们对包过滤式防火墙发出一系列信息包，不过这些包中的 IP 地址已经被替换掉了（FakeIP），取而代之的是一串顺序的 IP 地址。一旦有一个包通过了防火墙，黑客便可以用这个 IP 地址来伪装他们发出的信息。此外，配置繁琐也是包过滤防火墙的一个缺点。它阻挡别人进入内部网络，但也不告诉你何人进入你的系统，或者何人从内部进入网际网路。它可以阻止外部对私有网络的访问，却不能记录内部的访问。包过滤另一个关键的弱点就是不能在用户级别上进行过滤，即不能鉴别不同的用户和防止 IP 地址盗用。

包过滤型防火墙是某种意义上的绝对安全的系统。

② 代理服务器（Proxy Server）。代理服务器通常也称作应用级防火墙。包过滤防火墙可以按照 IP 地址来禁止未授权者的访问。但是它不适合单位用来控制内部人员访问外界的网络，对于这样的企业来说应用级防火墙是更好的选择。

顾名思义，代理服务器功能就是代理网络用户去获得服务。形象地说：它是网络信息或服务的中转站。它使得防火墙内外的计算机系统应用层的链接通过两个终止于代理服务的链接来实现的，这样便成功地实现了防火墙内外计算机系统的隔离。代理服务是设置在 Internet 防火墙网关上的应用，是在网管员允许下执行特定的应用程序或者特定服务，同时，还可应用于实施较强的数据流监控、过滤、记录和报告等功能。一般情况下可应用于特定的互联网服务，如超文本传输（HTTP）、远程文件传输（FTP）等。代理服务器通常拥有高速缓存，缓存中存有用户经常访问站点的内容，在下一个用户要访问同样的站点时，服务器就用不着重复地去抓同样的内容，既节约了时间也节约了网络资源。

③ 状态检测防火墙技术。作为防火墙技术，状态监视器安全特性最佳，它采用了一个在网关上执行网络安全策略的软件引擎，称之为检测模块。检测模块在不影响网络正常工作的前提下，采用抽取相关数据的方法对网络通信的各层实施监测，抽取部分数据，即状态信息，并动态地保存起来作为以后制定安全决策的参考。检测模块支持多种协议和应用程序，并可以很容易地实现应用和服务的扩充。与其他安全方案不同，当用户访问到达网关的操作系统前，状态监视器要抽取有关数据进行分析，结合网络配置和安全规定作出接纳、拒绝、鉴定或给该通信加密等决定。一旦某个访问违反安全规定，安全报警器就会拒绝该访问，并作下记录向系统管理器报告网络状态。但状态监视器的配置非常复杂，而且会降低网络的速度。

（4）选择防火墙的原则

① 防火墙管理的难易度；

② 防火墙自身是否安全；

③ 系统是否稳定；

④ 是否高效；

⑤ 是否可靠；

⑥ 功能是否灵活；

⑦ 是否可以抵抗拒绝服务攻击；

⑧ 是否可以针对用户身份过滤；

⑨ 是否可扩展、可升级。

目前防火墙已经在 Internet 上得到了广泛的应用，而且由于防火墙不限于 TCP/IP 协议的特点，也使其逐步在 Internet 之外更具生命力。

10.3.4 入侵检测技术

（1）入侵检测定义

系统攻击或入侵是指利用系统安全漏洞，非法潜入他人系统（主机或网络）的行为。入侵检测可以帮助系统对付网络攻击，扩展了系统管理员的安全管理能力（包括安全审计、监视、进攻识别和响应），提高了信息安全基础结构的完整性。它从计算机网络系统中的若干关键点收集信息，并分析这些信息，利用模式匹配或异常检测技术来检查网络中是否有违反安全策略的行为和遭到袭击的迹象。入侵检测被认为是防火墙之后的第二道安全闸门，在不影响网络性能的情况下能对网络进行监测，从而提供对内部攻击、外部攻击和误操作的实时保护。

（2）入侵检测系统的功能

① 监视用户和系统的运行状况，查找非法用户和合法用户的越权操作。

② 检测系统配置的正确性和安全漏洞，并提示管理员修补漏洞。

③ 对用户的非正常活动进行统计分析，发现入侵行为的规律。

④ 保证系统程序和数据的一致性与正确性。

⑤ 识别攻击的活动模式，并向网管人员报警。

⑥ 对异常活动的统计分析。

⑦ 操作系统审计跟踪管理，识别违反政策的用户活动。

（3）入侵检测系统的分类

① 基于主机的入侵检测系统。其操作分析的对象是由一台计算机系统内部收集来的信息，如系统运行日志。这个特点可以使基于主机的入侵检测系统以很高的可靠性与精确性分析系统动作，并精确地确定哪些进程及用户与操作系统中某个特定的攻击有关。另外，基于主机的入侵检测系统可以观察到某个试图进行的攻击的结果，这是因为基于主机的入侵检测系统可以直接访问并监视一些数据文件及系统进程，这些文件与进程通常都是攻击的目标。

基于主机的入侵检测系统通常使用了两种类型的信息源：操作系统审计事件与系统日志。

基于主机的入侵检测系统具有以下优点：

- 基于主机的入侵检测系统具有监视本地主机上的事件的能力，它可以检测到基于网络的入侵检测系统所无法检测到的攻击；
- 基于主机的入侵检测系统常常可以工作于一种网络通信流被加密的环境中；
- 基于主机的入侵检测系统不受交换式网络的影响；
- 当基于主机的入侵检测系统在操作系统的审计踪迹上进行操作时，入侵检测系统有助于检测到特洛伊木马及其他一些类型的攻击，包含有对软件完整性的攻击。

基于主机的入侵检测系统具有以下缺点：

- 基于主机的入侵检测系统更难于管理，因为我们必须对每一台监视的主机单独配置和管理信息；
- 基于主机的入侵检测系统至少其信息源（有时也包括部分分析装置）将驻留在攻击的目标主机上，入侵检测系统可能会被作为攻击的一部分受到攻击；
- 基于主机的入侵检测系统并不适用于检测网络扫描或者检测其他类似的、目标为整个网络的监视措施，这一点的原因在于入侵检测系统只能检查到它所驻留的主机收到的网络数据包；
- 基于主机的入侵检测系统可以通过特定的拒绝服务攻击使其失效；
- 当基于主机的入侵检测系统使用操作系统审计事件作为其信息源时，信息的数量可能是很巨大的，这样它将需要系统有额外的本地存储；
- 基于主机的入侵检测系统使用了它们所监视的主机的计算资源，因此，它们将造成受监视系统性能的下降。

② 基于网络的入侵检测系统。大多数商用的入侵检测系统都是基于网络的系统。这类入侵检测系统通过捕获并分析网络数据包来检测攻击。

基于网络的入侵检测系统通过对一个网段或者交换机进行监听，可以获得与连接到该网段的多个主机有关的网络通信流，从而达到保护这些主机的目的。

基于网络的入侵检测系统经常由一系列的、用于单一目的的探测器或者放置在网络各个端点的主机组成。这些探测器监听网络通信流，执行对网络通信流的逻辑分析，并把攻击汇报给中心管理控制台。

基于网络的入侵检测系统具有以下优点：

- 只要部署恰当，几个基于网络的入侵检测系统就可以监视一个大型网络；
- 基于网络的入侵检测系统的部署对现有的网络的影响非常小。基于网络的入侵检测系统通常是一些被动设备，它们监听网络通信线路，但不干扰网络的正常操作。因此，通常情况下，把一个网络进行改进以包含基于网络的入侵检测系统只需要很少的工作量；

• 对于许多攻击，基于网络的入侵检测系统可以十分安全，甚至对于许多攻击者来说，它都是不可见的。

基于网络的入侵检测系统具有以下缺点：

• 在一个十分巨大或者十分繁忙的网络中，基于网络的入侵检测系统可能难以处理所有的数据包，这样，它可能无法辨别出在通信高峰期所发起的一个攻击；

• 基于网络的入侵检测系统无法分析加密信息；

• 大多数基于网络的入侵检测系统无法给出有关一个攻击是否成功的信息；它们只关心一个攻击曾经发起过。这决定了在一个基于网络的入侵检测系统检测到攻击后，管理员必须手动地检查每一台受到攻击的主机来确定攻击是否真的已经渗透到这些主机中；

• 如果基于网络的攻击中包含了经过了分段的数据包，一些基于网络的入侵检测系统就可能会出现一些问题。这些“畸形”的数据包使得入侵检测系统开始不稳定，并最终崩溃。

（4）入侵检测技术

① 模式匹配技术。模式匹配是基于知识的检测技术，它假定所有入侵行为和手段（及其变种）都能够表达为一种模式或特征，那么所有已知的入侵方法都可以用匹配的方法发现。它的实现即是将收集到的信息与已知的网络入侵和系统误用模式数据库进行比较，从而发现违背安全策略的行为。模式发现的关键是如何表达入侵的模式，把真正的入侵与正常行为区分开来。

② 异常发现技术。异常发现技术是基于行为的检测技术，它假定所有入侵行为都是与正常行为不同的。如果建立系统正常行为的轨迹，那么理论上可以把所有与正常轨迹不同的系统状态视为可疑企图。它根据使用者的行为或资源使用状况来判断是否入侵，而不依赖于具体行为是否出现来检测，所以也被称为基于行为的检测。

③ 完整性分析技术。完整性分析主要关注某个文件或对象是否被更改，这经常包括文件和目录的内容及属性，它在发现被更改的、被特洛伊化的应用程序方面特别有效。

（5）入侵检测的局限性

① 攻击特征库的更新不及时；

② 检测分析方法单一；

③ 不同的入侵检测系统之间不能互操作；

④ 不能和其他网络安全产品互操作；

⑤ 结构存在问题。

（6）入侵检测技术发展方向

入侵检测的发展趋势是朝着深度、广度、性能和协同工作几个方向发展：

① 高性能的分布式入侵检测系统；

② 智能化入侵检测系统；

③ 协同工作的入侵检测系统。

10.3.5 网络病毒与防范

（1）计算机病毒概述

① 计算机病毒定义。计算机病毒是指编制或者在计算机程序中插入的破坏计算机功能或者毁坏数据、影响计算机使用，并能自我复制的一组计算机指令或者程序代码。就像生物病毒一样，计算机病毒有独特的复制能力，可以很快地蔓延，又常常难以根除，它们能把自身附着在各种类型的文件上，当文件被复制或从一个用户传送到另一个用户时，它们就随同文件一起蔓延开来。

② 计算机病毒的特征。其包括：传染性、破坏性、潜伏性、隐蔽性。

③ 计算机病毒的分类。

- 按病毒的传染方式来分。其包括：引导型病毒、文件型病毒及混合型病毒三种。
- 按病毒的破坏程度来分。其包括：良性病毒、恶性病毒、极恶性病毒和灾难性病毒四种。

④ 计算机病毒的命名。

- 按病毒发作的时间命名，如“黑色星期五”；
- 按病毒发作症状命名，如“火炬”病毒；
- 按病毒自身包含的标志命名，如“CIH”病毒程序首位是 CIH；
- 按病毒发现地命名，如“维也纳”病毒首先在维也纳发现；
- 按病毒的字节长度命名。

⑤ 病毒引起的异常现象。

- 屏幕显示异常；
- 文件的大小和日期动态地发生变化；
- 程序装入时间增长，文件运行速度下降；
- 系统启动速度比平时慢；
- 用户没有访问的设备出现工作信号；
- 出现莫名其妙的文件和坏磁盘分区，卷标发生变化；
- 系统自行引导或自动关机；
- 内存空间、磁盘空间减小；
- 磁盘访问时间比平时增长；
- 键盘、打印、显示有异常现象。

（2）计算机病毒检测方法

① 特征代码法。检查文件中是否含有病毒数据库中的病毒特征代码。

② 校验和法。定期地或每次使用文件前，检查文件现在内容算出的校验和与原来保存的校验和是否一致。

③ 行为监测法。利用病毒的特有行为特征性来监测病毒。

④ 软件模拟法。如果发现隐蔽病毒或多态性病毒嫌疑时，启动软件模拟模块，监测病毒的运行，待病毒自身的密码译码后，再运用特征代码法来识别病毒的种类。

（3）计算机病毒的预防措施

① 计算机内要运行实时的监控软件和防火墙软件。当然，这些软件必须是正版的。例如：瑞星、KV、诺顿、金山毒霸、Kill 等杀毒软件。

② 要及时升级杀毒软件的病毒库。

③ 如果使用的是 Windows 操作系统，最好经常到微软网站查看有无最新发布的补丁，以便及时升级。

④ 不要打开来历不明的邮件，特别是有些附件。

⑤ 接收远程文件时，不要直接将文件写入硬盘，最好将远程文件先存入软盘，然后对其进行杀毒，确认无毒后再复制到硬盘中。

⑥ 尽量不要共享文件或数据。

⑦ 要对重要的数据和文件做好备份，最好是设定一个特定的时间，例如：每晚 12：00，系统自动对当天的数据进行备份。

⑧ 保证硬盘无病毒的情况下，能用硬盘引导启动的，尽量不要用软盘去启，通过设置 CMOS 参数，使启动时直接从硬盘引导启动。

⑨ 在他人机器上使用过的软盘要进行病毒检测。

⑩ 保留一张不开写保护口的、无病毒的、带有各种 DOS 命令文件的系统启动软盘，用于清除病毒和维护系统。

当然，上述几点还远远不能防止计算机病毒的攻击，但是做了这些准备，从一定程度上会使系统更安全一些。

（4）Windows 病毒防范技术

众所周知，由于 Windows 操作系统的界面美观、简单易用，因而被大多数用户所青睐。但是，人们也发现需要为此付出代价，那就是 Windows 操作系统经常会受到各种各样的计算机病毒的攻击。普通用户整天在为如何防范病毒而苦恼不已，总是在感染了病毒之后，想办法去清除病毒。其实，如果把系统设置得更加安全一些，不让病毒侵入，应该比在感染了计算机病毒之后再去查杀病毒要省事得多。下面，就从几个方面来介绍如何来提高 Windows 操作系统的安全性。

① 经常对系统升级并下载最新补丁。具体操作方法是：单击“开始”菜单中的"Windows Update"，就可以直接连接到微软的升级网站，然后按照网页中的提示一步步操作即可，如图 10.18 所示。

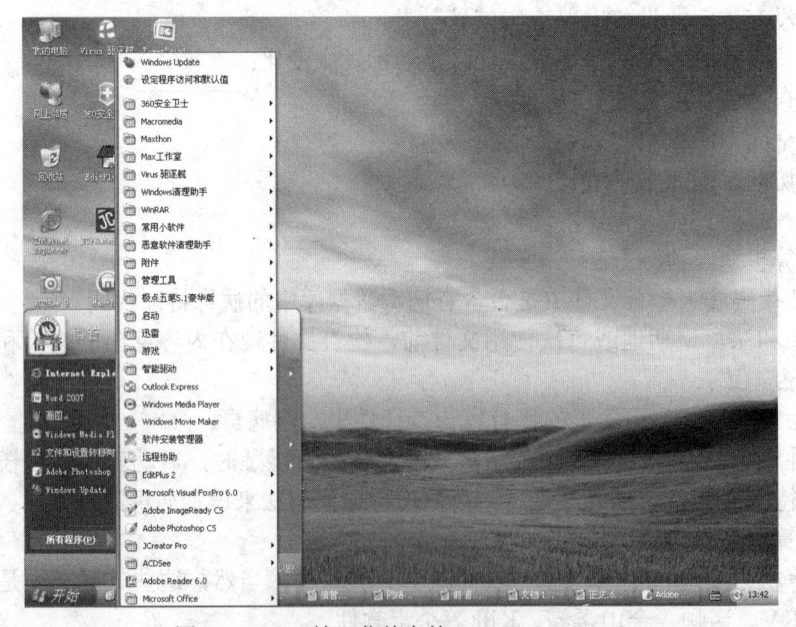

图 10.18 “开始”菜单中的"Windows Update"

② 正确配置 Windows 操作系统。在安装完 Windows 操作系统以后，一定要对系统进行配置，这对 Windows 系统防病毒起着至关重要的作用，正确的配置也可以使 Windows 系统免遭病毒的侵害。

a. 正确配置网络。

• 将网络文件和打印机共享去掉。其具体操作为：鼠标右键单击“网上邻居”，然后右键单击“本地连接”，选择“属性”，在弹出的窗口中，将“Microsoft 网络文件和共享”一项前面的对号去掉，如图 10.19 所示。

• 将不需要的端口禁用。其具体操作为：右键单击“网上邻居”，然后右键单击“本地连接”，选择“属性”，在弹出的窗口中选择“Internet 网络协议（TCP/IP）”，再选择“属性”，在弹出的 Internet 网络协议（TCP/IP）窗口中选择“高级”，再选择“选项”选项卡，然后双击“TCP/正筛选”，选择“启用 TCP/IP 筛选机制”，并选择系统只允许对外开放的端口即可。如图 10.20 所示。

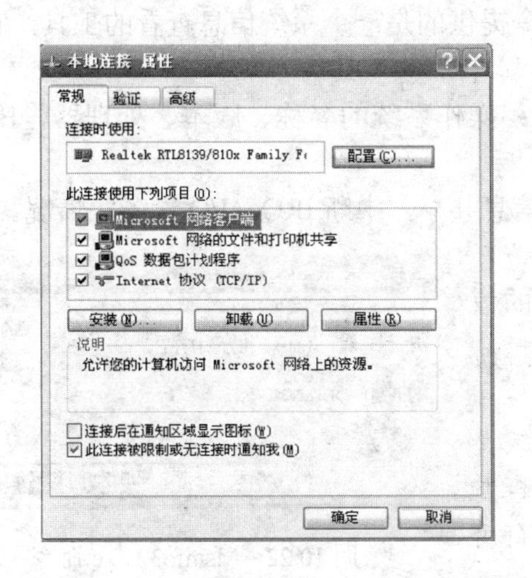

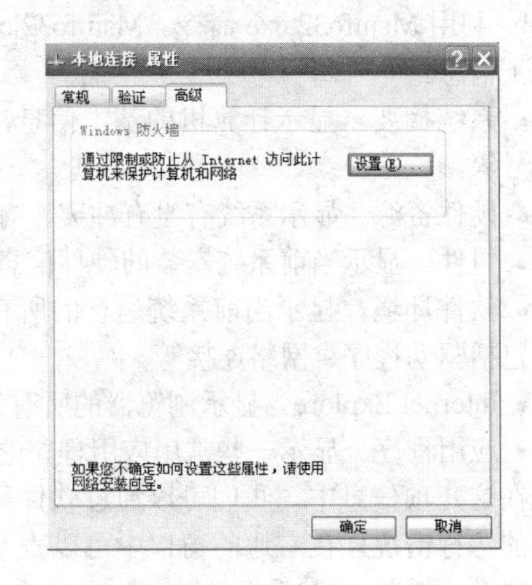

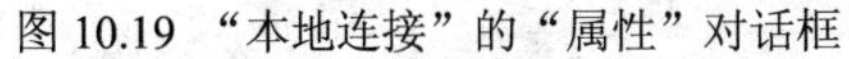

图 10.19 “本地连接”的“属性”对话框　　图 10.20 “高级”选项卡

b. 正确配置服务。对于一个网络管理员来说，虽然打开很多的服务可能会带来许多方便，但不一定是一件好事，因为服务也可能是病毒的切入点。所以应该将系统不必要的服务关闭。具体操作为：打开“控制面板”中的“管理工具”，再选择“服务”一项，然后将相应的不必要服务设置为禁用即可。如图 10.21 所示。

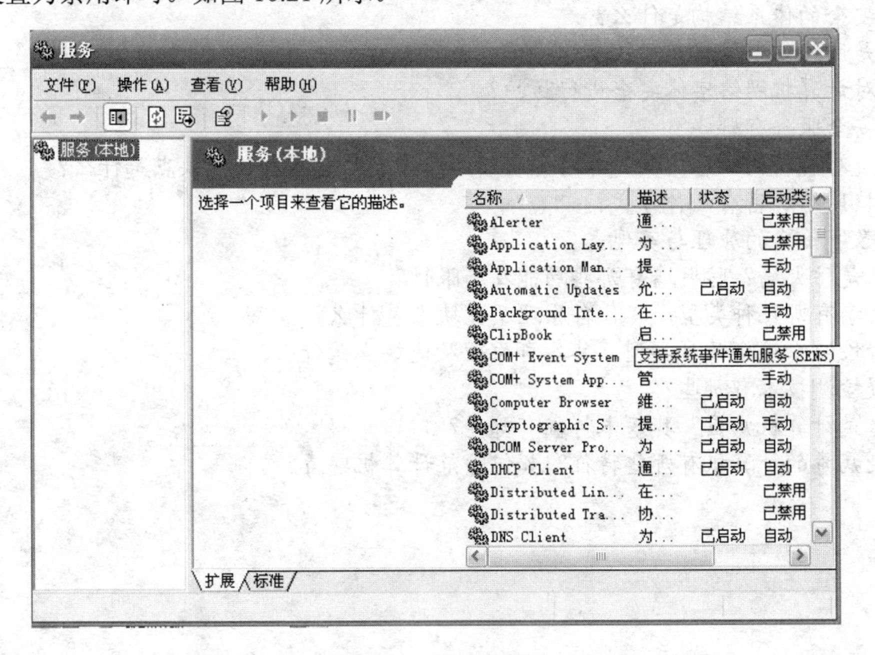

图 10.21　服务对话框

③ 利用 Windows 系统自带的工具。

a. 利用注册表工具。前面已多次提到，regedit 命令是注册表编辑工具，利用它可以检查出许多病毒。例如，在 HKEY__LOCAL__MACHINE\SOFTWARE\Microsoft\Windows\CurrentVersion\Run 下如果有一些奇怪的键值，就说明系统可能感染了病毒。因为在这个主键下，所有注册的程序都会在Windows系统启动时自动运行，而病毒往往也是利用这个机会来使自己的启动也自动运行，从而获取系统的控制权。

b. 利用Msinfo32.exe命令。Msinfo32.exe命令提供的是一个系统信息查看的工具，它包含以下信息。

• 系统摘要。显示计算机的基本信息，例如：操作系统的名称、版本、处理器，BIOS版本号等。

• 硬件资源。显示系统有没有冲突、有哪些信息共享，中断IRQ，I/O设备等情况。

• 组件。显示当前系统安装的硬件信息。

• 软件环境。显示当前系统运行的所有软件的信息，包括驱动程序、网络连接等。

• Internet Explore。显示浏览器的所有信息。

• 应用程序。显示一些常用应用程序的信息。

在这几项信息中，我们可以通过软件环境来查看系统的运行情况，在右边的窗口中可以查看有没有可疑的病毒。如图10.22所示。

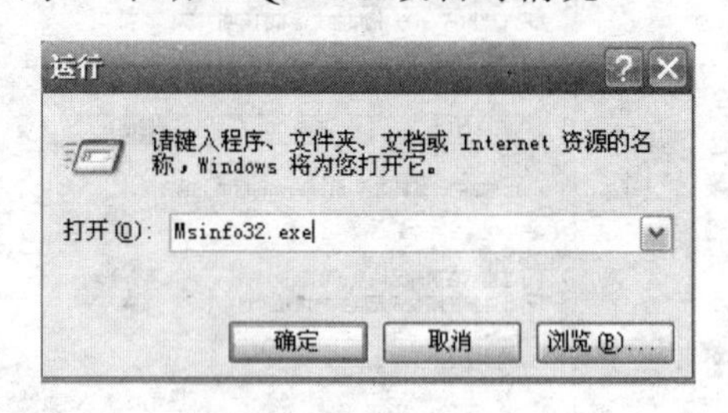

图10.22 Msinfo32.exe命令

本章习题

1. 什么是计算机网络安全？
2. 网络安全威胁有哪些？
3. 网络安全的体系结构是什么？
4. 什么是网络安全策略？
5. 如何对计算机网络实体安全进行防护？
6. 网络安全服务有哪些？
7. 什么是对称密钥加密体制？非对称密钥加密体制？其各自的优缺点是什么？
8. 计算机网络加密有几种方式？
9. 简述数字签名的原理与实现。
10. 什么是防火墙？防火墙有哪些功能及局限性？
11. 防火墙有哪几种类型，其各自原理及优缺点是什么？
12. 入侵检测系统哪几种类型，其各自原理及优缺点是什么？
13. 入侵检测技术有哪些？
14. 什么是计算机病毒？其基本特征有哪些？
15. 感染病毒的计算机有哪些特征？如何防范计算机病毒？

第 11 章　计算机网络实验

11.1　文件和打印机共享实验

（1）实验目的

① 熟悉计算机的基本使用。

② 掌握打印机共享原理与操作步骤。

（2）实验环境

① Windows XP。

② 一台打印机。

（3）实验内容

① 两个人一组进行共享实践，彼此将 D 盘设为共享，然后相互访问。

② 设置共享打印服务。

（4）实验步骤

① 文件的共享。

a. 首先，打开“我的电脑”窗口。选中 D 盘，然后单击鼠标右键。这时，将会弹出一个快捷菜单，从中选择“共享和安全”命令。

b. 这时，将会弹出“属性”对话框。首先，选中“在网络上共享这个文件夹”单选钮。在“共享名”文本框中，输入该共享目录的共享名。

c. 在确定对方已经开启共享后，在地址栏中输入“\\对方 IP 地址”，例如\\192.168.1.12，即可以访问对方共享的 D 盘。

② 打印机的共享。

a. 主机与打印机进行连接，连接完后，打开打印机电源。主机打开“控制面板”并双击到“打印机和传真”，在空白处单击鼠标右键，选择“添加打印机”命令，打开添加打印机向导窗口。单击“下一步”，选择“连接到此计算机的本地打印机”，并勾选“自动检测并安装即插即用的打印机”复选框。

b. 主机将会进行新打印机的检测，很快便会发现已经连接好的打印机，根据提示将打印机附带的驱动程序光盘放入光驱中，安装好打印机的驱动程序后，在“打印机和传真”就会出现该打印机的图标。

c. 在该打印机图标上单击鼠标右键，选择“共享”命令，打开打印机的属性对话框，选择“共享”选项卡，选择“共享这台打印机”，并在“共享名”输入框中填入需要共享的名称，例如 LaserJet，单击“确定”按钮即可完成共享的设定。

d. 为了让打印机的共享能够顺利进行，必须在主机和客户机上都安装“文件和打印机的共享协议”。右击桌面上的“网上邻居”，选择“属性”命令，进入到“网络连接”，在“本地连接”图标上点击鼠标右键，选择“属性”命令，如果在“常规”选项卡的“此连接使用下列项目”列表中没有找到“Microsoft 网络的文件和打印机共享”，则需要单击“安装”按钮，在弹出的对话框中选择“服务”，然后点击“添加”，在“选择网络服务”窗口中选择“文件和打印机共享”，最后单击“确定”按钮即可完成。

e. 接下来需要对共享打印机的客户机进行配置。假设客户机使用的操作系统是 Windows XP。客户机必须安装打印驱动程序。

第一步：单击“开始”→“设置”→“打印机和传真”，启动“添加打印机向导”，选择“网络打印机”选项。

第二步：在“指定打印机”页面中提供了几种添加网络打印机的方式。如果不知道打印机的具体路径，则可以选择“浏览打印机”选择来查找局域网内共享的打印机，已经安装了打印机的电脑，再选择打印机后点击“确定”按钮;如果已经知道了打印机的网络路径，则可以直接输入共享打印机的网络路径，例如“\\net\LaserJet”（net 是主机的用户名），最后点击“下一步”。

第三步：再次输入打印机名，单击“下一步”按钮，按“完成”按钮，如果主机设置了共享密码，这里就需要输入密码。最后看到在客户机的“打印机和传真”内已经出现了共享打印机的图标，网络打印机就已经安装完成了。

11.2　双绞线制作实验

（1）实验目的

① 理解双绞线的制作方法。

② 了解双绞线的测试方法。

（2）实验环境

① 网线钳一把。

② 双绞线（5 类或其他类别）若干。

③ 若干 RJ-45 水晶头。

④ 网线测试仪一个。

（3）实验内容

① 使用网线钳制作具有 RJ45 接头的双绞线网线。

② 使用网线测试仪测试网线连接的正确性。

（4）实验步骤

① 在动手制作双绞线网线时，应该准备好以下材料。

a. 双绞线。在将双绞线剪断前一定要计算好所需的长度。如果剪断的比实际长度还短，将不能再接长。

b. RJ-45 接头 RJ-45 即水晶头。每条网线的两端各需要一个水晶头。水晶头质量的优劣不仅是网线能够制作成功的关键之一，也在很大程度上影响着网络的传输速率，推选择真的 AMP 水晶头。假的水晶头的铜片容易生锈，对网络传输速率影响特别大。

制作过程可分为四步，简单归纳为“剥”、“理”、“插”、“压”四个字。具体如下。

步骤一：准备好 5 类双绞线、RJ-45 插头和一把专用的压线钳，如图 11.1 所示。

步骤二：用压线钳的剥线刀口将 5 类双绞线的外保护套管划开（小心不要将里面的双绞线的绝缘层划破），刀口距 5 类双绞线的端头至少 2 厘米，如图 11.2 所示。

步骤三：将划开的外保护套管剥去（旋转、向外抽），如图 11.3 所示。

步骤四：露出 5 类线电缆中的 4 对双绞线，如图 11.4 所示。

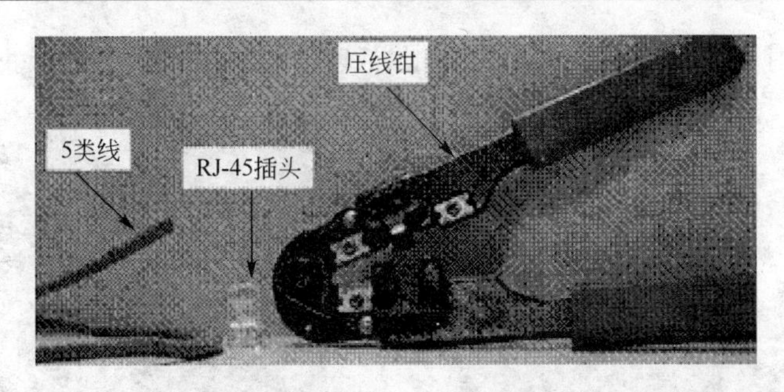

图 11.1　制作双绞线网线步骤一

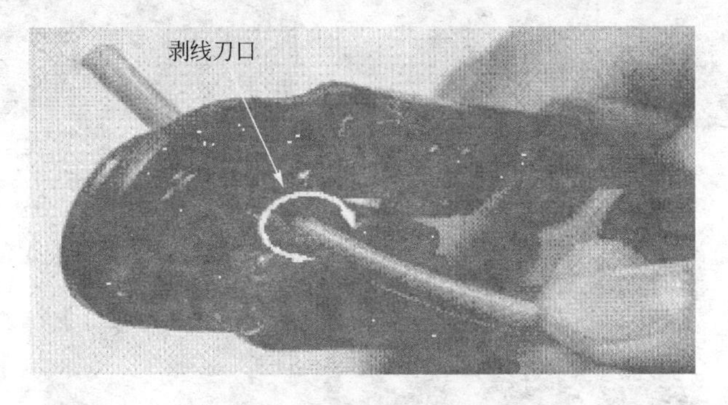

图 11.2　制作双绞线网线步骤二

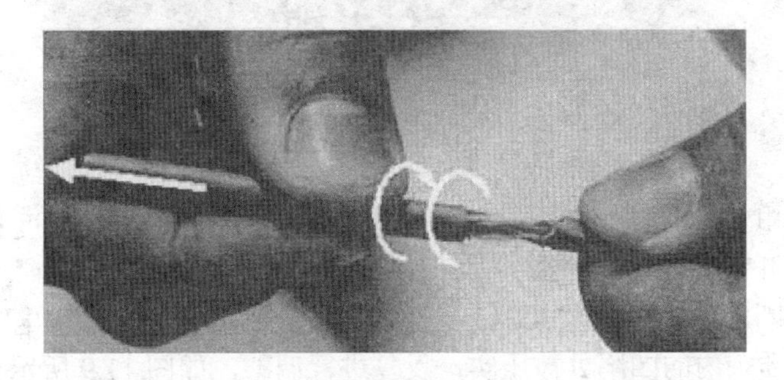

图 11.3　制作双绞线网线步骤三

图 11.4　制作双绞线网线步骤四

步骤五：按照 EIA/TIA-568B 标准（橙白、白、绿白、蓝、蓝白、绿、棕白、棕）和导线颜色将导线按规定的序号排好，如图 11.5 所示。

步骤六：将 8 根导线平坦整齐地平行排列，导线间不留空隙，如图 11.6 所示。

步骤七：准备用压线钳的剪线刀口将 8 根导线剪断，如图 11.7 所示。

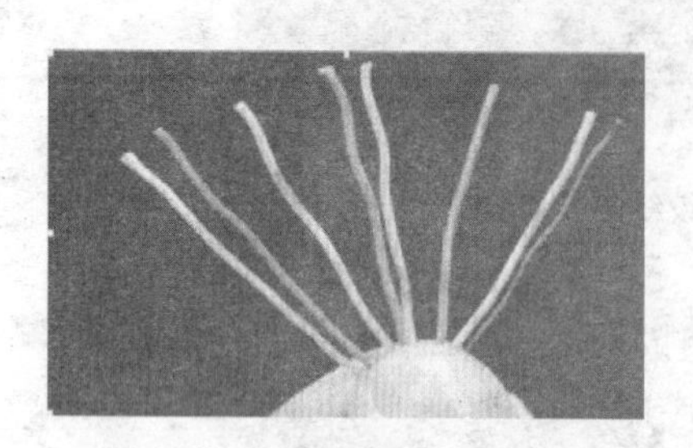

图 11.5　制作双绞线网线步骤五

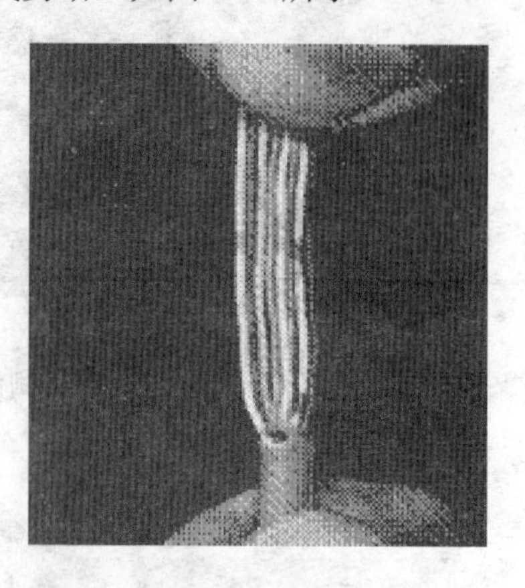

图 11.6　制作双绞线网线步骤六

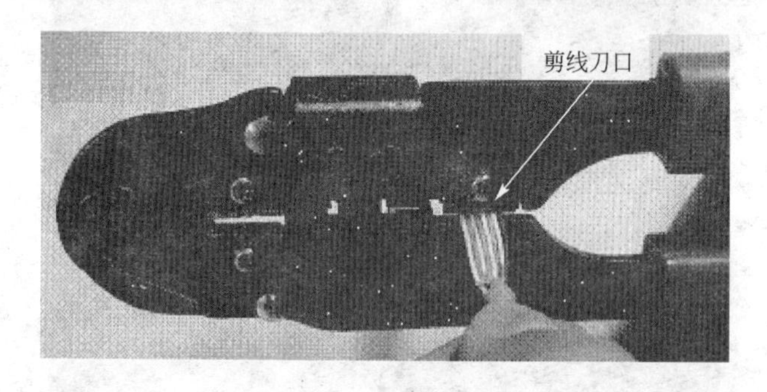

图 11.7　制作双绞线网线步骤七

步骤八：剪断电缆线。请注意：一定要剪得很整齐。剥开的导线长度不可太短。可以先留长一些。不要剥开每根导线的绝缘外层，如图 11.8 所示。

步骤九：将剪断的电缆线放入 RJ-45 插头试试长短（要插到底），电缆线的外保护层最后应能够在 RJ-45 插头内的凹陷处被压实，反复进行调整，如图 11.9 所示。

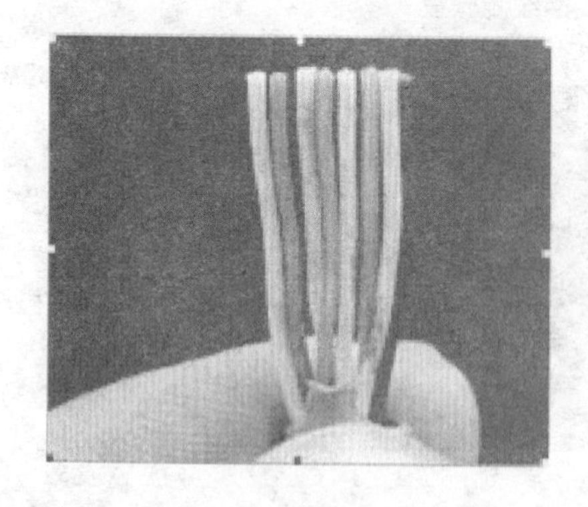

图 11.8　制作双绞线网线步骤八

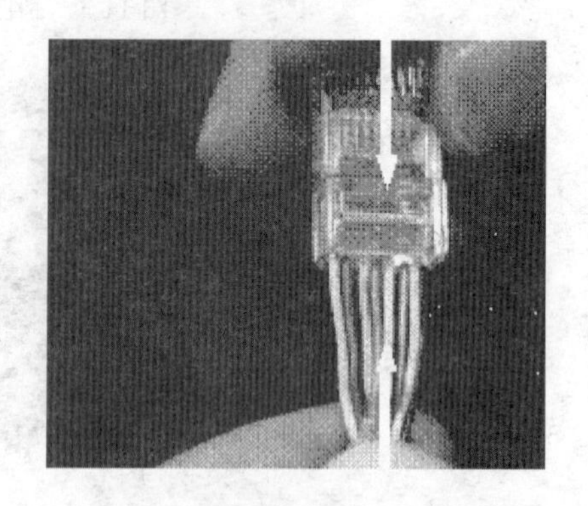

图 11.9　制作双绞线网线步骤九

步骤十：在确认一切都正确后（特别要注意不要将导线的顺序排列反了），将 RJ-45 插头放入压线钳的压头槽内，准备最后的压实，如图 11.10 所示。

步骤十一：双手紧握压线钳的手柄，用力压紧，如图 11.11a 和图 11.11b 所示。请注意，在这一步骤完成后，插头的 8 个针脚接触点就穿过导线的绝缘外层，分别和 8 根导线紧紧地压接在一起。

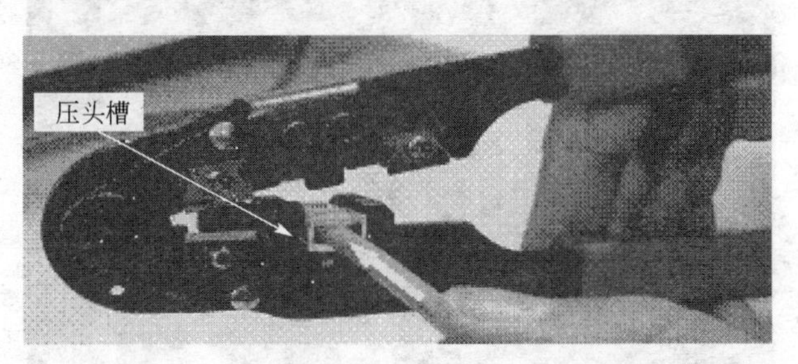

图 11.10　制作双绞线网线步骤十

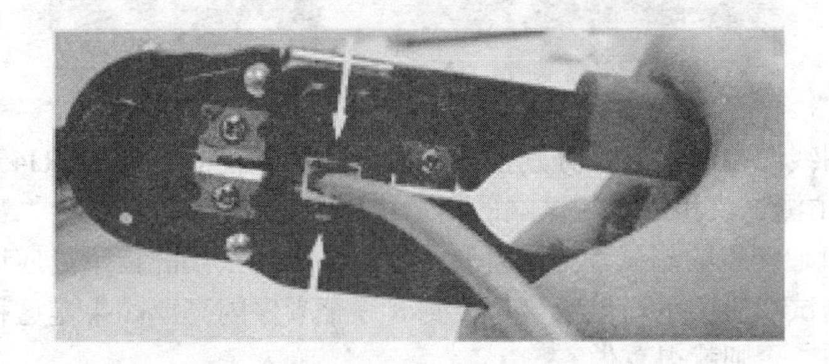

图 11.11a　制作双绞线网线步骤十一 a

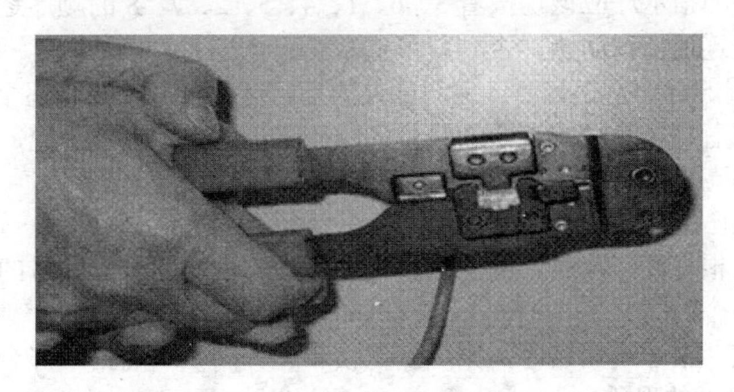

图 11.11b　制作双绞线网线步骤十一 b

步骤十二：完成，如图 11.12 所示。

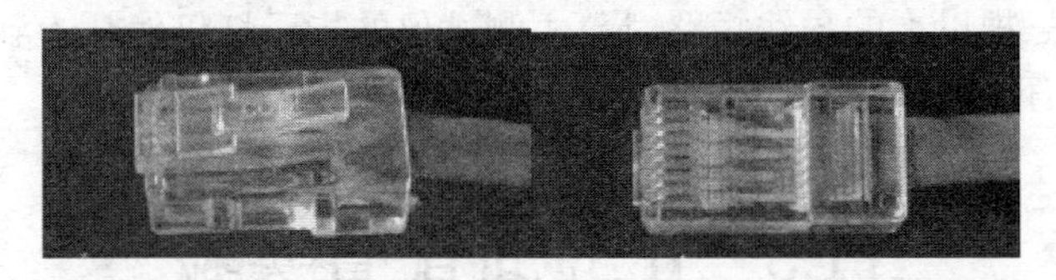

图 11.12　制作双绞线网线步骤十二

现在已经完成了线缆一端的水晶头的制作，下面需要制作双绞线的另一端的水晶头，按照 EIA/TIA-568B 和前面介绍的步骤来制作另一端的水晶头。

② 制作好的网线最好用测试仪测试一下，看网线是否导通。

测试仪左右两个部分是可以分离开的。每一部分有一个 RJ-45 接口，如图 11.13 所示。

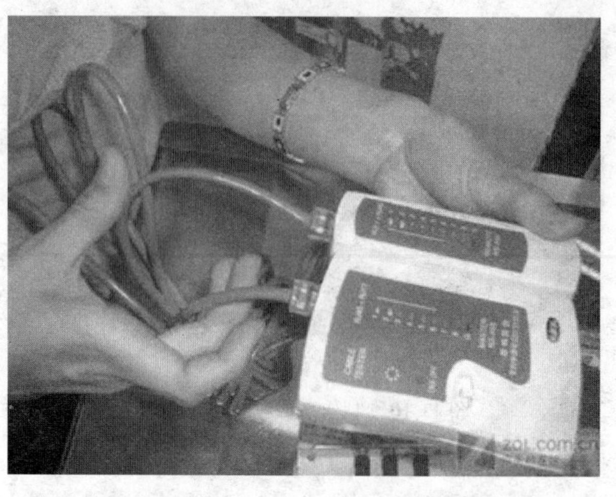

图 11.13 网线测试仪

步骤一：将网线两端的水晶头分别插入主测试仪和远程测试端的 RJ45 端口，将开关拨到“ON”。这时主测试仪和远程测试端的指示头就应该逐个闪亮。

步骤二：a. 直通连线的测试。测试直通连线时，主测试仪的指示灯应该从 1 到 8 逐个顺序闪亮，而远程测试端的指示灯也应该从 1 到 8 逐个顺序闪亮。如果是这种现象，说明直通线的连通性没问题，否则就得重做。

b. 交叉线连线的测试。测试交错连线时，主测试仪的指示灯也应该从 1 到 8 逐个顺序闪亮，而远程测试端的指示灯应该是按着 3、6、1、4、5、2、7、8 的顺序逐个闪亮。如果是这样，说明交错连线连通性没问题，否则就得重做。

c. 若网线两端的线序不正确时。主测试仪的指示灯仍然从 1 到 8 逐个闪亮，只是远程测试端的指示灯将按着与主测试端连通的线号的顺序逐个闪亮。也就是说，远程测试端不能按着 a.和 b.的顺序闪亮。

d. 导线断路测试的现象。

- 当有 1 到 6 根导线断路时，则主测试仪和远程测试端的对应线号的指示灯都不亮，其他的灯仍然可以逐个闪亮。
- 当有 7 根或 8 根导线断路时，则主测试仪和远程测试端的指示灯全都不亮。

e. 导线短路测试的现象。

- 当有两根导线短路时，主测试仪的指示灯仍然按着从 1 到 8 的顺序逐个闪亮，而远程测试端两根短路线所对应的指示灯将被同时点亮，其他的指示灯仍按正常的顺序逐个闪亮。
- 当有三根或三根以上的导线短路时，主测试仪的指示灯仍然从 1 到 8 逐个顺序闪亮，而远程测试端的所有短路线对应的指示灯都不亮。

11.3 IP 地址配置实验

（1）实验目的

① 掌握如何在 Windows 系统中进行网络配置。

② 掌握如何在 Windows 系统中进行 TCP/IP 协议配置。

（2）实验环境

Windows XP。

（3）实验内容

① 检查与配置计算机的 IP 地址。动态配置和静态配置两种方法。

② 用 IPCONFIG 来检查计算机 IP 地址的配置情况。

③ 用 PING 命令来验证网络的连通情况。

（4）实验步骤

① 静态配置方法。点击“网上邻居”→“本地连接”→“属性”→“Internet 协议（TCP/IP）属性”，如图 11.14 所示。如果修改了路由器的 LAN 口 IP 地址，计算机的 IP 和网关也须要做相应的修改。

② 动态配置方法。动态配置方法如图 11.15 所示。

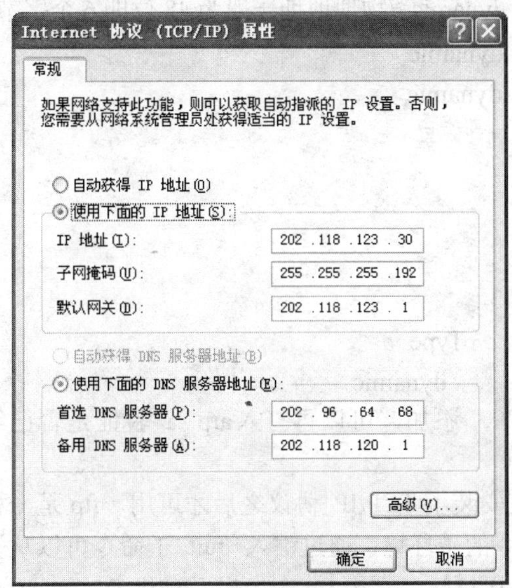

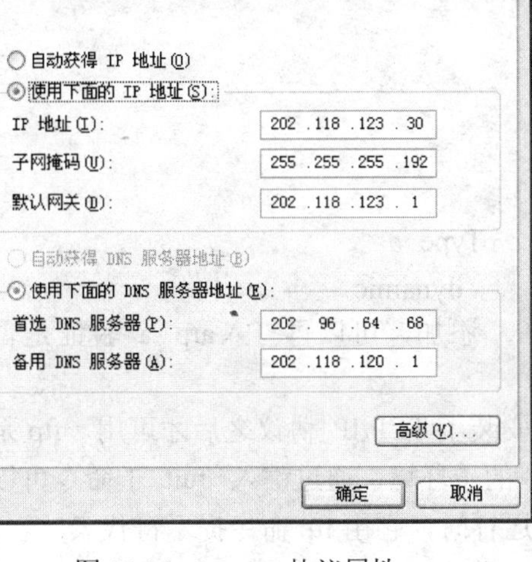

图 11.14　Internet 协议属性

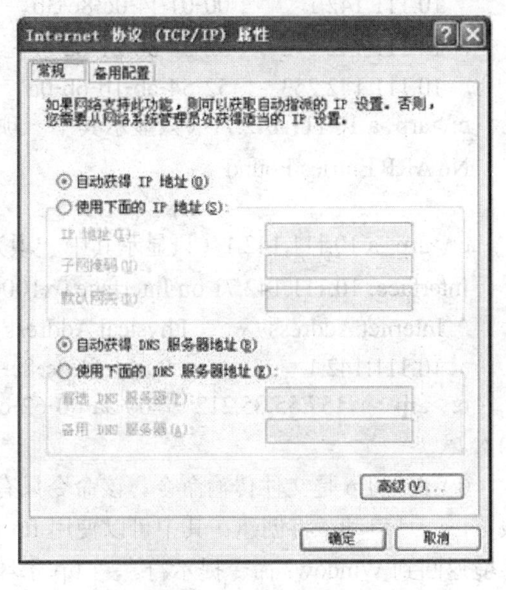

图 11.15　动态配置

11.4　常用网络命令实验

（1）实验目的

① 掌握常用网络命令的使用方法。

② 熟悉和掌握网络管理、网络维护的基本内容和方法。

（2）实验环境

Windows XP。

（3）实验内容

① ARP。ARP 显示和修改 IP 地址与物理地址之间的转换表。

ARP -s inet_addr eth_addr [if_addr]

ARP -d inet_addr [if_addr]

ARP -a [inet_addr] [-N if_addr]

-a	显示当前的 ARP 信息，可以指定网络地址。
-g	跟 -a 一样。

-d　　删除由 inet_addr 指定的主机。可以使用*来删除所有主机。

-s　　添加主机，并将网络地址跟物理地址相对应，这一项是永久生效的。

eth_addr　　物理地址。

if_addr　　If present, this specifies the Internet address of the interface whose address translation table should be modified. If not present, the first applicable interface will be used.

【例 1】 c:\>arp -a （显示当前所有的表项）

Interface: 10.111.142.71 on Interface 0x1000003

Internet Address	Physical Address	Type
10.111.142.1	00-01-f4-0c-8e-3b	dynamic //物理地址一般为 48 位即 6 个字节。
10.111.142.112	52-54-ab-21-6a-0e	dynamic
10.111.142.253	52-54-ab-1b-6b-0a	dynamic

c:\>arp -a 10.111.142.71（只显示其中一项）

No ARP Entries Found

c:\>arp -a 10.111.142.1（只显示其中一项）

Interface: 10.111.142.71 on Interface 0x1000003

Internet Address	Physical Address	Type
10.111.142.1	00-01-f4-0c-8e-3b	dynamic

c:\>arp -s 157.55.85.212 00-aa-00-62-c6-09 添加，可以再打入 arp -a 验证是否已经加入。

② ftp。ftp 是文件传输命令。该命令只有在安装了 TCP/IP 协议之后才可用。ftp 是一种服务，一旦启动，将创建在其中可以使用 ftp 命令的子环境，通过键入 quit 子命令可以从子环境返回到 Windows 命令提示符。当 ftp 子环境运行时，它由 ftp 命令提示符代表。

ftp [-v] [-n] [-i] [-d] [-g] [-s:filename] [-a] [-w:windowsize] [computer]

其中参数:

-v 禁止显示远程服务器响应。

-n 禁止自动登录到初始连接。

-I 多个文件传送时关闭交互提示。

-d 启用调试、显示在客户端和服务器之间传递的所有 ftp 命令。

-g 禁用文件名组，它允许在本地文件和路径名中使用通配符字符（* 和 ?）。

-s: filename 指定包含 ftp 命令的文本文件；当 ftp 启动后，这些命令将自动运行。该参数中不允许有空格。使用该开关而不是重定向（>）。

-a 在捆绑数据连接时使用任何本地接口。

-w: windowsize 替代默认大小为 4096 的传送缓冲区。

Computer 指定要连接到远程计算机的计算机名或 IP 地址。如果指定，计算机必须是行的最后一个参数。

下面是一些常用命令：

!：从 ftp 子系统退出到系统外壳

？：显示 ftp 说明，跟 help 一样

append: 添加文件，格式为：append 本地文件 远程文件

cd：更换远程目录

lcd： 更换本地目录，若无参数，将显示当前目录

open：与指定的 ftp 服务器连接 open computer [port]

close：结束与远程服务器的 FTP 会话并返回命令解释程序

bye：结束与远程计算机的 FTP 会话并退出 ftp

dir： 结束与远程计算机的 FTP 会话并退出 ftp

get 和 recv：使用当前文件转换类型将远程文件复制到本地计算机 get remote-file [local-file]

send 和 put：上传文件：send local-file [remote-file]

【例 2】 c:\>ftp

ftp> open ftp.zju.edu.cn

Connected to alpha800.zju.edu.cn.

220 ProFTPD 1.2.0pre9 Server （浙江大学自由软件服务器） [alpha800.zju.edu.cn]

User（alpha800.zju.edu.cn:（none））: anonymous

331 Anonymous login ok, send your complete e-mail address as password.

Password:

230 Anonymous access granted, restrictions apply.

ftp> dir //查看本目录下的内容：

…

ftp> cd pub //切换目录

250 CWD command successful.

ftp> dir

200 PORT command successful.

150 Opening ASCII mode data connection for file list.

…

ftp> cd microsoft

250 CWD command successful.

ftp> dir

200 PORT command successful.

150 Opening ASCII mode data connection for file list.

-rw-r--r-- 1 ftp ftp 288632 Dec 8 1999 chargeni.exe

226 Transfer complete.

ftp: 69 bytes received in 0.01Seconds 6.90Kbytes/sec.

ftp> lcd e:\ //本地目录切换

Local directory now E:\.

ftp> get chargeni.exe //下载文件

200 PORT command successful.

150 Opening ASCII mode data connection for chargeni.exe (288632 bytes）.

226 Transfer complete.

ftp: 289739 bytes received in 0.36Seconds 802.60Kbytes/sec.

ftp> bye //离开

221 Goodbye.

③ Ipconfig。该诊断命令显示所有当前的 TCP/IP 网络配置值。该命令在运行 DHCP 系统上的特殊用途，允许用户决定 DHCP 配置的 TCP/IP 配置值。

```
ipconfig [/? | /all | /release [adapter] | /renew [adapter]
              | /flushdns | /registerdns
              | /showclassid adapter
              | /setclassid adapter [classidtoset] ]
```

/all 产生完整显示。在没有该开关的情况下 ipconfig 只显示 IP 地址、子网掩码和每个网卡的默认网关值。

【例 3】 c:\>ipconfig

```
Windows 2000 IP Configuration
Ethernet adapter 本地连接:
        Connection-specific DNS Suffix   . :
        IP Address. . . . . . . . . . . . : 10.111.142.71      //IP 地址
        Subnet Mask . . . . . . . . . . . : 255.255.255.0      //子网掩码
        Default Gateway . . . . . . . . . : 10.111.142.1       //缺省网关
c:\>ipconfig /displaydns        //显示本机上的 DNS 域名解析列表
c:\>ipconfig /flushdns          //删除本机上的 DNS 域名解析列表
```

④ Nbtstat.exe。该诊断命令使用 NBT（TCP/IP 上的 NetBIOS）显示协议统计和当前 TCP/IP 连接。该命令只有在安装了 TCP/IP 协议之后才可用。

nbtstat [-a remotename] [-A IP address] [-c] [-n] [-R] [-r] [-S] [-s] [interval]

其中参数:

-a remotename 使用远程计算机的名称列出其名称表。

-A IP address 使用远程计算机的 IP 地址并列出名称表。

-c 给定每个名称的 IP 地址并列出 NetBIOS 名称缓存的内容。

-n 列出本地 NetBIOS 名称。"已注册" 表明该名称已被广播（Bnode）或者 WINS（其他节点类型）注册。

-R 清除 NetBIOS 名称缓存中的所有名称后，重新装入 Lmhosts 文件。

-r 列出 Windows 网络名称解析的名称解析统计。在配置使用 WINS 的 Windows 2000 计算机上，此选项返回要通过广播或 WINS 来解析和注册的名称数。

-S 显示客户端和服务器会话，只通过 IP 地址列出远程计算机。

-s 显示客户端和服务器会话。尝试将远程计算机 IP 地址转换成使用主机文件的名称。

interval 重新显示选中的统计，在每个显示之间暂停 interval 秒。按 CTRL+C 停止重新显示统计信息。如果省略该参数，nbtstat 打印一次当前的配置信息。

【例 4】 c:\>nbtstat –A 周围主机的 ip 地址

```
c:\>nbtstat –c
c:\>nbtstat –n
c:\>nbtstat -S
本地连接:
Node IpAddress: [10.111.142.71] Scope Id: []
                    NetBIOS Connection Table
    Local Nam              State     In/Out   Remote Host           Input   Output
```

JJY　　　　　<03>　Listening

另外可以加上间隔时间，以秒为单位。

⑤ net。许多 Windows 2000 网络命令都以词 net 开头。这些 net 命令有一些公用属性：键入 net /? 可以看到所有可用的 net 命令的列表；键入 net help command，可以在命令行获得 net 命令的语法帮助。例如，关于 net accounts 命令的帮助信息，请键入 net help accounts。

所有 net 命令都接受 /yes 和 /no 选项（可以缩写为 /y 和 /n）。/y 选项向命令产生的任何交互式提示自动回答“是”，而 /n 回答“否”。例如，net stop server 通常提示您确认要停止基于“服务器”服务的所有服务；而 net stop server /y 对该提示自动回答“是”，然后“服务器”服务关闭。

【例 5】 Net send：（可能许多人已经用过，或者感到厌烦，索性把服务给关了）将消息发送到网络上的其他用户、计算机或消息名。必须运行信使服务以接收邮件。

net send {name | * | /domain[:name] | /usersmessage}

Net stop：停止 Windows 2000 网络服务。

net stop service

【例 6】 c:\>net stop messenger

Messenger 服务正在停止。

Messenger 服务已成功停止。

此时再打入“net send 本机名　消息”，就没用了；相应的，要打开这个服务，只需把 stop 改为 start，就可以了。

Net start FTP Publishing Service

启动 FTP 发布服务。该命令只有在安装了 Internet 信息服务后才可用。

net start "ftp publishing service"

类似的命令有很多，请参考帮助文件。

⑥ Netstat.exe。Netstat 命令显示协议统计和当前的 TCP/IP 网络连接。该命令只有在安装了 TCP/IP 协议后才可以使用。

netstat [-a] [-e] [-n] [-s] [-p protocol] [-r] [interval]

其中参数：

-a 显示所有连接和侦听端口。服务器连接通常不显示。

-e 显示以太网统计。该参数可以与 -s 选项结合使用。

-n 以数字格式显示地址和端口号（而不是尝试查找名称）。

-s 显示每个协议的统计。默认情况下，显示 TCP、UDP、ICMP 和 IP 的统计。-p 选项可以用来指定默认的子集。

-p protocol 显示由 protocol 指定的协议的连接；protocol 可以是 tcp 或 udp。如果与 -s 选项一同使用显示每个协议的统计，protocol 可以是 tcp、udp、icmp 或 ip。

-r 显示路由表的内容。

Interval 重新显示所选的统计，在每次显示之间暂停 interval 秒。按 CTRL+B 停止重新显示统计。如果省略该参数，netstat 将打印一次当前的配置信息。

【例 7】 c:\>netstat -as

IP Statistics

　Packets Received　　　　　　= 256325

　…

ICMP Statistics

	Received	Sent
Messages	16	68

…

TCP Statistics

…

Segments Received = 41828

UDP Statistics

Datagrams Received = 82401

…

⑦ Ping.exe。Ping 命令验证与远程计算机的连接。该命令只有在安装了 TCP/IP 协议后才可以使用。

ping [-t] [-a] [-n count] [-l length] [-f] [-i ttl] [-v tos] [-r count] [-s count] [[-j computer-list] | [-k computer-list]] [-w timeout] destination-list

其中参数:

-t Ping 指定的计算机直到中断。

-a 将地址解析为计算机名。

-n count 发送 count 指定的 ECHO 数据包数。默认值为 4。

-l length 发送包含由 length 指定的数据量的 ECHO 数据包。默认为 32 字节；最大值是 65527。

-f 在数据包中发送“不要分段”标志。数据包就不会被路由上的网关分段。

-i ttl 将“生存时间”字段设置为 ttl 指定的值。

-v tos 将“服务类型”字段设置为 tos 指定的值。

-r count 在“记录路由”字段中记录传出和返回数据包的路由。count 可以指定最少 1 台，最多 9 台计算机。

-s count 指定 count 指定的跃点数的时间戳。

-j computer-list 利用 computer-list 指定的计算机列表路由数据包。连续计算机可以被中间网关分隔（路由稀疏源）IP 允许的最大数量为 9。

-k computer-list 利用 computer-list 指定的计算机列表路由数据包。连续计算机不能被中间网关分隔（路由严格源）IP 允许的最大数量为 9。

-w timeout 指定超时间隔，单位为毫秒。

destination-list 指定要 ping 的远程计算机。

较一般的用法是 ping －t www.zju.edu.cn。

【例 8】 c:\>ping www.zju.edu.cn

Pinging zjuwww.zju.edu.cn [10.10.2.21] with 32 bytes of data:

Reply from 10.10.2.21: bytes=32 time=10ms TTL=253

Reply from 10.10.2.21: bytes=32 time<10ms TTL=253

Reply from 10.10.2.21: bytes=32 time<10ms TTL=253

Reply from 10.10.2.21: bytes=32 time<10ms TTL=253

Ping statistics for 10.10.2.21:

Packets: Sent = 4， Received = 4， Lost = 0 （0% loss），

Approximate round trip times in milli-seconds:

Minimum = 0ms，　Maximum = 　10ms，　Average = 　2ms

⑧ Route.exe。Route 命令控制网络路由表。该命令只有在安装了 TCP/IP 协议后才可以使用。

route [-f] [-p] [command [destination] [mask subnetmask] [gateway] [metric costmetric]]

其中参数:

-f 清除所有网关入口的路由表。如果该参数与某个命令组合使用，路由表将在运行命令前清除。

-p 该参数与 add 命令一起使用时，将使路由在系统引导程序之间持久存在。默认情况下，系统重新启动时不保留路由。与 print 命令一起使用时，显示已注册的持久路由列表。忽略其他所有总是影响相应持久路由的命令。

Command 指定下列的一个命令。

命令 目的

print 打印路由

add 添加路由

delete 删除路由

change 更改现存路由

destination 指定发送 command 的计算机。

mask subnetmask 指定与该路由条目关联的子网掩码。如果没有指定，将使用 255.255.255.255。

gateway　指定网关。

metric costmetric 指派整数跃点数（从 1 到 9999）在计算最快速、最可靠和（或）最便宜的路由时使用。

【例 9】 本机 ip 为 10.111.142.71，缺省网关是 10.111.142.1，假设此网段上另有一网关 10.111.142.254，现在想添加一项路由，使得当访问 10.13.0.0 子网络时通过这一个网关，那么可以加入如下命令：

c:\>route add 10.13.0.0 mask 255.255.0.0 10.111.142.1

c:\>route print （键入此命令查看路由表，看是否已经添加了）

c:\>route delete 10.13.0.0

c:\>route print （此时可以看见已经没了添加的项）

⑨ Telnet.exe。Telnet 是虚拟终端命令。在命令行键入 telnet，将进入 telnet 模式。键入 help，可以看到一些常用命令。

Microsoft Telnet> help

可以看到，Telnet 支持的指令为：

close	关闭当前连接
display	显示操作参数
open	连接到一个站点
quit	退出 telnet
set	设置选项（要列表，请键入 'set ?' ）
status	打印状态信息
unset	解除设置选项（要列表，请键入 'unset ?' ）
?/help	打印帮助信息

可以键入 display 命令来查看当前配置：

c:\telnet
Microsoft Telnet> display
Escape 字符为 'CTRL+]'
WILL AUTH （NTLM 身份验证）
关闭 LOCAL_ECHO
发送 CR 和 LF
WILL TERM TYPE
优选的类型为 ANSI
协商的规则类型为 ANSI

可以使用 set 命令来设置环境变量，如：
Microsoft Telnet> set local_echo on
NTLM 打开 NTLM 身份验证。
LOCAL_ECHO 打开 LOCAL_ECHO。
TERM x （x 表示 ANSI， VT100， VT52 或 VTNT）
CODESET x （x 表示 Shift JIS，
Japanese EUC，
JIS Kanji，
JIS Kanji（78），
DEC Kanji 或
NEC Kanji）
CRLF 发送 CR 和 LF

【例 10】 假设主机 10.111.142.71 打开了 telnet 服务
Microsoft Telnet> open 10.111.142.71
正在连接到 10.111.142.71...
您将要发送密码信息到 Internet 区域中的远程计算机。这可能不安全。是否还要发送（y/n）: y（不同系统会有区别）。

上面曾说明了 Escape 字符为 'CTRL+]'，所以键入这个字符就可以切换到外面，再按下单独的 Enter 键又可以回去。

Microsoft Telnet> status
已连接到 10.111.142.71
协商的规则类型为 ANSI

⑩ Tracert.exe。该诊断实用程序将包含不同生存时间（TTL）值的 Internet 控制消息协议（ICMP）回显数据包发送到目标，以决定到达目标采用的路由。要在转发数据包上的 TTL 之前至少递减 1，必需路径上的每个路由器，所以 TTL 是有效的跃点计数。数据包上的 TTL 到达 0 时，路由器应该将“ICMP 已超时”的消息发送回源系统。Tracert 先发送 TTL 为 1 的回显数据包，并在随后的每次发送过程将 TTL 递增 1，直到目标响应或 TTL 达到最大值，从而确定路由。路由通过检查中级路由器发送回的“ICMP 已超时”的消息来确定路由。不过，有些路由器悄悄地下传包含过期 TTL 值的数据包，而 tracert 看不到。

tracert [-d] [-h maximum_hops] [-j computer-list] [-w timeout] target_name

其中参数:

/d 指定不将地址解析为计算机名。

-h maximum_hops 指定搜索目标的最大跃点数。

-j computer-list 指定沿 computer-list 的稀疏源路由。

-w timeout 每次应答等待 timeout 指定的微秒数。

target_name 目标计算机的名称。

最简单的一种用法如下：

```
C:\>tracert www.ahut.edu.cn
Tracing route to zjuwww.zju.edu.cn [10.10.2.21]
over a maximum of 30 hops:
  1    <10 ms    <10 ms    <10 ms   10.111.136.1
  2    <10 ms    <10 ms    <10 ms   10.0.0.10
  3    <10 ms    <10 ms    <10 ms   10.10.2.21
Trace complete.
```

11.5　双机互联的对等网组建实验

（1）实验目的

① 掌握双机互联对等网的组建方法及其特点。

② 掌握双机互联对等网的软件系统配置方法，如各种服务和协议。

③ 掌握网络连通性测试方法和技能。

（2）实验环境

① 安装好 Windows 2003 以上版本操作系统的 PC 计算机。

② 交叉网线。

（3）实验内容

① 组建双机互联对等网。

② 测试网络连通性。

（4）实验步骤

① 安装网卡及驱动程序。一般网卡集成在计算机主板上，网卡驱动程序在主板驱动光盘中，按照提示安装就可以了。

主板没有集成网卡的，需将网卡插接在主板的 PCI 插槽中，按以下步骤安装网卡驱动。

依次打开“开始→设置→控制面板→添加硬件”，然后按照“添加硬件向导”操作完成网卡驱动程序的安装。

网卡及网卡驱动程序安装完毕后，可按以下步骤查看网卡及驱动是否安装正确。

打开桌面“我的电脑”，右键单击“属性→硬件→设备管理器→网络适配器”，查看已安装的网络适配器前有无“黄色感叹号”标记。如果没有该标记，则网卡能够正常工作；如果有该标记，可点击该网络适配器右键“卸载”。卸载网卡后，重新安装。安装好网卡及网卡驱动程序后的画面如图 11.16 所示。

② 网络组件的安装。一般网卡驱动安装完毕后，网络组件已经安装好了，可以通过以下步骤查看已安装的网络组件。

右键单击桌面“网上邻居”，出现“属性→本地连接”，右键单击“属性”，出现图 11.17 所示“本地连接属性”。

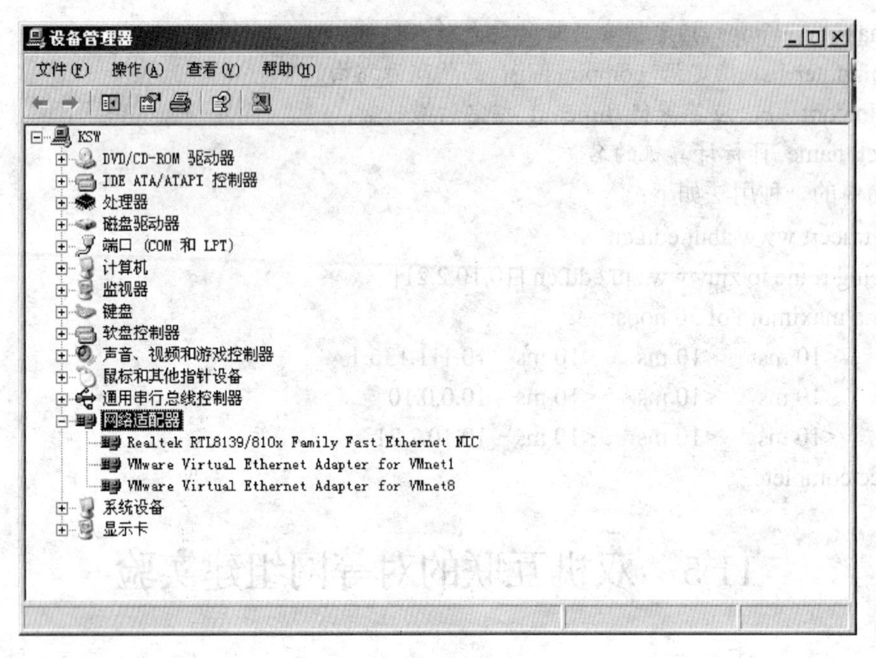

图 11.16　设备管理器中查看网卡

如果在“此连接使用以下项目”的对话框中，有“Microsoft 网络客户端”、“Microsoft 网络的文件和打印机共享”及“Internet 协议（TCP/IP）”网络组件并被选中，那表明网络组件已经安装好了。

如果有网络组件未被安装，可按以下步骤安装相应的网络组件：在图 11.17 所示的“本地连接属性”画面中，单击“安装”，依次选择“客户端→添加→Microsoft 网络客户端”，选择“服务→添加→Microsoft 网络的文件和打印机共享”，选择“协议→添加→Internet 协议（TCP/IP）”，将添加的网络组件选中。

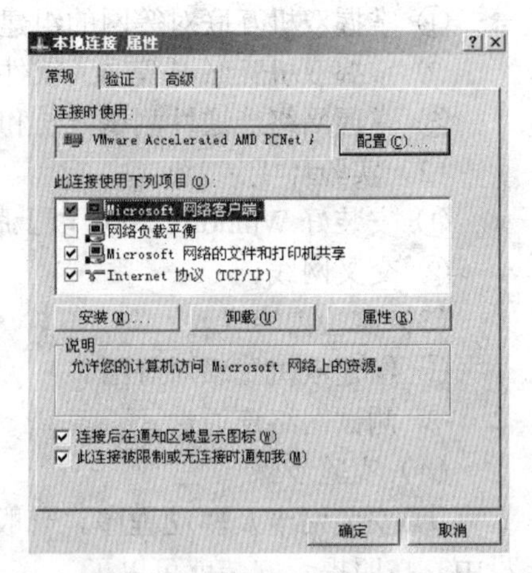

图 11.17　本地连接属性

③ 更改计算机名及工作组。更改本地计算机名：“我的电脑”右键单击“属性→计算机名→更改”。为了能够进行统一管理，计算机名一般按如下规律进行命名：S＋组号＋机号，如第 1 组的第 2 台，则名为 S102。为了实训方便起见，计算机系统不设置有关密码。

更改工作组：在“隶属于　→工作组”对话框中，按统一要求输入工作组名称，如：SDCET，如图 11.18“计算机名称更改”所示。

④ 设置 IP 地址。在桌面“网上邻居”上右键单击“属性→本地连接”右键单击“属性→双击 Internet 协议（TCP/IP）”，打开 TCP/IP 的属性对话框。选择“IP 地址”选项卡，选中“指定 IP 地址”，在 IP 地址中输入：192.168.0.1，在“子网掩码”中输入：255.255.255.0。另外一台计算机的 IP 地址设为 192.168.0.2，子网掩码 255.255.255.0，如图 11.19“Internet 协议（TCP/IP）属性”所示。

⑤ 双机互接。使用制作好的双绞线（交叉线）将相邻两台计算机通过网卡直接相连以构成最小的对等网络，连接图如图 11.20 所示。

⑥ 网络连通性测试方法一。双击桌面“网上邻居”，可以看到如图 11.21 所示画面。在

这个画面中，可以看到对方的共享文件夹。双击打开对方的共享文件夹，对文件夹内的文件右键复制，然后保存到本地目录。

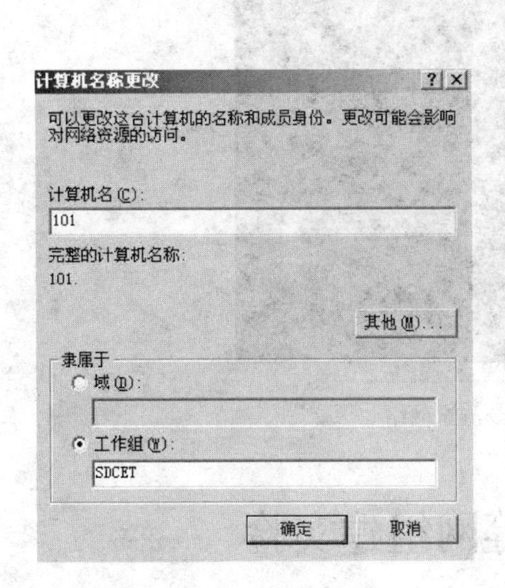

图 11.18　计算机名称更改

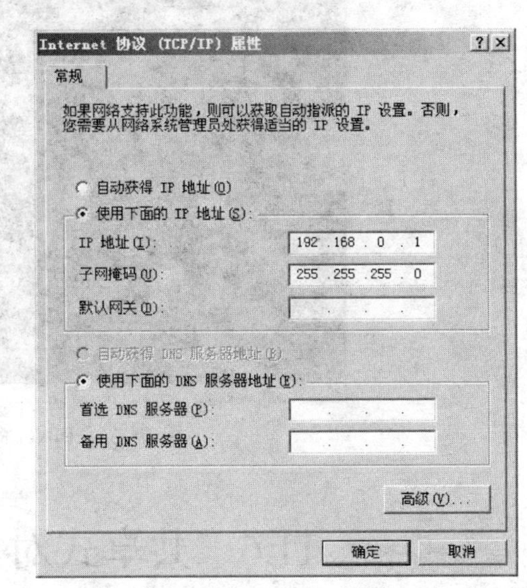

图 11.19　Internet 协议（TCP/IP）属性

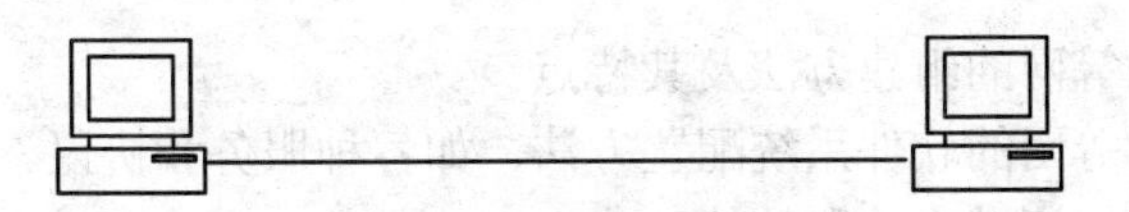

图 11.20　双机互联拓扑图

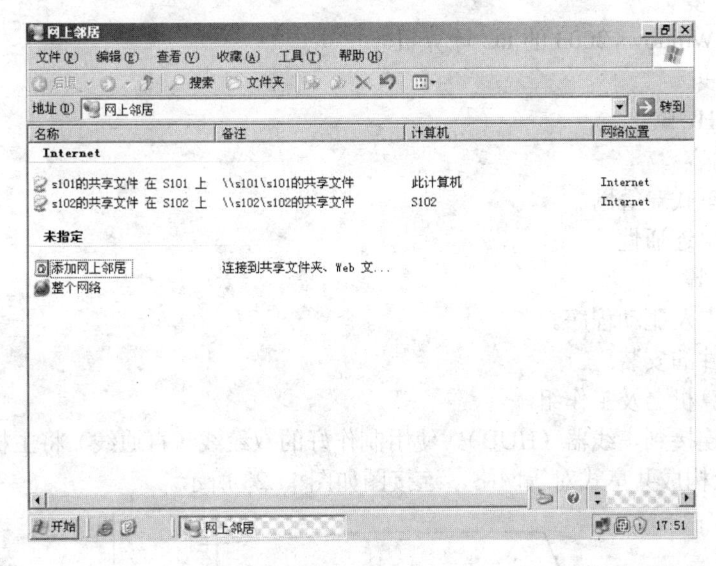

图 11.21　网上邻居

⑦ 网络连通性测试方法二。使用网络命令 PING。PING 命令主要格式如下：PING [-t] [-n 值] [-a] IP 地址。参数说明：-t：连续测试；-n 值：测试数据包的个数；-a：返回计算机名。

单击菜单“开始→运行”，在“运行”对话框中输入 cmd，回车。在 MSDOS 命令行方式下，输入 PING 192.168.0.2，回车，出现如图 11.22 所示信息，表示 S101 和 S102 处于连接状态。如果信息为“Request timed out”，则表明双机互联不成功。

```
C:\WINDOWS\system32\cmd.exe
Microsoft Windows [版本 5.2.3790]
(C) 版权所有 1985-2003 Microsoft Corp.

C:\Documents and Settings\Administrator>ping 192.168.0.2

Pinging 192.168.0.2 with 32 bytes of data:

Reply from 192.168.0.2: bytes=32 time=1ms TTL=128
Reply from 192.168.0.2: bytes=32 time<1ms TTL=128
Reply from 192.168.0.2: bytes=32 time=3ms TTL=128
Reply from 192.168.0.2: bytes=32 time<1ms TTL=128

Ping statistics for 192.168.0.2:
    Packets: Sent = 4, Received = 4, Lost = 0 (0% loss),
Approximate round trip times in milli-seconds:
    Minimum = 0ms, Maximum = 3ms, Average = 1ms

C:\Documents and Settings\Administrator>
```

图 11.22 PING 命令测试网络

11.6 共享式对等网组建实验

（1）实验目的

① 掌握共享式对等网的组建方法及其特点。

② 掌握共享式对等网的软件系统配置方法，如各种服务和协议。

③ 掌握网络连通性测试方法和技能。

（2）实验环境

① 安装好 Windows 2003 的 PC 计算机。

② 对等网线。

③ 集线器 HUB。

（3）实验内容

① 组建共享式对等网。

② 测试网络连通性。

（4）实验步骤

① 安装网卡及驱动程序。

② 网络组件的安装。

③ 更改计算机名及工作组。

④ 计算机连接到集线器（HUB）。使用制作好的双绞线（直通线）将主机通过网卡直接连接到集线器上构成共享式对等网络，连接图如图 11.23 所示。

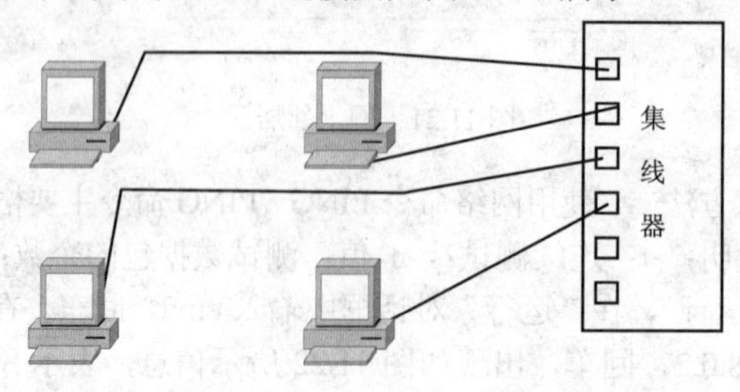

图 11.23 共享式对等网拓扑结构

⑤ 设置IP地址。各计算机的IP地址除了前三段相同外，最后一段应与本机的机号相同。

打开“控制面板→网络”，从网络组件中选择“TCP/IP”，打开 TCP/IP 的属性对话框，选择“IP 地址”选项卡，选中“指定 IP 地址”，在 IP 地址中输入：192.168.0.机号（机号是组号+机号，如第2组第3台为23），在“子网掩码”中输入：255.255.255.0；

⑥ 使用网络命令PING测试网络连接。

PING 127.1.1.1　　（本机回路测试）

PING 己方主机IP地址　　（检查TCP/IP）

PING 目的主机的IP地址　　（测试网络是否连通）

PING 192.168.0.254　　（测试一个不存在的主机）

PING 目的主机的IP地址　　（有意拔下电缆线，测试电缆不通时出现的情况）

⑦ 网络测试。将 4 台计算机中的某台作如下更改：计算机名称更改成与某台计算机同名，重新启动计算机，记录观察的结果，再将其名称还原。将4台计算机中的某台作如下更改：计算机IP地址更改成与某台计算机一样，重新启动计算机，记录观察的结果。

如果将两台具有相同IP地址的计算机都重新启动，记录观察到的结果，由此可以得到什么结论？再将其IP地址还原。

将另一组的某台计算机接入到HUB中，使HUB上端口全满，5台计算机都重新启动，这时网络是否畅通，记录观察到的结果。

11.7 网页设计实验

（1）实验目的

① 通过实验，了解HTML（网页）文档的基本构成，HTML文档的书写格式和规则。

② 通过对网页中表格的操作，熟悉对文本、图片和表格的使用。

（2）实验环境

① Windows XP 操作系统。

② Dreamweaver 软件。

（3）实验内容：创建一个简单的网页，对其进行修改编辑。

（4）实验步骤

① 创建一个空白网页。

② 在空白网页中添加文本、图片和表格等。

11.8 IE设置与信息搜索实验

（1）实验目的

通过学习IE浏览器的设置与信息搜索，用户可以从WWW上轻松获得丰富信息。

（2）实验环境

Windows XP、IE浏览器（IE 6.0 和 IE 8.0）、Internet 连接。

（3）实验内容

① 熟练掌握IE的使用，对IE进行相关的设置操作，如主页设置、清除历史记录、收藏夹操作等。

② 通过谷歌或百度的搜索引擎，使用基本搜索语法进行信息的检索练习。

（4）实验步骤（IE6.0）

① IE 的主页设置。

• 打开 IE 浏览器，选择任何一个经常浏览的网页，可以是某 Web 站点的主页（如 MSN 主页），或是一个子页（如 cctv.com/ news.html），或者自定义一个感兴趣的包含政治、经济、军事、地理、生活、技术等信息的网页，这里我们选择 www.baidu.com 打开。

• 在"工具"菜单上单击"Internet 选项"，再单击"常规"选项卡，在"主页"栏下单击"使用当前页"，并单击"确定"按钮即可。

② IE 的清除历史记录。

• 要清除的有两部分，一部分是这些网页的索引信息，在"历史记录"中。清除这部分信息的操作方法是：打开 IE 浏览器，在"工具"菜单上单击"Internet 选项"，再单击"常规"选项卡，在"历史记录"栏下单击"清除历史记录"，并单击"确定"即可。

• 另一部分是这些网页的组成信息，在"Internet 临时文件夹"中。清除这部分信息的操作方法是：打开 IE 浏览器，在"工具"菜单上单击"Internet 选项"，再单击"常规"选项卡，在"Internet 临时文件"栏下单击"删除文件"，并单击"确定"即可。

③ IE 的收藏夹操作。

• 选择任何一个感兴趣的网页，在"收藏夹"菜单上单击"添加到收藏夹"，出现"添加收藏"对话框，并单击"确定"即可。

• 如果需要在脱机情况下使用，可以在"添加收藏"对话框中选择"允许脱机使用"，并单击"确定"即可。

④ 信息搜索引擎的使用。

• 打开搜索引擎，如 www.baidu.com，输入已经掌握的关键词（比如"计算机网络基础"），进行粗略的搜索。

• 从搜索到的网址中挑选一些具有代表性的网址，例如，权威刊物、媒体、专业或针对性强的文献、论坛，进入这些网址并浏览其网页。

• 通过追踪所浏览网页中的内容以及超链接，逐步发现更多的信息、更贴切的关键词和更多的网址。

• 综合利用收藏、保存、拷贝网页内容等方法，积累并分析信息，去除谬误、不准确、过时的内容，逐步求精。

本章习题

1. 双绞线中的线缆为何要成对地绞在一起，其作用是什么？
2. 在 WindowsXP 中共享一个文件夹，最多可以有多少个客户端链接访问，可不可以增大这个链接数，如何操作？
3. 如果在一个网络中，某台计算机 ping 另外一台主机不通，而 ping 其他 IP 主机均能通，则故障的原因有哪些？
4. 为什么在一个大型网络中要划分子网？

第12章　计算机网络规划课程设计

12.1　课程设计概述

课程设计是培养学生运用所学基本知识进行工程设计，培养学生的创造能力、开发能力、独立分析问题和解决问题的能力，全面提高学生素质的重要环节。通过课程设计，使学生受到良好的工程设计和技能训练，为走向工作岗位打下良好基础。

12.1.1　课程设计的目的

（1）加深对理论知识的理解

计算机网络课程包括基本理论、局域网的构建、Internet应用和网络安全与管理等，我们的教学目标是能够灵活运用所掌握的基本理论知识解决实际问题。通过课程设计，使学生加深对局部知识的掌握和理解，掌握内部网络的构建原则、方法和过程，学会书写建设方案书。

（2）提高综合应用能力

构建一个网络系统是一项内容复杂、综合性强、技术要求高的工作。通过课程设计，掌握网络分析、规划、设计、实施的基本流程和方法，并能提出组建局域网的实施方案，以此提高分析问题和解决问题的综合应用能力。

（3）掌握网络工程概念

计算机网络工程是指为满足一定的应用需求和达到一定的功能目标而按照一定的设计方案和组织流程进行的计算机网络建网工作。如果按照工程的流程划分，可将其分为5个阶段：分析阶段、规划阶段、设计阶段、实施阶段和交接阶段。我们把网络工程这五个阶段成为网络工程的生命周期。网络工程生命周期各阶段的主要工作及其相互关系如图12.1所示。

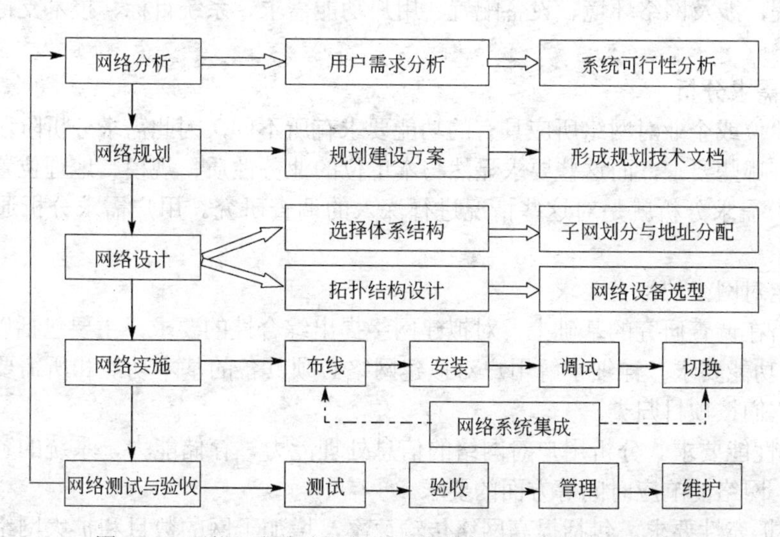

图12.1　网络工程生命周期各阶段的主要工作及其相互关系

网络工程生命周期各阶段如下。

① 网络分析。是构建一个网络系统的第一步，也是网络规划、设计的重要依据。网络分析包括用户需求分析和系统可行性分析。

② 网络规划。完成用户需求分析和系统可行性分析后，为建立的网络系统提出一套完整的设计思想和方案。网络规划对建立一个功能完善、安全可靠、性能先进的网络系统至关重要。

③ 网络设计。在网络规划的前提下，进行网络的体系结构设计、拓扑结构设计、子网划分、网络设备选型等工作。这部分工作的技术性很强，需要全面考虑具体的技术问题。

④ 网络实施。严格的工程化流程和科学的规划与设计是顺利进行网络实施的前提和根本保证。网络系统实施包括采购、验收硬件设备，具体安装、配置、综合布线，保证按系统设计的要求实现网络系统的连接，直至正常运行。

⑤ 网络测试与验收。包括网络测试、验收、管理和维护，是网络工程的最后一个环节。该环节应紧密围绕网络系统设计目标和技术要求，制定具体的测试指标和详细的验收标准。

本课程设计的最终成果是形成一份构建网络系统的方案书，实际上是对所拟建网络的认同性描述，明确拟建网络所采用的技术方案。

12.1.2 课程设计的意义

融会贯通前面所需的理论知识和应用技能，通过课程设计，加强学生动手能力的培养，将所掌握的计算机网络理论知识和网络应用技术紧密结合在一起，做到理论联系实际，将理论应用到网络工程实践中去，以进一步加深对理论知识的理解和提高对网络技术的综合应用能力。

12.2 网络分析

任何单位组建计算机网络都有其目的和需求，但从用户角度提出需求往往只是为了解决面临的实际问题，并且这些需求往往是比较抽象的。因此，组建网络的第一步应该进行网络分析。网络分析是网络规划和设计的基础，包括用户需求分析和可行性分析。网络分析是一个复杂的过程，涉及网络环境、设备配置、用户功能需求、系统目标、技术支持和效益分析等内容。

12.2.1 用户需求分析

不同的单位或企业对网络所应具有的功能要求有所不同，因此需求分析阶段应当明确本单位对网络有哪些要求，而这些要求显然与本单位的业务性质、规模、地理位置的分布等因素密切相关，需求分析就是对这些情况进行深入的调查研究。用户需求分析通常包括以下内容。

（1）确定对网络的综合要求

需求分析在调查研究的基础上，对拟建网络提出综合性的要求，主要包括以下内容。

① 网络功能要求。详细了解用户对拟建网络必须具备的基本功能和所需要提供的服务要求，并将它们按项目归类。

② 网络性能要求。分析用户对网络的信息处理能力、存储能力、系统的容错能力、网络的安全性、网络的响应时间等方面的要求。

③ 网络扩充性要求。包括提高网络传输速率，增加子网的数目和扩大网络的规模，例如允许增加服务器或工作站数目。

④ 网络运行环境要求。对新建网络，需要确定系统联网方式；对已具有相当规模的网

络，要求将这些网络接入到新建网络中；对原有部门特别分散的子网，现在需要进行网络互联。

（2）制定网络建设方案

根据用户对网络的综合要求，初步形成建网方案。方案中应包括：根据用户需求，制定设计原则与实现目标；确定网络技术选型（包括网络硬件设备和系统软件）；根据网络的实际地理位置，制定网络布线方案。

（3）形成需求分析说明书

经过需求分析，使用户、系统分析员和网络技术人员在网络的功能和性能上达成共识，再以需求分析说明书的形式加以描述并形成文档（这是网络工程生命周期中的第一份文档）。经专家评审后，若已达到要求，则转入可行性分析阶段。

12.2.2 系统可行性分析

在完成了需求分析之后，接下来的工作就是对需求分析进行技术性论证，论证组网的必要性、正确性和科学性。

（1）可行性分析的主要内容

可行性分析主要从技术上、性能上、管理上进行可行性论证。系统可行性分析的主要内容有网络传输、用户接口、服务器和网络管理、控制与安全等。

① 网络传输。包括传输方式（基带/宽带）、通信类型、通信容量、传输率、通道数等。

② 用户接口。包括协议、主机类型、工作站类型。

③ 服务器和网络管理。包括网络操作系统、网络协议、服务器类型、管理功能配置等。

④ 控制与安全。包括网络管理控制决策、安全技术措施等。

（2）可行性分析报告

在分析工作完成之后，要形成一份分析报告，该报告的作用是说明网络必须具备的功能和达到的性能要求。在该报告中要使用计算机网络方面的专业术语，并尽可能使用与厂家无关的功能术语。可行性分析报告通常包括以下10个方面的内容。

① 对拟建网络的认同性描述。明确所采用的网络解决方案，并对该方案进行适当描述。与此同时，对拟建网络的优点或能带来的好处进行说明，为什么采用所选网络方案，同其他解决方案相比，所选网络方案有什么好处。

② 对拟建网络的概括性介绍。经过调研和分析，对该单位的组织结构和现有资源情况作一些概括性的介绍。

③ 节点的地理分布。在给定网络拓扑结构后，标出网络节点的地址分布，即有多少个节点，分布在什么位置上，地理范围有多大等等。

④ 网络运行描述。对网络的运行方式进行详细描述。

⑤ 网路应用要求。网络的建设是为了解决应用上的问题，那么网络应提供哪些应用或服务呢？是否能满足用户应用的要求？是否能容易地增加新的应用和服务？所以业务驱动是网络平台得到应用的基本保证。

⑥ 响应时间要求。是网络的主要性能之一，不同应用所要求的网络响应时间是不一样的。列出不同应用所要求的响应时间。有助于网络设计。

⑦ 网络支持的通信负载要求。是指要求网络有多大的通信容量，一般用 kbps 来表示。这里需要注意的是，通信负载包括所有应用的通信要求。

⑧ 扩展性要求。包括网络扩展后增加了多少设备、多少用户、多少应用，连网范围扩大了多少，要与哪些类型的网络互联等。

⑨ 数据的安全性要求。任何一个网络系统对数据的安全性都有一定的基本要求，例如

采用用户账号、用户标识、用户口令等措施。如果网络应用所要处理的数据非常敏感，则必须采取其他安全措施，例如数据加密、安全认证系统等。当然，保证网络系统安全的措施级别越高，投资也越大，同时还会提高系统使用的复杂度，有可能导致网络性能下降。

⑩ 可靠性要求。包括对计算机系统的可靠性，对数据传输系统的可靠性要求，对软件和数据的可靠性要求。不同的应用所要求的可靠性是不一样的，而且各项要求都有相应的技术指标。网络设备的可靠性一般用平均无故障时间（MTBF）来表示，MTBF 越长，表示可靠性越高；而网络的可靠性通常用网络的可用性来表示。

当然，在报告中还可以增加很多其他要求，例如管理维护要求、应用操作要求、提供的文档资料、培训计划、网络使用寿命、参考资料等。这些要求的数量和复杂性是随着所推荐的网络类型和规模的不同而变化的。可行性分析报告的网络工程生命周期中的第二份文档。

12.3 网络规划

网络规划是网络系统建设中极为重要的一个环节。网络规划的主要任务是依据网络建设的指导思想，在系统分析和可行性论证的基础上，确定网络建设目标，制定网络建设任务，提出一整套网络系统方案的过程。

12.3.1 规划建设方案

（1）网络规划的重要意义

网络规划是为即将建立的网络系统提出一套完整的设想和方案，对建立一个功能完善、安全可靠、性能先进的网络系统至关重要。因此，无论是网络规划者，还是网络建设的决策者，都要充分认识到这一点。现实社会中由于网络规划不完善，大量人力、物力和财力浪费的现象屡见不鲜。轻则使建成的网络满足不了用户的需求，不能发挥出应有的作用，重则使建成的网络系统不能正常运行。有的网络规划是一个落后的系统，以至于完全不能达到用户要求，从而给用户造成极大的损失。

（2）网络规划的基本原则

为了使整个网络系统的建设更合理、更经济、性能更良好，网络规划应遵循以下原则。

① 需求分析到位。建立网络系统得目的是为了更好解决用户的实际问题，因此网络规划要切合实际，既要保护现有软、硬件投资，又要充分考虑新投资的整体规划和设计。而所有这些要求，都是建立在认真做好需求分析基础之上的。需求分析一定要深入研究、实事求是，所提要求要有根有据、有条有理。

② 系统性能优良。网络规划要充分保证网络的先进性、可靠性、安全性和实用性。

网络系统的先进性是设计人员首先考虑的，它能使系统达到更高的目标，具有更强的功能、更好的使用性能。但目前网络技术的发展日新月异，新技术层出不穷，设计人员在网络规划时很难把握，尤其是新的技术在实用性和可靠性方面往往没有经受过实践的考验，使用时带有一定的风险。

网络的先进性固然重要，但网络的可靠性、安全性和实用性更为重要。实践证明，由于片面追求先进性，实际运作中遇到的问题一般用户很难解决。由于系统可靠性不够而导致系统问题不断出现，即使采用再好的、再先进的技术也是没用的。设计人员应根据实际情况综合考虑先进性、实用性、可靠性的问题，切不可片面追求某一方面的指标。

③ 网络功能完善。随着计算机网络应用需求的不断提高，网络规划时应统一建网模式，确定总体架构，对主干网络、本地网的衔接、网络技术的相互匹配、数据和传输、网络操作

系统得选择进行充分论证，同时在连网时根据实际需求选择系统。

④ 系统扩充性好。随着计算机网络用户的不断增加，网络规划设计时应充分考虑网络系统的开放性和网络规模的扩充性。采用良好的网络拓扑结构和具备良好的扩充性的网络设备是确保网络扩充性的关键。

⑤ 便于管理和维护。所建的网络必须方便管理，具有良好的可维护性，这也是保证网络系统可靠性、安全性、保密性的前提。此外，还应充分考虑网络设备的售后服务和技术更新。

（3）网络规划的主要内容

① 网络的分布。包括网络用户的数量，用户的地理位置，用户间最大距离，用户的关系分类，区域内的要求和限制，有没有可直接利用的通信设备与线路等。

② 网络的基本设备和类型。包括用户工作站（计算机）、服务器的数量和类型，网络共享设备的数量和类型，网络互联设备的数量和类型，网络用户所需的其他设备和类型。

③ 网络的基本规模。考虑建立的是局域网、城域网还是广域网，是工作组网、校园网、还是企业网。

④ 网络的基本功能和服务项目。通常包括数据库管理、文件管理、用户设备之间的逻辑连接、电子邮件服务、网络管理和计费、网络互联、虚拟网络、网络防火墙等。

⑤ 网络的投资预算。在网络方案确定后，要进行最后的投资预算。预算中除了包括网络硬件设备投资，还应包括网络工程施工、软件购置和开发费用、网络安装调试费用、人员培训费用、网络运行维护费用和售后服务费用等。网络投资预算通常是在方案设计滞后才能确定的，只有在进行多种设计方案比较滞后，决策者才可以确定优选方案。

总之，网络规划时一项非常复杂的技术性工作，由于各单位对网络不同的需求采用的网络技术不同，所达到的目标也不同。规划时必须统一步骤、精心筹划。

12.3.2　形成规划技术文档

网络系统规划的每一阶段都将产生一些很重要的技术文档，这些技术文档对网络的设计和网络工程的实施起着指导性的作用。因此，要求文档要规范、简明扼要、全面准确。

（1）文档的内容

一个完善的网络系统规划文档，应包括问题概述（组建该局域网的重要性和必要性，网络互联的发展趋势）、网络总体规划方案、可行性报告、用户需求分析报告、技术性论证报告、网络基本体系结构和选型方案、网络建设达到的目的、设备档次和类型、网络投资预算报告和网络性能简要评价、工程施工（施工队伍、施工规划、施工进度）、售后服务等。

（2）文档的标题

我们把拟建网络的文档成为网络建设规划（或称方案书）。不同单位（部门）拟建网络的规划必须具有其标题，例如×××公司（厂）局部网络建设规划、×××校园网络建设规划、×××局（部、厅、司）网络建设规划、×××单位×××部门内部网络建设规划等。

（3）文档的规范

网络建设规划书是一份重要的技术文档，书写网络建设规划书时，一般要做到以下几点。

a. 逻辑清晰，层次分明，书写整洁。包括标题、作者、摘要、关键词（3～5个）、正文、参考文献。

b. 标题统一为×××单位局域网的建设规划方案。

c. 网络建设规划书每人一份，独立完成，不能手书，必须是电子稿并用A4纸打印输出。

12.4 网络设计

网络规划是为拟建的网络系统提出一套完整的设想和方案，网络设计是对网络规划的进一步分析和论证并将其具体落实的过程，两者相辅相成，缺一不可。

12.4.1 网络设计的基本原则

网络建设的目标是实现优化的网络设计、安全的数据管理、高效的信息处理以及友好的用户界面。网络设计不仅要考虑近期目标，还要为系统进一步发展和扩充留有余地。一般来说，网络的建设不可能以此完成，考虑到其长远发展，必须进行统一规划和设计，并采用分步实施的建设策略。由于网络系统性能要求高，技术复杂，涉及面广，在其规划和设计过程中，为使整个网络系统更合理、更经济、性能更良好，必须遵守以下设计原则。

① 先进性与成熟性；

② 安全性与可靠性；

③ 灵活性与可扩充性；

④ 开放性与互联性；

⑤ 可管理性与可维护性；

⑥ 经济性与实用性。

上述系统分析设计的原则将自始至终贯穿整个系统的设计和实现。系统设计包括网络体系结构、子网划分、网络拓扑结构和网络设备选型。

12.4.2 选择体系结构

网络系统设计的第一步是选择网络的体系结构，网络系统的体系结构包括功能分层、几个对等层实体之间通信所遵守的协议，核心内容是决策所用的协议集合。网络体系结构的确定与系统要求、现有系统的状况、网络技术的现状和发展、现有网络产品及其特点密切相关。

常用的网络体系结构主要有 ISO/OSI、TCP/IP、SNA、DNA 等。目前，ISO/OSI 已被很多国家和厂商所接受和支持，虽然还在发展完善之中，但已逐渐成熟，成为网络技术发展的主流，因此在网络体系结构中应注意采用 ISO/OSI，即使不采用或不全面采用 ISO/OSI，也要注意向 ISO/OSI 的过渡。

TCP/IP 已成为事实上的国际工业标准，并得到了广泛的应用，相关的规范可查阅 RFC 技术文档。在支持多媒体业务的统一平台上，相关的协议人在不断完善和发展中。

所建网络需要与其他网络互联，使信息交换的范围扩展到整个 Internet 上。目前，Internet/Intranet 事实上的网间互联标准是 TCU/IP 协议。局域网既可以通过边界路由器和 DDN 线路连接到 Internet，也可以通过城域网与 internet 互联。

设计完毕后，应该用一张图表是网络体系结构和设计结果，该图应该说明分为几层、每层的基本功能、各层所采用的协议等。

12.4.3 子网划分

（1）子网划分的原则

子网划分的目的是为了利用网络管理，提高网络性能，增强网络安全性，合理配置资源，减少资源浪费。划分子网时，通常应遵循以下原则。

① 把分布相对集中的机器划分成一个子网。例如，校园内一栋楼里的机器应属于同一个子网。

② 将需要对外开放的服务器划分在同一个网段。

③ 除接入 Internet 的路由器外，将所有不同网络设备划分到专有的网段。

④ 不同部门的机器最好划分到不同的网段中，并且要充分考虑未来的扩展性需求。

⑤ 划分的子网应使 IP 地址管理简单，并且要避免 IP 地址资源的大量浪费。

⑥ 可以使用子网掩码将几个 C 类地址分配给同一个大的子网，或将一个 C 类地址分配给几个小的子网。

⑦ 局域网内部 IP 地址采用保留 IP 地址，连接 Internet 的子网采用真实的 IP 地址。

（2）子网划分的步骤

在划分子网时需要明确分成几个网段和子网，每个子网或网段连接哪些区域和哪些网络设备。具体步骤如下。

第一步，将要划分的子网数目转换为 2 的 m 次方。如要分 8 个子网，$8=2^3$。如果不是正好是 2 的多少次方，则取大为原则，如要划分为 6 个，则同样要考虑 2^3。

第二步，将上一步确定的幂 m 按高序占用主机地址 m 位后，转换为十进制。如 m 为 3 表示主机位中有 3 位被划为“网络标识号”占用，因网络标识号应全为“1”，所以主机号对应的字节段为“11100000”。转换成十进制后为 224，这就最终确定的子网掩码。如果是 C 类网，则子网掩码为 255.255.255.224；如果是 B 类网，则子网掩码为 255.255.224.0；如果是 A 类网，则子网掩码为 255.224.0.0。

在这里，子网个数与占用主机地址位数有如下等式成立：$2m \geqslant n$。其中，m 表示占用主机地址的位数；n 表示划分的子网个数。根据这些原则，将一个 C 类网络分成 4 个子网。

为了说明问题，现再举例。若我们用的网络号为 192.9.200，则该 C 类网内的主机 IP 地址就是 192.9.200.1～192.9.200.254，现将网络划分为 4 个子网，按照以上步骤：

$4=2^2$，则表示要占用主机地址的 2 个高序位，即为 11000000，转换为十进制为 192。这样就可确定该子网掩码为：192.9.200.192。4 个子网的 IP 地址的划分是根据被网络号占住的两位排列进行的，这四个 IP 地址范围分别为：

第 1 个子网的 IP 地址是从“11000000 00001001 11001000 00000001”到“11000000 00001001 11001000 00111110”，注意它们的最后 8 位中被网络号占住的两位都为“00”，因为主机号不能全为“0”和“1”，所以没有 11000000 00001001 11001000 00000000 和 11000000 00001001 11001000 00111111 这两个 IP 地址（下同）。注意实际上此时的主机号只有最后面的 6 位。对应的十进制 IP 地址范围为 192.9.200.1～192.9.200.62。而这个子网的子网掩码（或网络地址）为 11000000 00001001 11001000 00000000，为 192.9.200.0。

第 2 个子网的 IP 地址是从“11000000 00001001 11001000 01000001”到“11000000 00001001 11001000 01111110”，注意此时被网络号所占住的 2 位主机号为“01”。对应的十进制 IP 地址范围为 192.9.200.65～192.9.200.126。对应这个子网的子网掩码（或网络地址）为 11000000 00001001 11001000 01000000，为 192.9.200.64。

第 3 个子网的 IP 地址是从“11000000 00001001 11001000 10000001”到“11000000 00001001 11001000 10111110”，注意此时被网络号所占住的 2 位主机号为“10”。对应的十进制 IP 地址范围为 192.9.200.129～192.9.200.190。对应这个子网的子网掩码（或网络地址）为 11000000 00001001 11001000 10000000，为 192.9.200.128。

第 4 个子网的 IP 地址是从“11000000 00001001 11001000 11000001”到“11000000 00001001 11001000 11111110”，注意此时被网络号所占住的 2 位主机号为“11”。对应的十进制 IP 地址范围为 192.9.200.193～192.9.200.254。对应这个子网的子网掩码（或网络地址）为 11000000 00001001 11001000 11000000，为 192.9.200.192。

12.4.4 拓扑结构设计

网络拓扑结构设计包括网络的物理拓扑结构设计和逻辑拓扑结构设计。其中，物理拓扑结构设计是指确定各种设备以什么方式连接起来，即关注网络的几个形状而不是其地理位置或实现技术，常用的结构形式有总线型、星型、环型、树型、网状和混合型；逻辑拓扑结构设计则相反，它是按设备的功能和地理位置进行组网，即关注网络的实现技术而不是网络的几何形状。

在进行拓扑结构设计时，应考虑网络的规模、体系结构、所采用的协议、网络设备类型以及扩展和升级管理维护等方面因素。拓扑结构设计对网络性能、系统可靠性与通信费用均有重大影响，优良的拓扑结构是网络稳定可靠运行的基础。对于同样数量、同样位置分布、同样用户类型的主机，采用不同的拓扑结构会得到不同的网络类型。因此，要进行科学的拓扑结构设计，达到将网络中的主机高效合理的连接在一起的目的。

12.4.5 网络设备选型

网络的组建和实现最终靠网络设备来实现。网络设备及系统选型是指根据用户的需要以及系统的性能指标要求确定网络设备和软件系统的产品型号及配置。在选型之后进行设备及厂商选择，扩展性考虑，根据方案实际需要选型，选择性能价格比高、质量过硬的产品。布线系统中用到的设备可以先行购置，设备到货后即可进行系统布线。软件系统可以在布线的同时和结束时购置。只要在系统集成之前到位即可。

在网络设备选择上，不仅要考虑所建网络中的真实需求，还要关注供货厂商的信誉、发展以及技术的先进性等。专注于 IP 产品的网络厂商中，目前占有主导地位并有一定技术优势的公司有 Cisco、华为、3Com、Extreme 等，这些公司专业性强、规模大、产品齐全，在后续产品的研发方面具有足够的技术和资金实力，理应成为选择的对象。在品牌上，如果选择同一厂商的设备，可以更方便、更快捷的完成系统集成工作。

12.5 网络实施

网络系统实施时在完成了网络建设规划、制定了网络设计方案之后，把纸上的方案付诸实践的过程，是网络系统具体实现。网络实施主要包括网络布线、安装、调试、切换，通常也称为网络集成。网络实施是网络系统实线的关键阶段，直接决定着网络系统的质量。因此，必须精心组织，认真策划，制定出具体的实施方案，提出实施要求，明确实施步骤。在实施过程中，尽量按网络系统设计方案进行，不要轻易改变设计方案。

12.5.1 网络综合布线

（1）网络综合布线的概念

20 世纪 80 年代，美国 AT&T 公司贝尔实验室推出了结构化综合布线系统（Structured Cabling System，SCS）。SCS 的代表产品是用于建筑群综合布线和非综合布线。所谓综合布线，就是用标准化、简洁化、结构化的方式在建筑群中进行线路布置，它是一套标准的集成化分布式布线系统。综合布线通常是将建筑群内的若干种线路系统合为一种布线系统，包括网络系统、电话系统、监控系统、电源系统和照明系统等。因此，综合布线系统是一种通用标准的信息传输系统，进行同一布置，并提供标准的信息插座，以连接各种不同类型的终端设备。

综合布线系统与非综合布线系统（传统方式）系统的最大区别在于：综合布线系统系统的结构与当前所连接的设备的位置无关。在传统的布线系统中，设备安装在哪里，传输介质就要铺设到那里。综合布线系统则是先按建筑物的结构将建筑物中所有可能放置设备的位置都预先布好线，然后再根据实际所连接的设备情况，通过调整内部跳线装置将所有设备连接起来。同一条线路的接口可以连接不同的通信设备，例如电话、终端或微型机，甚至可以是工作站或主机。据统计，采用综合布线系统后，由于大楼中所有系统共用一个配线网络，其初装费可以减少 15%～20%，可以使大楼管理人员减少约 50%，大楼的能源损耗降低 30%，系统发生变更时可以减少大量的维护费用。

（2）综合布线系统的主要特点

综合布线是信息技术和信息产业化高速发展的产物，采用星型拓扑结构、模块化设计的综合布线系统，与传统的布线系统相比具有许多特点，主要表现在综合布线系统具有开放性、灵活性、兼容性、可靠性、经济性和先进性。

（3）综合布线系统的组成

综合布线系统通常由 6 个子系统组成，即工作区子系统、水平子系统、管理子系统、垂直子系统、设备间子系统及建筑群子系统。

12.5.2 网络安装、调试与切换

（1）网络设备安装

网络设备安装包括网络互联设备的安装、网卡的安装和服务器与工作站的安装。

① 网络互联设备的安装。当单个集线器或交换机所能提供的端口数量不足以满足网络计算机的需求时，可由两个以上集线器或交换机连接起来提供相应数量的端口。连接方式有两种：堆叠和级联。需要注意的是，并不是所有的交换机都可以堆叠。

② 网卡的安装。目前一般的计算机主板都集成了网卡，只要正确安装其驱动程序即可。

③ 服务器和工作的安装。服务器和工作站逐一接上电缆，接通电源后，分别进行加电和自检；安装系统软件，配置网络通信协议，然后进行连网调试工作。

（2）网络系统调试

网络系统调试是对网络各项功能目标进行全面测试的过程。整个过程式在整个网络硬件工程施工完毕和软件安装完毕之后，于网络系统开始运行时进行的。对硬件系统的调试包括对主要设备（如服务器、工作站、路由器、交换机等）的调试和对传输介质的连接调试（如测试工作间设备分支线的连接情况、网络主干线的连接情况以及对传输介质的传输速率、衰减率、距离、近端串扰等因素的检测）。网络系统的调试过程更多需要调试经验和技术手段，经验丰富、技术手段越多，调试所需的时间越短。

（3）网络系统切换

网络系统切换也称为割接，是从原有的系统迁移到新的网络环境下运行。对于新建网络系统不存在系统切换问题，但是对于原有网络通信线路的改造或升级而言，这是一个很关键的行为。随着计算机网络用户的不断增加，计算机网络通信技术的不断发展，计算机网络设备的不断更新换代，高速、宽带网的迅速推广，网络系统切换也变得极为平常了。

12.5.3 网络系统集成

网络系统集成是指提供整体解决方案、提供整套设备、提供全方位服务，是一种指导系统规划、实施的方法和策略。它是将组成系统的部件、子系统、分系统，采用系统工程科学方法进行综合集成，从提出系统方案、组织实施到组成满足一定功能、最佳性能要求的系统，从而使一个整体的各个部分彼此之间能有机、协调地工作，发挥整体效能，达到整体优化的目的。

计算机网络系统集成（Network System Integrating，NSI）是指在系统工程科学方法的指导下，根据对用户需求的分析和计算机软/硬件工程开发的技术规范，提出计算机网络系统的

解决方案，并将组成该网络的硬件系统、软件系统、人员系统进行综合，集成为一个可以满足设计功能、性能要求的完整体系，达到“1+1>2”的效果。

（1）网络系统集成的内容

网络系统集成的内容主要包括组成系统的部件、子系统和分系统，并采用系统工程科学方法进行综合集成。我们将其描述为：

计算机网络集成+信息和数据集成+应用系统集成

（2）网络系统集成的对象

网络系统集成的对象包括计算机硬件、计算机软件、人员与组织机构等，可描述为：

计算机及通信硬件+计算机软件+计算机使用者+管理

网络系统集成对象包括硬件系统、软件系统合人员与组织，具体内容如图 12.2 所示。

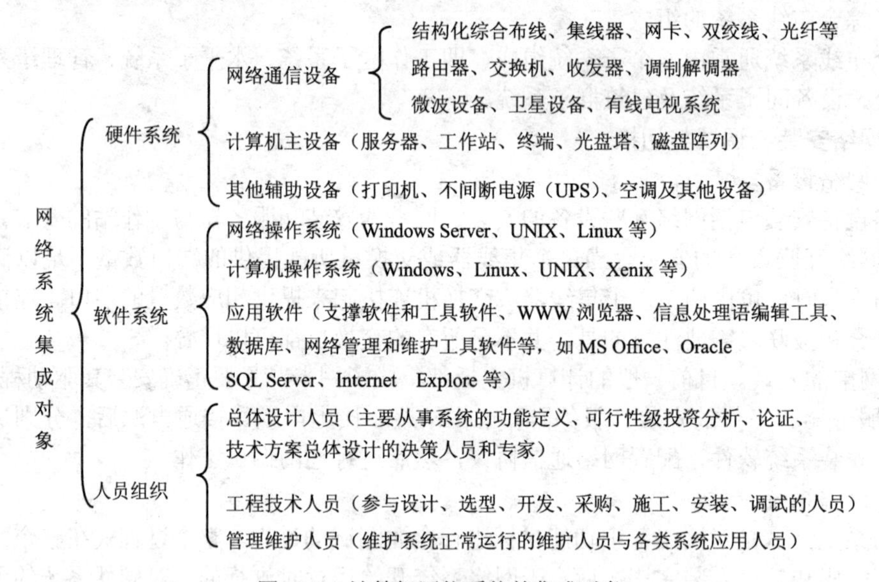

图 12.2 计算机网络系统的集成对象

本章习题

1. 什么是计算机网络工程？
2. 网络工程的生命周期有哪几个阶段？
3. 网络需求调研的主要内容有哪些？
4. 网络规划主要内容包括哪些？

参 考 文 献

[1] 李云峰，李婷. 计算机网络技术教程. 北京：电子工业出版社，2010.
[2] 李立. 网络组建与管理. 北京：清华大学出版社，2010.
[3] 崔晶，刘广忠. 计算机网络基础. 北京：清华大学出版社，2010.
[4] 陈庆章，王子仁. 大学计算机网络基础. 北京：机械工业出版社，2010.